可靠性维修性保障性工程

Reliability & Maintainability & Supportability Engineering

主　编　陈云翔
副主编　蔡忠义　项华春

国防工业出版社

·北京·

内 容 简 介

本书以航空装备型号可靠性维修性保障性工程过程为主线,从技术和管理两方面着手,系统阐述可靠性维修性保障性工程所涉及的需求论证、设计分析、试验验证、评估改进和管理监督的理论方法、技术途径、工作程序、管理要点等内容,主要内容包括:绪论、可靠性概念与要求、可靠性设计与分析、可靠性试验、维修性设计与分析、维修性试验与评定、保障性设计分析与评价、可靠性维修性保障性评估及改进、可靠性维修性保障性管理。

本书可作为航空工程相关专业(包括装备采购管理、航空机务质量控制、航空安全技术与管理等)的教学用书,也可以作为管理科学与工程、项目管理等专业研究生的教学参考书,以及装备通用质量特性相关领域工程技术、管理人员的业务培训资料。

图书在版编目(CIP)数据

可靠性维修性保障性工程/陈云翔主编. —北京：
国防工业出版社,2022.9
ISBN 978－7－118－12611－2

Ⅰ.①可… Ⅱ.①陈… Ⅲ.①航空装备—可靠性工程
②航空装备—维修③航空装备—工程保障 Ⅳ.①E151

中国版本图书馆 CIP 数据核字(2022)第 161455 号

※

国防工业出版社 出版发行
(北京市海淀区紫竹院南路 23 号　邮政编码 100048)
莱州市丰源印刷有限公司印刷
新华书店经售

＊

开本 787×1092　1/16　印张 20¾　字数 470 千字
2022 年 9 月第 1 版第 1 次印刷　印数 1—2000 册　定价 78.00 元

(本书如有印装错误,我社负责调换)

国防书店:(010)88540777　　书店传真:(010)88540776
发行业务:(010)88540717　　发行传真:(010)88540762

《可靠性维修性保障性工程》编写委员会

主　　编　陈云翔

副 主 编　蔡忠义　项华春

委　　员　张诤敏　王莉莉　贺　波　周彦卿
　　　　　王育辉　董骁雄　吴诗辉

PREFACE 前言

可靠性维修性保障性(reliability, maintenability & supportability, RMS)是武器装备重要的质量特性,是装备战斗力形成和提升的重要保证。对于武器装备而言:可靠性要求装备在长期反复使用过程中不出或少出故障,处于可用状态的时间长;维修性要求装备易于维护保养,即使出了故障,也能快速修复,处于不可用状态的时间短;保障性则要求装备在使用过程中随时可用且保障容易。因此,在型号研制过程中系统开展 RMS 工程,对于提高武器装备战备完好性和任务成功性、减少维修人力和寿命周期费用具有重要作用。

为了适应武器装备的快速发展,提高武器装备的通用质量,必须大力推进装备 RMS 工程,在方案论证阶段提出合理的装备 RMS 要求、方案和相应的保证措施,在工程研制阶段科学有序地开展一系列 RMS 设计、分析和试验工作,在生产阶段保证批量生产中装备的 RMS 稳定,在使用阶段保持和发挥装备的固有 RMS 水平。为此,本书以航空装备 RMS 工程过程为主线,从技术和管理两方面着手,系统阐述 RMS 工程所涉及的需求论证、设计分析、试验验证、评估改进及管理监督的理论方法、技术途径、工程程序、管理要点等。

全书共 9 章。第 1 章主要介绍 RMS 的地位和作用、RMS 工程的内涵以及发展历程;第 2 章主要介绍可靠性概念及度量、产品故障规律、可靠性要求及确定;第 3 章主要介绍系统可靠性建模、可靠性设计准则、可靠性分配与预计、FMECA、FTA;第 4 章主要介绍可靠性试验工作要求、环境应力筛选、可靠性研制试验、可靠性增长试验、可靠性鉴定与验收试验、寿命试验;第 5 章主要介绍维修性概念及度量、维修性建模、维修性设计准则、维修性分配与预计;第 6 章主要介绍维修性试验与评定工作要求、维修性统计试验与评定方法、维修性演示试验与评定方法;第 7 章主要介绍保障性概念及要求、保障性建模、保障性分析技术、保障资源规划、保障性试验与评价;第 8 章主要介绍 RMS 外场数据分析、可靠性维修性经验分析与可靠性维修性分布参数估计、RM 分布类型检验、RMS 改进技术途径、可靠性维修性评估及改进案例;第 9 章主要介绍 RMS 管理概述、制定 RMS 计划和工作计划、对转承制方和供应方的监督与控制、RMS 评审、RMS 信息管理与 RM 增长管理。

本书是编著者长期从事 RMS 相关教学和科研工作的经验总结,在本书编写过程中主要参考了有关国家军用标准、行业标准和北京航空航天大学杨为民、原空军工程学院陈学楚、原装甲兵工程学院徐宗昌、陆军装甲兵学院单志伟等教授的著作以及"可靠性维修性保障性技术丛书"。在此,对上述老师和本书参考文献的作者表示衷心的感谢。

本书可供有关高等院校航空装备工程相关专业本科生、管理科学与工程及相近专业研究生，以及型号 RMS 设计和管理人员等学习和参考。

由于作者水平有限，书中难免存在不足与疏漏之处，敬请广大读者批评指正。

编著者

2022 年 3 月

CONTENTS 目录

第1章 绪论 ………………………………………………………………… 001

1.1 可靠性维修性保障性的地位和作用 ……………………………………… 001
　1.1.1 可靠性维修性保障性的地位 ………………………………………… 001
　1.1.2 可靠性维修性保障性的作用 ………………………………………… 003
1.2 可靠性维修性保障性工程的内涵 ………………………………………… 004
　1.2.1 可靠性工程的内涵 …………………………………………………… 004
　1.2.2 维修性工程的内涵 …………………………………………………… 005
　1.2.3 保障性工程的内涵 …………………………………………………… 006
1.3 可靠性维修性保障性工程的发展历程 …………………………………… 008
　1.3.1 可靠性工程的发展历程 ……………………………………………… 008
　1.3.2 维修性工程的发展历程 ……………………………………………… 012
　1.3.3 保障性工程的发展历程 ……………………………………………… 014
习题 ………………………………………………………………………………… 017

第2章 可靠性概念与要求 ……………………………………………… 018

2.1 可靠性概念及度量 ………………………………………………………… 018
　2.1.1 可靠性定义 …………………………………………………………… 018
　2.1.2 可靠性分类 …………………………………………………………… 019
　2.1.3 寿命剖面和任务剖面 ………………………………………………… 020
　2.1.4 可靠性函数 …………………………………………………………… 021
　2.1.5 平均寿命与可靠寿命 ………………………………………………… 026
2.2 产品故障规律 ……………………………………………………………… 028
　2.2.1 典型故障率曲线 ……………………………………………………… 028
　2.2.2 一般设备故障率曲线 ………………………………………………… 030
　2.2.3 复杂设备故障率曲线 ………………………………………………… 031
2.3 可靠性要求及确定 ………………………………………………………… 032
　2.3.1 可靠性定性要求 ……………………………………………………… 032
　2.3.2 可靠性定量要求 ……………………………………………………… 033
　2.3.3 可靠性要求的确定 …………………………………………………… 037
习题 ………………………………………………………………………………… 039

第3章 可靠性设计与分析 — 041

3.1 系统可靠性建模 — 041
- 3.1.1 概述 — 041
- 3.1.2 串联系统可靠性建模 — 045
- 3.1.3 并联系统可靠性建模 — 045
- 3.1.4 $k/n(G)$表决系统可靠性建模 — 047
- 3.1.5 旁联系统可靠性建模 — 048
- 3.1.6 网络系统可靠性建模 — 049

3.2 可靠性设计准则 — 051
- 3.2.1 概述 — 052
- 3.2.2 可靠性设计准则的制定和贯彻 — 052
- 3.2.3 简化设计 — 054
- 3.2.4 余度设计 — 055
- 3.2.5 容错设计 — 057
- 3.2.6 降额设计 — 058
- 3.2.7 热设计 — 060
- 3.2.8 环境防护设计 — 062
- 3.2.9 元器件的选择与控制 — 065

3.3 可靠性分配 — 068
- 3.3.1 可靠性分配的目的与时机 — 069
- 3.3.2 可靠性分配的原则 — 069
- 3.3.3 可靠性分配的方法 — 070
- 3.3.4 可靠性分配的实施要点 — 073

3.4 可靠性预计 — 073
- 3.4.1 可靠性预计的目的与时机 — 074
- 3.4.2 可靠性预计的分类 — 074
- 3.4.3 可靠性预计的方法 — 075
- 3.4.4 可靠性预计的实施要点 — 080

3.5 故障模式、影响及危害性分析 — 081
- 3.5.1 概述 — 081
- 3.5.2 故障模式及其影响分析 — 083
- 3.5.3 危害性分析 — 087
- 3.5.4 故障模式、影响及其危害性分析结果 — 089
- 3.5.5 故障模式、影响及其危害性分析案例 — 090
- 3.5.6 故障模式、影响及其危害性分析实施要点 — 091

3.6 故障树分析 — 094
- 3.6.1 概述 — 095

  3.6.2 选择顶事件 ··· 095
  3.6.3 建立故障树 ··· 096
  3.6.4 故障树定性分析 ·· 098
  3.6.5 故障树定量分析 ·· 101
  3.6.6 故障树分析的实施要点 ··· 104
 习题 ··· 105

第4章 可靠性试验 ·· 107

4.1 概述 ··· 107
  4.1.1 可靠性试验目的与时机 ··· 107
  4.1.2 可靠性试验分类 ·· 108
  4.1.3 可靠性试验要素 ·· 108

4.2 可靠性试验工作要求 ·· 112
  4.2.1 试验前准备工作要求 ··· 112
  4.2.2 试验实施工作要求 ·· 116
  4.2.3 试验后工作要求 ·· 119

4.3 环境应力筛选 ··· 119
  4.3.1 概述 ··· 119
  4.3.2 典型环境应力筛选效果 ··· 120
  4.3.3 环境应力筛选方法 ·· 121
  4.3.4 高加速应力筛选 ·· 123

4.4 可靠性研制试验 ··· 124
  4.4.1 概述 ··· 125
  4.4.2 可靠性增长摸底试验 ··· 126
  4.4.3 可靠性强化试验 ·· 127

4.5 可靠性增长试验 ··· 129
  4.5.1 概述 ··· 129
  4.5.2 常用的可靠性增长模型 ··· 130
  4.5.3 可靠性增长试验实施要点 ·· 133

4.6 可靠性鉴定与验收试验 ··· 133
  4.6.1 概述 ··· 134
  4.6.2 统计试验方案 ··· 134
  4.6.3 指数分布的统计试验方案 ·· 136
  4.6.4 可靠性鉴定与验收试验实施要点 ··· 144

4.7 寿命试验 ·· 145
  4.7.1 概述 ··· 145
  4.7.2 使用寿命试验 ··· 146
  4.7.3 储存寿命试验 ··· 146

  4.7.4　加速寿命试验 …………………………………………………… 147
  4.7.5　寿命试验实施要点 ………………………………………………… 149
 习题 ……………………………………………………………………………… 149

第5章　维修性设计与分析 ………………………………………………… 150

5.1　维修性概念及度量 ……………………………………………………… 150
  5.1.1　维修性定义 ………………………………………………………… 150
  5.1.2　维修性函数 ………………………………………………………… 151
  5.1.3　维修性定性要求 …………………………………………………… 152
  5.1.4　维修性定量要求 …………………………………………………… 154
5.2　维修性建模 ……………………………………………………………… 156
  5.2.1　概述 ………………………………………………………………… 157
  5.2.2　维修性物理关系模型 ……………………………………………… 158
  5.2.3　维修性数学关系模型 ……………………………………………… 161
5.3　维修性设计准则 ………………………………………………………… 164
  5.3.1　概述 ………………………………………………………………… 164
  5.3.2　维修性设计准则制定和贯彻 ……………………………………… 164
  5.3.3　简化设计 …………………………………………………………… 166
  5.3.4　可达性设计 ………………………………………………………… 167
  5.3.5　模块化、标准化和互换性设计 …………………………………… 167
  5.3.6　防差错设计和识别标志 …………………………………………… 168
  5.3.7　维修人素工程设计 ………………………………………………… 170
5.4　维修性分配 ……………………………………………………………… 170
  5.4.1　维修性分配的目的与时机 ………………………………………… 171
  5.4.2　维修性分配的原则 ………………………………………………… 171
  5.4.3　维修性分配的方法 ………………………………………………… 172
  5.4.4　维修性分配的实施要点 …………………………………………… 178
5.5　维修性预计 ……………………………………………………………… 179
  5.5.1　维修性预计的目的与时机 ………………………………………… 179
  5.5.2　维修性预计的原则 ………………………………………………… 180
  5.5.3　维修性预计的方法 ………………………………………………… 180
  5.5.4　维修性预计的实施要点 …………………………………………… 189
 习题 ……………………………………………………………………………… 190

第6章　维修性试验与评定 …………………………………………………… 192

6.1　概述 ……………………………………………………………………… 192
  6.1.1　维修性试验与评定的目的 ………………………………………… 192
  6.1.2　维修性试验与评定的时机与方式 ………………………………… 192

6.1.3 维修性试验与评定的内容 ··· 193
6.2 维修性试验与评定工作要求 ·· 194
    6.2.1 试验前准备工作要求 ··· 194
    6.2.2 试验实施工作要求 ·· 196
6.3 维修性统计试验与评定方法 ·· 201
    6.3.1 实施过程 ·· 201
    6.3.2 注意事项 ·· 203
    6.3.3 实例分析 ·· 204
6.4 维修性演示试验与评定方法 ·· 208
    6.4.1 实施过程 ·· 209
    6.4.2 注意事项 ·· 210
习题 ··· 211

第7章 保障性设计分析与评价 ·· 212

7.1 保障性概念及要求 ··· 212
    7.1.1 保障性概念内涵 ·· 212
    7.1.2 保障性定性要求 ·· 217
    7.1.3 保障性定量要求 ·· 218
7.2 保障性建模 ·· 220
    7.2.1 可用度 ··· 220
    7.2.2 装备完好率 ·· 225
    7.2.3 战斗出动强度 ··· 225
7.3 保障性分析技术 ·· 226
    7.3.1 以可靠性为中心的维修分析 ·· 226
    7.3.2 修理级别分析 ··· 232
    7.3.3 使用与维修工作分析 ·· 235
7.4 保障资源规划 ··· 239
    7.4.1 维修人员规划与配置 ·· 239
    7.4.2 备件规划与供应 ·· 243
    7.4.3 保障设备规划与研制 ·· 246
    7.4.4 保障装备规划与配置 ·· 247
7.5 保障性试验与评价 ··· 252
    7.5.1 保障性试验与评价的目的与时机 ··· 252
    7.5.2 保障性试验与评价的内容 ·· 254
习题 ··· 256

第8章 可靠性维修性保障性外场评估及改进 ····································· 257

8.1 可靠性维修性保障性外场数据分析 ·· 257

- 8.1.1 可靠性维修性保障性外场数据特征 257
- 8.1.2 外场使用与故障数据核查 258
- 8.1.3 数据分析的直方图法 261

8.2 可靠性维修性经验分析 262
- 8.2.1 可靠性经验分析 262
- 8.2.2 维修性经验分析 266

8.3 可靠性维修性分布参数估计 266
- 8.3.1 分布参数的点估计 267
- 8.3.2 分布参数的区间估计 269

8.4 可靠性维修性分布类型检验 273
- 8.4.1 拟合优度检验步骤 274
- 8.4.2 皮尔逊 χ^2 检验法 274

8.5 可靠性维修性保障性改进技术途径 276
- 8.5.1 可靠性改进技术途径 276
- 8.5.2 维修性改进技术途径 277
- 8.5.3 保障性改进技术途径 279

8.6 某型发射机可靠性评估及改进案例 280
- 8.6.1 发射机外场可靠性评估 280
- 8.6.2 发射机外场故障模式及原因分析 282
- 8.6.3 发射机外场可靠性改进 282

8.7 某型飞机维修性评估及改进案例 284
- 8.7.1 飞机维修性信息统计 284
- 8.7.2 飞机维修作业时间评估及改进 285
- 8.7.3 飞机维修性设计问题核实及改进建议 286

习题 287

第9章 可靠性维修性保障性管理 289

9.1 概述 289
- 9.1.1 管理目标 289
- 9.1.2 管理特点 290
- 9.1.3 管理原则 290
- 9.1.4 管理方法 291
- 9.1.5 寿命周期可靠性维修性保障性管理要点 291

9.2 制定可靠性维修性保障性计划和工作计划 296
- 9.2.1 制定可靠性维修性保障性计划 296
- 9.2.2 制定可靠性维修性保障性工作计划 297

9.3 对转承制方和供应方的监督与控制 298
- 9.3.1 监督与控制的一般要求 298

  9.3.2　监督与控制的实施步骤 …………………………………………… 299
  9.3.3　监督与控制的基本方法 …………………………………………… 300
 9.4　可靠性维修性保障性评审 ………………………………………………… 300
  9.4.1　评审类型和评审点设置 …………………………………………… 300
  9.4.2　研制各阶段的评审目的与内容 …………………………………… 301
  9.4.3　评审管理 …………………………………………………………… 302
  9.4.4　实施要点 …………………………………………………………… 303
 9.5　可靠性维修性保障性信息管理 …………………………………………… 303
  9.5.1　可靠性维修性保障性信息分类 …………………………………… 303
  9.5.2　可靠性维修性保障性信息管理内容 ……………………………… 305
  9.5.3　故障报告、分析和纠正措施系统 ………………………………… 307
 9.6　可靠性维修性增长管理 …………………………………………………… 309
  9.6.1　可靠性增长管理 …………………………………………………… 309
  9.6.2　维修性增长管理 …………………………………………………… 311
  习题 ……………………………………………………………………………… 312

参考文献 ……………………………………………………………………………… 313

附表1　标准正态分布表 …………………………………………………………… 314

附表2　χ^2分布表 …………………………………………………………………… 316

第1章 绪 论

可靠性维修性保障性(RMS)是武器装备重要的质量特性。对于武器装备而言,可靠性要求装备在长期反复使用过程中不出或少出故障,处于可用状态的时间长;维修性要求装备易于维护保养,即使出了故障,也能快速修复,处于不可用状态的时间短;保障性则要求装备在使用过程中随时可用且保障容易。因此,在型号研制过程中系统开展RMS工程,对于提高武器装备战备完好性和任务成功性、减少维修人力和寿命周期费用具有重要作用。

本章的学习目标:理解RMS的地位和作用、RMS工程的内涵,了解RMS工程的发展历程。

1.1 可靠性维修性保障性的地位和作用

1.1.1 可靠性维修性保障性的地位

RMS的水平将直接影响着装备型号工程的质量,RMS在现代装备研制中的地位主要体现在以下几个方面。

1. RMS是反映装备质量的重要特性

RMS是产品质量的重要特性。国际标准化组织(International Standardization Organization,ISO)对"质量"的定义是一组固有特性满足要求的程度。固有特性是指随着产品的形成过程而形成的永久特性。产品不同,其固有特性的内涵也不相同。武器装备作为遂行军事任务的一类特殊产品,具有多种固有特性,其中最重要的两类:一是影响装备作战性能的固有特性,通常称为性能指标,如飞机的最大飞行速度、导弹的命中精度、雷达的发射功率等;二是影响装备作战适用性的固有特性,通常称为通用质量特性,包括可靠性、维修性、保障性、测试性、安全性和环境适应性,如F-22A战斗机在研制阶段提出的RMS主要有:能执行任务率为93%、平均故障间隔时间为3h、再次出动准备时间为18min、每飞行小时的维修工时为5.5、每架飞机所需的维修人员数为5.5人、30天内部署一个中队24架飞机所需的运输量为6.8架C-141B军用运输机[1]。

由于历史原因,在过去相当长的一段时间内,我们只注重装备的性能,而忽视了RMS。树立当代质量观就必须把RMS视为与性能同等重要的特性,装备研制过程中,必须提出这方面的定性、定量要求,并把这些要求和性能要求一并纳入装备的战术技术指标之中,并严格落实各项 RMS 工作要求。

2. RMS 是制约装备效费比的重要因素

随着装备采办理念的发展,人们开始由重视装备性能转变为重视其效能,由重视一次性的装备购置费用转变为重视其寿命周期费用,特别是注重效能-费用(即效费比)分析。

武器装备的效能(effectiveness)通常是指该武器装备完成预定作战任务能力的大小[2]。作战效能是作战能力(capacity)、可用度(availability)、可信度(dependability)、保障度(supportability)的函数,而后面三种参数与 RMS 直接相关。一方面,提高装备 RMS,使得装备的故障减少了,即使出现故障也能尽快修复,又具有良好的保障条件和较强的环境适应能力,其作战效能将会充分发挥和增强;另一方面,提高装备的 RMS,可以降低装备寿命周期费用。统计表明,产品在从论证、研制、使用保障、直到报废的全寿命过程中,因质量缺陷带来的经济损失是呈指数级递增的。如果产品在研制初期不重视 RMS 工作,在 RMS 上只投入了较少的经费,那么在使用保障阶段的维修保障费用将大幅增加;反之,如果在研制阶段给 RMS 工作多投入一些经费,会大幅减少装备在使用保障阶段的维修保障费用。这"一增一降"可以有效地提高装备效费比,让装备不仅好用,还能用得起。

应当看到,装备作战效能是装备性能、可靠性、维修性、保障性等特性的综合反映。这些特性之间相互渗透、相互关联。为了取得最佳的装备效费比,需要进行综合权衡,既包括这些特性要求之间的权衡,也包括这些特性与研制费用、工程进度之间的权衡。

3. RMS 是提高装备战斗力的重要途径

一手抓新研武器装备发展,一手抓现役武器装备管理,是提高装备战斗力的重要途径。装备的性能优异只是具备了理论上的战斗力。对于军用飞机而言,优异的性能要想转化为战斗力,首先要求飞机能按要求出动,飞抵作战空域,投入战斗并完成作战任务,否则再优异的性能也是空谈。例如,美国空军在 1969 年研制的 F-15A 战斗机由于重视作战性能、轻视 RMS,导致飞机服役后 RMS 低下、难以形成战斗力。20 世纪 80 年代初在美国弗吉尼亚州兰利空军基地第一战术联队的一次军事演习中,72 架 F-15A 战斗机仅有 27 架能够出动,其余战斗机因故障后等待备件等原因被迫停飞,装备完好率只有 37.5%。因此,新装备在论证阶段必须提出科学合理的 RMS 指标要求,在工程研制阶段严格落实各项 RMS 工作要求,才能确保在使用阶段将飞机的优异性能发挥出来,形成战斗力[3]。

在短期不能实现装备更新换代的情况下,对现役装备进行 RMS 改进也是快速提高装备战斗力的有效方法。美国空军和麦道公司投入巨资对 F-15A 战斗机的发动机、机体结构、雷达和航空电子设备等进行了一千多次的设计更改,实施了多项 RMS 改进工程,使得升级后的 F-15C 战斗机作战性能和 RMS 得以大幅提升。在 1991 年海湾战争期间,部署在西南亚地区的 120 架 F-15C 战斗机共飞行了 5906 架次,平均每架次飞行持续时间为 5.19h,装备完好率高达 93.7%,显示出了超强战斗力。20 世纪 90 年代初,我国空军航空装备同样面临过类似困境,现役飞机可靠性水平低、寿命短、维修频繁、装备完好率低,难以形成战斗力,通过持续实施现役飞机 RMS 改进和延寿工作,到 21 世纪初我国空军的飞机装备完好率和出动强度得以明显提高。

1.1.2 可靠性维修性保障性的作用

在现代装备的设计中,RMS 已成为与装备作战性能同等重要的设计要求,并对装备的作战能力、生存力、部署机动性、维修人力和使用保障费用产生重要的影响,具体表现在以下几个方面。

1. 提高装备的作战能力

提高装备的可靠性,可以减少故障发生次数;改进装备的维修性、保障性,减少装备在地面维护、修理、等待备件等停机时间和再次出动准备时间,可以提高装备的完好率和持续出动能力,进而提高装备的作战能力。

例如,美军 F-117 隐身战斗机由于在研制时重视隐身性能而忽视 RMS,致使 1982 年刚服役时,每飞行小时的维修工时高达 150~200,出动架次率仅为 0.25 架次/天,装备完好率不到 50%,难以发挥作战能力。1991 年,通过实施 RMS 改进后的 F-117A 隐身战斗机,改进了隐身材料的喷涂工艺,增加了机身维护口盖,优化了发动机排气系统,使得每飞行小时的维修工时下降至 45。在"沙漠风暴"行动中,36 架 F-117A 隐身战斗机共飞行了 1250 架次、6900h,投弹 2000t 以上,装备完好率达到 75.5%,成为了美军主要的空中杀手[3]。

2. 增强装备的生存力

采用先进的 RMS 设计技术和减少对战争中易受摧毁的地面固定设施的依赖是增强装备生存力的重要途径之一。采用余度及容错设计,模块化、标准化及互换性设计,环境防护设计,战场抢修设计等 RMS 设计技术,确保对装备安全起关键作用的系统或设备发生故障或战斗损坏后,仍然能执行完任务或安全返回基地,并通过战伤修理后能再次快速投入战斗,增强了装备的生存力。

3. 提高装备的部署机动性

通过开展 RMS 设计,采用先进的综合诊断系统(包括机内自检技术和外部诊断技术),提高装备的 RMS 水平,实现两级维修体制,取消对中继级维修机构的依赖,有助于减少装备部署的运输要求,提高装备的部署机动性。例如,F-15C 战斗机依旧采用三级维修体制,部署一个 F-15C 战斗机中队(24 架飞机)大约需要 15 架 C-17 战斗机运输机、391 名维修人员、393 项备件包、580 项保障设备。而 F-22 战斗机由于 RMS 水平高,具有先进的综合诊断系统,实行两级维修体制,部署一个中队只需要 7 架 C-17 战斗机运输机、221 名维修人员、265 项备件包、207 项保障设备,其部署机动性大大提高。另外,F-35 战斗机上采用的预测与健康管理(Prognostic and Health Management,PHM)技术,除了能够实现飞机故障的检测和自动隔离功能外,还具备故障预测、故障征候的早期检测、有寿件消耗情况的统计分析等功能,可以有效减少地面检测设备,同样提高了装备的部署机动性[4]。

4. 减少装备的维修人力

装备及其组成部件的可靠性高,故障次数会减少,因故障导致的维修事件也会减少,所需的维修人力也会减少;装备自身维修性、保障性高,具有良好的可达性及防差错设计,便于维修人员开展各项维修保障工作,提高了维修工作效率,所需的维修人力也会减少。因此,可靠性维修性的改进将减少维修人力。例如,F-35战斗机具备自主保障系统,如机载制氧系统、机载惰性气体制造系统、辅助动力装置(auxiliary power unit,APU)、机载综合测试系统和液压驱动的武器发射架等,可以替代许多原有由外场维修保障人员和保障装备完成的工作,有效缩减了外场保障人员和保障装备的配置数量。

5. 降低装备的使用保障费用

装备RMS水平的提高,将减少维修人力、备件供应以及保障设备,降低维修人员的技术等级要求和培训要求,进而降低装备的使用保障费用。据美国诺斯罗普公司估计,在研制阶段为RMS投入的每1美元,将在以后的使用与保障费用方面节省30美元。以美军三代机F-15C和F-16C战斗机与四代机F-22和F-35A战斗机为例,四代机把RMS作为与隐身性能一样重要的特性,采用综合诊断与PHM系统、自主保障系统等先进技术,以及基于状态的维修、两级维修方案等先进维修保障模式,使得飞机RMS水平显著提高,平均故障间隔飞行小时提高了1倍,每飞行小时的维修工时减少了1/2,一个中队20年的使用与保障费用分别减少了7亿美元和5亿美元[3]。

应当指出,上述各种提高装备RMS水平所产生的综合效应就是部队战斗力的提升。在高技术局部战争中,增强生存力意味着装备在战斗损伤及地面设施被摧毁后仍能保持战斗力;提高部署机动性、减少维修人力意味着部队能更迅捷地形成战斗力;减少使用保障费用意味着部队可以用得起装备,可以维持战斗力。

1.2 可靠性维修性保障性工程的内涵

1.2.1 可靠性工程的内涵

对于任何一种产品,人们希望它不仅具有优良的性能、价格适中,而且不易发生故障、经久耐用,后者就是可靠性研究的范畴。

可靠性工程是指为确定和达到产品的可靠性要求而进行的有关设计、试验和生产等一系列技术与管理活动。它是适应武器装备和民用产品需要而发展起来的一门科学。科学技术突飞猛进,产品越来越复杂,使用环境日益严酷,使用保障费用不断增长,这些都促使人们认真探索、深入研究可靠性问题。我国著名科学家钱学森同志曾说过"产品的可靠性是设计出来的、生产出来的、管理出来的"。设计和生产指的就是可靠性技术活动,而管理则是指可靠性管理活动。只有按规定认真进行这两种活动,才能保证产品的可靠性满足用户的要求。可靠性工程主要包括可靠性设计与分析、可靠性试验、可靠性生产和可靠性管理等内容[5]。

可靠性设计与分析是指根据需要和可能,在事先就考虑可靠性诸因素的一种设计与分析方法。可靠性设计现已发展得比较成熟,包括:根据系统的原理,"建立可靠性模型";将系统可靠性指标分配给各级组成部分的"可靠性分配";根据设计方案对系统的可靠性进行预估的"可靠性预计";在设计阶段就从设计资料上寻找可靠性薄弱环节的"故障模式、影响及危害性分析"(failure mode, effect and criticality analysis, FMECA)及"故障树分析"(failure tree analysis, FTA);为降低工作应力、提高可靠性而采用的"元器件降额设计";提高系统可靠性的"潜在分析""电路容差分析";防止局部温升过高的"热设计";防止电磁干扰引起不可靠的"电磁兼容设计";防止软件出现错误的"软件可靠性分析"等。可靠性设计与分析是可靠性工程中最重要的内容。通过可靠性设计,基本确定了系统的固有可靠性水平。该固有可靠性是系统所能达到的可靠性上限,一切其他因素只能保证系统的实际可靠性水平尽可能地接近固有可靠性水平。

可靠性试验是指为了了解、评价、分析和提高产品的可靠性而进行的各种试验的统称,其目的在于暴露产品的缺陷,为提高产品的可靠性提供必要信息并最终验证产品的可靠性。换句话说,任何与产品故障或故障效应有关的试验都可以认为是可靠性试验[6]。

可靠性生产是指为了使产品的固有可靠性得以实现或尽可能接近的技术,它包括工艺可靠性、元器件的选择与控制、外购件的接收检验、操作人员的可靠性、生产线及关键工序的可靠性、质量控制等。

可靠性管理是指为确定和满足产品可靠性要求而必须进行的一系列计划、组织、协调、监督等工作。可靠性管理在可靠性工程中的作用越来越重要,它包括建立企业的质量保证体系、制定可靠性计划和可靠性工作计划、对转承制方及供应方的监督和控制、可靠性评审、建立故障审查组织、可靠性增长管理、制定可靠性标准等。

可靠性工程的工作重点如下。

(1)明确了解用户对产品可靠性的要求,产品使用、维修、储存期间的自然环境以及保证产品能完成任务的保障资源。

(2)控制由于产品硬件、软件和人的因素对产品可靠性的影响。预防设计缺陷、选择恰当的元器件、零部件和原材料以及减少生产过程中的波动等。

(3)采用可靠性增长技术,使先进的设计成熟起来。

(4)采用规范化的工程途径,开展有效的可靠性工程活动。

需要注意的是,可靠性工程和质量管理的目标是一致的,都是为了设计、制造出品质优良的装备,但两者的内容和范围不相同。质量管理是指在质量方面指挥和控制组织的协调活动,传统的质量观念强调产品的"符合性",即产品只要符合生产图纸和工艺规定的要求就是好的产品。但是,现代质量观念认为,质量是产品满足使用要求的特性总和,包括性能指标、通用质量特性、经济性、时间性和适应性等,既重视产品的符合性要求,更强调产品的适用性要求,即产品必须在使用时能满足用户需要才是高质量的产品[7]。

目前,人们一致认为可靠性是产品质量的重要属性,在装备研制时,必须将可靠性指标列入《研制任务书》中,并制定相应的可靠性保证大纲,给出具体的考核和验证方法。这对传统的质量管理提出了新的、更高的要求,使它不仅仅局限于一般的质量管理活动,而要拓宽包括RMS特性在内的管理新范畴。

1.2.2 维修性工程的内涵

维修性是反映产品维修便捷、经济的重要质量属性。为使产品具有良好的维修性,需要从论证开始,就进行维修性设计、分析、试验与评定等各种工程活动。这些工程活动就构成了维修性工程。

维修性工程是指为了确定和达到产品的维修性要求所进行的有关设计、分析、试验、生产等一系列技术与管理活动。其任务是应用一套系统规范的管理、技术方法,指导与控制装备寿命周期过程中维修性论证、设计和评价,以便实现装备的维修性设计目标[8]。维修性工程主要包括维修性设计、维修性分析、维修性试验与评定、维修性管理等内容。

维修性设计是整个产品设计的重要组成部分。通常,在满足产品基本功能设计的基础上,维修性设计工作应在产品的总体布局设计、外场可更换单元(line replacement unit, LRU)规划、定量要求的分配与预计、维修测试方案设计等方面系统展开,并与功能设计同步,相互协调迭代。

维修性分析是一项内容相当广泛的、关键性的维修性工作,主要包括研制过程中对产品需求、约束、设计等各种信息进行反复分析和权衡,并将这些信息转化为详细的设计手段或途径,以便为设计与保障决策提供依据。

维修性试验与评定是指为了了解、评价、分析和提高产品的维修性而进行的各种试验,是产品研制、生产乃至使用阶段维修性工程的重要活动。

维修性管理是为确定和满足产品维修性要求而必须进行的一系列计划、组织、协调、监督等工作。维修性管理包括制定维修性计划和维修性工作计划、对转承制方及供应方的监督和控制、维修性评审、维修性增长等。

实际上,维修性工程活动还包括维修性要求的论证与确定,以及使用阶段维修性数据的收集、处理与反馈等内容。但是,维修性工程的重点在于产品的研制(或改进、改型)过程,在于产品的设计、分析与验证。

需要注意的是,维修与维修性是两个密切联系的不同概念。维修是一种工作,而维修性是一种设计特性并服务于实际工作需要。良好的维修性,为产品维修便捷、经济提供了基础。同样,维修工程与维修性工程也是密切联系的不同工程专业。维修工程是运用系统工程理论和方法,使装备的维修性设计和维修保障系统实现综合优化的工程技术。其任务是应用各种技术、工程技能和各项工作综合以确定维修要求、设计维修技术、规划维修工作,科学合理地组织实施维修,保证产品能够得到经济有效的维修,实现维修质量与效益的最大化。维修工程与维修性工程之间的关系体现为:维修工程规划设计维修技术途径,为维修性工程的设计要求提供依据;维修性工程按照维修工程所确定的要求,选定其设计特性,并把这些特性结合到装备的设计中;维修性设计评审、试验与评定要与维修工程相结合,以评价设计措施的合理性和有效性。

1.2.3 保障性工程的内涵

"兵马未动,粮草先行",说明了保障问题自古以来就是决定战争胜负的重要影响因素之一。武器装备要具备执行作战任务的能力,不仅要有良好的作战性能,而且要有较高的可靠性、维修性水平,此外还要具备适应作战的保障能力[9]。因此,必须在装备研制早期考虑保障系统的设计,并把对保障系统运行有显著影响的要素综合到装备设计中,以便使保障系统与装备同时交付部队并在使用中发挥出应有的保障能力,形成战斗力。

20世纪80年代以来,继可靠性工程、维修性工程之后,保障性工程也已经发展成为一门独立的学科,保障性工程是指研究为提高装备保障性,在论证、研制、生产与使用过程中所进行的各项工程技术和管理活动的一门专业工程学科[10]。保障性工程运用系统工程的方法,系统规划装备在设计、研制、生产与使用保障阶段的各项保障性系统工程活动,在可承受的寿命周期费用约束下,实现提高保障性与战备完好性的目标。保障性工程活动主要包括保障性设计、保障性分析、保障资源规划、保障性试验与评价等内容。

保障性设计包括装备的保障性设计和保障系统的规划,主要是指可靠性、维修性、测试性、运输性等的设计,还包括将其他有关保障考虑纳入装备的设计,即将有关保障的要求和保障资源的约束条件反映在装备的设计方案中。例如,为了保证飞机的外场停放,在设计时应考虑飞机系留点的设计。

保障性分析是指在装备的整个寿命周期内,为确定与保障有关的设计要求,影响装备的设计,确定保障资源要求,使装备得到经济有效的保障而开展的一系列分析活动。保障性分析是保障性工程的核心内容,是联系保障性工程各项工作、各专业工程工作、设计工程工作的纽带。保障性分析是一个反复迭代进行的系统分析过程,是系统工程过程的组成部分,其目的主要是确定保障性要求、影响装备的设计和为规划保障资源提供信息。保障性分析的主要技术有以可靠性为中心的维修分析(reliability centered maintenance analysis, RCMA)、修理级别分析(level of repair analysis, LORA)、使用与维修工作分析(operational & maintenance task analysis, O&MTA)等。

保障资源规划是指将保障性分析得到的装备保障资源要求,转化为可直接利用的资源,确定所需资源的品种和数量,并进行研制、采购或利用已有资源的过程。

保障性试验与评价是指对装备系统的战备完好性、与保障有关的设计特性及其配套的保障资源所进行的试验与评定工作。通过对一个或多个保障要素、保障系统、装备的保障设计特性以及装备系统等对象进行分析与试验,来评价相应的定性、定量要求的满足情况,并提出改进建议。

保障性工程与可靠性工程、维修性工程等专业工程之间密切联系、相互协调。保障性工程与可靠性工程、维修性工程等专业工程都是为了满足装备战备完好性要求,降低装备寿命周期费用而开展的,具有不同任务、不同工作内涵但密切相关的工程领域。在论证和方案阶段,通过实施保障性分析对备选的设计方案及其保障方案进行权衡优选,协调并确定装备战备完好性要求、保障性设计特性要求和保障系统及其资源要求,还应通过实施有关的可靠性、维修性工作,分析实现可靠性、维修性要求的可能性;在工程研制阶段,通过实施有关可靠性、维修性工作,保证达到规定的可靠性、维修性要求,还要实施保障性分析,确定装备所需的保障资源;在整个研制阶段,应协调保障性工程与可靠性工程、维修性工程等专业工程工作项目之间的关系,以便使装备设计和规划保障同步协调进行。

1.3 可靠性维修性保障性工程的发展历程

1.3.1 可靠性工程的发展历程

1. 国外的发展历程

1) 萌芽阶段

1944年,纳粹德国已濒临绝境,把扭转败局的希望寄托于刚研制出来的Ⅴ-Ⅰ飞弹。可是,大部分飞弹发生了故障,很多飞弹起飞后不久便栽进英吉利海峡。有一次发射时,竟有1枚飞弹"反戈一击",在希特勒的防空指挥部上空爆炸。飞弹的故障虽然是一支小插曲,却孕育着一门新兴的学科——可靠性工程。当时参加飞弹研究的皮鲁契加(Pierschka)和鲁塞尔(Lusser)等利用概率论的知识,把整个飞弹故障原因分解为动力、导航、引爆三个部分,提出了串联模型,并认为飞弹的可靠度是各组成部分可靠度的乘积。要想命中目标,同时发射的飞弹数目应大于该乘积值的倒数。这个理论创立了可靠性工程的基础理论。第二次世界大战期间,美国和日本正在太平洋激战。由于受高温、潮湿以及运输过程中振动和冲击的影响,美国远东空军运送的电子设备抵达基地时,竟有60%的设备发生故障,运往前线后又有50%的不能工作,其主要原因是电子管的可靠性太差。这促使美军将可靠性问题列为专题进行研究,成立了"电子管研究委员会",专门研究电子管的可靠性问题。这一阶段主要是通过采用新材料及新工艺,发展质量控制及检验统计技术来提高电子管的可靠性。

2) 兴起和形成阶段

为了解决军用电子设备和复杂导弹系统的可靠性问题,美国军方及工业界有组织地开展了一系列可靠性研究。1951年,美国航空无线电公司(ARINC)开始了最早的可靠性改进计划《ARINC军用电子管计划》;1952年,美国国防部成立了一个由军方、工业部门和学术界组成的电子设备可靠性咨询组(Advisory Group of Reliability of Electronic Equipment,AGREE);1955年,AGREE开始实施一个从设计、试验、生产到交付、储存和使用的全面可靠性发展计划,并于1957年发表了《军用电子设备可靠性》研究报告。该报告从9个方面阐述了可靠性设计、试验及管理的程序及方法,确定了美国可靠性工程发展方向,成为可靠性发展的奠基性文件,也标志着可靠性工程成为一门独立的学科,是可靠性工程发展的重要里程碑。同年,AGREE还提出了一整套可靠性设计、试验及管理方法,被美国国防部及国家航空航天局(NASA)接受,在新研制的装备中得到广泛应用并迅速发展,形成了一套较完善的可靠性设计、试验和管理标准,如MIL—HDBK—217《电子设备可靠性预计手册》、MIL—STD—781《可修复的电子设备试验等级和接收/拒收准则》、MIL—STD—785《系统与设备的可靠性大纲要求》。

3) 全面发展的阶段

到20世纪60年代,可靠性工程的研究,已从电子设备扩大到各种军用设备,进一步完善了可靠性相关军用标准,并把可靠性要求正式列为军用产品质量指标。这个阶段是可靠性工程全面发展的阶段,也是美国在武器系统研制中全面贯彻可靠性大纲的年代。这10年中,美国先后研制出F-111A战斗轰炸机、F-14A战斗机、F-15A战斗机、"民兵"导弹、"水星"号和"阿波罗"宇宙飞船等装备,并在这些装备研制中提出了严格的可靠性要求,不同程度地制定了较完善的可靠性大纲,开展了可靠性分配与预计、故障模式及其影响分析(failure mode and effects analysis,FMEA)和故障树分析(FTA)、可靠性鉴定与验收试验和老炼试验、可靠性评审等,使这些装备的可靠性有了大幅度的提高。例如,50年代的"先驱者"号卫星发射了11次,只有3次成功;而60年代的"阿波罗"登月舱,除"阿波罗"13号宇宙飞船以外,每次发射都成功地着陆在月球上并安全返回。这10年中,英、法、日、苏联等工业发达的国家也相继开展了可靠性研究。

4) 步入成熟阶段

20世纪70年代,尽管美国及整个资本主义世界遇到了经济困难、军费紧缩,但是可靠性作为降低武器系统寿命周期费用的一种有效工具却得到进一步发展,加上美军主战装备在使用过程中出现了故障频发、可靠性低、维修费用高涨的问题,引起美军高层的重视。为加强武器装备的可靠性管理,美国国防部建立了集中统一的可靠性管理机构,成立了直属于"三军"联合后勤司令的可靠性、可用性和维修性(RAM)联合技术协调组,负责组织、协调国防部范围内的可靠性政策、标准、手册和重大研究课题;建立了全国性数据交换网(政府与工业界数据交换网),加强政府机构与工业部门之间的技术信息交流;制定出一套较完善的可靠性设计、试验及管理的方法及程序。为解决复杂武器系统投入外场使用后出现的战备完好性低和使用保障费用高的问题,美军从型号项目论证开始就强调可靠性设计,通过加强电子元器件选择与控制、采用更严格的降额及热设计并强调环境应力筛选、可靠性增长试验和综合环境应力的可靠性试验、推行可靠性奖惩合同等一系列措施来提高武器装备的可靠性。美国空军的F-16A和海军的F/A-18A战斗机、陆军的M1主战坦克和英国皇家空军的"隼"式教练攻击机的研制,体现了20世纪70年代可靠性工程发展的特点。

5) 深入发展阶段

这一阶段在发展策略上把可靠性置于与武器装备性能、费用和进度同等重要的地位;在管理上,加强集中统一管理,强调可靠性管理应当制度化;在技术上,深入开展软件可靠性、机械可靠性以及光电器件可靠性、微电子器件可靠性研究,全面推广计算机辅助设计(computer aided design,CAD)技术,积极采用模块化、综合化、容错设计,以及光纤和超高速集成电路等新技术来全面提高现代武器系统的可靠性。1980年,美国国防部颁发了第一个可靠性和维修性(R&M)条例,即DoDD5000.40《可靠性和维修性》,规定了国防部武器装备采办的R&M政策和各部门的职责,并强调从装备研制开始就应开展R&M工作。1985年2月,美国空军推行了《可靠性及维修性2000年(简称R&M2000)行动计划》,其目标是到2000年美国空军飞机可靠性要提高1倍、维修工时减半。该行动计划从管理入手,推动R&M技术的发展,使R&M的管理走向制度化,使R&M成为航空装备战斗力的组成部分。在1991年海湾战争中,美国空军的《R&M2000行动计划》收到了显著成效,F-16C/D及F-15E战斗机的战备完好性(能执行任务率)都超过了95%。1986年,美国马里兰大学成立了先进寿命周期工程中心(Center for Advanced Life Cycle Engineering, CALCE),致力于开发并利用高科技方法,以提高下一代电子产品及系统的使用寿命和质量性能,并降低成本。

6) 创新发展阶段

海湾战争等多次高技术局部战争的经验教训,进一步表明武器装备的 RMS 对现代战争胜负非常重要。20 世纪 90 年代,高加速寿命试验(highly accelerated life test, HALT)、高加速应力筛选(highly accelerated stress screens, HASS)、失效物理分析(physics of failure, PoF)、过程 FMEA 等实用技术的研究,在 F-22 和 F-35 战斗机以及 M1A2 主战坦克等新装备研制中得到应用,取得了很好的效果。随着计算机技术的发展和软件系统在武器装备中的广泛应用,因软件问题已导致导弹误发射、航天飞行器发射失败等许多重大事故。例如,1991 年,在海湾战争中美军"爱国者"导弹由于软件系统运行累计误差过大,导致发射未能拦截"飞毛腿"导弹,导致在沙特阿拉伯的英军兵营 28 人死亡、98 人受伤;1996 年,欧洲航天局在法属圭亚那发射新研制的"阿里安娜"5 号火箭,因控制软件错误,导致火箭升空后数十秒发生爆炸;美国空军 F-22 战斗机因为航空电子软件可靠性问题,造成飞行试验计划推迟一年多。软件的质量与可靠性问题引起世界各军事大国广泛关注,成为今后装备质量特性领域亟待解决的关键问题。

进入 21 世纪以来,美国国防部发现近半数的采办项目在初始试验与验证过程中,作战效能未能满足要求,作战适用性差。在 1996—2000 年,80% 的装备都达不到要求的使用可靠性水平。国防部针对这些项目进行了一系列研究后,发现装备的研制存在着设计中考虑可靠性要求不够,较多地依靠可靠性预计而缺乏工程设计分析,FMECA 故障报告、分析与纠正措施系统(failure report, analysis and corrective action system, FRACAS)在纠正故障问题时没有发挥作用,还有系统试验不充分、试验时间短且试验样本量太小等严重问题。

为了解决武器装备研制中存在的可靠性问题,美国国防部一方面深入改革防务采办的政策、程序和方法,另一方面调整装备采办的可靠性政策,制定军民共用的可靠性标准。国防部与工业界、政府电子与信息技术协会(GEIA)密切合作,2008 年 8 月 1 日美国信息技术协会(ITAA)正式发布了供国防系统和设备研制与生产用的可靠性标准 GEIA—STD—0009《系统设计、研制和制造用的可靠性工作标准》,进一步强化装备研制中的可靠性工作。为贯彻和实施以可靠性增长过程为核心的 GEIA—STD—0009 标准,2009 年 5 月美国国防部颁发了 MIL—HDBK—00189A《可靠性增长管理手册》,以替代 1981 年 2 月发布的 MIL—HDBK—00189。

与此同时,以失效机理为基础的可靠性预计技术得到深入发展,开发了相应的可靠性工程辅助软件,并在 F-22 机载电子设备和欧洲 A400M 军用运输机的可靠性设计中得到应用。马里兰大学 CALCE 是电子产品失效机理分析研究的创始者之一,目前已经建立了一系列故障机理模型,并开发了可预测每一种失效机理的失效时间软件。该软件提供了大多数现代印制电路板的建模能力(如温度场建模、振动场建模),使得设计人员能够计算出无维修工作期(maintenance free operation period, MFOP),来评价飞机完成任务的能力。A400M 军用运输机已经采用 MFOP 替代传统的平均故障间隔飞行小时(mean flight hour between failure,MFHBF)作为飞机整机的可靠性指标。

2. 我国的发展历程

我国可靠性工程起步于20世纪60年代。在"两弹一星"研制中,航天部门首先提出了电子元器件必须经过严格筛选,重视和发展元器件的可靠性和大型工程项目的可靠性。

20世纪70年代后期,我国空军面临可靠性先天缺陷集中暴露、大批飞机到寿或无寿命指标的严峻局面。以空军研究院张福泽院士为代表的研究人员开始着手进行乌米格-15和米格-15比斯战斗机两个大机群的定寿、延寿工程,将两个机群的总使用寿命从1700飞行小时、约1200飞行小时分别延长至3700飞行小时、3200飞行小时;系统提出了《系列飞机定寿法》,解决了当时空军各项飞机定寿和延寿重大工程难题,产生了数千架飞机的经济价值,获得了国家科技进步一等奖。

20世纪80年代,为解决航空装备使用中的寿命短、故障多的问题,空军系统开展了现役航空装备定寿、延寿和可靠性"补课"工作;1982年10月,空军举办了首期可靠性知识培训,标志着正式引入可靠性思想;1985年国防科工委发布了《航空装备寿命和可靠性工作的暂行规定》,即"1325号文",以指导航空装备定寿、延寿和可靠性工作,同时结合我国国情并吸取国外先进经验,组织制定一系列关于可靠性的国家标准、国家军用标准和专业标准,相继颁布了GJB 450—1988《装备研制与生产的可靠性通用大纲》、GJB 299—1987《电子设备可靠性预计手册》、GJB 899—1990《可靠性鉴定和验收试验》等具有代表性的基础标准;1986年,我国某型飞机开始立项研制,是我军第一个全面系统地提出了可靠性、维修性指标要求的机型。1987年5月,国务院、中央军委颁发了《军工产品质量管理条例》,明确要求在产品研制中要运用可靠性技术。

1985年,我国可靠性系统工程的奠基人杨为民教授组建了北京航空学院工程系统工程系和可靠性工程研究所,创建了国内高校第一个"质量与可靠性工程"专业,而后逐步建立了从本科生到博士生的可靠性专业人才培养体系。同期,全国性和专业学术团体中可靠性学会相继成立,如中国电子学会可靠性分会、中国航空学会可靠性分会、中国机械工程学会可靠性分会等,加强了可靠性学术交流活动,促进了我国可靠性理论与工程研究的深入融合发展。

进入20世纪90年代,我军对武器装备可靠性技术愈发重视,从"九五"时期开始,专门设置了可靠性共性技术领域,开展以武器装备研制为背景的可靠性技术应用研究,取得了显著效果。1990年4月,空军成立了航空技术装备可靠性办公室,归口管理空军航空装备可靠性和寿命工作,并在新型号航空装备研制过程中严格落实各项可靠性工作要求,开展可靠性设计与分析,落实可靠性鉴定试验要求,确保装备研制可靠性水平,使得新装备部署后使用可靠性保持了较高的水平,对于部队快速形成战斗力起到了重要作用。1995年,国防科工委成立了可靠性技术专业组(现为军委装备发展部可靠性技术专业组),组织开展全军可靠性应用研究。

进入21世纪,可靠性仿真技术、可靠性强化试验等一系列新技术、新方法在新装备研制中得到广泛应用,取得了非常好的应用效果,有力地支撑了新型号装备可靠性研制工作。

1.3.2 维修性工程的发展历程

1. 国外的发展历程

从武器装备战备完好性和寿命周期费用的观点出发,仅提高可靠性并不是一种最有效的办法,必须综合考虑可靠性和维修性才能获得最佳的效果。

1)引起重视和独立发展阶段

20 世纪 50 年代,随着军用电子设备复杂性的提高,武器装备维修工作量大、费用高,引起了美国军方的重视。在朝鲜战争中,美军军用电子设备每年的维修费用是其成本的 2 倍。大约每 250 个电子管就需要一个配置维修人员,美国国防部每天要花费 2500 万美元用于各种武器装备的维修,每年约 90 亿美元,占国防预算的 25%。在 50 年代后期,美国空军罗姆航空发展中心(RADC)及航空医学研究所等部门开展了维修性设计研究,提出了设置电子设备维修检查窗口、测试点、显示及控制器等措施,从设计上改进电子设备的维修性,并出版了相关报告和手册,为以后的维修性标准制定奠定了基础。

到 20 世纪 60 年代中期,各种晶体管及固态电路相继取代了电子管,使得军用电子设备的维修性有了显著改善。然而,由于电子设备复杂性的迅速增长,维修性仍是军方研究的重要课题。其研究重点转入维修性定量要求,提出了以维修时间作为维修性的主要度量参数,借鉴可靠性工程方法,应用概率论与数理统计在维修性预计与分配、试验与评定等方面取得了许多成果。通过对维修过程的分析,把维修时间进一步分为不能工作时间、修理时间和行政延误时间等时间单元,并指出对于大部分电子设备而言,维修时间服从对数正态分布,提出了维修时间分布的平均值和 90%(或 95%)的百分位值作为维修性的度量参数,为定量预计武器装备维修性、控制维修性设计过程、验证维修性设计结果奠定了基础。在这些研究基础上,美国海军、空军都分别制定了武器装备的维修性管理、验证和预计规范,来保证所研制的武器装备达到规定的维修性要求。1966 年,美国国防部先后颁发了 MIL—STD—470《维修性大纲要求》、MIL—STD—471《维修性验证、演示和评估》和 MIL—HDBK—472《维修性预计》三个维修性文件,标志着维修性已成为一门独立的学科,与可靠性并驾齐驱。

2)深入发展阶段

20 世纪 70 年代,电子设备维修性关注的重点已经从拆卸和更换,转到故障检测和隔离,故障诊断能力、机内自检(built-in-test,BIT)成为维修性设计的主要内容,机内测试技术成为改善电子设备维修性的重要途径。1978 年,美国国防部专门成立了测试性技术协调小组,负责测试性研究计划的组织与实施。随着测试性的深入研究与应用,人们认识到机内自检与外部测试不仅对维修设计产生重大的影响,而且影响到装备寿命周期费用。为此,美国国防部专门发布了 MIL—STD—2165《电子系统及设备的测试性大纲》,标志着测试性开始独立于维修性成为一门新的学科。

20 世纪 80 年代,维修性设计与分析逐步实现 CAD 化,维修性设计与分析 CAD 综合分析软件广泛用于 F-16 战斗机、M1 坦克等武器装备的研制与改进改型中。

20 世纪 90 年代初,美国海军推出"减少维修的工程"(engineering for reduced mainte-

nance,ERM),又称为改进性维修(alterative maintenance,AM),主要通过更换系统、部件，或使用改进的设计、材料,达到减少故障和修复性维修费用的目的,通常在装备寿命早期阶段或出现新技术时实施。在两栖攻击舰中期升级计划中,采用了改进性维修。结果表明:在6年使用维修期内,可减少1万/(人·天)的修复性维修工作量,有效地缩短了维修时间,降低了维修费用。

3）创新发展阶段

20世纪90年代中期至21世纪初,随着计算机和仿真建模技术的快速发展,为维修性工程与仿真技术相结合提供了可能。维修性设计与仿真采用了现代计算机仿真和虚拟现实(virtual reality,VR)技术,实现了无纸化设计,缩短了设计周期,并应用于CNV-21核动力航空母舰、F-35战斗机等新装备研制中。

1995年,洛克希德·马丁公司开始淘汰F-16项目中的所有金属样机或模型,转而采用CAD模型。为了适应这种变化,在维修性分析中开始采用Deneb Envision作为虚拟现实的软件工具,对设备搬动、预防性维修、设备调整、设备安装以及紧固件处理进行了模拟分析。2004年,西班牙纳瓦拉公立大学开发了基于虚拟现实技术的LHIFAM设备和REVIMA系统,并将其应用于对EH200、TP400等航空发动机拆装顺序、路径以及用时的分析,取得了良好的效果。在美军联合攻击战斗机(JSF)项目中采用了虚拟维修仿真,演示了F-35战斗机在航空母舰上更换发动机的全过程。2000年,美国Wright Patterson空军基地与通用电气(GE)公司、洛克希德·马丁公司共同发起一项为期3年的研究项目"Service Manual Generation",旨在进行维修性分析的同时能够实现维修手册的自动生成。该项目主要包括维修顺序、任务生成、虚拟确认,其中,虚拟确认主要采用虚拟现实技术对"任务生成"和"维修顺序"的结果进行正确性检查。为了改善航空发动机的维修,美国普·惠公司在F119—PW—100型发动机研制过程中,应用了由Vicon公司开发的虚拟建模工具Vicon Motion Capture,评估航空发动机维修时间与工作要求。

2. 我国的发展历程

我国从20世纪70年代末开始从国外引进维修科学,先后翻译出版了美军维修工程和维修性工程的相关文献,主要有《维修工程技术》《维修性工程理论与方法》《维修性设计指导》《以可靠性为中心的维修》(1982年原空军第一研究所译)等。

进入20世纪80年代后,特别是几次局部战争的深刻启示,让人们认识到提高武器装备维修性已成为迫切要求。1984年,空军工程学院组织编著了《航空维修工程学》,系统阐述了可靠性维修性的相关理论与方法。1987年,我军以军用飞机使用与维修经验为基础,制定出我国第一套维修性标准GJB 312—1987《飞机维修品质规范》,结合美军标MIL—STD—470,编制了GJB 368—1987《装备维修性通用规范》,推动了武器装备维修性工程的研究与应用。在我军的现役航空装备中,由于受传统设计思想和技术水平限制,飞机维修性水平相当低下,严重影响了战斗力。为此,空军着手开展了歼-6、歼-7、歼-8等系列飞机维修性增长工作,主要偏向于维修可达性和防差错设计改进。

20世纪90年代,研究人员总结美军标准的贯彻实施经验,标志着已经初步形成了国内维修性工程的理论与方法体系。1994年,北京航空航天大学龚庆祥教授主编的《飞机设计手册》第20分册《可靠性维修性设计》,详细阐述了飞机维修性设计要求,包括防差错设计、可达性设计、标准化与互换化、模块化设计、识别标记等。1995年,军械工程学院甘茂治教授编著了《维修性设计与验证》一书,系统研究了维修性设计要求、方法与模型。随着研究与应用的深入,国防科工委先后颁布了GJB 2072—1994《维修性试验与评定》、GJB/Z 54—1994《维修性分配与预计手册》、GJB/Z 91—1997《维修性设计技术手册》等标准,推动了我国维修性工程理论与应用的全面开展。

与欧美发达国家相比,我国在虚拟维修领域的研究起步较晚,但随着综合国力的增强以及国家对科学技术的重视,也取得了诸多研究成果。21世纪初,空军工程学院、空军第一航空学院等单位较早开展了机务人员虚拟维修训练技术研究,研制了多种飞机机务人员维修训练模拟器。军械工程学院郝建平对虚拟维修仿真及其应用进行多年研究的基础上,出版了《虚拟维修仿真理论与技术》和《基于数字样机的维修性技术与方法》等专著,内容涵盖了虚拟维修仿真的系统总体框架、软/硬件组成、建模与仿真技术、应用分析技术等。南京航空航天大学民航学院在维修性可视化、维修并行作业设计等方面,开展了一些研究工作。

1.3.3 保障性工程的发展历程

1. 国外发展历程

1) 概念形成和初步发展阶段

为解决因装备技术复杂程度提高后引起的保障问题,美国国防部于1964年首次发布DoDD 4100.35《系统与设备综合后勤保障研制》,提出综合后勤保障(integrated logistics support,ILS)的概念。那时,飞机往往是在设计完成之后,甚至在投入使用前才考虑保障问题,从而造成飞机服役后由于缺少备件及保障设备等原因而停飞,飞机使用与保障费用居高不下、战备完好性低,严重影响了部队装备作战使用,由此保障性逐渐引起重视[9]。

1971年,美国国防部颁布了DoDD 5000.1《重要武器系统采办》,明确提出了将费用作为主要设计参数之一,要求使用和保障费用指标与武器系统性能指标处于同等重要的地位。1973年,美国国防部颁发了MIL—STD—1388—14《后勤保障分析》和MIL—STD—1388—2《国防部对后勤保障分析记录的要求》,规定综合后勤保障的主要目标是用可承受的寿命周期费用实现装备的战备完好性目标,提出要实现这一目标必须执行这两个军用标准;并在F-15、F-16、F/A-18战斗机和M1主战坦克等型号研制中,不同程度地开展了保障性设计与分析。

2) 全面和深化发展阶段

20世纪80年代,美国军方认识到保障性问题不仅要通过设计与分析来解决,更要从管理入手全面解决。1983年,美国国防部颁发了DoDD5000.39《系统和设备综合后勤保障的采办和管理》,规定了保障性应与性能、进度和费用同等对待,还规定了"综合后勤保障的主要目标是以可承受的寿命周期费用实现系统的战备完好性目标"。1985年,美国国防部开始推行了一项"持续采办与寿命周期保障"(continuous acquisition and life-cycle support,CALS)计划,用于收集、处理武器装备工程设计、制造和保障的详细数据,从设计一开始就综合考虑装备设计、制造和保障问题,并在F-22战斗机、B-2轰炸机、C-17

军用运输机等新装备研制中得以应用,以达到缩短装备研制周期、减少寿命周期费用和提高战备完好性的目标。同时,通过详细的以可靠性为中心的维修分析以及修理级别分析(level of repair analysis,LORA)来确定军用飞机投入外场所需的保障资源以及保障方案,保证新装备具有满足作战环境需要的作战能力和较低的使用保障费用。

20世纪90年代,美国国防部废除了DoDD5000.39《系统和设备综合后勤保障的采办和管理》,将综合后勤保障纳入DoDD5000.2《防务采办管理政策和程序》,确定将综合后勤保障作为装备采办工作的一个不可分割的组成部分。1997年5月,美国国防部颁布的MIL—HDBK—502《采办后勤》将综合后勤保障改为采办后勤,强调保障性的重要性,明确保障性是性能要求的一部分,保障性分析是系统工程过程的一个不可缺少的部分。采办后勤的内容要比综合后勤保障的内容更突出系统工程过程。

鉴于美、英、法等国的现役装备普遍存在诊断能力差、虚警率高、备件供应不足、串件维修等问题,国外新一代装备,无论是美国的F-22战斗机、欧洲的EF2000战斗机,还是美军的MlA2坦克等装备都非常重视保障性设计。F-22战斗机从方案设计一开始就把保障性与隐身能力、超声速巡航、矢量推力等技术性能置于同等重要的地位。在方案论证中,40%的工作量用于与保障性有关的工作,反复进行权衡分析。例如,为了提高机动性、减少雷达截面积而采用的内埋式武器舱、油箱与飞机的保障性进行了多次权衡。美国空军要求F-22战斗机与F-15C战斗机相比,可靠性提高1倍,每飞行小时的直接维修工时数减少1/2,再次出动准备时间缩短1/3,部署30天所需的空运量仅为F-15C战斗机所需空运量的1/2。为了满足美国空军提出的保障性要求,在飞机研制过程中,主承包商洛克希德·马丁公司以及发动机、航空电子系统等系统和设备承包商及转包商,全面开展了保障性设计与分析,进行了严格的保障性试验与评估,保证F-22战斗机基本上能够达到美国空军提出的保障性要求。

3)创新发展阶段

进入21世纪以来,美军全面开展新一轮的采办改革,推行基于性能的后勤(performance based logistics,PBL)策略,以降低使用和保障费用,缩短研制周期,进一步突出了武器装备保障性的地位。该策略强调以用户为中心,以系统战备完好性和任务持续能力为驱动,把装备性能与保障作为一个整体来采办,指定项目经理作为装备采办和使用阶段装备保障的单一责任人,实现真正意义上的装备寿命周期保障综合,鼓励通过长期合作协议,选择最适合的保障方对装备实施最有效的保障。2003年5月,美国国防部颁发的5000系列采办条例,将保障性和持续保障作为武器系统性能的关键要素,并强调在产品和服务的采办和持续保障中,应考虑采用PBL策略。

在吸取海湾战争和伊拉克战争等局部战争的经验教训后,美军在CNV-21核动力航空母舰、未来战斗系统和F-35战斗机等新一代装备的研制中,都将保障性作为提高装备战斗力、降低寿命周期费用的主要措施,并通过推行PBL策略,采用远程维修和保障、预测与健康管理、基于状态的维修(condition based maintenance,CBM)、综合维修信息系统和便携式维修辅助设备等信息化维修保障技术,来降低装备服役后的使用和保障费用。

F-35战斗机提出的后勤保障总目标是:建立一个联合保障与国际合作的采办项目样板,研制和生产一种经济上可承受的、应对威胁的下一代攻击战斗机,并实现全球保障。

为了实现上述目标,该项目初期就明确必须改变传统的保障模式,建立自主式保障系统,以期使 F-35 战斗机未来的使用与保障费用比过去的机种减少 1/2。为此,在方案验证阶段,军方成立的型号办公室中就设立了专门负责保障性的机构,配合承包商对飞机的保障方案和保障性要求进行充分验证。

2005 年 8 月 3 日,美国国防部发布新的"可靠性、可用性和维修性(RAM)指南",提出建立一个满足 RAM 要求的装备所必需的四个关键步骤,即理解用户的需求与约束条件并形成文件;RAM 的设计和再设计;生产可靠的、可维修的系统;监测现场试验并保持 RAM。

为了解决装备作战适用性差、使用和保障费用高的问题,必须提高装备的保障性水平,把 RMS 设计到装备中。近些年来,美国国防部在武器装备采办中引入全寿命周期系统管理的理念,强调执行寿命周期持续保障,要求重大武器装备采办必须引入持续保障关键性能参数(key performance parameter,KPP),并于 2009 年 6 月颁发了"可靠性、可用性、维修性和拥有费用(RAM-C)手册"。该手册全面阐述了持续保障 KPP 的定义、内涵、要求,以及如何确定持续保障 KPP 及其各个子参数量值的方法,并提供了如何制定拥有费用要求的详细指导。

此外,近年来,国外的一些公司还开发了各种大型综合保障集成开发平台。例如,美国雷神公司开发的 EAGLE 平台,将装备全寿命周期内综合保障相关工作产生的设计、分析、统计及管理等方面的数据集成,从而避免产生信息孤岛。

2. 我国发展历程

我国于 1988 年开始引入综合后勤保障,由于我国"后勤保障"是与装备保障完全不同的专门术语,为避免混淆,国内一般称为"保障性工程"、也称为"综合保障工程"或"综合保障"。那时,我军的装备建设基本上采用传统的序贯式发展模式,即先发展主装备,再考虑保障配套问题。随着装备日益先进和复杂,这种序贯式的做法暴露出很大的问题。由于研制中对装备保障性问题考虑不周,导致装备在使用过程中保障困难、保障费用高,难以形成保障力和战斗力。国外实践经验表明,开展综合后勤保障是改变上述状况的有效途径。国内一批学者和专家开始把国外综合后勤保障的概念引入国内,翻译了一大批国外有关综合后勤保障的资料,包括美国国防部和三军关于综合后勤保障的指令、指示、条例、标准,以及其他一些指导性技术文件,并大力宣贯在装备研制过程中同步规划保障问题的理念、技术和方法。1988 年,国防科工委颁布了指令性文件,要求装备及其配套的保障资源要成套论证、成套研制、成套生产、成套验收和成套装备部队。

为推进保障性工程,从 20 世纪 90 年代开始,在充分消化、吸收和借鉴国外经验的基础上,结合国情实际,我国陆续制定并颁布有关综合保障的国家军用标准,先后制定并颁布了 GJB 1371—1992《装备保障性分析》、GJB 3872—1999《装备综合保障通用要求》、GJB 3837—1999《装备保障性分析记录》、GJB 1378—1992《装备预防性维修大纲制定要求与方法》、GJB 2961—1997《修理级别分析》、GJB 4355—2002《备件供应规划要求》、GJB 5238—2004《装备初始训练与训练保障要求》等标准,出版了《可靠性维修性保障性总论》《装备保障性工程与管理》《综合保障工程》等一系列著作并多次召开了全军范围的装备 RMS 研讨会,有力地推动了保障性工程的理论研究和实践活动。

从"九五"期间开始,有关主管部门就从多种渠道提供经费,支持相关单位开展装备综合保障领域的预先研究和技术方法研究。装甲兵工程学院研制开发的"典型装备综合保障工作平台",能实现在装备研制过程中辅助同步开展保障性分析。

进入 21 世纪,各大军工集团,如中国航空工业集团公司所属的飞机设计所,增设了综合保障技术室,专门开展装备保障性设计与分析,以推动先进保障理念及保障性分析技术在型号研制中的应用。

习 题

1. RMS 在装备型号研制中的地位有哪些?
2. RMS 在现代战争中的作用有哪些?
3. 试述可靠性工程的含义。
4. 试述维修性工程的含义。
5. 试述保障性工程与可靠性工程、维修性工程的关系。
6. 可靠性工程在发展历程中的里程碑事件有哪些?

第 2 章
可靠性概念与要求

可靠性是装备通用质量特性中最重要的特性,是发挥和提升武器装备作战效能的关键因素之一。可靠性的概念涉及的相关范畴很多,包括定义、分析、寿命剖面与任务剖面、度量方式等。可靠性要求是进行可靠性设计、分析、试验等工作的依据。科学地确定可靠性定性、定量要求是一项重要而复杂的工作。

本章的学习目标:理解可靠性定义、分类、寿命剖面与任务剖面,掌握可靠性函数、平均寿命与可靠寿命;理解典型故障率曲线,了解一般设备故障率曲线和复杂设备故障率曲线;理解可靠性定性要求和定量要求,掌握可靠性要求的确定过程。

2.1 可靠性概念及度量

2.1.1 可靠性定义

可靠性是指产品在规定的条件下和规定的时间内完成规定功能的能力。这里的产品泛指任何可以单独研究的对象,如元器件、组件、设备、分系统、系统,也可以是硬件、软件或两者的组合。从可靠性定义可以看出,产品可靠性的高低,必须是在规定的条件下、规定的时间内、按完成规定功能的能力大小来衡量。如果离开了这三个"规定",就失去了衡量可靠性高低的前提。

1. 规定的条件

规定的条件是指产品完成规定功能的约束条件,即产品所处的使用环境与维护条件。它主要是指环境条件、负荷条件、使用维修条件和工作方式等,主要包括使用时的环境条件,如温度、湿度、振动、冲击、辐射;使用时的应力条件,维护方法,贮存时的贮存条件;以及使用时对操作人员技术等级的要求。不同的条件下,产品的可靠性是不同的。例如,同一个型号飞机在我国中部平原地区和南部沿海地区飞行时,发生故障的频次不同表现出的可靠性也不一样。要研究可靠性必须指明产品使用时规定的条件是什么。

2. 规定的时间

规定的时间是指产品规定了的工作时间,是可靠性度量的依据。不同的规定时间内,产品的可靠性是不同的。因为随着时间的延长,产品出现故障的概率将增加,其可靠性会下降。另外,不同类型的产品,对应的时间单位也不同。例如,火箭发射装置,可靠性对应的时间以秒计,海底通信电缆则以年计。而且这里的时间是广义的时间,可以是日历时间(年、月、日、时、分、秒),也可以是飞行小时(如飞机)、射击发数(如导弹发射筒)、收/放次数(如飞机起落架)、行驶里程(如车辆)等。

3. 规定的功能

规定的功能是指产品规定了的、必须具备的功能及其技术指标。规定功能一般在产品使用说明书、履历本等技术文件中予以明确。产品所要求的功能多少及其技术指标的高低,直接影响着产品可靠性指标的高低。例如,歼击机不仅要求能够顺利飞上天,而且还要能飞抵作战空域、搜索并锁定敌机、发射空空导弹、击毁敌机并安全返航。具备这些功能,除了要求歼击机的动力系统、通信导航和飞控系统保持完好外,还要求机载雷达、武器等任务系统之间协调工作。歼击机的规定功能是要飞上天,还是要完成空战任务?两者所要求的飞机可靠性指标是不一样的。

当产品不能完成规定的功能时,我们认为产品出现故障了。"故障"的定义是:产品不能执行规定功能的状态,也称功能故障,因预防性维修或其他计划性活动或缺乏外部资源造成不能执行规定功能的情况除外。失效是指产品丧失完成规定功能的能力的事件,在实际应用中,特别是对硬件产品而言,故障与失效很难区分,一般统称为故障。故障的表现形式称为故障模式,如元器件短路、开路、参数漂移等。引起故障的物理的、化学的、生物的或其他的过程称为故障机理。

2.1.2 可靠性分类

1. 基本可靠性与任务可靠性

从设计的角度,可靠性分为基本可靠性和任务可靠性。

基本可靠性是指产品在规定的条件下和规定的时间内无故障工作的能力。基本可靠性反映了产品对维修资源的要求,通常可用平均故障间隔时间(mean time between failure,MTBF)来度量。确定基本可靠性量值时,应统计产品所有寿命单位和所有故障。

任务可靠性是指产品在规定的任务剖面内完成规定功能的能力。任务可靠性是衡量产品完成任务的能力,通常用任务可靠度(mission reliability,MR)和平均严重故障间隔时间(mean time between critical failure,MTBCF)来度量。确定任务可靠性量值时,只统计任务期间内那些影响任务完成的故障(灾难故障和严重故障)。因此,同一产品的任务可靠性一般高于或等于其基本可靠性水平。

2. 固有可靠性与使用可靠性

从应用的角度,可靠性分为固有可靠性和使用可靠性。

固有可靠性是指设计和制造赋予产品的,并在理想的使用和保障条件下所具有的可靠性,也称为合同可靠性或设计可靠性,它是从承制方的角度来评价产品的可靠性水平。固有可靠性仅考虑承制方在设计和制造中能控制的故障事件和不可靠因素,用于衡量产品设计和制造的可靠性水平。产品完成设计、制造工艺稳定后,其固有可靠性是固定不变的。

使用可靠性是指产品在真实环境中使用时所呈现的可靠性,反映了产品设计、制造、使用、维修、环境等因素的综合影响,它是从用户的角度来评价产品的可靠性水平。使用可靠性是综合考虑了产品设计、制造、安装、环境、使用、维修等环节中的影响因素,用于衡量产品在预期使用环境中真实的可靠性水平。产品在设计时不可能考虑到所有的使用情况,因此同一产品的使用可靠性一般低于其固有可靠性水平。

2.1.3 寿命剖面和任务剖面

1. 寿命剖面

寿命剖面是指产品从交付到寿命终结或退出使用这段时间内所经历的全部事件和环境的时序描述。寿命剖面说明了产品在整个寿命期经历的事件(如包装、运输、贮存检测、维修、执行任务等)以及每个事件的顺序、持续时间、环境和工作方式,它包含一个或多个任务剖面。通常把产品的寿命剖面分为后勤和使用两个阶段(图2.1)。

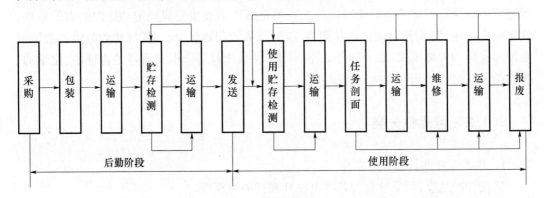

图 2.1 寿命剖面内的事件

寿命剖面对确定系统可靠性要求是必不可少的。一般情况下,装备大部分时间处于非任务状态,在非任务期间由于装卸、运输、贮存、检测所产生的长时间应力也会严重影响产品的可靠性。例如,导弹是一种"长期贮存、一次使用"的武器装备,在约 10~12 年寿命期间内的大部分时间处于贮存状态,而一次发射任务时间往往不会超过 1h。因此,必须把寿命剖面中非任务期间所受应力状况转化为可靠性设计要求。

2. 任务剖面

任务剖面是指产品在完成规定任务这段时间内所经历的事件和环境的时序描述,如图 2.2 所示。

对于完成一种或多种任务的产品,应制定一个或多个任务剖面。任务剖面一般包括:①产品的工作状态;②维修方案;③产品工作的时间与顺序;④产品所处环境(外加的与诱发的)的时间与顺序;⑤任务成功或严重故障的定义。

寿命剖面、任务剖面在产品可靠性要求论证时就应给出。完整准确地确定产品的寿命、任务事件和预期使用环境,是进行系统可靠性设计与分析的基础。

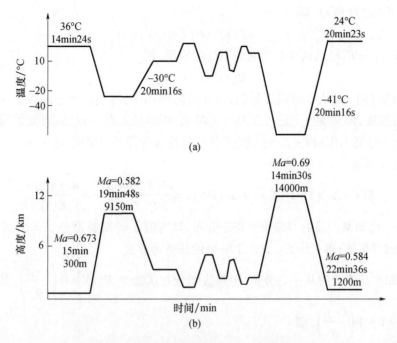

图 2.2 飞机投放炸弹事件的任务剖面示例

2.1.4 可靠性函数

用可靠性来衡量产品的质量,过去只有定性的分析,即可靠性是"好"、还是"不好"这样模糊定性的标准,而没有定量的概念。自从可靠性工程诞生后,将可靠性量化,把可靠性从定性分析提高到定量计算,使得可靠性工程得以迅速发展。当给可靠性以定量表示时,就可以在方案论证阶段,对产品可靠性提出明确且可考核的定量要求;根据这种要求,在工程研制和制造阶段,利用各种数学方法,计算、预计和实现产品的可靠性;在使用与保障阶段,根据实际中的统计数据,分析评估产品的使用可靠性水平。

可靠性是一门与故障做长期斗争的学科。我们研究可靠性问题是从故障入手的,把寿命规定为产品从开始工作到故障的时间段。由于故障的发生是随机的,所以可以把寿命看作一个随机变量。这样,我们便可以从概率论的角度来研究可靠性的定量化问题。

产品可靠性常用的度量方式有两类:一类是可靠性函数,包括可靠度函数、故障分布函数、故障密度函数、故障率函数;另一类是可靠性参数,如平均寿命、可靠寿命(属于耐久性参数)。

1. 可靠度函数与故障分布函数

可靠度是产品在规定的时间内和规定的条件下,完成规定功能的概率。根据定义可知,可靠度是时间的函数。将产品的寿命记为 T,任意规定的时间记为 t,则产品在该时刻的可靠度记为 $R(t)$,表示" T 大于 t "这个事件发生的概率,即

$$R(t) = P(T>t) \tag{2.1}$$

上述事件对立事件的概率,称为故障分布函数或累积分布函数(cumulative distribution

function, CDF)记为 $F(t)$，即

$$F(t) = P(T \leq t) \quad (2.2)$$

由于 $R(t)$ 和 $F(t)$ 是两个互为对立事件的概率，则

$$R(t) + F(t) = 1 \quad (2.3)$$

式中：$R(t)$ 的时间 t 是从零时刻算起的，但在实际使用中，我们还关心装备在执行一次任务期间的可靠度，即需要研究已经工作了 t 时间，再继续工作一段 Δt 时间的可靠度。我们将产品从 t 时刻工作到 $t+\Delta t$ 时刻的条件可靠度称为任务可靠度，记为 $R(t+\Delta t | t)$。

根据定义可知

$$R(t+\Delta t | t) = P(T > t+\Delta t | T > t) = \frac{P(T > t+\Delta t)}{P(T > t)} = \frac{R(t+\Delta t)}{R(t)} \quad (2.4)$$

例2.1 已知某产品的寿命服从正态分布，其均值 $\mu = 8h$，标准差 $\sigma = 2h$，求该产品连续工作5h的可靠度；再工作5h，试求10h处的任务可靠度。

解：已知产品寿命服从正态分布，则其故障分布函数为 $F(t) = \Phi\left(\frac{t-\mu}{\sigma}\right)$，其可靠度函数为 $R(t) = 1 - \Phi\left(\frac{t-\mu}{\sigma}\right)$，则

$$R(5) = 1 - \Phi\left(\frac{5-8}{2}\right) = 1 - \Phi(-1.5) = \Phi(1.5) = 0.9332$$

$$R(10|5) = \frac{R(10)}{R(5)} = \frac{1 - \Phi(1)}{0.9332} = \frac{0.8413}{0.9332} = 0.9015$$

理论上，当我们知道了产品寿命的分布函数，便可计算出任意时刻的可靠度、任务可靠度和故障分布函数值。但是在工程上，由于产品的寿命分布函数一般是未知的，这时我们只能用大量试验中事件频数来近似表示其概率。那么，从工程估算的角度，近似给出的可靠度称为经验可靠度、经验任务可靠度和经验故障分布函数值。

假设现有一批 N 个不可修产品，从零时刻开始使用。随着时间的延长，不断有产品发生故障，到 t 时刻已经有 $N_f(t)$ 个产品发生故障，此时残余 $N_s(t)$ 个产品处于完好状态；再继续使用到 $t+\Delta t$ 时刻，残存 $N_s(t+\Delta t)$ 个产品处于完好状态，则该批产品在 t 时刻的经验可靠度记为 $\hat{R}(t)$、经验故障分布函数值记为 $\hat{F}(t)$，在 $t+\Delta t$ 时刻的经验任务可靠度为 $\hat{R}(t+\Delta t | t)$，分别表示如下：

$$\hat{R}(t) = \frac{N_s(t)}{N} \quad (2.5)$$

$$\hat{F}(t) = \frac{N_f(t)}{N} \quad (2.6)$$

$$\hat{R}(t+\Delta t | t) = \frac{\hat{R}(t+\Delta t)}{\hat{R}(t)} = \frac{N_s(t+\Delta t)}{N_s(t)} \quad (2.7)$$

例2.2 现有一批100台完好的某设备，从零时刻开始投入使用，按每100h的使用时间，统计该批设备的故障情况如表2.1所列，试估算该设备经验可靠度、经验故障分布函数值。

表2.1 某设备故障情况表

时间/h	$N_f(t)$	$\hat{R}(t)$	$\hat{F}(t)$	时间/h	$N_f(t)$	$\hat{R}(t)$	$\hat{F}(t)$
0	0	1	0	600	83	0.17	0.83
100	26	0.74	0.26	700	88	0.12	0.88
200	45	0.55	0.45	800	91	0.09	0.91
300	60	0.40	0.60	900	93	0.07	0.93
400	70	0.30	0.70	1000	95	0.05	0.95
500	78	0.22	0.78				

解：由式(2.5)、式(2.6)，分别估算出该设备的经验可靠度、经验故障分布函数值，结果见表2.2。

表2.2 某设备经验故障密度、经验故障率情况

时间/h	$\Delta N_f(t)$	$\Delta \bar{N}_s(t)$	$\hat{f}(t)$	$\hat{\lambda}(t)$	时间/h	$N_f(t)$	$\Delta \bar{N}_s(t)$	$\hat{f}(t)$	$\hat{\lambda}(t)$
0	26	87	0.0026	0.0030	600	5	14.5	0.0005	0.0035
100	19	64.5	0.0019	0.0030	700	3	10.5	0.0003	0.0029
200	15	47.5	0.0015	0.0032	800	2	8	0.0002	0.0025
300	10	35	0.0010	0.0029	900	2	6	0.0002	0.0033
400	8	26	0.0008	0.0031	1000				
500	5	19.5	0.0005	0.0026					

在开始使用时，即 $t=0$，我们认为产品都是完好的，此时 $N_f(0)=0, N_s(t)=N$，则有 $\hat{R}(0)=1, \hat{F}(0)=0$；随着时间的延长，$N_f$ 逐渐增大，N_s 逐渐减小，则 $\hat{R}(t)$ 逐渐减小，$\hat{F}(t)$ 逐渐增大；当 $t\to\infty$ 时，所有产品都会故障，则 $\hat{R}(\infty)=0, \hat{F}(\infty)=1$。

推广至一般情况，$R(t)$ 与 $F(t)$ 具有以下性质。

(1) $R(t)$ 是非增函数且 $R(0)=1, R(\infty)=0, 0 \leqslant R(t) \leqslant 1$；

(2) $F(t)$ 是非减函数且 $F(0)=0, F(\infty)=1, 0 \leqslant F(t) \leqslant 1$。

$R(t)$ 和 $F(t)$ 随 t 的变化如图2.3所示。

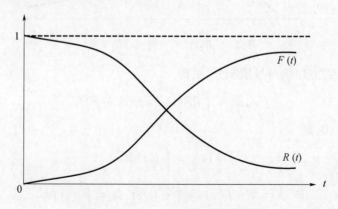

图2.3 $R(t)$、$F(t)$ 随 t 的变化关系

2. 故障密度函数

产品在 t 时刻后的单位时间内发生故障的概率称为 t 时刻的故障密度函数(probability density function,PDF)或故障密度,记为 $f(t)$,可表示为

$$\begin{aligned}f(t) &= \lim_{\Delta t \to 0} \frac{P(t \leqslant T < t + \Delta t)}{\Delta t} \\ &= \lim_{\Delta t \to 0} \frac{P(T < t + \Delta t) - P(T < t)}{\Delta t} \\ &= \lim_{\Delta t \to 0} \frac{F(t + \Delta t) - F(t)}{\Delta t} \\ &= \lim_{\Delta t \to 0} \frac{F(\Delta t)}{\Delta t} \\ &= \frac{\mathrm{d}F(t)}{\mathrm{d}t}\end{aligned} \tag{2.8}$$

由式(2.8)可知,当 T 是一个连续型随机变量时,故障密度函数等于其故障分布函数的一阶导数。

t 时刻的经验故障密度的估算公式为

$$\hat{f}(t) = \frac{\Delta N_f(t)}{N \cdot \Delta t} \tag{2.9}$$

式中:$\Delta N_f(t)$ 表示 t 时刻后 Δt 内的故障数。

下面研究 $f(t)$ 与 $R(t)$、$F(t)$ 之间的关系(图 2.4)。

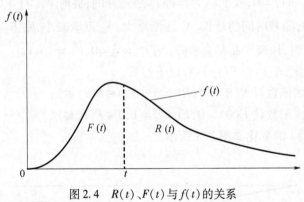

图 2.4 $R(t)$、$F(t)$ 与 $f(t)$ 的关系

对式(2.8)两边在 $(0,t)$ 处取积分,可得

$$\int_0^t f(t) \mathrm{d}t = \int_0^t \mathrm{d}F(t) = F(t) - F(0) \tag{2.10}$$

由于 $F(0) = 0$,则

$$F(t) = \int_0^t f(t) \mathrm{d}t \tag{2.11}$$

$$R(t) = 1 - F(t) = 1 - \int_0^t f(t) \mathrm{d}t = \int_t^\infty f(t) \mathrm{d}t \tag{2.12}$$

3. 故障率函数

已工作到 t 时刻的产品,在 t 时刻后单位时间内发生故障的概率称为该产品在时刻 t

的故障率(failure rate),记为$\lambda(t)$,可表示为

$$\begin{aligned}\lambda(t) &= \lim_{\Delta t \to 0}\frac{P(T \leq t + \Delta t \mid T > t)}{\Delta t} \\ &= \lim_{\Delta t \to 0}\frac{P(t < T \leq t + \Delta t) \cap P(T > t)}{\Delta t \cdot P(T > t)} \\ &= \lim_{\Delta t \to 0}\frac{P(t < T \leq t + \Delta t)}{\Delta t \cdot P(T > t)} \\ &= \frac{f(t)}{R(t)}\end{aligned} \quad (2.13)$$

故障率是衡量产品可靠性的主要标志之一。故障率越低,产品可靠性越高。对于高可靠产品而言,其故障率的单位可采用$10^{-9}/h$,称为一个菲特(fit)。

例 2.3 当产品的寿命服从指数分布时,其故障密度函数为$f(t) = \lambda e^{-\lambda t}$,试求其故障率函数。

解:由式(2.12)和式(2.13),可知

$$\lambda(t) = \frac{f(t)}{R(t)} = \frac{f(t)}{\int_t^\infty f(t)\mathrm{d}t} = \frac{\lambda e^{-\lambda t}}{\int_t^\infty \lambda e^{-\lambda t}\mathrm{d}t} = \frac{\lambda e^{-\lambda t}}{-e^{-\lambda t}\big|_t^\infty} = \lambda$$

由上式可以看出,此时的故障率为常数。反之,若产品的故障率为常数,则可认为其寿命服从指数分布。

t时刻的经验故障率的估算公式为

$$\hat{\lambda}(t) = \frac{\Delta N_\mathrm{f}(t)}{\overline{N}_\mathrm{s}(t)\Delta t} \quad (2.14)$$

式中:$\overline{N}_\mathrm{s}(t)$表示$t$时刻与$t + \Delta t$时刻的平均残存数,可表示为

$$\overline{N}_\mathrm{s}(t) = \frac{N_\mathrm{s}(t) + N_\mathrm{s}(t + \Delta t)}{2} \quad (2.15)$$

例 2.4 引用例 2.2 的故障数据,试估算该设备的经验故障密度、经验故障率。

解:由式(2.9)、式(2.14),分别估算出该设备的经验故障密度、经验故障率,见表 2.2。

从例 2.3 可以看出,故障率比故障密度能更灵敏地反映出产品故障的变化速度,既能反映产品可靠性的瞬时特性,又可导出其他的可靠性函数。

下面讨论$\lambda(t)$与$R(t)$、$F(t)$之间的关系。

对式(2.13)进行数学变换,可知

$$\lambda(t) = \frac{f(t)}{R(t)} = \frac{\mathrm{d}F(t)}{R(t) \cdot \mathrm{d}t} = -\frac{\mathrm{d}R(t)}{R(t) \cdot \mathrm{d}t} \quad (2.16)$$

将式(2.16)等号右边的$\mathrm{d}t$移到等号左边,可得

$$\lambda(t)\mathrm{d}t = -\frac{\mathrm{d}R(t)}{R(t)} = -\mathrm{d}\ln R(t) \quad (2.17)$$

对式(2.17)两边在$(0,t)$处取积分,可得

$$\int_0^t \lambda(t)\mathrm{d}t = -\ln R(t)\big|_0^t = \ln R(0) - \ln R(t) = -\ln R(t) \quad (2.18)$$

对式(2.18)两边取自然对数,可得

$$R(t) = \exp\left[-\int_0^t \lambda(t)\mathrm{d}t\right] \tag{2.19}$$

$$F(t) = 1 - \exp\left[-\int_0^t \lambda(t)\mathrm{d}t\right] \tag{2.20}$$

这样,当已知 $R(t)$、$F(t)$、$f(t)$、$\lambda(t)$ 四种可靠性函数中任何一种函数时,便可推导出其他三种函数表达式。它们之间的相互关系见表2.3。

表2.3 四种可靠性函数之间的关系

可靠性函数	$R(t)$	$F(t)$	$f(t)$	$\lambda(t)$
$R(t)$	—	$1-F(t)$	$\int_t^\infty f(t)\mathrm{d}t$	$\exp\left(-\int_0^t \lambda(t)\mathrm{d}t\right)$
$F(t)$	$1-R(t)$	—	$\int_0^t f(t)\mathrm{d}t$	$1-\exp\left(-\int_0^t \lambda(t)\mathrm{d}t\right)$
$f(t)$	$-\dfrac{\mathrm{d}R(t)}{\mathrm{d}t}$	$\dfrac{\mathrm{d}F(t)}{\mathrm{d}t}$	—	$\lambda(t)\exp\left(-\int_0^t \lambda(t)\mathrm{d}t\right)$
$\lambda(t)$	$-\dfrac{\mathrm{d}\ln R(t)}{\mathrm{d}t}$	$\dfrac{\mathrm{d}F(t)}{[1-F(t)]\mathrm{d}t}$	$\dfrac{f(t)}{\int_t^\infty f(t)\mathrm{d}t}$	—

2.1.5 平均寿命与可靠寿命

寿命一般是指产品工作到技术文件规定的极限状态的工作期限。这里的极限状态是指由于耗损(如疲劳、磨损、腐蚀、变质等)使产品从技术上或从经济上考虑,都不宜再继续使用而必须大修或报废的状态。

1. 平均寿命

由于寿命是一个随机变量,从概率论的角度看,对寿命这一随机变量求期望即为求平均寿命,记为 θ,可表示为

$$\theta = \int_0^\infty tf(t)\mathrm{d}t \tag{2.21}$$

对式(2.21)进行数学变换后,采用分步积分法,可得

$$\begin{aligned}
\theta &= \int_0^\infty tf(t)\mathrm{d}t = \int_0^\infty t\mathrm{d}F(t) \\
&= \int_0^\infty \int_0^t \mathrm{d}u\mathrm{d}F(t) = \int_0^\infty \int_u^\infty \mathrm{d}F(t)\mathrm{d}u \\
&= \int_0^\infty [1-F(u)]\mathrm{d}u = \int_0^\infty R(t)\mathrm{d}t
\end{aligned} \tag{2.22}$$

由式(2.22)可以看出,平均寿命的物理含义是指可靠度函数 $R(t)$ 与坐标轴所包围面积,如图2.5所示。

已知产品的寿命服从指数分布且 $R(t) = \mathrm{e}^{-\lambda t}$ 时,则

$$\theta = \int_0^\infty R(t)\mathrm{d}t = \int_0^\infty \mathrm{e}^{-\lambda t}\mathrm{d}t = -\frac{1}{\lambda}\mathrm{e}^{-\lambda t}\bigg|_0^\infty = \frac{1}{\lambda} \tag{2.23}$$

由式(2.23)可以看出,此时产品的平均寿命等于其故障率的倒数。

工程上,平均寿命有其统计含义。对于不可修产品和可修产品,平均寿命的统计含义是不相同的。

对于不可修产品而言,平均寿命是指一批同类产品从开始使用到失效前的工作时间的平均值,也称平均故障前时间(mean time to failure, MTTF)。已知现有一批 N 个不可修产品使用历程示意图如图2.6所示,从零时刻开始投入使用,其故障前工作时间依次记为 $t_1, t_2, \cdots, t_N$,其经验平均寿命记为 $\hat{\theta}$,估算公式为

$$\hat{\theta} = \frac{\sum_{i=1}^N t_N}{N} \tag{2.24}$$

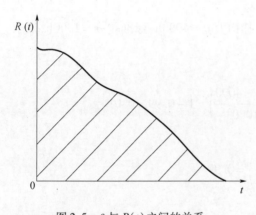

图2.5 θ 与 $R(t)$ 之间的关系

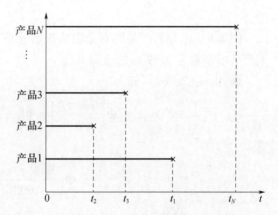

图2.6 N 个不可修产品使用历程图

对于可修产品而言,平均寿命是指产品两次相邻故障之间的工作时间平均值,也称平均故障间隔时间。已知一个可修产品的正常使用与故障状态交替进行的示意图如图2.7所示,从零时刻开始投入使用:第一次工作持续时间为 t_1,随后出现故障,经过 τ_1 时间的修复后,继续投入使用;第二次工作持续时间为 t_2,随后又出现故障,如此交替进行,一直到该产品报废,则估算公式为

$$\hat{\theta} = \frac{\sum_{i=1}^n t_n}{n} \tag{2.25}$$

图2.7 一个可修产品使用与故障的交替过程

例2.5 某不可修产品共计18台,从开始使用到发生故障前工作时间依次为:26、39、60、80、100、150、180、210、250、301、340、400、484、570、620、1100、2500、3100(单位:h),试

估算该设备的平均寿命。

解：由式(2.24)可得 $\hat{\theta} = \dfrac{\sum_{i=1}^{N} t_N}{N} = 583.9$，则该设备的经验平均寿命为583.9h。

2. 可靠寿命

可靠寿命是指产品在规定可靠度下的工作时间。若给定一个可靠度记为 γ，对应的工作时间记为 t_γ，则

$$R(t_\gamma) = \gamma \tag{2.26}$$

$\gamma = 0.5$ 时的可靠寿命称为中位寿命；$\gamma = e^{-1} = 0.367$ 时的可靠寿命称为特征寿命，记为 η。

当产品的寿命服从指数分布时，由式(2.26)可得

$$t_\gamma = -\dfrac{\ln \gamma}{\lambda} \tag{2.27}$$

例 2.6 已知某产品的寿命服从正态分布，其均值 $\mu = 4000h$，标准差 $\sigma = 1000h$，试求该产品可靠度为 0.99 时的可靠寿命。

解：由式(2.26)可知

$$F(t_{0.99}) = \Phi\left(\dfrac{t_{0.99} - \mu}{\sigma}\right) = \Phi\left(\dfrac{t_{0.99} - 4000}{1000}\right) = 1 - 0.99 = 0.01$$

则

$$\Phi\left(\dfrac{4000 - t_{0.99}}{1000}\right) = 0.99$$

查表可得 $\dfrac{4000 - t_{0.99}}{1000} = 2.33$，$t_{0.99} = 1670h$。

2.2 产品故障规律

2.2.1 典型故障率曲线

长期使用经验表明，有些产品的故障率是时间的函数，其曲线呈现"两头高、中间低平"的特点，形如浴盆（图2.8），习惯上称为"浴盆曲线"。

从浴盆曲线上看，产品的故障率随时间的变化，大致可分为早期故障期、偶然故障期、耗损故障期三个阶段。

1. 早期故障期

早期故障期出现在产品寿命的早期阶段，其特点是故障率较高且随时间的增加而迅速下降。它通常是由于设计、制造缺陷等原因而造成的，如：设计不当、制造缺陷及质量检验疏忽；老炼不足；排除故障和缺陷不彻底；不恰当的储存、包装和运输造成的故障；选用未经筛选的元件；首次通电造成元件故障等。某些新生产的或刚大修过的装备处于早期

故障期,通常需要进行磨合或调试,以暴露并消除生产或修理中的缺陷,使故障率逐步趋于稳定。如果采用定时维修策略,用新品更换在用品,就等同于用故障率高的新品更换故障率相对低的在用品,不仅不能降低总的故障率,反而会产生相反的效果。

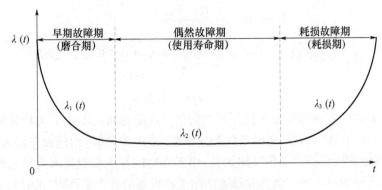

图 2.8　浴盆曲线特征

2. 偶然故障期

偶然故障期出现在早期故障期之后,是产品的使用寿命期,其特点是故障率低且稳定,近似为常数。它是由于不可预测的环境、人为失误等偶然因素所引起的,如工艺缺陷、维护不当、操作错误以及环境因素等所造成的。这些偶然故障在什么时间发生是无法预测的,但它在使用寿命期的一段时间内,故障率接近于一个常数。因此,人们希望故障率尽可能低,且持续的时间尽可能长。一般来说,再好的维修工作也不能消除偶然故障。偶然故障不能通过延长磨合期来消除,也不能通过定期更换来预防。

3. 耗损故障期

耗损故障期出现在产品使用寿命期之后,其特点是故障率随时间的增加而迅速上升。它是由于产品内部的物理的或化学的变化所引起的磨损、疲劳、腐蚀、老化、耗损等所造成的。耗损故障的出现是产品用到寿命末期的征候。防止耗损故障的唯一的办法是在故障率迅速增加之前进行更件修理,这是采用定期更换的理论依据。对于更换时间间隔的确定,则需考虑产品可靠性水平(MTBF、翻修间隔期)、故障危害程度以及维修费用等因素,综合权衡后确定。

浴盆曲线中故障率在三个时期的变化情况,很难用某一个函数(如指数分布函数、正态分布函数)完整地表达出来。但是,如果针对不同时期的主要因素,选择适当的函数,还是能近似地表达的。这时,总的故障率为

$$\lambda(t) = \lambda_1(t) + \lambda_2(t) + \lambda_3(t) \tag{2.28}$$

式中：$\lambda(t)$ 为总的故障率；$\lambda_1(t)$ 为早期故障率；$\lambda_2(t)$ 为偶然故障率；$\lambda_3(t)$ 为耗损故障率。

(1) 早期故障期。设备投入使用前,如果磨合不充分,调试不当,或者没有经过磨合,早期故障就会严重地影响设备的正常使用。对于航空产品而言,早期故障要在磨合期内基本消除。

(2) 偶然故障期。在偶然故障期内,总故障率用偶然故障率来代替,故障率近似为常数。假设设备的寿命服从指数分布,其故障密度函数和可靠度分别为

$$f_2(t) = \lambda_2 \exp(-\lambda_2 t) \tag{2.29}$$

$$R_2(t) = \exp(-\lambda_2 t) \tag{2.30}$$

实际使用中，人们常常关心的是任务可靠度。假设设备已经工作了 t 时间后，再继续工作 Δt 时间的可靠度，记为 $R(t+\Delta t | t)$，可表示为

$$\begin{aligned} R(t+\Delta t | t) &= \frac{R(t+\Delta t)}{R(t)} \\ &= \frac{\exp(-\lambda_2(t+\Delta t))}{\exp(-\lambda_2 t)} \\ &= \exp(-\lambda_2 \Delta t) \end{aligned} \tag{2.31}$$

式(2.31)表明，任务可靠度与任务开始前已工作的时间 t 无关，只与任务持续时间 Δt 和偶然故障率 λ_2 有关。所以，对处于偶然故障期(使用寿命期)内的设备而言，其任务可靠度与任务开始前所累积的工作时间无关，用工作时间短的新设备来代替工作时间长的旧设备，并不能增加可靠性。偶然故障不能用更换设备的办法来预防，这时只有让设备继续使用到使用寿命末期才是最佳的维护策略。如果提前换件维修，可能会引起附加的早期故障，反而降低可靠性。

(3)耗损故障期。在耗损故障期内，需考虑偶然故障和耗损故障两种影响，即此时的 $\lambda(t) = \lambda_2 + \lambda_3(t)$。则耗损故障期的 $R(t+\Delta t | t)$ 可表示为

$$\begin{aligned} R(t+\Delta t | t) &= \frac{\exp\left(-\int_0^{t+\Delta t} \lambda(t) \mathrm{d}t\right)}{\exp\left(-\int_0^t \lambda(t) \mathrm{d}t\right)} \\ &= \exp\left(-\int_t^{t+\Delta t} \lambda(t) \mathrm{d}t\right) \\ &= \exp\left(-\lambda_2 \Delta t - \int_t^{t+\Delta t} \lambda_3(t) \mathrm{d}t\right) \end{aligned} \tag{2.32}$$

在短时间 Δt 内，$\lambda_3(t)$ 可用 t 和 $t+\Delta t$ 时刻故障率的算术平均值 $\bar{\lambda}_3$ 近似表示，即

$$\bar{\lambda}_3 = \frac{\lambda_3(t) + \lambda_3(t+\Delta t)}{2} \tag{2.33}$$

则 $R(t+\Delta t | t)$ 可表示为

$$R(t+\Delta t | t) = \exp[-(\lambda_2 + \bar{\lambda}_3)\Delta t] \tag{2.34}$$

由式(2.34)可以看出，当设备使用到耗损故障期时，随着时间的增加，$\bar{\lambda}_3$ 逐渐增加，导致可靠度下降，此时为确保设备运行安全，需进行换件维修。

2.2.2 一般设备故障率曲线

浴盆曲线之所以称为典型故障率曲线，是因为它具有三个典型阶段划分且每个阶段的特征明显，但并不是所有的设备都具备浴盆曲线的特征。很多设备只有其中的一个或两个故障期，有些质量低劣设备的偶然故障期很短，甚至早期故障期后，紧接着就进入耗损故障期。

20 世纪 60 年代，美国联合航空公司对大量航空设备进行统计分析后发现，航空设备

的故障率曲线可以分为6种基本类型,如图2.9所示,纵坐标表示故障率,横坐标表示使用时间(从新设备开始使用或翻修出厂时算起)。

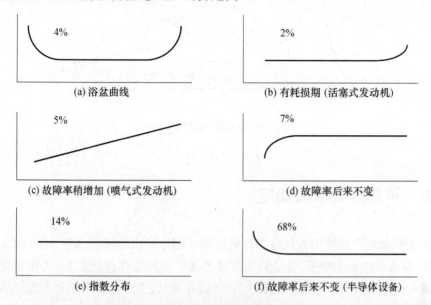

图2.9 一般设备故障率曲线基本类型

从图2.9中可以看出,A型(图2.9(a))为经典的浴盆曲线,有明显的耗损期;B型(图2.9(b))没有早期故障期(磨合期),但有明显的耗损期。符合这两种形式的是各种零件或简单产品的故障,如轮胎、刹车片、活塞式发动机的汽缸、涡喷发动机的压气机叶片、飞机结构件的故障。它们通常具有机械磨损、材料老化、金属疲劳等特点。C型(图2.9(c))虽然没有明显的耗损期,但是故障率也是随着使用时间的增加而增加,如涡喷发动机的故障,但也具有一定的耗损特征。以上三种具有耗损特征的设备只占设备总数的11%,而89%的设备则没有耗损期,D、E、F型如图2.9(d)~(f)所示。

因此,只有11%的设备可以考虑规定使用寿命或拆修间隔期,而89%的设备(如机载电子设备)则没有必要这样规定。这也是为什么民用航空摒弃了定时拆修方式,转而引入以可靠性为中心的维修理念,大量采用视情维修方式,达到既安全又经济的目的。

2.2.3 复杂设备故障率曲线

复杂设备是指具有多种故障模式且会引起故障的设备,如飞机、汽车和动力装置等。

对于可修复的复杂设备,不管其所属部件的寿命分布类型如何,当设备的故障被修复或换新后,经过一段工作时间后,其故障率将趋于常数,即MTBF的倒数,如图2.10所示,称为复杂设备故障定律,也称德雷尼克定律。

复杂设备故障定律的物理解释是:复杂设备的故障是由许多不同的故障模式造成的,而每一种故障模式会在不同的时间发生,具有随机性。如果出现了故障就及时排除,设备保持功能完好的状态也具有随机性,设备总的故障率近似为常数。因此,对于复杂设备而言,一般可假设其寿命分布类型为指数分布,以便开展研究。

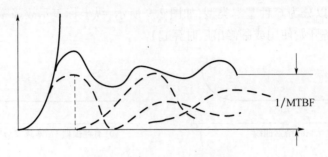

图 2.10 复杂设备故障率曲线

2.3 可靠性要求及确定

可靠性要求是产品使用方从可靠性角度向承制方提出的研制目标,是承制方开展可靠性设计、分析与试验的依据,也是订购方对产品可靠性工作进行监督、考核和验收的依据。研制人员只有透彻地了解这些要求后,才能在设计、生产过程中充分考虑产品的可靠性问题,并按要求有计划地实施有关的组织、监督、控制和验证工作。

可靠性要求可分为两类:第一类是定性要求,即用一种非量化的形式来设计、评价和保证产品的可靠性;第二类是定量要求,即规定产品的可靠性参数、指标和相应的验证方法,用定量方法进行设计、分析、验证,从而保证产品的可靠性。

2.3.1 可靠性定性要求

可靠性定性要求是对产品设计、工艺、软件及其他方面提出的非量化要求。可靠性定性要求对数值无确切要求,在定量化设计分析缺乏大量数据支持的情况下,提出定性要求并加以实现就显得尤为重要。可靠性定性要求可以分为定性设计要求与定性分析要求。

1. 定性设计要求

定性设计要求一般是在产品研制过程中要求采取的可靠性设计措施,以保证提高产品可靠性。这些要求都是概要性的设计措施,在具体实施时需要根据产品的实际情况而细化。主要定性设计要求见表 2.4。

表 2.4 主要定性设计要求

序号	要求项目名称	目 的
1	制定和贯彻可靠性设计准则	将可靠性要求及使用中的约束条件转换为设计边界条件,给设计人员规定了专门的技术要求和设计原则,以提高产品可靠性
2	简化设计	减少产品的复杂性,提高其基本可靠性
3	余度设计	用多于一种的途径来完成规定的功能,以提高产品的任务可靠性和安全性
4	容错设计	能够自动地实时检测并诊断出产品的故障,并采取对故障的控制后处理的策略,以达到对故障的"容忍",仍能完成规定功能

续表

序号	要求项目名称	目的
5	降额设计	降低元器件的故障率,提高产品的基本、任务可靠性和安全性
6	热设计	通过元器件选择、电路设计、结构设计、布局来减少温度对产品可靠性的影响,使产品能在较宽的温度范围内可靠工作
7	环境防护设计	选择能抵消环境作用或影响的设计方案和材料,或提出一些能改变环境的方案,或把环境应力控制在可接受的极限范围内
8	元器件、零部件、原材料的选择与控制	对元器件、机械零部件、原材料进行控制与管理,提高产品可靠性,降低保障费用
9	确定关键件和重要件	把有限的资源用于提高关键产品的可靠性
10	软件可靠性设计	通过采用N版本编程法、恢复块法和贯彻执行软件工程规范等来提高软件的可靠性
11	包装、装卸、运输、储存等设计	通过对产品在包装、装卸、运输、储存期间性能变化情况进行分析,确定应采取的保护措施,从而提高其可靠性

2. 定性分析要求

定性分析要求一般是在产品研制过程中要求采取的可靠性分析工作,以保证提高产品可靠性。这些可靠性分析工作需要在产品研制的各个阶段,根据产品的实际情况和分析方法的特点来具体组织实施。主要的定性分析要求见表2.5。

表2.5 主要定性分析要求

序号	要求项目名称	目的
1	故障模式、影响及危害性分析	评价每个零部件或设备的故障模式对装备或系统产生的影响,确定其严酷度,发现设计中的薄弱环节,提出改进措施
2	故障树分析	分析造成产品某种故障状态的各种原因或原因和条件,以确定各种原因或原因组合,发现设计中的薄弱环节
3	潜在分析	在假设所有元器件均正常工作的情况下,分析确认能引起非期望的功能或抑制所期望的功能的潜在状态
4	电路容差分析	分析电路的组成部分在规定的使用温度范围内其参数偏差和寒生参数对电路性能容差的影响,并根据分析结果提出相应的改进措施
5	耐久性分析	发现可能过早发生耗损故障的零部件,确定故障的根本原因和可能采取的纠正措施
6	有限元分析	在设计过程中对产品的机械强度和热特征等进行分析和评价,尽早发现承载结构和材料的薄弱环节及产品的过热部分,以便及时采取改进措施

2.3.2 可靠性定量要求

可靠性定量要求是指确定产品的可靠性参数、指标以及验证时机和方法,以便在设计、生产、试验、使用中用量化方法来评价或验证其可靠性水平。可靠性定量要求主要反映战备完好性、任务成功性、维修人力费用和保障资源费用等四个方面的要求。

可靠性定量要求通常包括基本可靠性要求和任务可靠性要求,还包括耐久性和贮存可靠性方面的要求,具体参数有:基本可靠性参数,如平均维修间隔时间(mean time between maintenance,MTBM)、平均故障间隔时间;任务可靠性参数,如平均严重故障间隔时间、任务可靠度;耐久性参数,如可靠寿命、使用寿命(首翻期/翻修间隔期)、总寿命、贮存寿命;贮存可靠性参数,如贮存可靠度等。

可靠性定量要求可分为反映使用要求的可靠性使用要求和用于产品设计和质量监督的可靠性合同要求。

1. 可靠性使用要求

(1) 使用参数:直接反映产品的作战使用需求,与战备完好性、任务成功性、维修人力费用和保障资源费用有关的参数。一般不直接用于合同,如确有需要且参数的所有限定条件均明确也可用于合同。

(2) 目标值:订购方在权衡分析后期望产品在成熟期达到的使用指标。实现这一指标要求,可使装备达到最佳的效费比,也是确定阈值和合同要求中规定值的依据。

(3) 阈值:订购方根据目标值及有关因素,如产品的复杂程度、现有技术水平、研制经费投入等,经综合分析后,要求产品在成熟期必须达到的使用指标。这一指标是产品满足规定任务所必需的最低可靠性水平,也是确定研制结束阈值和最低可接受值的依据。

(4) 研制结束阈值:订购方在工程研制阶段结束时(状态鉴定前),要求产品必须达到的使用指标。

2. 可靠性合同要求

(1) 合同参数:在合同和研制任务书中表述订购方对产品的可靠性要求,是承制方在研制和生产过程中能够控制的参数。一般采用固有可靠性指标。

(2) 规定值:合同和研制任务书中规定的、期望产品达到的合同指标,是承制方进行可靠性设计的依据,由目标值按规定的模型或一定的转换关系导出。规定值反映的是固有可靠性水平;而目标值反映的则是使用可靠性水平,受使用与维修环境等外界因素的影响。因此,规定值应优于目标值。例如,F/A-18 战斗机的 MFHBF 在合同中的规定值是 5.4h,而军方期望达到的目标值则是 5h。

(3) 最低可接受值:合同和研制任务书中规定的、产品必须达到的合同指标,是考核、验收产品可靠性的依据,由阈值按规定的模型或一定的转换关系导出。最低可接受值是航空产品在使用阶段确定外场评估方案的依据。

(4) 研制结束最低可接受值:合同和研制任务书中规定的、工程研制阶段结束时产品必须达到的合同指标,是工程研制阶段结束时考核、验收产品可靠性的依据,由研制结束阈值按规定的模型或一定的转换关系导出。研制结束最低可接受值是航空产品状态鉴定前确定可靠性鉴定试验统计方案的依据。

产品在研制阶段可靠性各指标之间的时序关系如图 2.11 所示。

说明:

(1) 在论证阶段,由订购方和使用方根据装备的作战使用需求,经论证提出产品的使用参数及其目标值、阈值和研制结束阈值。

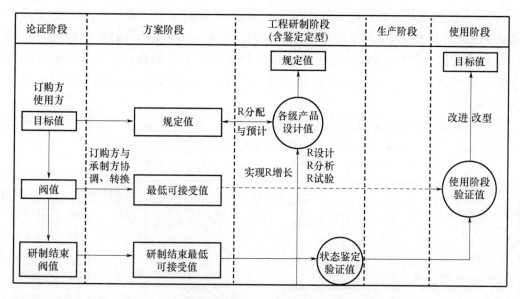

图 2.11 可靠性使用指标与合同指标之间的时序关系

(2) 在方案阶段,由订购方与承制方协调,将使用参数及其指标转化为对应的合同参数及其规定值、最低可接受值以及研制结束最低可接受值。

(3) 在工程研制阶段,依据产品的规定值,通过反复迭代进行可靠性分配与预计,确定产品及其所属各层级部件的设计值(与产品成熟期的目标值对应的规定值)。通过系统开展可靠性设计、分析与试验,实现各层级产品可靠性增长,以达到产品设计目标。在状态鉴定前,通过可靠性鉴定与验收试验、科研试飞等方式,获取各层级产品的验证值,用于验证是否达到研制结束最低可接受值,并作为产品是否通过状态鉴定的依据。

(4) 在使用阶段,通过外场使用与故障信息统计、在役考核等方式,获取各层级产品验证值,用以验证产品是否达到最低可接受值。通过实施产品改进、改型,持续提升产品质量,最终达到使用方期望的目标值。

3. 特点

与装备的性能参数和指标相比,可靠性参数及指标具有以下特点:

1) 可靠性参数之间的相关性

使用可靠性参数与合同可靠性参数之间是相互关联的,可以按一定规则进行转换。例如,使用参数 MFHBF 与合同参数 MTBF 之间可通过以下公式进行转换:

$$\text{MTBF} = K_1 \cdot K_2 \cdot \text{MFHBF} \tag{2.35}$$

式中:K_1 为环境因子;K_2 为运行比,其计算公式为

$$K_2 = \frac{T_{\text{OH}}}{T_{\text{FH}}} \tag{2.36}$$

式中:T_{OH} 为产品工作时间;T_{FH} 为飞机平台的飞行时间。

2) 可靠性指标的阶段性

由于产品的研制过程是一个可靠性不断增长的过程,在产品研制、生产、使用过程

中,针对存在的设计缺陷和薄弱环节,采取改进措施,使可靠性不断增长,最终达到成熟期的目标值。因此,为了便于里程碑节点和转阶段控制,应在不同研制阶段提出相应的可靠性指标。例如,某机载电子系统在研制任务书中明确规定了其 MTBF 在成熟期要达到的规定值为 200h、最低可接受值为 150h,而在研制结束时的最低可接受值为 100h。

4. 军用飞机可靠性定量要求

以军用飞机为例,其常用的可靠性参数、适用范围及验证方法见表2.6。

表2.6 军用飞机常用的可靠性定量要求

参数名称	适用范围						参数类型		验证方法
	装备系统	飞机整机	发动机	机载分系统	机载设备	零部件	使用参数	合同参数	
平均维修间隔时间	☆	☆					√	(√)	外场评估
平均故障间隔飞行小时		☆	○	○			√	(√)	外场评估
平均故障间隔时间	○		☆	☆	☆	☆		√	内场试验 外场评估
平均严重故障间隔时间		☆	☆	☆			√	√	内场试验 外场评估
任务可靠度									外场试验 外场评估
平均故障前时间						○	√	(√)	外场试验 外场评估
无维修待命时间		☆					√	(√)	外场试验
空中停车率		○	☆				√		外场评估
提前换发率			☆				√		外场评估
总寿命	☆	☆		○	○		√	(√)	内场试验 外场评估
首次翻修期		☆	☆	○	○		√	(√)	外场评估

注:☆表示优先选用;○表示选用;√表示适用;(√)表示同时适用

军用飞机常用可靠性参数的统计计算方法见表2.7。

表2.7 军用飞机常用的可靠性参数计算方法

参数名称	统计计算方法
平均维修间隔时间	在规定条件下和规定时间内,产品的总工作时间与该产品计划维修和非计划维修事件总数之比
平均故障间隔飞行小时	在规定时间内,产品的总飞行时间与该时间内故障总数(即地面工作和空中飞行期间所发生的所有故障)之比
平均故障间隔时间	在规定条件下和规定时间内,产品的总工作时间与该时间内故障总数之比
平均严重故障间隔时间	在规定的一系列任务剖面中,产品任务总时间与严重故障总数(即影响任务和飞行安全的故障)之比
任务可靠度	按规定的任务剖面,成功完成任务次数与任务总次数之比

续表

参数名称	统计计算方法
平均故障前时间	在规定时间内,每个被试产品的工作时间与发生故障的产品总数之比
无维修待命时间	在规定的使用条件下,飞机做好准备,能保持良好并处于待命状态而无须进行任务维修的持续时间
空中停车率	飞机或发动机在每1000飞行小时中所发生的停车总次数
提前换发率	在发动机每1000飞行小时中,由于故障造成提前更换发动机的次数
总寿命	在规定条件下,从开始使用到规定报废的工作时间、循环数和日历时间
首次翻修期	在规定条件下,从开始使用到首次翻修的工作时间、循环数和日历时间

2.3.3 可靠性要求的确定

确定可靠性要求时,首先应进行需求与可能之间的权衡分析,使用户提出的要求既符合客观使用需求,又与当前我国的技术水平、研制经费及进度等约束条件相协调,使这些要求是明确的、可以达到并能得到验证。

1. 可靠性定性要求的确定

可靠性定性要求的确定程序如图2.12所示。

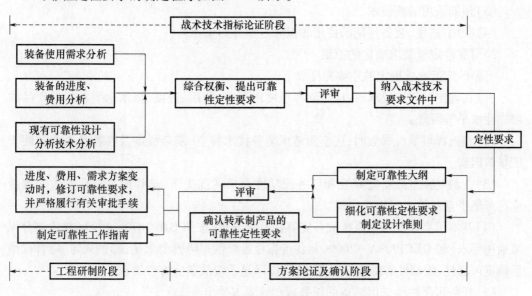

图2.12 可靠性定性要求确定流程

可靠性定性要求一般在战术技术指标论证、方案论证、工程研制三个阶段逐步进行确定。在战术技术指标论证阶段,根据装备作战使用需求及经费、进度的实际情况,由使用方提出装备研制中应开展的可靠性设计与分析工作要求,如制定和贯彻可靠性设计准则、降额设计、FMECA等;在方案论证和工程研制阶段,由承制方制定可靠性大纲,细化可靠性定性要求,如制定可靠性设计准则、元器件大纲等,并同步确定转承制产品的可靠性定性要求,提交评审;在工程研制阶段,主要是制定可靠性工作指南,以指导设计人员开展可靠性设计分析工作,并在进度、费用、需求方案等变动时,修订可靠性定性要求并严格履行有关审批手续。

2. 可靠性定量要求的确定

可靠性定量要求的确定,包括产品可靠性参数的选择及其指标的确定。对不同的装备类型,描述其可靠性定量要求的参数及指标是不同的,GJB 1909A—2009《装备可靠性维修性保障性要求论证》中详细规定了各类武器装备常用的可靠性参数及指标。

1) 可靠性定量要求确定的依据

可靠性参数应依据下述因素进行选择:

(1) 装备的类型、复杂程度、修复特点等。

(2) 装备的作战使用要求(战时或平时、一次性使用或重复性使用等)、寿命剖面、任务剖面及使用保障等方面的约束条件。

(3) 预期的维修方案。

(4) 可靠性验证方法(内场试验验证选用合同参数、外场使用验证则选用使用参数)。

可靠性指标应依据以下因素进行确定。

(1) 作战使用需求,包括要求完成的作战任务、任务持续时间及次数、机动性要求、使用环境和使用寿命等。

(2) 相似产品的可靠性指标。

(3) 预期采用的新技术。

(4) 费用、进度、装备预期的使用和保障方案等约束条件。

2) 可靠性定量要求确定的原则

可靠性定量要求确定的主要原则如下。

(1) 在确定可靠性要求时,应全面考虑使用要求、费用、进度、技术水平及相似产品的可靠性水平等因素。

(2) 在选择可靠性参数时,应全面考虑装备技术特点、复杂程度及参数是否能且便于度量等因素。

(3) 在满足系统战备完好性和任务成功性要求的前提下,选择的可靠性参数的数量应尽可能少且参数之间相互协调。

(4) 基本可靠性要求由系统战备完好性要求导出,按照 GJB 3872—1999《装备综合保障通用要求》和 GJB 1909A—2009《装备可靠性维修性保障性要求论证》的规定,综合权衡后确定可靠性、维修性和综合保障等要求,以满足系统战备完好性要求。

(5) 任务可靠性要求由装备的任务成功性要求导出。

(6) 在确定可靠性要求的过程中,充分权衡基本可靠性和任务可靠性要求,以最终满足系统战备完好性和任务成功性要求。

(7) 在确定可靠性要求时,必须同时明确故障判据和验证方法。

(8) 订购方可以单独提出关键分系统和设备的可靠性要求,对于订购方没有明确规定的较低层次产品的可靠性要求,由承制方通过可靠性分配的方法确定。

3) 可靠性定量要求确定的程序

装备在研制各阶段中,确定可靠性定量要求程序见表2.8。

表 2.8 可靠性定量要求确定的程序

研制过程	主要工作内容	责任者
论证阶段	对新研装备进行使用需求分析	订购方
	对现役装备和相似装备的可靠性状况及存在问题进行分析	
	初步确定新研装备的寿命剖面、任务剖面及使用保障等约束	
	经综合权衡后,选择使用参数,提出成熟期的使用指标	订购方为主
	评审	订购方为主
方案阶段	纳入《研制立项综合论证》报告	订购方
	根据使用指标,进行可靠性方案设计与分析	承制方
	根据成熟期的使用指标,确定工程研制、生产阶段的使用指标,并转换为合同指标	订购方为主、与承制方协商
	评审	承制方、订购方、专家
	纳入研制任务书	承制方、订购方
工程研制阶段	根据可靠性分配结果,确定转承制产品合同指标	订购方为主、与承制方协商
	使用、维修保障方案变动时,修订可靠性指标	订购方为主、与承制方协商
	严格履行有关审批手续	订购方

习 题

1. 寿命服从指数分布的继电器,MTBF 为 10^6 次,其故障率是多少?工作到 100 次可靠度是多少?

2. 假设某机载设备的寿命服从指数分布,经统计后,知其故障率 $\lambda = 0.04/h$。求该设备工作到 50h 的可靠度、累积故障分布函数和 MTBF 各是多少?如果要求有 99% 的把握不出故障,其飞行时间应取多少才算合理?

3. 某元件的故障率为 $\lambda(t) = \lambda_0 t(\lambda_0 > 0$ 且为常数$)$,试求其可靠度函数及 MTTF。

4. 设某产品的寿命服从 $\mu = 10$、$\sigma = 2$ 的对数正态分布,试求 $t = 300h$ 的可靠度与故障率。

5. 有两种设备:一种寿命服从指数分布,MTBF 为 1100h;另一种寿命服从正态分布,平均寿命为 800h,标准偏差为 400h。现要求在 100h 的使用时间内尽量不发生故障,应选择哪一种设备?

6. 飞机上某设备的寿命服从威布尔分布,其故障密度函数为 $f(t) = \dfrac{m}{t_0}(t-\gamma)^{m-1} \exp\left[-\dfrac{(t-\gamma)^m}{t_0}\right]$ $(m=2, t_0 = 4 \times 10^4, \gamma = 0)$,试求平均寿命、95% 可靠度的可靠寿命,工作 100h 的故障率及工作 200h 的可靠度。

7. 某设备的故障率为常数,$\lambda = 10^{-5}/h$,试求:
(1)使用 1000h 的可靠度;
(2)如果有 1000 个这样的设备,在 1000h 中将有多少个发生故障?

(3) 如已工作 1000h,求再工作 1000h 的可靠度;
(4) 使用时间为平均寿命时的可靠度?
(5) 可靠度为 0.98 时的可靠寿命。

8. 若 $R(t) = \exp\left(\dfrac{-t^m}{t_0}\right)$,试推导可靠寿命、中位寿命、特征寿命的计算公式。

9. 试述浴盆曲线三阶段的特点,是否需要开展定时维修?

10. 试述可靠性使用要求与合同要求之间的联系与区别。

第3章
可靠性设计与分析

可靠性设计与分析是可靠性工程的重点和核心工作,其目的是挖掘与确定产品潜在的隐患和薄弱环节,并通过设计预防与改进,有效地消除隐患和薄弱环节,从而提高产品可靠性水平,满足产品可靠性要求。

本章的学习目标:掌握和熟悉可靠性设计准则的制定方法,理解常用的可靠性设计方法要点;理解系统可靠性模型的概念;掌握串联、并联和 $k/n(G)$ 表决系统可靠性建模;掌握旁联系统、网络系统可靠性建模;掌握常用的可靠性分配与预计方法;理解 FMECA 的概念和熟悉 FMEA 和 CA;理解 FTA 概念,学会建立故障树;掌握故障树定性分析,了解故障树定量分析。

3.1 系统可靠性建模

系统可靠性建模是开展系统可靠性设计与分析的基础,也是进行系统维修性、保障性设计与分析的基础。建立系统可靠性模型的目的主要是用于定量分配、预计和评价系统的可靠性[12]。

3.1.1 概述

系统是指为了完成某种功能,由若干个彼此有联系而且又能相互协调工作的单元所组成的有机整体。系统与单元是两个相对的概念。看成单元时,是将其作为一个整体而没有去分析其内部的构成;看成系统时,则要考虑其内部的构成。

系统的可靠性,取决于组成系统的单元可靠性和各单元在系统中的相互关系。第2章介绍的可靠性度量,是把产品当作一个单元来考虑的,本节在单元可靠性的基础上,进一步研究各单元在系统中的相互关系,从而对系统的可靠性进行定量分析计算。

系统可靠性模型是对系统及其组成单元之间的故障逻辑关系的描述,包括可靠性框图及其数学模型。

1. 可靠性框图

可靠性框图是由代表产品或功能的方框和连线组成,表示各组成部分的故障或者它们的组合如何导致产品故障的逻辑图。

系统是由单元构成的,系统与单元之间存在着一定的关系。这种关系分为两类:一类是物理关系,工程上常用工作原理图来表示,是研究系统可靠性的基础;另一类是功能关系,表示系统为了完成预期的功能,哪些单元必须成功地工作,在可靠性工程中常用可靠性框图来表示。

建立产品可靠性框图的基础是产品的工作原理图,但工作原理图与可靠性框图并不相同。例如,图3.1(a)所示的双开关系统的原理图;当系统的功能是使电路导通,系统要能正常工作,只需开关S1或S2闭合即可,其可靠性框图如图3.1(b)所示;当系统的功能是使电路断开,需要开关S1和S2同时断开,其可靠性框图如图3.1(c)所示。由图可见,不同的功能实现要求对应着不同的可靠性框图。

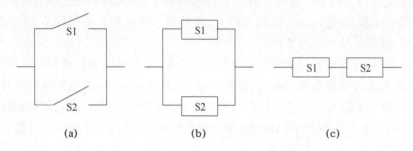

图3.1 双开关系统原理图及可靠性框图

2. 可靠性模型的分类

可靠性模型分为基本可靠性模型和任务可靠性模型。

1)基本可靠性模型

基本可靠性模型是用以估计产品及其组成单元故障引起的维修及保障要求的可靠性模型。系统中任一单元发生故障后,都需要维修或更换,都会产生维修及保障要求。因此,基本可靠性模型作为度量使用保障费用的一种模型,是一个全串联模型,即使存在冗余单元,也都按串联处理。系统中冗余单元越多,其基本可靠性越低。基本可靠性模型用于计算MTBF等基本可靠性参数。

2)任务可靠性模型

任务可靠性模型是用以估计产品在执行任务过程中任务完成能力的可靠性模型。它描述完成任务过程中产品各单元的预定作用,用于度量工作有效性。系统中冗余单元越多,其任务可靠性越高。任务可靠性模型根据产品的任务剖面及任务故障判据而建立。不同的任务剖面应该确定各自的任务可靠性模型。任务可靠性模型用于计算任务可靠度、MTBCF等任务可靠性参数。

图3.2和图3.3所示分别为某战斗机基本可靠性框图和某任务剖面对应的任务可靠性框图。从图中可以看出,基本可靠性框图是一个全串联模型,而任务可靠性框图则根据具体任务情况而定,是一个串联、并联、旁联组合的模型。

常用的可靠性模型包括串联模型、并联模型、混联模型、表决模型、网络模型和旁联模型。这些模型又可以划分为非储备模型、工作储备模型和非工作储备模型三类,如图3.4所示。后面将详细阐述常用系统的可靠性建模分析。

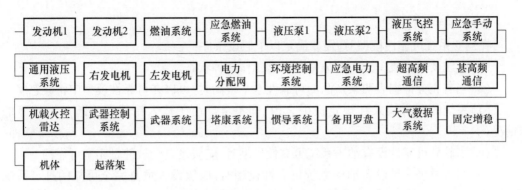

图 3.2　某战斗机基本可靠性框图

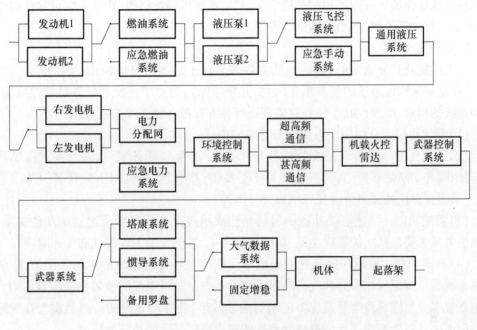

图 3.3　某战斗机任务可靠性框图

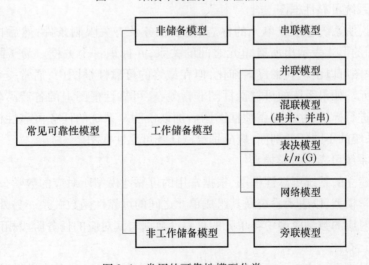

图 3.4　常用的可靠性模型分类

043

3. 可靠性模型的建立

在建立系统可靠性模型时，需要满足以下假设条件：

(1) 系统及其组成单元只有故障与正常工作两种状态。

(2) 当有充分证据表明某产品的可靠性水平很高时，可以在可靠性模型中将其忽略。

(3) 系统的所有输入在规定极限之内，即不考虑由于输入错误而引起系统故障的情况。

(4) 当软件可靠性没有纳入系统可靠性模型时，应假设整个软件是完全可靠的。

(5) 当人员可靠性没有纳入系统可靠性模型时，应假设人员是完全可靠的且与系统之间没有相互作用。

可靠性建模的一般程序包括系统定义、建立系统可靠性框图、建立系统可靠性数学模型、确定运行比等步骤，下面分别进行说明。

1) 系统定义

规定系统及其分系统的构成、性能参数等。对于基本可靠性模型，系统的定义较简单，主要是定义构成系统的所有单元（包括冗余单元）；而对于系统的任务可靠性模型，必须对系统的构成、原理、功能、任务故障判据等各方面都有较详细的描述。

(1) 系统构成。介绍构成系统的所有组成单元。

(2) 系统任务。明确该系统的任务是什么，对于某项任务来说，涉及系统的哪些功能，其中哪些功能是必要的，哪些功能是不必要的；当系统具有多任务、任务分为多阶段时，应采用多种任务或多阶段任务剖面进行描述。

(3) 系统功能。描述系统功能的目的是明确组成系统的各单元之间的功能关系，这些功能关系主要包括功能层次关系、功能接口关系、各单元的工作模式和工作时序。

(4) 故障判据。故障判据是判断组成单元故障是否构成系统故障的界限值，一般应根据系统每一规定性能参数和允许极限确定。系统基本可靠性的故障判据为寿命期内任何由系统本身原因导致维修及保障需求的关联故障；任务可靠性的故障判据为在规定的任务剖面中凡不能完成规定任务或导致性能超出规定界限的关联故障。

2) 建立系统可靠性框图

首先要说明系统各组成单元的标志、建模任务及有关限制条件；然后再依照系统定义，采用框图的形式表示出所有单元之间的关系，并标识每个方框。为了降低建模的难度，可靠性框图可以由粗到细逐渐细化，但在最终的可靠性框图中，通常一个方框只对应一个功能单元。如果系统的可靠性框图非常复杂，可靠性框图上的各产品名称或功能标志可用代码进行标识，并在可靠性框图图后加以说明。系统的任务可靠性框图与任务剖面相关，对系统的不同任务剖面，应分别绘制任务可靠性框图。

3) 建立系统可靠性数学模型

按照已建立的系统可靠性框图，根据常用的可靠性模型所对应的数学公式，建立系统的可靠性数学模型，以表示系统及其组成单元之间的可靠性函数关系。另外，应确保任务可靠性框图对应的数学模型中各单元的可靠性数据与其对应的任务阶段相匹配。

4) 确定运行比

运行比是指系统内单元工作时间与系统工作时间之比。在系统运行过程中，一些单元并非一直在工作。建立系统可靠性数学模型时,如果各组成单元工作时间与系统的工作时间不同,要科学合理地确定单元的运行比;然后根据系统的工作时间,确定单元的实际工作时间,进而计算出单元的可靠度。

3.1.2 串联系统可靠性建模

系统的所有组成单元中任一单元的故障都会导致整个系统的故障,称为串联系统。串联模型是最常用和最简单的模型之一,既可用于基本可靠性建模,也可用于任务可靠性建模。

串联系统的可靠性框图如图3.5所示。

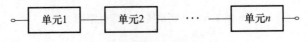

图3.5 串联系统的可靠性框图

假设串联系统的寿命记为T_S,各单元的寿命分别记为$T_1,T_2,\cdots,T_n$,则$T_S = \min\{T_1, T_2,\cdots,T_n\}$,系统的可靠度函数可表示为:

$$\begin{aligned}
R_S(t) &= P\{T_S > t\} \\
&= P\{\min(T_1, T_2\cdots T_n) > t\} \\
&= P\{T_1 > t, T_2 > t, \cdots T_n > t\} \\
&= \prod_{i=1}^{n} P\{T_i > t\} \\
&= \prod_{i=1}^{n} R_i(t)
\end{aligned} \quad (3.1)$$

由式(3.1)可知,串联系统中单元数目越多,其可靠度越小。

假设每个单元之间相互独立且工作时间与系统工作时间都相同,当各个单元的寿命分布均为指数分布时,系统的寿命也服从指数分布,即

$$R_S(t) = \prod_{i=1}^{n} R_i(t) = \prod_{i=1}^{n} \exp(-\lambda_i t) = \exp\left[-\left(\sum_{i=1}^{n}\lambda_i\right)t\right] = \exp(-\lambda_S t) \quad (3.2)$$

式中:λ_i为第i单元的故障率;λ_S为系统的故障率,等于各个单元故障率之和。

此时,串联系统的MTBF为

$$\text{MTBF}_S = \frac{1}{\lambda_S} = \frac{1}{\sum_{i=1}^{n}\lambda_i} \quad (3.3)$$

从设计方面考虑,为提高串联系统的可靠度,应当做到:①缩短工作时间;②提高单元的可靠性;③尽可能减少串联单元数目,即进行简化设计。

3.1.3 并联系统可靠性建模

组成系统的所有单元都发生故障时,系统才发生故障,称为并联系统。并联系统是最

简单的工作储备系统,用于任务可靠性建模。

并联系统的可靠性框图如图3.6所示。

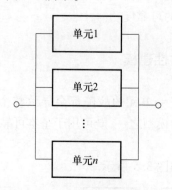

图3.6 并联系统的可靠性框图

假设并联系统的寿命记为 T_S,各单元的寿命分别记为 $T_1, T_2, \cdots, T_n$,则有 $T_S = \max\{T_1, T_2, \cdots, T_n\}$,系统的故障分布函数可表示为

$$\begin{aligned} F_S(t) &= P\{T_S \leq t\} \\ &= P\{\max(T_1, T_2, \cdots, T_n) \leq t\} \\ &= P\{T_1 \leq t, T_2 \leq t, \cdots, T_n \leq t\} \\ &= \prod_{i=1}^{n} P\{T_i \leq t\} \\ &= \prod_{i=1}^{n} F_i(t) \end{aligned} \tag{3.4}$$

则并联系统的可靠度函数可表示为

$$R_S(t) = 1 - \prod_{i=1}^{n}[1 - R_i(t)] \tag{3.5}$$

在并联模型中,当系统各个单元的寿命服从指数分布时,系统的寿命不再服从指数分布。对于最常用的两个单元并联系统,有:

$$R_S(t) = 1 - \prod_{i=1}^{2}[1 - R_i(t)] = e^{-\lambda_1 t} + e^{-\lambda_2 t} - e^{-(\lambda_1 + \lambda_2)t} \tag{3.6}$$

$$\lambda_S(t) = \frac{\lambda_1 e^{-\lambda_1 t} + \lambda_2 e^{-\lambda_2 t} - (\lambda_1 + \lambda_2) e^{-(\lambda_1 + \lambda_2)t}}{e^{-\lambda_1 t} + e^{-\lambda_2 t} - e^{-(\lambda_1 + \lambda_2)t}} \tag{3.7}$$

式中:λ_1 和 λ_2 分别表示单元1和单元2的故障率;$\lambda_S(t)$ 为系统的故障率,并不是常数。

此时并联系统的 MTBCF 为

$$\mathrm{MTBCF}_S = \int_0^\infty R_S(t)\mathrm{d}t = \frac{1}{\lambda_1} + \frac{1}{\lambda_2} - \frac{1}{\lambda_1 + \lambda_2} \tag{3.8}$$

从设计方面考虑,为提高并联系统的可靠度,应当做到:①缩短工作时间;②提高单元的可靠性;③尽可能增加并联单元数目,即进行余度设计。

但是,并联单元数目不能无限增加,系统可靠度函数与并联单元数目之间的关系如图3.7所示。

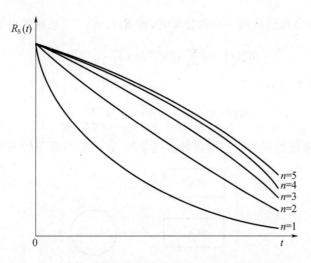

图 3.7 并联系统可靠度与并联单元数目的关系

由图 3.7 可以看出,随着并联单元数目的增加,并联系统的可靠度有明显提高,尤其是 $n=2$ 时,系统可靠度的提高最为显著。但是,当并联单元过多时,系统可靠度提高幅度将大为减慢,而且会导致系统基本可靠性大幅降低,随之而来的是系统质量、体积和成本将大幅提高。因此,在工程型号上要求,余度设计中并联单元数目一般不超过 4。

3.1.4 $k/n(G)$ 表决系统可靠性建模

组成系统的 n 个单元中,至少有 k 个单元正常工作(k 介于 $1\sim n$ 之间),则系统才能正常工作,这样的系统称为 $k/n(G)$ 表决系统。它属于工作储备系统,用于任务可靠性建模。

$k/n(G)$ 表决系统的可靠性框图如图 3.8 所示。

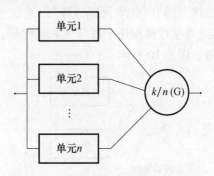

图 3.8 $k/n(G)$ 表决系统的可靠性框图

假设 $k/n(G)$ 表决系统中 n 个单元的可靠度函数都相同,记为 $R(t)$,则系统的可靠度函数可表示为

$$R_S(t) = \sum_{i=k}^{n} C_n^i \left[R(t)\right]^i \left[1-R(t)\right]^{n-i} \qquad (3.9)$$

由式(3.9)可以看出:当 $k=1$ 时,为并联模型;当 $k=n$ 时,为串联模型。

当各个单元寿命都服从同一指数分布时，即 $R(t)=\mathrm{e}^{-\lambda t}$，系统的可靠度函数可表示为

$$R_S(t) = \sum_{i=k}^{n} C_n^i \mathrm{e}^{-i\lambda t} \cdot (1-\mathrm{e}^{-\lambda t})^{n-i} \tag{3.10}$$

此时，系统的 MTBCF 可表示为

$$\mathrm{MTBCF}_S = \int_0^\infty R_S(t)\,\mathrm{d}t = \sum_{i=k}^{n} \frac{1}{i\lambda} \tag{3.11}$$

2/3(G)表决系统是最为常用的多数表决系统，其可靠性框图如图3.9所示。

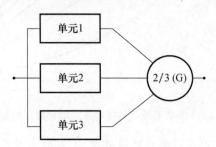

图3.9 2/3(G)表决系统的可靠性框图

当各个单元寿命都服从同一指数分布时，即 $R(t)=\mathrm{e}^{-\lambda t}$，系统的可靠度函数可表示为

$$R_S(t) = 3\mathrm{e}^{-2\lambda t} - 2\mathrm{e}^{-3\lambda t} \tag{3.12}$$

此时，系统的 MTBCF 可表示为

$$\mathrm{MTBCF}_S = \frac{1}{2\lambda} + \frac{1}{3\lambda} = \frac{5}{6\lambda} \tag{3.13}$$

3.1.5 旁联系统可靠性建模

组成系统的 n 个单元只有一个单元工作，当工作单元故障时，通过故障监测与转换装置转接到另一个单元继续工作，直到所有单元都故障时，系统才故障，称为非工作储备系统，又称旁联系统。旁联系统可靠性模型用于任务可靠性建模。

旁联系统的可靠性框图如图3.10所示。

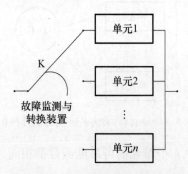

图3.10 旁联系统的可靠性框图

假设各个单元的寿命服从指数分布，分为以下两种情况来研究系统的可靠性数学模型。

1) 当故障监测与转换装置完全可靠时(可靠度为1)

假设各个单元都相同,其可靠度函数记为 $R(t) = e^{-\lambda t}$,则系统的可靠度函数可表示为

$$R_S(t) = e^{-\lambda t}\left[1 + \lambda t + \frac{(\lambda t)^2}{2!} + \frac{(\lambda t)^3}{3!} + \cdots + \frac{(\lambda t)^{n-1}}{(n-1)!}\right] \qquad (3.14)$$

此时,系统的 MTBCF 等于各个单元的 MTBCF 之和,可表示为

$$\text{MTBCF}_S = \frac{n}{\lambda} \qquad (3.15)$$

对于两个不同单元构成的旁联系统,其可靠度函数分别为 $R_1(t) = e^{-\lambda_1 t}$ 和 $R_2(t) = e^{-\lambda_2 t}$,则系统的可靠度函数可表示为

$$R_S(t) = \frac{\lambda_2}{\lambda_2 - \lambda_1}e^{-\lambda_1 t} + \frac{\lambda_1}{\lambda_1 - \lambda_2}e^{-\lambda_2 t} \qquad (3.16)$$

系统的 MTBCF 可表示为

$$\text{MTBCF}_S = \frac{1}{\lambda_1} + \frac{1}{\lambda_2} \qquad (3.17)$$

2) 当故障监测与转换装置不完全可靠且可靠度为常数时(记为 R_D)

此时多个单元构成的旁联系统可靠性数学模型较为复杂,这里我们只研究常用的两个单元构成的旁联系统。

假设两个单元相同且可靠度函数记为 $R(t) = e^{-\lambda t}$,则系统的可靠度函数可表示为

$$R_S(t) = e^{-\lambda t}(1 + \lambda t R_D) \qquad (3.18)$$

系统的 MTBCF 可表示为

$$\text{MTBCF}_S = \frac{1 + R_D}{\lambda} \qquad (3.19)$$

假设两个单元的可靠度函数分别为 $R_1(t) = e^{-\lambda_1 t}$ 和 $R_2(t) = e^{-\lambda_2 t}$,则系统的可靠度函数可表示为

$$R_S(t) = e^{-\lambda_1 t} + R_D \frac{\lambda_1}{\lambda_1 - \lambda_2}(e^{-\lambda_2 t} - e^{-\lambda_1 t}) \qquad (3.20)$$

系统的 MTBCF 可表示为

$$\text{MTBCF}_S = \frac{1}{\lambda_1} + R_D \frac{1}{\lambda_2} \qquad (3.21)$$

非工作储备系统的优点是可以大大提高系统的可靠度,其缺点是由于增加了故障监测与转换装置而加大了系统的复杂度;同时,要求故障监测与转换装置的可靠度非常高,否则储备带来的好处会被严重削弱。

3.1.6 网络系统可靠性建模

对于某型系统,单元结构已不能简单地分解为串联和并联的关系,如图 3.11 所示的系统,不能按之前的方法进行分析。

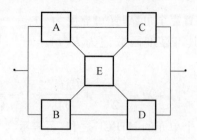

图 3.11 一个网络系统可靠度框图

图 3.11 所示的问题是由于存在单元 E 与其他单元的连接,导致系统不能被分解为严格并联或者串联子系统。但是,这样的网络框图可以用分解法或枚举法进行分析。下面分别进行介绍。

1. 分解法

该方法是一种将网络系统分解为一般的串、并联系统的解析方法。其理论依据是任一单元的正常事件 x 与其逆事件 $\bar{x}$ 构成一个完备事件组,利用全概率公式,可将网络系统分解为一般的串、并联系统。

基于全概率公式的一般形式为

$$R_S = P(S) = P(x)P(S|x) + P(\bar{x})P(S|\bar{x}) \tag{3.22}$$

式中:$P(S)$ 为系统正常工作概率(可靠度);$P(x)$ 为所选定事件 x 的可靠度;$P(\bar{x})$ 为所选定事件 x 的不可靠度;$P(S|x)$ 为所选定事件正常时系统正常工作的条件概率;$P(S|\bar{x})$ 为所选定事件故障时系统正常工作的条件概率。

例 3.1 按照单元 E 正常工作或者故障,将图 3.12 所示的网络系统分解为两个子网络,即假设单元 E 正常工作(其可靠度记为 R_E)对应的可靠性框图如图 3.12(a)所示;假设单元 E 故障(其故障概率记为 $1-R_E$)对应的可靠性框图如图 3.12(b)所示。

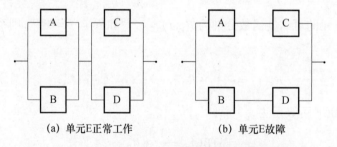

(a) 单元E正常工作   (b) 单元E故障

图 3.12 分解后的网络系统可靠度框图

解:由式(3.22)可推导出图 3.12 所示网络系统的可靠度为

$$R_S = R_E \cdot R_{(a)} + (1 - R_E) \cdot R_{(b)} \tag{3.23}$$

式中:$R_{(a)}$ 和 $R_{(b)}$ 分别表示图 3.12(a)和(b)所示的子网络的可靠度。

根据串/并联系统的可靠性数学计算,可推导出 $R_{(a)}$ 和 $R_{(b)}$ 如下:

$$R_{(a)} = [1 - (1 - R_A)(1 - R_B)][1 - (1 - R_C)(1 - R_D)] \tag{3.24}$$

$$R_{(b)} = 1 - (1 - R_A R_C)(1 - R_B R_D) \tag{3.25}$$

式中:R_A, R_B, R_C, R_D 分别表示单元 A、B、C、D 的可靠度。

已知单元A、B、C、D、E的可靠度分别为0.9、0.9、0.95、0.95、0.80，将其代入式(3.23)~式(3.25)，计算出系统的可靠度为0.9858。

2. 枚举法

枚举法也称布尔真值表法。对于简单的网络系统，枚举法可以用于确定系统的可靠度。枚举法由两部分组成：一是确定每个单元正常或故障的所有可能的组合；二是确定在各种组合下，系统是正常还是故障。对于单元正常与否的每一个可能组合，这些组合事件交集的概率可以计算出来。假设这些事件是相互独立的，系统的可靠度等于这些组合中系统正常工作概率的总和。

例3.2 对于图3.12所示的网络系统，5个单元有 $2^5=32$ 种可能的组合，如表3.1所列：T表示正常，F表示故障。

表3.1 网络系统的枚举结果

序号	A	B	C	D	E	系统	概率	序号	A	B	C	D	E	系统	概率
1	T	T	T	T	T	T	0.5848	17	F	F	F	T	T	F	
2	F	T	T	T	T	T	0.0650	18	T	F	F	F	T	F	
3	T	F	T	T	T	T	0.0650	19	T	T	F	F	F	F	
4	T	T	F	T	T	T	0.0308	20	F	T	F	F	F	F	
5	T	T	T	F	T	T	0.0308	21	F	T	T	F	F	F	
6	T	T	T	T	F	T	0.1462	22	T	F	T	F	F	T	0.0009
7	F	F	T	T	T	F		23	F	F	T	F	T	F	
8	T	F	F	T	T	T	0.00342	24	F	F	T	T	F	F	
9	T	T	F	F	T	F		25	T	F	F	T	F	F	
10	T	T	T	F	F	T	0.0077	26	F	T	F	T	F	T	0.0009
11	F	T	F	T	T	T	0.0034	27	F	T	F	F	T	F	
12	F	T	T	F	T	T	0.0034	28	T	F	F	F	F	F	
13	F	T	T	T	F	T	0.0162	29	F	T	F	F	F	F	
14	T	F	T	F	T	T	0.0034	30	F	F	T	F	F	F	
15	T	F	T	T	F	T	0.0162	31	F	F	F	T	F	F	
16	T	T	F	T	F	T	0.0077	32	F	F	F	F	F	F	

解：依次计算出表3.1中序号1、2、3、4、5、6、8、10、11、12、13、14、15、16、22、26对应的概率，则系统的可靠度等于这16种概率之和，即0.9858。

3.2 可靠性设计准则

可靠性设计是以满足用户的可靠性需求为目标，在设计过程中系统考虑各类影响产品可靠性的因素，从而对备选方案进行分析、评价、再设计的方法。它是产品设计的有机组成部分，在整个研制过程中通过与产品功能/性能设计有效协同，共同实现产品设计目标[11]。

3.2.1 概述

可靠性设计准则是把已有的、相似产品的工程经验总结起来,使其条理化、系统化、科学化,成为设计人员进行可靠性设计所遵循的细则和应满足的要求。制定并贯彻可靠性设计准则是设计人员开展可靠性设计的依据,普遍适用于电子、机电、机械等各类产品和装备系统、分系统、设备等各层次产品。

通过制定并贯彻可靠性设计准则,把有助于保证、提高可靠性的一系列设计要求设计到产品中去,主要作用如下:

(1)制定可靠性设计准则是进行可靠性定性设计的重要依据。为了满足规定的可靠性设计要求,必须采取一系列可靠性设计技术,制定和贯彻可靠性设计准则是其中一项重要内容。可靠性设计准则作为研制规范,在设计中必须逐条予以实施。

(2)贯彻可靠性设计准则是实现与产品功能/性能同步设计的有效方法。设计人员只要在设计中认真贯彻可靠性设计准则就可以把可靠性设计到产品中去,使产品的功能/性能设计与可靠性设计有机结合,避免出现"两张皮"的问题。

(3)贯彻可靠性设计准则有助于提高产品的固有可靠性。可靠性设计准则是以往产品设计的宝贵经验总结。设计人员在设计中遵循可靠性设计准则,可避免一些不该出现的故障,从而提高产品的固有可靠性水平。

3.2.2 可靠性设计准则的制定和贯彻

1. 可靠性设计准则制定的依据

制定可靠性设计准则的主要依据如下:

(1)《立项综合论证报告》《研制总要求》以及研制合同中规定的可靠性设计要求。
(2)国内外有关设计规范、标准和手册中的可靠性设计准则。
(3)相似产品的可靠性设计准则。
(4)研制单位所积累的可靠性设计经验和教训。

2. 可靠性设计准则制定的程序

可靠性设计准则制定程序如图3.13所示。

可靠性设计准则制定的具体过程如下:

(1)明确产品可靠性设计准则的适用范围。明确产品可靠性设计准则贯彻实施的对象产品类型(电子、机电、机械等)和层级(装备系统、分系统、设备、组件、元器件等),并据此确定产品可靠性设计准则的适用条款及裁减原则。

(2)制定可靠性设计准则初稿。通过对订购方提出的产品可靠性设计要求、相似产品的可靠性设计准则、国内外有关设计规范标准和手册中的可靠性设计准则、研制单位可靠性设计经验和教训等进行分析,对收集到的备用条款进行归纳整理,编写产品可靠性设计准则初稿。

(3)形成产品可靠性设计准则评审稿。由可靠性专业人员和有经验的工程设计人员对产品可靠性设计准则初稿进行逐条审查,评审其适用性和可行性。根据审查提出的修改意见,完成产品可靠性设计准则的评审稿。

(4)形成产品可靠性设计准则正式稿。邀请可靠性领域专家对产品可靠性设计准则评审稿进行评审。根据评审意见进行修改完善,形成产品可靠性设计准则正式稿,经研制单位可靠性专业总设计师批准后,才能贯彻实施。

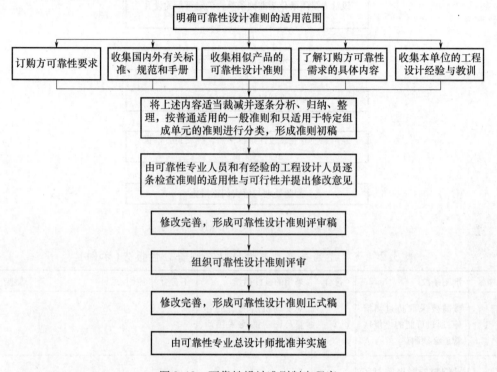

图 3.13　可靠性设计准则制定程序

3. 可靠性设计准则贯彻的程序

可靠性设计准则贯彻程序如图 3.14 所示。

可靠性设计准则贯彻的具体过程如下:

(1)可靠性设计准则颁发实施。研制总体单位以技术规范的形式,将可靠性设计准则分发给配套研制单位;各配套研制单位在认真执行可靠性设计准则的同时,针对所承研产品的特点,制定细化的可靠性设计准则,并以技术规范的形式下发到各设计部门。

(2)依据可靠性设计准则进行设计。设计人员根据可靠性设计准则,确定相应的设计技术措施,逐条予以落实,保证可靠性设计准则落实到产品设计中。

(3)编写可靠性设计准则的符合性报告。在完成产品初步设计和详细设计后,设计人员应分阶段将贯彻可靠性设计准则的各项技术措施汇总,编写可靠性设计准则的符合性报告。符合性报告包括产品的功能描述、符合性说明及结论等,一般采用表格形式列出,见表 3.2。

(4)经可靠性专业总设计师批准后,邀请专家进行可靠性设计准则符合性报告评审。评审工作可以结合型号研制转阶段评审同时进行。对评审中发现的问题,设计人员应采取必要的措施予以纠正。

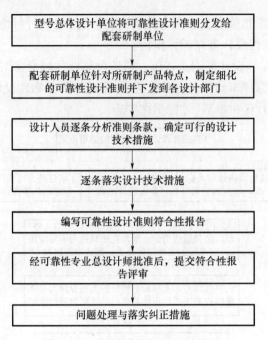

图 3.14 可靠性设计准则贯彻程序

表 3.2 飞机燃油系统可靠性设计准则符合性报告(示例)

序号	准则条款	符合	采用的设计措施	不符合	原因、意见	影响
1	按需要采取防过热措施,通过可能的燃烧区管道必须耐热	√	对发动机引气口的导管及密封圈均采用耐热材料			
2	凡燃料能漏进密封区的地方,均要安装通过排泄装置			√	油箱舱未安装符合要求的排泄装置,需整改	存在安全隐患

3.2.3 简化设计

简化设计是指产品在设计过程中,在满足战术技术要求的前提下,尽量简化设计方案,尽量减少零部件、元器件的规格、品种和数量,并在保证性能要求的前提下达到最简化状态,以便于制造、装配和维修的一种设计措施。

1. 一般要求

简化设计的一般要求如下:

(1)对产品功能进行分析权衡,合并相同或相似功能,删减不必要的功能。

(2)在满足规定功能要求的条件下,使设计简单,尽可能减少产品层次和组成单元数量。

(3)尽量减少执行冗余功能的零部件、元器件数量。

(4)优选标准化程度高的零部件、紧固件与连接件、导管、线缆等。

(5)最大限度地采用通用的组件、零部件、元器件,并尽量减少其品种。

(6)采用不同工厂生产的相同型号成品件必须能安装互换和功能互换。

(7)产品需更改时不能改变其安装和连接方式以及有关部位的尺寸,使新旧产品可以互换安装。

2. 基本步骤

任何系统的可靠性都与其复杂程度相关。凡是能降低系统复杂程度的设计手段,都有助于提高系统基本可靠性。简化设计有零部件结构简化和零部件数量、品种简化两种形式。简化设计的基本步骤如下:

(1)在设计阶段,进行功能分析,确定所有的元器件、零部件对于完成设计功能的要求都是必需的,去除非必需的部分。

(2)在选型阶段,尽量使用集成部件,以减少系统中部件的品种和数量,并尽量保证剩余部件不会承受更高的应力。

3.2.4 余度设计

余度设计是指让系统或设备具有一套以上能完成规定功能的单元,只有这些单元都发生故障时,系统或设备才会丧失功能的设计措施。余度设计是系统或设备获得较高的任务可靠性、安全性和生存能力的设计方法之一。余度数目的增加,虽然会提高系统任务可靠性,但却增加了系统复杂程度,反而会降低系统基本可靠性。因此,采用余度设计时,要合理确定余度的数目。

1. 一般要求

余度设计的一般要求如下:

(1)只有在确认简化设计、降额设计及选用高可靠性的零部件、元器件仍然不能满足任务可靠性要求时,才采用余度设计。

(2)余度系统提高任务可靠性或安全性的效果并不与余度数目成正比,特别是对于简单的并联余度系统而言,随着余度数的增加,任务可靠性提高的幅度会越来越小。

(3)影响任务成功的关键部件,如果具有单点故障模式,则应考虑采用余度设计。

(4)硬件的余度设计一般在较低层次使用,功能余度设计一般在较高层次使用。

(5)采用非工作储备的余度设计中,应重视转换器的选择与设计,必须考虑转换器的故障对系统的影响。

2. 余度分类

余度形式有多种,可按不同的要求进行分类。

1)按余度的资源划分

(1)硬件余度。采用硬件作为余度设计的资源。

(2)软件余度。将用于故障检测和诊断的软件、执行余度管理和系统恢复的软件以及其他关键的软件编制多份存于存储器中。

(3)时间余度。通过重复执行某段程序或整个程序的方法来产生余度。

(4)信息余度。利用各种传感器信号或各种信息之间存在的函数关系来产生余度信息。

2) 按余度系统运行方式划分

(1) 工作储备。在余度布局中,没有工作部分与冗余部分之分,均接入系统并处于工作状态,当有工作通道发生故障时,不需要其他装置来完成故障检测和通道转换的余度结构。

(2) 非工作储备。余度部分不工作,处于储备或等待状态,当工作通道发生故障时,需要有其他装置来完成故障检测和单元转换的余度结构。按参与工作前余度部分所处的状态又分为:①热储备,即余度部分处于工作状态但不接入系统,一旦工作通道产生故障,则立即接替工作;②冷储备,即余度部分在储备或等待过程中完全不工作,仅当工作通道产生故障时,才启动并接入工作;③温储备,即余度部分在储备或等待过程中一直处于加热状态,以便保证一旦工作通道故障能立即进入工作。

3) 按余度结构形式划分

(1) 无表决无转换的余度结构。这种结构中任意一个部件故障时,不需要外部部件来完成故障的检测、判断和转换功能,如简单并联、双重并联系统等。

(2) 有表决无转换的余度结构。这种结构中若有一个通道故障时,需要一个外部元件检测和做出判断(即表决),但不需要切换通道,如表决系统。

(3) 有转换的余度结构。这种结构如有故障,需要转换到另一个工作通道中去,如上述非工作储备系统。

3. 基本步骤

余度设计是产品设计的一个组成部分,余度设计实施流程如图 3.15 所示。

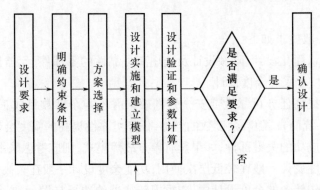

图 3.15 余度设计实施流程

余度设计的具体流程说明如下:

(1) 在实施余度设计时,首先应明确设计任务要求、可靠性要求和重量、能耗、体积、费用等约束条件。

(2) 针对设计要求和约束条件,通过权衡,选择余度方式和设计方案。

(3) 根据选择的设计方案开展设计,并建立产品可靠性模型。

(4) 进行设计验证,并计算系统可靠性以及重量、能耗、体积等参数。

(5) 将设计及计算结果与设计要求进行比较,以判定是否满足要求。

(6) 根据设计满足要求的情况,进行决策,确定或变更设计方案。

3.2.5 容错设计

一般来说,"错"可以分为两类:第一类是先天性的固有错,如元器件生产过程中造成的故障,或者线路与程序在设计过程中产生的故障,这类故障只能对其拆除、更换,是不能容忍的;第二类是后天性的错,是由于系统在运行中产生了缺陷所导致的故障,一般具有瞬间性、间歇性特征。这类故障不能采用检测、定位等措施,但可以考虑随机地消除其作用,使其不影响到系统的正常工作,是容错技术的主要对象。

1. 实现途径

容错技术能达到对故障的"容忍",但并非"无视"故障的存在。首先要能自动地实时检测并诊断出系统的故障,然后采取对故障控制后处理的策略。根据故障的不同情况,一个容错系统的容错所包含的内容有故障限制、故障检测、故障屏蔽、重试、诊断、重组、恢复、重启动、修复及重构。相比冗余设计,容错设计包含的内容更为广泛,它通过在产品设计中增加消除或控制故障(错误)影响的措施,实现提高产品任务可靠性和安全性的目的。容错技术包含的内容如图3.16所示。

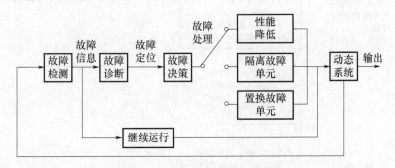

图3.16 容错技术包含的内容

常用的容错技术实现途径如下:

1)信息容错

信息容错是指为了检测或纠正信息在运算或传输中的错误而外加的一部分信息。在通信和计算机系统中,常采用奇偶码、定重码、循环码等编码形式来纠正产生的错误。

2)时间容错

时间容错是以牺牲时间来换取计算系统的高可靠性的一种手段。为了诊断系统是否出故障,首先让系统重新执行某一段程序或指令,即用时间的冗余进行故障诊断,然后根据出错的位置加以纠错而达到容错的目的。

3)结构(硬件)容错

目前,数字系统中广泛利用硬件余度进行系统的故障检测与诊断,同时利用硬件冗余实现容错。这是由于数字电路的集成化程度提高,硬件的体积、重量、性能及成本大幅下降,同时技术上利用硬件冗余,实现容错的途径较简单、可靠。

4)软件容错

软件容错是指增加程序以提高软件可靠性的一种手段,通常可采用增加用于测试检错或诊断的外加程序;用于计算机系统自动重组、降级运行的外加程序;一个程序用不同的语言或途径独立编写;按一定方式将执行结果分阶段进行表决,然后诊断软件故障并隔离故障的程序。

2. 基本步骤

实施容错设计的前提是可识别特定的故障。这种识别特定故障的能力,可通过可靠性分析与试验相结合来实现。容错设计是一个反复迭代过程,容错设计的一般流程如图 3.17 所示。

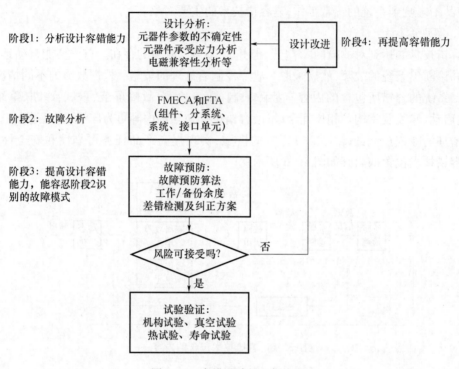

图 3.17　容错设计的一般流程

3.2.6　降额设计

电子产品的可靠性对其电应力和温度应力比较敏感,其降额设计就是使元器件或设备所承受的电应力和温度应力适当地低于其额定值,从而达到降低其基本故障率、提高使用可靠性的目的。电子产品降额设计的主要步骤如下:

1) 确定降额准则

降额准则是降额设计的依据。国产电子元器件一般按照 GJB/Z 35—1993《元器件降额准则》进行降额设计;国外元器件建议采用国外推荐的降额指南进行降额设计。

2) 确定降额等级

降额等级表示元器件的降额程度。通常元器件有一个最佳的降额范围。在此范围内,元器件工作应力的降额对其故障率的下降有显著改善,易于实现且不会增加太多成本。GJB/Z 35—1993《元器件降额准则》推荐的降额等级及其适用情况见表 3.3。

表 3.3 降额等级的划分

降额等级	Ⅰ级	Ⅱ级	Ⅲ级
降额程度	最大	中等	最小
对可靠性的改善	最大	适中	较小
适用情况	设备故障导致人员伤亡或装备严重破坏；对设备有高可靠性要求；采用新技术新工艺设计；故障设备无法或不宜维修；设备内部结构紧凑、散热差。	设备故障引起装备损坏；对设备有较高可靠性要求；采用某些专门设计；故障设备的维修费用较高。	设备故障不会造成人员伤亡和设备破坏；采用成熟的标准设计；故障设备可迅速、经济地修复。
实现难度	较难	一般	容易
增加费用情况	较高	中等	较低

3) 确定降额参数

降额参数是指对降低元器件故障率有关的工作应力（电压、电流、功率等）和环境应力参数（温度等）。降额参数是由元器件的工作故障率模型确定的，各种元器件的降额参数并不都一样。表 3.4 给出了部分国产元器件的降额参数。一般要求元器件的降额应满足某降额等级下各项降额参数的降额量值的要求，在不能同时满足时，应尽量保证对故障率下降起关键影响的元器件参数的降额量值。

4) 确定降额因子

降额因子是指元器件工作应力与额定应力之比。降额因子一般小于 1。表 3.4 给出了部分国产元器件类型的降额因子。

表 3.4 部分国产元器件的降额参数及降额因子

元器件类别	降额参数	降额等级		
		Ⅰ级	Ⅱ级	Ⅲ级
放大器	电源电压	0.70	0.80	0.80
	输入电压	0.60	0.70	0.70
	输出电流	0.70	0.75	0.80
	功率	0.70	0.75	0.80
	最高结温/℃	80	95	105
MOS 型电路	电源电压	0.70	0.80	0.80
	输出电流	0.80	0.90	0.90
	频率	0.80	0.80	0.90
	最高结温/℃	85	100	115

5) 进行降额分析与计算

根据设备应用的范围，确定所选用元器件的降额等级；根据型号规定的降额等级，确定元器件的降额参数和降额因子；利用电应力/热应力分析计算，获取电应力和温度的计算值；按有关标准规范的数据，获取元器件的额定值，再考虑降额因子，获得元器件降额后的容许值。通过比较计算值与容许值，就可判断每项元器件是否达到降额要求。

3.2.7 热设计

1. 一般要求

热设计应满足以下一般要求：

(1) 热设计应与其他设计(如电气设计、结构设计等)协调进行。

(2) 尽量避免由于工作周期、功率变化、热环境变化以及冷却剂温度变化引起的热瞬变,确保电子元器件的温度波动控制在允许范围内。

(3) 对冷却系统、电子产品整机/电子产品模块最大热耗、印制电路板以及元器件等开展热设计分析。

(4) 对可供选择的冷却系统进行权衡分析,使其寿命周期费用降至最低,而可用性最高。

(5) 应满足对冷却系统的限制要求(主要包括冷却系统所用电源、振动、空气出口温度以及结构限制等要求)。

(6) 保证产品在技术要求与技术条件所规定的极限工作温度范围内正常工作。

(7) 考虑产品实际工作中是否存在(如发射、接收、备用等)多种工作模式,开展针对性热设计。

2. 冷却系统选择

根据产品的实际环境条件和相关设计要求,对可供选择的冷却系统进行权衡分析,选择经济、适用的冷却方式,包括自然冷却、强迫空气冷却、直接液体冷却、间接液体冷却等。选择冷却系统时,应考虑下列因素:设备的热流密度、体积功率密度、总热耗、表面积、体积、工作环境条件(温度、湿度、气压、尘埃等)、热沉、元器件极限温度及其他特殊条件等。冷却系统选择的详细要求如下:

(1) 选择最简单、最有效的冷却方式,优先采用自然冷却。

(2) 对于高可靠性、高功率密度的密封设备,经设计单位同意后,可采用外部源强迫空气冷却。

(3) 当必须采用强迫冷却而设计单位不同意提供外部源冷却或外部源冷却仍不能满足热设计要求时,才可采用自备冷却剂(除空气)和冷却装置的强迫冷却方式。

(4) 当采用空气冷却不能满足要求而必须选择其他冷却方式(如液体冷却、蒸发冷却、相变材料冷却等)时,应事先得到设计单位的同意。

(5) 冷却系统选择时,对于军用电子产品,应符合 GJB/Z 27—1992《电子产品可靠性热设计手册》中相关要求。

3. 冷却系统设计

无论采取何种冷却方式,都应使冷却系统的设计尽量简化,使其在设备中专门为冷却而增加的或分配到冷却方面的零部件数量、重量、电功率以及引入的冷却空气流量等尽量小。常用冷却系统的详细设计要求如下:

1) 自然冷却

(1) 最大限度地利用传导、辐射和对流等热传递技术。

(2)最大限度地将组件内产生的热量通过组件机箱和安装架散发出去。

(3)必要时,应采用导热条(导热板)或金属芯将电子模块中的发热元器件的热量传递到机箱。

(4)最大限度地增大机箱的表面积以增加换热效率,增大机箱表面黑度以增强辐射散热。

(5)通风机箱的进、出风孔应尽量远离,通风孔的形状、大小应考虑电磁兼容性设计。

(6)散热翅片应与机箱一体加工,方向与重力方向一致,印制电路板宜垂直放置。

(7)元器件的安装方向和安装方式应保证能最大限度地利用对流方式传递热量。

(8)元器件的安装方式应充分考虑到周围元器件的辐射影响,并应避免过热点。

2)强迫空气冷却

(1)合理控制和分配气流,使其按预定路径流通,将气流合理分配给各个模块。

(2)对于并联风道应根据各风道散热量的要求分配风量,避免风道阻力不合理布局。

(3)尽量采用直流风道,避免气流的转弯,在气流急剧转弯处,可采用导风板使气流逐渐转向,将压力损失降到最小。

(4)要求风量大、风压低的机箱,可选用轴流式风机;要求风量小、风压大的机箱,可选用离心式风机。

(5)应将不发热或热敏感元器件排列到冷空气的入口处,并按耐热性能的高低,依次分层排列,对发热量大、导热性能差的元器件,应使其暴露在冷气流中。

(6)空气循环制冷系统选用水或水溶液作为冷源时,应采取措施保证水或水溶液不结冰。

3)直接液体冷却

(1)采用对热交换器和管道没有腐蚀作用的冷却剂。

(2)确保冷却剂不在最高温度以下沸腾和最低温度以上结冰,以防止管道破裂。

(3)采用无刷电动机或带有适当屏蔽的直流电动器驱动泵。

(4)将有源和无源元器件分开,尤其是热敏感元器件应隔离开。

(5)充分利用设备内金属构件的导热通路。

(6)使发热元器件的最大表面浸渍于冷却液中,热敏感元器件置于底部。

(7)发热元器件在冷却剂中的放置形式应有利于自然对流。

(8)相邻垂直印制电路板和组装件壁之间,宜保证有足够的流通间隙。

(9)为防止外部对冷却剂的污染,冷却系统应进行密封设计,同时应保证容器内有足够的膨胀体积。

4)间接液体冷却

(1)应符合直接液体冷却中前5项设计要求。

(2)大功耗及高功率密度的元器件应靠近冷却液入口位置。

(3)液冷通道应根据模块印制电路板上元器件的布局合理设计。

(4)液冷通道设计应保证模块上温度分布均匀,减小温差。

(5)使电子元器件与作为交换器的冷板间有良好的金属导热。

3.2.8 环境防护设计

环境防护设计可以从三个方面考虑,即认识环境、控制环境、适应环境。认识环境是指准确识别产品寿命周期经历的环境载荷。控制环境是指在条件允许时,可以为产品创造良好的工作环境条件。适应环境是指无法对环境条件控制时,提高产品自身耐环境的能力。下面对一些主要的环境防护准则及措施进行阐述。

1. 力学环境防护

力学环境防护主要考虑振动、冲击等机械力的作用。

1)主要设计原则

(1)提高设备的耐振和抗冲击能力,控制振源,减少振动。例如,进行运动部件的静平衡和动平衡试验,达到最大限度的平衡。

(2)远离振源,改善工作环境。当设备本身是振源时,通过积极隔振,减少传到支撑结构上的振动力,降低对周围设备的影响;当设备不是振源时,通过消极隔振,减少从支撑结构上传来的振动力的影响。

(3)避免共振,减少系统响应。如对电子设备进行刚性化安装,提高系统的刚度和质量,改变系统的干扰频率,提高设备的抗振性。

2)防护措施

(1)消除相关振源。即消除或减弱设备内外的相关振源(如冲击源、振源、声源),使它们的烈度下降到工程设计可以接受的程度。例如,发动机、振子等应进行单独的隔振,对旋转部件应进行静、动平衡试验,以减少或消除振源。常用的隔振材料有金属弹簧、泡沫乳胶、减振器等。

(2)提高结构刚度,防护低频激振。设备的振动特性是由其质量、刚度和阻尼特性决定的。当激振频率较低时,在不增加质量和改变阻尼特性的情况下,通过提高结构的刚度,来提高设备及元器件的固有频率与激振频率的比值,达到防振的目的。

(3)采用隔离措施,防护高频激振。当激振频率较高时,通过提高结构的刚度等措施来改变设备的振动特性是不可取的。这时可在设备和传递振动的基础结构之间采取隔离措施(如安装减振器)。当设备的固有频率低于激振频率时,要求减振器具有低的固有频率;当设备的固有频率高于激振频率时,要求减振器具有高的固有频率;当按照组装要求难以采用弹性材料等隔离件时,可用三防胶灌注在元器件与地板之间以起到减振作用。脆性材料(如陶瓷元器件)与金属零件的连接处应加上弹性材料,以防止产品局部应力和磨损。

(4)采用去耦措施,优化固有频率。在振动过程中,印制板及其上面装配的元器件之间会出现相互振动耦合,从而使设备的固有频率分布较宽,容易与外界激振产生共振。这时可以采用硅胶封装整个印制板组件,使之成为一个整体,消除元器件与印制板之间的相互振动耦合,使设备的固有频率分布变窄,达到不易共振的目的。

常见元器件低频振动防护措施见表3.5。

表 3.5 常见元器件低频振动防护措施

元器件类别	主要防护措施
阻容、电感元器件	剪短引脚并留有应力环,进行焊接
电缆导线	辫扎在一起,分段线夹固定
继电器、可变电容器	选择安装方向
快卸元器件	特殊装置予以固定
变压器	使用压板固定磁芯体
印制电路板组装件	使用加强条、约束阻尼

3) 航空电子产品防护设计要求

(1) 机载电子产品(尤其是安装减振器的产品)与相邻产品间应留有足够的间隙,以避免振动时位移过大发生碰撞。

(2) 底面安装固定的电子产品,机箱的重心应尽量低、尽量靠近安装面。

(3) 机载电子产品整机的谐振频率应避开直升机螺旋桨的旋转频率。

(4) 采用固定夹锁紧的模块插拔式 ATR(美国航空电子无线电公司(ARINC)研制的航空运输设备机箱和机架标准)机箱,上盖板与模块之间宜采用导热垫间接接触。

(5) 采用快卸螺旋锁安装固定的机箱,快卸螺旋锁不应安装在机箱面板的四个角,且距离四个角的边缘不少于 5mm。

(6) 电缆和线束应在连接端夹紧,以避免谐振及连接点应力过大而失效。

(7) 应考虑在自然频率接近预期环境频率的组件和元器件安装座上加阻尼。

2. 电磁环境防护

电磁兼容性是指系统、分系统、设备在共同的电磁环境中能协调地完成各自功能的共存状态,即设备不会由于处于同一个电磁环境中的其他设备的电磁干扰而导致性能降低或故障,也不会由于自身的电磁干扰使处于同一个电磁环境中的其他设备产生不允许的性能降低或故障。

1) 主要设计原则

抗电磁干扰的主要设计原则如下:

(1) 分析并找出系统所有的人为干扰源和自然干扰源。

(2) 尽可能消除或抑制干扰源。

(3) 采用屏蔽、滤波等手段,从传播途径上抑制干扰耦合。

(4) 采用接地和搭接技术。

2) 防护措施

抗电磁干扰的主要措施如下:

(1) 接地。接地是指两点之间建立导电通道,其中一点是系统的电子元器件;另一点是零电位、零阻抗的参考点或接地板。

(2) 搭接。搭接是指在两金属表面之间建立低阻通道。其目的是使射频电流的通路均匀,避免在金属件之间出现电位差,造成干扰。

(3) 屏蔽。屏蔽的机理是吸收、反射电磁波,以阻断辐射干扰。通过机箱屏蔽、局部屏蔽、电缆屏蔽等方式,可以实现干扰源与敏感设备之间的屏蔽。

(4)滤波。滤波的机理是通过吸收或反射,可使直流或某些频率的传导干扰大为减弱。这种措施是弥补设计不足而采取的一种补救措施,不如前三种措施可靠且代价高。

3. 空间辐射环境防护

空间粒子辐射环境可以分为两类:天然粒子辐射环境和高空核爆炸后所产生的核辐射环境。这些辐射环境中有大量高能粒子,对航天器的电子设备及材料很容易造成辐射损伤,从而影响飞行任务的完成,也会对舱内人的生理健康造成危害。

空间辐射环境防护设计主要措施是屏蔽设计和抗辐射设计。

1)屏蔽设计

屏蔽设计目的是消除或消减辐射的影响,方法包括主动屏蔽和被动屏蔽。前者是通过电场或磁场偏转带电粒子,使它们离开航天器;后者通过在辐射源与接收点之间放置特定物质,使辐射能量降低。屏蔽设计的原则如下:

(1)增加航天器的结构质量,以减少到达仪器的辐射剂量。

(2)通过改变航天器内部仪器设备的安装位置,达到最佳的固有屏蔽。

(3)通过增加局部屏蔽,减少局部辐射剂量。

(4)重视航天服和生活舱的屏蔽措施。

2)抗辐射设计

抗辐射设计主要是通过对线路结构或元器件进行设计,以提高仪器设备的抗辐射能力。如采用限流电阻来防止过大的瞬间光电流,或用反向二极管产生电流来抵消影响。

4. 其他环境防护设计

1)防潮湿设计的措施

(1)采用具有防水、防霉、防锈蚀的材料,并采用圆形边缘,使保护涂层均匀。

(2)提供排水或除湿装置,消除湿气聚集物。

(3)采用干燥装置吸收湿气。

(4)采用密封垫等密封器件。

(5)采用保护涂层以防止锈蚀。

(6)憎水处理,以减低产品的吸水性或改变其亲水性能等。

2)防盐雾设计的措施

(1)采用非金属材料等耐盐雾材料。

(2)在接触处尽可能采用相同金属材料。

(3)在金属表面与液体表面之间涂油漆、防腐层,减少阳、阴极电位差,以及不同金属之间绝缘等手段,防止电化学腐蚀。

(4)采用退火或喷丸强化的方式,降低金属或合金对于应力腐蚀裂纹或残余应力的敏感性,防止应力腐蚀。

(5)在金属表面上涂覆防护层、在重叠区(如紧固件周围)加密封材料等手段,防止晶间腐蚀。

3)防霉菌设计的措施

(1)选择不易长霉的材料。

(2)采用防霉剂处理零部件或设备表面。

(3)设备密封并放进干燥剂,保持内部空气干燥。

(4)在密封前用足够强度的紫外线照射材料,防止和抑制霉菌。

3.2.9 元器件的选择与控制

元器件、机械零部件是产品的基础部件,是完成预定功能且不能再分割的基本单元。原材料是各种基础产品的实现基本功能的基础。元器件、零部件、原材料的选择与控制,对产品的性能、成本、进度、寿命与可靠性都有直接影响。由于在产品设计过程中,通过贯彻标准件的选择和使用等准则,采取标准化和规范化等设计措施,对机械零部件和原材料的选择和控制已经给予了足够的重视。本节主要阐述元器件的选择与控制。

1. 一般要求

元器件选择与控制应满足以下一般要求:

(1)加强元器件的合理选择。

① 选择技术条件、技术性能和质量等级均满足产品要求的元器件。

② 选择经实践证明质量稳定、可靠性高、有发展前途的标准元器件。

③ 军用电子产品优先选择相关合格产品目录上的元器件或已通过GJB 9001C—2017《质量管理体系要求》认证的生产厂家提供的元器件。

④ 不选择产品规定禁用的元器件。

⑤ 不选择淘汰的元器件及已经停止或即将停止生产的元器件。

⑥ 不宜选择限制使用的元器件。

(2)开展元器件可靠使用设计。在使用元器件时综合考虑可靠性设计,将降额设计、热设计、防静电设计、耐环境设计、防辐射设计等可靠性设计方法应用于元器件的使用设计中。

(3)实施元器件二次筛选。对于验收合格的元器件,根据产品研制要求和元器件的质量控制要求,按照二次筛选规范进行二次筛选;对于关键、重要元器件,应送指定的元器件检验筛选站进行二次筛选。

(4)实施元器件的破坏性物理分析(destruction physical analysis,DPA)。在装机使用前应对关键、重要元器件实施DPA。

2. 元器件质量等级

元器件的质量等级是指元器件装机使用之前,按产品执行标准或供需双方的技术协议,在制造、检验及筛选过程中对其质量的控制等级。一般来说,质量等级越高,其可靠性水平也越高。

国产元器件的质量等级分为A、B、C三个挡次,每一挡次又分为几个不同的级别。不同类型的元器件,相同质量等级的要求也有所不同。半导体集成电路的质量等级见表3.6。GJB/Z 299C—2006《电子设备可靠性预计手册》中规定了不同质量等级对应的质量系数的数值。

表 3.6 半导体集成电路质量等级

质量等级		质量要求说明
A	A1	符合 GJB597A—1996 列入质量认证合格产品目录的 S 级产品
	A2	符合 GJB597A—1996 列入质量认证合格产品目录的 B 级产品
	A3	符合 GJB597A—1996 列入质量认证合格产品目录的 B1 级产品
	A4	符合 GB4589.1—2006 的Ⅲ类产品,或经中国电子元器件质量认证委员会认证合格的Ⅱ类产品
B	B1	按 GJB597A—1996 的筛选要求进行筛选的 B2 质量等级的产品;符合 GB4589.1—2006 的Ⅱ类产品
	B2	符合 GB4589.1—2006 的Ⅰ类产品
C	C1	
	C2	低档产品

HB 20534—2018《航空电子产品可靠性设计手册》列出的基于质量等级的军用航空电子产品常用元器件选用原则见表 3.7,非军用航空电子产品可参考执行。

表 3.7 基于质量等级的军用航空电子产品元器件选用原则

器件类型	选用原则	
	国产元器件	进口元器件
半导体集成电路	选择 B1 及以上质量等级	选择 B1 及以上质量等级
半导体分立器件	晶体管和二极管选择 B1 及以上质量等级,电子管选择 A2 及以上质量等级	晶体管和二极管选择 JANTX 及以上质量等级
电阻器和电位器	选择 A2 及以上质量等级	选择 P 及以上质量等级
电容器	纸介、铝电解电容器选择 A2 及以上质量等级,电子管选择 B1 及以上质量等级	选择 P 及以上质量等级
感性器件	选择 B1 及以上质量等级	变压器选择军用级,线圈选择 P 及以上质量等级
继电器	选择 A2 及以上质量等级	机电式继电器选择 P 及以上质量等级,固体和延时继电器选择军用级
开关	选择 B1 及以上质量等级	选择军用级
电连接器	选择 A2 及以上质量等级	选择军用级
磁性器件	选择 A 及以上质量等级	选择军用级
石英谐振器	选择 A2 及以上质量等级	选择军用级
滤波器	选择 A 及以上质量等级	选择军用级

具体实施时,首先应依据元器件研制选用总要求等顶层文件,若没有具体规范,则应依据本标准中的原则,对元器件质量等级进行规定。不应选择质量等级低于要求的元器件,也不应盲目选用高质量等级元器件,使用过高质量等级的元器件不仅不能提高产品的可靠性,还会带来成本的提高。

3. 元器件优选目录

元器件优选目录用于规范和指导元器件选用,保证元器件的性能、质量和可靠性及供货进度满足产品研制要求。元器件优选目录是产品设计人员在产品研制全过程中择优选用元器件应遵循的依据,是产品研制和管理的统一要求。

制定优选元器件目录时,需要的因素包括:①元器件技术性能、质量等级、使用条件等符合型号要求;②优先选用国产元器件;③在考虑元器件降额使用和热设计要求后,确定元器件的型号规格;④尽可能压缩所用元器件的品种、规格和生产厂等。

应根据产品的电性能、可靠性、功率、体积、重量、费用等因素,在优选元器件目录中选择适合型号中设备用的元器件。产品设计人员选择元器件优选目录外元器件时应严格履行审批手续。

4. 元器件二次筛选

军用航空电子产品的研制单位应根据产品使用特点开展元器件二次筛选,非军用航空电子产品的研制单位应根据产品使用特点,对关键和重要元器件开展元器件二次筛选。首先,元器件二次筛选的范围、试验项目、试验方法、试验条件、元器件允许总的批不合格率和单项试验的批不合格率,应遵循元器件二次筛选规范(或要求);其次,应遵循 GJB 7243—2011《军用电子元器件筛选技术要求》中的相关规范,并应根据元器件清单、元器件生产厂的筛选报告和筛选鉴定机构的二次筛选报告开展筛选评价。

1)二次筛选对象

对于验收合格的元器件应进行二次筛选。按照产品文件信息对元器件的二次筛选范围进行评价,机载电子设备初样阶段及以后各阶段使用的元器件宜进行100%二次筛选。如未进行100%二次筛选,所使用的元器件的二次筛选对象应符合以下要求:

(1)对于国产元器件,元器件生产厂没有进行筛选时,研制单位应开展二次筛选。

(2)对于国产元器件,生产厂所进行的筛选条件低于订购方要求时,研制单位应开展二次筛选。

(3)对于国产元器件,生产厂虽已按有关文件要求进行了筛选,但不能有效剔除某种失效模式时,研制单位应开展二次筛选。

(4)选用进口的元器件时,应按规定进行二次筛选。

(5)对于关键及用于空中试验的元器件,应进行二次筛选。

(6)无法进行二次筛选的元器件,应随高一级别模块进行环境应力筛选。

2)二次筛选项目

元器件二次筛选项目应满足以下要求:

(1)二次筛选项目及方案的确定依据,应按以下顺序选取:元器件使用方的采购文件、元器件的产品规范和 GJB 7243—2011《军用电子元器件筛选技术要求》。

(2)二次筛选的试验项目应是无破坏性的,所施加的应力(电应力、机械应力、环境应力等)不应超过产品规范规定的元器件额定应力,应力类型的选择应使其能够有效地激发早期失效,将不可靠的元器件剔除而不损坏可靠的元器件。

(3)二次筛选项目的确定,应遵循针对性原则,即每个试验项目都有其特定的试验目的和针对的失效机理,应明确每个筛选项目的作用,根据元器件对应的系统、使用的部位、现场使用条件等因素,确定二次筛选项目。

3)二次筛选时间

二次筛选时间的确定应遵循以下原则:

(1)参照 GJB 7243—2011《军用电子元器件筛选技术要求》并根据经验适当调整,必要时可通过摸底试验确定筛选时间。

(2)二次筛选时间的确定应能迅速又经济地使元器件的各种缺陷暴露出来。

(3)不能使合格的元器件发生失效。

(4)筛选应力去掉后,不应使受试元器件留下残余应力或严重影响元器件的使用寿命。

5. DPA

1)适用范围

在以下环境中应开展 DPA:

(1)在高可靠性要求领域中。

(2)在航空电子产品中,列为关键件或重要件的元器件。

(3)质量等级低于规定要求的元器件。

(4)超出规定储存期的元器件。

(5)对已装机元器件进行的质量复验。

2)时机

DPA 时机应满足以下要求:

(1)在订货合同中应提出 DPA 要求,出厂前进行 DPA,并在供货时提供 DPA 合格的分析报告。

(2)元器件到货后,在装机之前应进行 DPA。

(3)对于军用航空电子产品,半导体器件、液体钽电容器、密封继电器、金属壳封装的石英谐振器和振荡器、电线(含漆包线)等应进行超期复验,按 GJB/Z 123—1999《宇航用电子元器件有效贮存期及超期复验指南》中的规定进行 DPA。

3)方案

DPA 方案应针对具体元器件编制。方案的制定应与委托单位的特殊要求、产品规范、本标准、元器件结构资料和有关背景材料为依据。DPA 方案应至少包括样品的背景材料、基本结构信息、DPA 检验项目、方法和程序、缺陷判据、数据记录和环境要求等。各项材料应符合 GJB 4027A—2006《军用电子元器件破坏性物理分析方法》的具体规定。

GJB 4027A—2006 规定的试验项目,可根据 DPA 的不同用途进行必要的剪裁。对用于鉴定的 DPA 试验项目一般不应剪裁,必须剪裁时应经有关认证部门批准。典型的电子元器件 DPA 试验项目可查阅 HB 20534—2018《航空电子产品可靠性设计手册》。

3.3 可靠性分配

可靠性分配是指将使用方提出的,在产品研制任务书(或合同)中规定的可靠性指标,自顶向下、由整体到局部逐级分配到规定的产品层次(分系统、设备等),以此作为可靠性设计和提出外协、外购产品可靠性定量要求的依据。

3.3.1 可靠性分配的目的与时机

可靠性分配的目的就是使各级设计人员明确其可靠性设计要求,根据要求估计所需的人力、时间和资源,并研究实现这个要求的可能性及办法。如同性能指标一样,可靠性指标是设计人员在可靠性方面的一个设计目标。

可靠性分配主要在方案设计阶段及初步设计阶段进行,应尽早实施,是一个反复迭代的过程。可靠性分配工作适用于有可靠性定量要求的装备,也适用于装备的部分组成系统和设备。

可靠性分配包括基本可靠性分配和任务可靠性分配。两者之间有时是互相矛盾的,提高产品的任务可靠性,可能会降低基本可靠性,反之亦然。因此,在进行可靠性分配时,要进行两者之间的权衡,或采取其他不相互影响等措施。

要进行可靠性分配,首先必须明确设计目标、约束条件、系统下属各级产品的清晰定义、故障判据及有关类似产品可靠性数据等信息。

3.3.2 可靠性分配的原则

可靠性分配其实是一个优化问题,用函数关系表示如下:

$$R_S(R_1, R_2, \cdots, R_n) \geqslant R_S^* \tag{3.26}$$

$$\vec{g}_S(R_1, R_2, \cdots, R_n) \leqslant \vec{g}_S^* \tag{3.27}$$

式中:R_S^* 为系统的可靠性指标;$\vec{g}_S^*$ 为一个矢量函数关系,表示对系统设计的综合约束条件,包括进度、费用、重量、体积、功耗等因素;$R_i(i=1,2,\cdots,n)$ 为第 i 个单元的可靠性指标。

对于简单的串联系统而言,式(3.26)可改写为

$$R_1(t) \cdot R_2(t) \cdots R_n(t) \geqslant R_S^* \tag{3.28}$$

如果对分配没有任何约束条件,则式(3.26)、式(3.28)可以有无数个解;有约束条件时,也可能有多个解。因此,可靠性分配的关键是在满足约束条件下得到合理的可靠性分配值的优化解。

一般可选择故障率、可靠度等参数进行可靠性分配。

为提高系统可靠性分配结果的合理性和可行性,在分配时需要遵循以下原则:

(1)根据组成产品的各单元能够达到的可靠性量值进行分配,因此可靠性分配往往与可靠性预计工作结合进行。

(2)对于复杂度高的分系统、设备等,应分配较低的可靠性指标。因为产品越复杂,其组成单元就越多,要达到高可靠性就越困难且费用更高。

(3)对于技术上不成熟的产品,分配较低的可靠性指标。对于这种产品提出高可靠性要求会延长研制周期,增加研制费用。

(4) 对于处于恶劣环境条件工作的产品,应分配较低的可靠性指标。因为恶劣的环境会增加产品的故障率。

(5) 当把可靠度作为分配参数时,对于需要长期工作的产品,分配较低的可靠性指标。因为产品的可靠性随着工作时间的增加而降低。

(6) 对于重要度高的产品,应分配较高的可靠性指标。因为重要度高的产品的故障会影响人身安全或任务的完成。

(7) 对于已有可靠性指标的货架产品或使用成熟的成品,不再进行可靠性分配。

3.3.3 可靠性分配的方法

常用的基本可靠性分配方法有等分配法、比例组合分配法、评分分配法。对于任务可靠性指标的分配:首先进行基本可靠性指标分配;然后进行任务可靠性指标核算,以基本可靠性指标与任务可靠性指标同时得到满足,形成最终可靠性分配方案。下面主要介绍等分配法、比例组合分配法、评分分配法。

1. 等分配法

在产品设计初期,当产品定义并不十分清楚时,可以采用最简单的等分配法进行可靠性分配。

设某系统由 n 个单元串联组成,给定系统的可靠度指标为 R_S^*,则按等分配法分配给各单元的可靠度指标为

$$R_i^* = \sqrt[n]{R_S^*} \tag{3.29}$$

例 3.3 某型炮弹为由 5 个部件组成的串联系统,要求该炮弹的可靠度为 0.99,使用等分配法给每个部件的可靠度为多少?

解: 根据式(3.29),有

$$R_i^* = \sqrt[n]{R_S^*} = \sqrt[5]{0.99} = 0.99899$$

若系统及其单元的寿命都服从指数分布,给定系统的故障率指标为 λ_S^*,则按等分配法分配给各单元的故障率指标为

$$\lambda_i^* = \frac{\lambda_S^*}{n} \tag{3.30}$$

2. 比例组合分配法

如果一个新设计的系统与老的系统在结构组成、使用环境等方面都很相似,只是根据新系统的任务需求,适当用一些新设备取代一些老设备,那么就应优先采用比例组合法。根据老系统中各单元的故障率,按新系统可靠性要求,给新系统的各单元分配故障率。其数学表达式为

$$\lambda_{i新}^* = \frac{\lambda_{i老}}{\lambda_{S老}} \cdot \lambda_{S新}^* = K_i \cdot \lambda_{S新}^* \tag{3.31}$$

式中:$\lambda_{S新}^*$ 为新系统的故障率指标;$\lambda_{i新}^*$ 为新系统中第 i 个单元的故障率;$\lambda_{S老}$ 为老系统的故障率;$\lambda_{i老}$ 为老系统中第 i 个单元的故障率;K_i 表示比例系数。

这种方法只适用于新、老系统结构相似,而且有老系统的可靠性统计数据,或者有各

组成单元可靠性预计数据的情况。

例3.4 某直升机的MFHBF规定值为5h,现有该型直升机各分系统历史故障百分比的统计资料见表3.8,试把这个指标分配给各分系统。

表3.8 各分系统故障百分比及可靠性分配值

序号	分系统名称	分系统的故障百分比 K_i	分配给分系统的故障率 $\lambda^*_{i新}$	分配给分系统的 $\text{MTBF}^*_{i新}$
1	机身与货舱	12	0.024	41.67
2	起落架	7	0.014	71.43
3	操纵系统	5	0.010	100.00
4	动力装置	26	0.052	19.23
5	APU	2	0.004	250.00
6	螺旋桨	17	0.034	29.41
7	高空设备	7	0.014	71.43
8	电子系统	4	0.008	125.00
9	液压系统	5	0.010	100.00
10	燃油系统	2	0.004	250.00
11	仪表	1	0.002	500.00
12	自动驾驶仪	2	0.004	250.00
13	通信导航	5	0.010	100.00
14	其他	5	0.010	100.00
	总计	100	0.200	5.00

解: 已知直升机的MFHBF规定值为5h,则

$$\lambda^*_{S新} = \frac{1}{5} = 0.2/h$$

由式(3.31)计算出分配给各分系统的故障率 $\lambda^*_{i新}$,如分配给机身的故障率为

$$\lambda^*_{机身,新} = K_{机身} \cdot \lambda^*_{S新} = \frac{12}{100} \times 0.2 = 0.024/h$$

则分配给机身的MTBF可表示为

$$\text{MTBF}^*_{机身,新} = \frac{1}{\lambda^*_{机身,新}} = 41.67h$$

同理,可计算出分配给其他分系统的故障率、MTBF,见表3.8。

一般新老系统构成不可能完全相似,某些单元可能属于已定型的"货架"产品或已单独给定可靠性指标的产品,即该单元的指标已确定,可以按下式进行分配:

$$\lambda^*_{i新} = \frac{\lambda_{i老}}{\lambda_{S老} - \lambda_c} \cdot (\lambda^*_{S新} - \lambda_c) \tag{3.32}$$

式中: λ_c 为已定型的"货架"产品或已给定可靠性指标的产品的故障率。

3. 评分分配法

评分分配法是在缺少可靠性数据的情况下,通过有经验的设计人员或专家对影响可靠性的最重要的因素进行打分,并对评分值进行综合分析而获得各单元产品之间的可靠

性相对比值,根据相对比值,对每个分系统或设备分配可靠性指标。应用这种方法时,时间一般应以系统工作时间为基准。这种方法用于分配系统的基本可靠性,并假设产品服从指数分布。该方法适合于方案论证阶段和初步设计阶段。

1)评分因素和原则

评分分配法通常考虑的因素有复杂度、技术水平、工作时间和环境条件等。在工程实际中,可根据产品的特点而增加或减少评分因素。

以产品故障率为分配参数,说明评分原则。

(1)复杂程度。它是根据组成单元的元部件数量以及它们组装的难易程度来评定。最复杂的评10分,最简单的评1分。

(2)技术水平。根据单元目前的技术水平和成熟程度来评定。技术最新的评10分,技术最成熟的评1分。

(3)工作时间。根据单元工作时间来评定。单元工作时间最长的评10分,最短的评1分。

(4)环境条件。根据单元所处的环境来评定。单元工作过程中会经受极其恶劣而严酷的环境条件的评10分,环境条件最好的评1分。

2)分配模型

设系统由 n 个单元组成,其可靠性参数为故障率,其指标记为 λ_S^*,分配给每个单元的故障率记为 λ_i^*,可表示为

$$\lambda_i^* = C_i \cdot \lambda_S^* \tag{3.33}$$

式中:C_i 为第 i 个单元的评分系数,可表示为

$$C_i = \frac{\omega_i}{\sum_{i=1}^{n} \omega_i} \tag{3.34}$$

式中:ω_i 为第 i 个单元的评分数,可表示为

$$\omega_i = \prod_{j=1}^{4} r_{ij} \tag{3.35}$$

式中:r_{ij} 为第 i 个单元第 j 个因素的评分数;$j=1,2,3,4$ 分别表示复杂程度、技术水平、工作时间、环境条件。

例3.5 引用例3.2的数据,现采用专家评分法给出该型直升机各分系统的评分结果见表3.9,试把这个指标分配给各分系统。

表3.9 各分系统的专家评分结果及可靠性分配值

序号	分系统名称	r_{i1}	r_{i2}	r_{i3}	r_{i4}	ω_i	C_i	$\lambda_{i新}^*$	$MTBF_{i新}^*$
1	机身与货舱	3	9	3	3	243	0.019	0.004	267.16
2	起落架	8	4	4	7	896	0.069	0.014	72.46
3	操纵系统	3	4	9	6	648	0.050	0.010	100.20
4	动力装置	9	2	10	8	1440	0.111	0.022	45.09
5	APU	7	4	4	7	784	0.060	0.012	82.83
6	螺旋桨	4	7	10	6	1680	0.129	0.026	38.66

续表

序号	分系统名称	r_{i1}	r_{i2}	r_{i3}	r_{i4}	ω_i	C_i	$\lambda^*_{i新}$	MTBF$^*_{i新}$
7	高空设备	4	7	6	6	1008	0.078	0.016	64.43
8	电子系统	6	5	6	5	900	0.069	0.014	72.17
9	液压系统	4	6	8	5	960	0.074	0.015	67.67
10	燃油系统	5	6	9	5	1350	0.104	0.021	48.12
11	仪表	6	8	8	4	1536	0.118	0.024	42.30
12	自动驾驶仪	9	5	3	5	675	0.052	0.010	96.26
13	通信导航	4	7	4	6	672	0.052	0.010	96.70
14	其他	2	8	3	4	192	0.015	0.003	339.46
	总 计					12985	1	0.200	5.0

解：根据各分系统的专家评分结果，分别代入式(3.33)~式(3.35)，依次计算出各分系统的评分数、评分系数及其分配的故障率，最后计算出分配给各分系统的 MTBF，结果见表 3.9。

3.3.4 可靠性分配的实施要点

可靠性分配的实施要点如下。

(1)可靠性分配应在研制阶段早期就开始进行，使设计人员尽早明确其设计要求，研究实现这个要求的可能性和设计措施；为确定外购件及外协件可靠性指标提供依据；根据所分配的可靠性要求估算所需人力和资源等管理信息。

(2)可靠性分配应反复多次进行。在方案论证和初步设计阶段，分配结果应与经验数据进行比较、权衡；也可以与可靠性预计结果相比较，来确定分配的合理性，并根据需要重新进行分配。可靠性分配工作，应以成品研制合同的签订为其结束标志。

(3)可靠性分配应留有"其他"项，以反映接口电缆管线等不直接参加分配部分的可靠性影响。

(4)为了尽量减少可靠性分配的重复次数，在规定的可靠性指标基础上，可考虑留出一定的余量。这种做法是为了避免由于少量单元可靠性预计值的变化而重新进行分配，也为了给设计过程中增加新的功能单元留有余地。

(5)必须按产品成熟期规定值(或目标值)进行分配。

3.4 可靠性预计

可靠性预计是根据历史的产品可靠性数据、系统构成和结构特点、系统工作环境等因素，估计组成系统的部件及系统可靠性水平。系统的可靠性预计是一个自下而上、从局部到整体逐级预计组成系统的元件、组件、直到系统的可靠性的过程。

3.4.1 可靠性预计的目的与时机

可靠性预计是为了预计产品的基本可靠性和任务可靠性,评价所提出的设计方案是否满足规定的可靠性定量要求,并从中发现设计的薄弱环节,为产品设计改进提供依据。

可靠性预计的目的可归纳如下:

(1)将预计结果与要求的可靠性指标相比较,评价任务书中提出的可靠性指标是否能达到。

(2)在方案阶段,通过可靠性预计,比较不同方案的可靠性水平,为最优方案的选择及方案优化提供依据。

(3)在设计阶段,通过可靠性预计,发现设计中的薄弱环节并加以改进,提高系统可靠性。

(4)为可靠性增长试验、验证及费用核算等提供依据。

(5)为可靠性分配奠定基础。

可靠性预计与可靠性分配都是可靠性设计分析的重要工作,两者相辅相成,相互支持。前者是自下而上的归纳综合过程,后者是自上而下的演绎分解过程。可靠性分配结果是可靠性预计的目标,可靠性预计的相对结果是可靠性分配与指标调整的基础。在系统设计的各个阶段均要相互交替反复多次进行,其工作流程如图 3.18 所示。

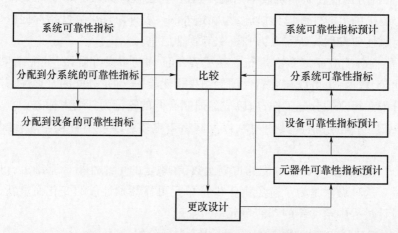

图 3.18　可靠性预计与分配之间的工作流程

3.4.2 可靠性预计的分类

可靠性预计是在设计阶段对产品在规定工作环境及功能的前提下的可靠性水平的估计。因此,可靠性预计是对产品固有可靠性的预计。可靠性预计按不同的目的和要求有不同的分类和方法。

从产品构成角度分析,可靠性预计可分为元件、部件、设备和系统的可靠性预计。

根据研制合同中可靠性的定量要求,可靠性预计分为基本可靠性预计、任务可靠性预计。其中,任务可靠性预计与产品的任务剖面、工作时间及产品功能特性等相关。

根据不同的预计模型,可靠性预计有多种方法,如相似产品法、评分预计法、元器件计数法、应力分析法等。不同研制阶段的可靠性预计方法的选取,见表3.10。

表3.10 不同研制阶段可靠性预计方法的选取

预计方法	适用阶段			适用范围		适用产品
	方案阶段	初步设计	详细设计	基本可靠性预计	任务可靠性预计	
相似产品法	√	√	√	√	√	所有产品
评分预计法	√	√	√	√	√	
元器件计数法		√		√		电子产品
应力分析法			√	√	√	

在进行可靠性预计时,除非特殊说明,一般假设产品的寿命分布为指数分布且故障之间是相互独立的。

3.4.3 可靠性预计的方法

1. 相似产品法

相似产品法是利用与该产品相似的已有成熟产品的可靠性数据来估计该产品的可靠性,成熟产品的可靠性数据主要来源于现场统计和实验室的试验结果。

相似产品法考虑的相似因素一般包括:产品结构、性能的相似性,设计的相似性,材料和制造工艺的相似性,任务剖面(保障、使用和环境条件)的相似性。

这种方法适用于系统研制的各个阶段,可用于各类产品的可靠性预计,其预计的准确性取决于产品的相似程度,以及成熟产品可靠性数据的准确度。这种方法对于具有继承性产品或相似的产品是比较适用的,但对于全新的产品或功能、结构改变比较大的产品就不合适;而且这种方法的前提是相似产品具有足够可信的可靠性数据。

采用相似产品法,进行可靠性预计的步骤如下:
(1)考虑前述的相似因素,选择确定与新产品最为相似且有可靠性数据的产品。
(2)分析所考虑的各种因素对产品可靠性影响程度,分析新产品与老产品的设计差异及这些差异对可靠性的影响。
(3)根据前面的分析,确定新产品与老产品的可靠性值的比值,这些比值应由有经验的专家评定。最终,根据比值预计出新产品的可靠性。

例3.6 某惯性平台由陀螺、加速度计、电子线路和台体结构件组成,惯性平台的MTBF为400h,陀螺、加速度计、电子线路和台体结构件的MTBF分别为1000h、1250h、2000h、5000h。为了提高该型号惯性平台的可靠性,将台体结构件的材料由热压铍材改为碳化硅增强铝基复合材料,试预计改进后的惯性平台的MTBF。

解:通过相似性分析发现,新的惯性平台与原来的惯性平台非常相似,其区别就在于台体结构件的材料不同。通过对这两种材料的抗拉强度、弹性模量、比刚度、比强度、热膨胀系数、热导率、伸长率、密度等方面进行试验对比分析,采用碳化硅增强铝基复合材料可以使台体结构件的 MTBF 提高 10%,即新的台体结构件 MTBF 为 5500h。

改进后的惯性平台 MTBF 预计为

$$1/(1/1000 + 1/1250 + 1/2000 + 1/5500) = 403(\text{h})$$

2. 评分预计法

产品的各组成单元可靠性由于复杂程度、技术水平、工作时间和环境条件等因素的不同而有所差异。评分预计法是在可靠性数据非常缺乏的情况下(仅能得到个别产品可靠性数据),通过有经验的设计人员或专家对影响可靠性的几种因素评分,对评分进行综合分析而获得各组成单元之间的可靠性相对比值,再以某个已知可靠性数据的单元为基准,预计产品中所有其他单元的可靠性。应用这种方法时,时间因素一般应以系统工作时间为基准,即预计出的各单元 MTBF 是以系统工作时间为其工作时间的。

1) 评分因素和原则

评分预计法通常考虑的因素有复杂度、技术水平、工作时间和环境条件等。在工程实际中可以根据产品的特点而增加或减少评分因素。

以产品故障率为预计参数,说明评分原则。

(1) 复杂程度。根据组成单元的元器件数量以及它们组装的难易程度来评定。最复杂的评 10 分,最简单的评 1 分。

(2) 技术水平。根据单元目前的技术水平和成熟程度来评定。技术最新的评 10 分,技术最成熟的评 1 分。

(3) 工作时间。根据单元工作时间来评定。单元工作时间最长的评 10 分,最短的评 1 分。

(4) 环境条件。根据单元所处的环境来评定。单元工作过程中会经受极其恶劣而严酷的环境条件的评 10 分,环境条件最好的评 1 分。

2) 预计模型

设系统由 n 个单元组成,已知系统中某单元的故障率记为 λ^*,其他单元的故障率记为 λ_i,则可表示为

$$\lambda_i = C_i \cdot \lambda^* \tag{3.36}$$

式中:C_i 为第 i 个单元的评分系数,可表示为

$$C_i = \frac{\omega_i}{\omega^*} \tag{3.37}$$

式中:ω^* 为故障率 λ^* 的单元评分数;ω_i 为第 i 个单元的评分数,可表示为

$$\omega_i = \prod_{j=1}^{4} r_{ij} \tag{3.38}$$

式中:r_{ij} 为第 i 个单元第 j 个因素的评分数;$j = 1, 2, 3, 4$ 分别表示复杂程度、技术水平、工作时间、环境条件。

例 3.7 某导弹由动力装置、战斗部、导引头、飞控装置、弹体、天线罩等 6 个部件组成。现采用专家评分法给出该导弹各部件的评分结果见表 3.11。已知导引头的故障率为 $284.5 \times 10^{-6}/\text{h}$,试预计其他部件的故障率。

表 3.11 某导弹各部件的故障率预计结果

序号	部件名称	r_{i1}	r_{i2}	r_{i3}	r_{i4}	ω_i	C_i	$\lambda_i/(\times 10^{-6}/h)$
1	动力装置	5	6	5	5	750	0.300	84.4
2	战斗部	7	6	10	2	840	0.336	94.6
3	导引头	10	10	5	5	(ω^*) 2500	1	(λ^*) 284.5
4	飞控装置	8	8	5	7	2240	0.896	254.9
5	弹体	4	2	10	8	640	0.256	72.8
6	天线罩	6	5	5	5	750	0.3	84.4

解：根据部件的专家评分结果，分别代入式(3.36)~式(3.38)，依次计算出各部件的评分数、评分系数及其预计的故障率，结果见表 3.11。

3. 元器件计数法

元器件计数法适用于电子产品初步设计阶段的可靠性预计，此时元器件的种类和数量已大致确定，但具体的工作应力和环境等尚未明确。

1）预计模型

元器件计数法的基本原理是对元器件的通用故障率进行修正，预计模型为

$$\lambda_S = \sum_{i=1}^{n} N_i \lambda_{Gi} \pi_{Qi} \tag{3.39}$$

式中：λ_S 为产品的总故障率；N_i 为第 i 种元器件的数量；λ_{Gi} 为第 i 种元器件的通用故障率；π_{Qi} 为第 i 种元器件的通用质量系数；n 为产品内所用元器件的种类数目。

式(3.39)适用于应用在同一环境类别的单元。对于国产元器件，其通用故障率 λ_{Gi} 和通用质量系数 π_{Qi} 可以查阅 GJB/Z 299C—2006《电子设备可靠性预计手册》；对于进口元器件，可以查阅 MIL—HDBK—217《电子设备可靠性预计》的当前版本。

2）预计步骤

(1) 确定预计单元所用元器件的种类、数量、质量等级、工作环境类别。

(2) 国内元器件采用 GJB/Z 299C—2006《电子设备可靠性预计手册》计算，进口元器件采用 MIL—HDBK—217 计算。

(3) 根据工作环境类别，查阅预计手册，得到元器件的通用故障率。

(4) 根据质量等级，查阅预计手册，得到元器件的质量系数。

(5) 按式(3.39)计算单元的总故障率。

例 3.8 某电源的一个功能单元由 4 个调整二极管、2 个合成电阻器、4 个云母电容器组成，所有元器件都是国产的，质量等级都是 B_1，工作环境为 A_{IF}。通过查阅 GJB/Z 299C—2006《电子设备可靠性预计手册》，获取调整二极管、合成电阻器、云母电容器的质量系数和通用故障率见表 3.12。

4. 应力分析法

应力分析法用于电子产品详细设计阶段的单元故障率预计。在预计产品内元器件工作故障率时，应用元器件的质量等级、应力水平、环境条件等因素对基本故障率进行修正。元器件的应力分析法已有成熟的预计标准和手册。

表 3.12　元器件计数法预计结果

编号	元器件类别	数量	质量等级	π_{Qi}	$\lambda_{Gi}/(\times 10^{-6}/h)$	$N_i\lambda_{Gi}\pi_{Qi}/(\times 10^{-6}/h)$
1	调整二极管	4	B_1	0.5	2.24	4.48
2	合成电阻器	2	B_1	0.6	0.05	0.06
3	云母电容器	4	B_1	0.5	0.12	0.24
合计						4.78

1) 元器件工作故障率预计模型

对于国产电子元器件,可采用 GJB/Z 299C—2006《电子设备可靠性预计手册》进行预计;而对于进口电子元器件则可采用 MIL—HDBK—217 的当前版本进行预计。

预计的计算过程较为烦琐,不同类别的元器件有不同的工作故障率计算模型,如普通二极管的工作故障率计算模型为

$$\lambda_p = \lambda_b \pi_E \pi_Q \pi_A \pi_R \pi_{S2} \pi_C \tag{3.40}$$

式中:λ_p 为元器件的工作故障率;λ_b 为元器件的基本故障率;π_E 为环境系数;π_Q 为质量系数;π_A 为应用系数;π_R 为额定电流系数;π_{S2} 为电压应力系数;π_C 为结构系数。

各 π 系数是按照影响元器件可靠性的应用环境类别及其参数对基本故障率进行修正,这些系数均可查阅预计手册获得。这里我们对较为常见的环境系数和质量系数进行阐述。

(1) 环境系数 π_E。环境系数表明除温度以外的,在产品工作时必须经受的环境条件(如振动、气压等)的影响。某些产品(如宇宙飞船中的设备)在正常使用中可能遇到多种环境,在这种情况下,可靠性预计应该分段进行。即在射入轨道和从轨道返回过程中的发射环境及在轨道中的宇宙飞行环境。表 3.13 列出了各类环境标识及说明。对于各种元器件的环境系数是不相同的,具体可查阅预计手册获得。

表 3.13　环境符号的标识及说明

环境	符号	正常环境条件
良好地面	G_B	具有良好的工程操作和维修性,环境应力接近于零
宇宙飞行	S_F	地球轨道,接近良好地面条件、无维修,宇宙飞船既不处于动力飞行,也不处于返回大气层
固定地面	G_F	装在永久支架上,并有适当的通风,有维修,以及装在没有温升的建筑物内
移动地面	G_M	安装在有轮子或履带的车辆上,多半有振动和冲击,包括战术导弹地面辅助设备、移动式通信设备、地面辅助设备、战术火控系统
背负	M_P	工作室有人携带的便携式电子设备,包括便携式战场通信设备、激光指示器及测距仪
舰船舱内	N_S	舱内或甲板以下条件,有防风雨保护,包括舱内通信设备、计算机等
舰船舱外	N_U	无保护的水面船载设备,暴露于风雨条件,如导弹发射火控设备
运输机座舱	A_{IT}	没有高压、高温、冲击与振动的环境,为机舱内的典型条件
战斗机座舱	A_{IF}	没有高压、高温、冲击与振动的环境,但安装在高性能战斗机和拦截机上

续表

环境	符号	正常环境条件
运输机无人舱	A_{UT}	炸弹舱,设备舱,机尾及有强烈的压力、振动和温度循环的地方
战斗机无人舱	A_{UF}	没有高压、高温、冲击与振动的环境,但安装在战斗机和拦截机等高性能飞机上
直升机机载设备	A_{RW}	装在直升机上的设备,如激光指示器及火控系统与导弹发射有关的恶劣条件,宇宙飞船射入轨道
导弹发射	M_L	与导弹发射有关的恶劣条件,宇宙飞船射入轨道,宇宙飞船再入及降落伞着陆
火炮发射	C_L	与火炮发射有关的恶劣条件
导弹自由飞行	M_{FF}	无动力自由飞行

(2)质量系数 π_Q。质量系数反映在设计、制造和试验过程中,工艺质量控制的等级。元器件一般可分成 A、B、C 级,见表3.14。

表3.14 元器件质量等级

质量等级		质量要求
A		按军用规范组织生产和管理的产品
		按国家标准,经质量认证合格的产品
		按"七专"技术条件组织生产和管理的产品
B	B_1	经针对性筛选或经用户认定的 B_2 类产品
	B_2	按部标技术条件组织生产和管理的产品
C		低于部标技术条件的产品

2)产品故障率预计模型

产品故障率预计模型为

$$\lambda_S = \sum_{i=1}^{n} N_i \lambda_{pi} \tag{3.41}$$

式中:λ_S 表示产品的总故障率;λ_{pi} 表示第 i 种元器件的工作故障率;N_i 表示第 i 种元器件的数量;n 为产品内所用元器件的种类数目。

3)预计步骤

(1)确定预计产品所用元器件的种类、数量、质量等级、工作环境类别、工作温度等详细设计资料。

(2)根据不同的元器件类型,查阅预计手册,得到各个元器件的工作故障率计算模型及各种修正系数。

(3)根据预计手册提供的计算模型,计算元器件的工作故障率。

(4)将元器件的工作故障率累加得到产品的总故障率。

例3.9 某电源的组成元器件相关信息如表 3.15 所列。采用应力分析法,通过查阅 GJB/Z 299C—2006《电子设备可靠性预计手册》,获取各元器件的各 π 系数、基本故障率和工作故障率,并由式(3.41)计算出该电源的故障率结果,见表 3.15。

表 3.15 某电源的应力分析法预计结果

环境条件：A_{IF}　　　　环境温度：80℃

编号	元器件类别	数量	质量等级	应力比	各 π 系数	λ_{bi} /($\times 10^{-6}$/h)	λ_{pi} /($\times 10^{-6}$/h)	$N_i\lambda_{pi}$ /($\times 10^{-6}$/h)
1	聚丙烯电容器 CBB23-250 (22nF/250V)	2	B_2	0.5	$\pi_E=8\ \pi_Q=1$ $\pi_{CV}=1\ \pi_K=1$	0.0133	0.1064	0.2128
2	2类瓷介电容器 CT4L-2-50 (0.22nF/50V)	1	A_2	0.7	$\pi_E=7.7\ \pi_Q=0.3$ $\pi_{CV}=1.6$	0.0432	0.1597	0.1597
3	1类瓷介电容器 CC4-100 (100pF/100V)	1	A_2	0.7	$\pi_E=6.7\ \pi_Q=0.3$ $\pi_{CV}=1$	0.1355	0.2724	0.2724
4	金属膜电阻 RJ15-1/2 (10Ω/0.5W)	1	A_2	0.6	$\pi_E=5\ \pi_Q=0.3$ $\pi_{CV}=1$	0.008	0.01200	0.0120
5	开关二极管 2CK4148	2	A_4	0.4	$\pi_E=13\ \pi_Q=0.2$ $\pi_R=1\ \pi_A=0.6$ $\pi_{S2}=0.2\ \pi_C=1$	0.107	0.0334	0.0668
6	电感线圈	2	B_1		$\pi_E=8\ \pi_Q=0.7$ $\pi_K=1\ \pi_C=1$	0.025	0.1400	0.2800
合计								1.0037

3.4.4 可靠性预计的实施要点

可靠性预计的实施要点如下：

（1）可靠性预计工作应与功能/性能设计同步进行,在产品研制的各个阶段,可靠性预计要反复迭代,以使预计结果与产品的技术状态始终保持一致。

（2）任务可靠性模型只能用于任务可靠性预计,不能用于基本可靠性预计。

（3）注意与故障定义和任务剖面的相关性。不同的任务剖面对应不同的预计值,故障定义影响可靠性模型与预计结果。

（4）系统可靠性预计时要注意运行比的影响。

（5）在方案论证和初步设计阶段,可靠性预计只能提供大致的估计值,这些值适用于最初分配的比较和确定分配的合理性。随着设计工作的进展,可靠性模型进一步细化,可靠性预计结果将逐步趋于精确。

（6）产品的可靠性预计结果,特别是非电子产品的可靠性预计结果,由于可靠性信息数据积累不够,存在着预计值与实际值之间的误差,但不会影响对产品各种设计方案或各组成单元的可靠性的对比结果。因此,可靠性预计结果的相对值有时比绝对值更有意义。

通过可靠性预计结果的对比,可以找到系统易出故障的薄弱环节并加以改进。

(7)可靠性预计值必须大于产品研制总要求或合同中确定的成熟期规定值或目标值,否则,必须及时采取设计改进措施,直到预计结果达到要求为止。

3.5 故障模式、影响及危害性分析

故障模式、影响及危害分析(FMECA)是在产品设计过程中,分析产品所有可能的故障模式及其可能产生的影响,并按每个故障模式产生影响的严重程度及其发生概率予以分类的一种归纳分析方法。FMECA 由 FMEA 和危害性分析(CA)两部分组成。CA 是 FMEA 的补充和扩展,只有先进行 FMEA,才能进行 CA。

3.5.1 概述

FMECA 作为一种可靠性分析方法,起源于美国。早在 20 世纪 50 年代,美国格鲁曼公司在研制飞机主操纵系统时就采用了 FMEA 方法,虽未进行 CA,但仍取得了良好的效果。随后,人们在 FMEA 的基础上扩展了 CA 方法,用以量化故障模式的影响程度。从 20 世纪 60 年代开始,FMECA 方法开始广泛应用于航空、航天、舰船等装备研制中,并逐渐渗透到机械、汽车、医疗设备等民用工业领域,取得了显著效果。该方法经过长时间的发展与完善,已获得了广泛的应用,成为在系统的研制中必须完成的一项可靠性分析工作。

1. 目的

开展 FMECA 的主要目的如下:

(1)找出产品的所有可能的故障模式及其影响,并进行定性、定量的分析,进而采取相应措施,并确认风险低于可接受水平。

(2)为确定严酷度为Ⅰ、Ⅱ类故障模式清单和单点故障模式清单提供定性和定量依据。

(3)作为维修性、安全性、测试性、保障性设计与分析的输入。

(4)为确定可靠性试验、寿命试验的产品项目清单提供依据。

(5)为确定关键件、重要件清单提供定性、定量信息。

2. 分类及适用阶段

FMECA 方法的分类如图 3.19 所示。

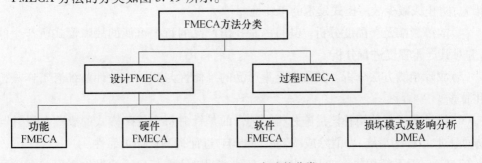

图 3.19 FMECA 方法的分类

在产品寿命周期各阶段适用的 FMECA 方法见表 3.16。

表 3.16 产品寿命周期各阶段适用的 FMECA 方法

阶段	方案与论证阶段	工程研制阶段（含状态鉴定）	生产阶段	使用阶段
方法	功能 FMECA	功能 FMECA、硬件 FMECA、软件 FMECA、DMEA、过程 FMECA	过程 FMECA	硬件 FMECA、软件 FMECA、DMEA、过程 FMECA
目的	分析研究产品功能设计的缺陷与薄弱环节，为产品功能设计的改进和方案的权衡提供依据	分析研究产品硬件、软件、过程和生存性与易损性设计的缺陷与薄弱环节，为产品的硬件、软件、工艺和生存性与易损性设计的改进提供依据	分析研究产品工艺过程的缺陷和薄弱环节，为产品工艺设计的改进提供依据	分析研究产品使用过程中实际发生的故障、原因及其影响，为提高产品使用可靠性和进行产品的改进、改型或新产品的研制提供依据

3. 步骤

功能及硬件 FMECA 步骤如图 3.20 所示。

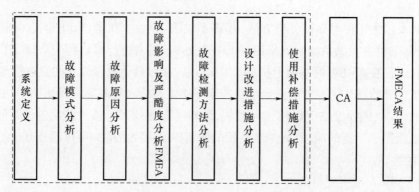

图 3.20 功能及硬件 FMECA 步骤

功能/硬件 FMECA 主要分为 FMEA、CA、FMECA 结果三部分，主要步骤如下：

(1)系统定义。其目的是使分析人员有针对性地分析产品在给定任务功能下进行所有可能的故障模式、原因和影响分析。系统定义可概括为产品功能分析和绘制功能框图、任务可靠性框图。

(2)故障模式分析。其目的是找出产品所有可能出现的故障模式。

(3)故障原因分析。其目的是找出每个故障模式产生的原因，进而采取针对性的改进措施，防止或减少故障模式发生的可能性。

(4)故障影响及严酷度分析。其目的是找出产品的每个可能的故障模式所产生的影响，并对其严重程度进行分析。

(5)故障检测方法分析。其目的是为产品的维修性与测试性设计及维修工作分析等提供依据。

(6)设计改进与使用补偿措施分析。其目的是针对每个故障模式的影响在设计与使用方面采取了哪些措施，以消除或减轻故障影响，进而提高产品可靠性。

(7)CA。对系统中每个产品(或功能、工艺流程等)按其故障的发生概率和严重程度进行综合评估。

(8) FMECA 结果输出。可以按照约定的 FMECA 表格开展相应工作,并进行填写,最后形成 FMECA 报告。

3.5.2 故障模式及其影响分析

故障模式及其影响分析(FMEA)的实施一般是通过填写功能及硬件 FMEA 表(表3.17)进行的。该表中的"初始约定层次产品"处填写"初始约定层次"的产品名称;"约定层次产品"处填写正在被分析的产品紧邻的上一层次产品;"任务"处填写"初始约定层次产品"所需完成的任务,若"初始约定层次"具有不同的任务,则应分开填写 FMEA 表,表中其他各栏的填写说明见表中相应栏目的描述和本节的有关内容。

表 3.17 功能及硬件 FMEA 表

初始约定层次产品: 任　　务: 审核: 第　页·共　页
约定层次产品: 分析人员: 批准: 填表日期:

代码	产品或功能标志	功能	故障模式	故障原因	任务阶段与工作方式	故障影响			严酷度类别	故障检测方法	设计改进措施	使用补偿措施	备注
						局部影响	高一层次影响	最终影响					
(1)	(2)	(3)	(4)	(5)	(6)	(7)	(8)	(9)	(10)	(11)	(12)	(13)	(14)
对每一个产品采用一种编码体系进行标识	记录被分析产品或功能的名称与标志	简要描述产品所具有的主要功能	根据故障模式分析的结果,依次填写每一个产品的所有故障模式	根据故障原因分析结果,依次填写每一个故障模式的所有故障原因	根据任务剖面依次填写发生故障的任务阶段与该阶段内产品的工作方式	根据故障影响分析的结果,依次填写每一个故障模式的局部、高一层次和最终影响并分别填入第(7)栏~第(9)栏			根据最终影响分析的结果,按每个故障模式确定其严酷度类别	根据产品故障模式原因、影响等分析结果,依次填写故障检测方法	根据故障影响、故障检测等分析结果依次填写设计改进与使用补偿措施		简要记录对其他栏的注释和补充说明

1. 系统定义

在实施 FMEA 时应明确分析对象,应尽可能按要求对被分析产品进行系统的、全面的和准确的定义。系统定义可概括为功能分析和绘制框图(功能框图、任务可靠性框图)两个部分。一般采用约定层次定义的方法以明确其分析范围。

1) 各约定层次的定义

(1) 约定层次。根据分析的需要,按产品的功能关系或复杂程度划分的产品功能层次或结构层次,一般从比较复杂的系统到比较简单的零件进行划分。

(2) 初始约定层次。进行 FMEA 完整的产品所在的层次,是约定的产品第一分析层次。

(3) 最低约定层次。约定层次中最低层的产品所在层次,决定了 FMEA 工作深入细致程度。

(4) 其他约定层次。相继的约定层次(第二、第三、第四等),这些层次表明了产品由复杂直至较简单的组成部分的有序排列。

2) 确定约定层次的原则

(1) 约定层次既可以按产品的功能层次关系进行定义,又可按产品的硬件结构层次关系进行定义,具体选用何种方法取决于所选用的 FMEA 方法。

(2) 当分析复杂产品时,应按型号研制的总体单位和配套单位的责任关系,明确各自开展 FMEA 的产品范围;总体单位首先将研制的装备定义为"初始约定层次",并对配套单位提出"最低约定层次"的划分原则;约定层次划分得越多,工作量越大。

(3) 对于采用了成熟设计、继承性较好且经过了可靠性、维修性和安全性等验证的产品,其约定层次可划分得少而粗。

(4) 当约定层次的数较多(一般大于 3 级)时,应从下至上按约定层次级别不断分析,直至初始约定层次相邻的下一层次为止,进而构成完整产品的 FMEA。

图 3.21 所示为某战斗机液压系统约定层次示例图。图中初始约定层次是"飞机";最低约定层次是"柱塞";约定层次是"柱塞"紧邻上一层次的"柱塞液压泵"。

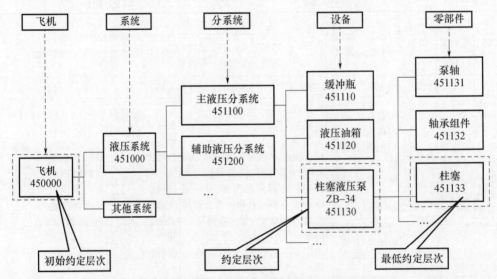

图 3.21 某战斗机液压系统约定层次示例图

2. 故障模式分析

故障是指产品或产品的一部分不能或将不能完成预定功能的事件或状态。故障判据是判定产品是否构成故障的依据,一般根据产品规定的性能指标及其允许基线来定义。故障模式则是故障的表现形式(故障现象),如短路、开路、参数漂移等。

故障模式分析就是从被分析产品的功能描述及故障判据的要求中,找出所有可能的功能故障模式。进行故障分析时,应确定并描述产品在每一种功能下的可能的故障模式。一个产品可能具有多种功能,而每个功能有可能具有多个故障模式,分析人员的任务就是找出产品每一种功能的全部可能的故障模式。

产品故障模式一般可以通过下述办法获取:

(1) 对采用的新产品,可根据该产品的功能原理或结构特点进行分析、预测,或以相似功能和相似结构的产品曾发生的故障模式为基础,分析判断其故障模式。

(2)对引进国外货架产品,应向外商索取其故障模式,或以相似功能和相似结构的产品曾发生的故障模式作为基础,分析判断其故障模式。

(3)对采用的现有产品,可以产品在过去使用中所发生的故障模式为基础,再根据使用环境的异同进行分析修正,进而确定新的故障模式。

(4)对常用元器件、零组件可从国内外相关标准、可靠性预计手册中确定其故障模式。

当以上四种办法均不能获得故障模式时,建议参考表3.18所列的典型故障模式。

表3.18 典型的故障模式

序号	故障模式	序号	故障模式	序号	故障模式
1	结构故障(破损)	12	超出允差(下限)	23	滞后运行
2	捆结或卡死	13	意外运行	24	错误输入(过大)
3	振动	14	间歇性工作	25	错误输入(过小)
4	不能保持正常位置	15	漂移性工作	26	错误输出(过大)
5	打不开	16	错误指示	27	错误输出(过小)
6	关不上	17	流动不畅	28	无输入
7	误开	18	错误动作	29	无输出
8	误关	19	不能关机	30	短路
9	内部泄漏	20	不能开机	31	开路
10	外部泄漏	21	不能切换	32	参数漂移或泄漏
11	超出允差(上限)	22	提前运行	33	其他

注:此表在产品详细设计时使用。

3. 故障原因分析

故障模式分析仅说明产品将以何种模式发生故障,但未说明产品为何发生故障,故必须分析产生每一个故障模式的所有可能原因。当某一个故障模式存在两个以上故障原因时,应对所有可能故障原因逐一注明。

分析故障原因一般从两个方面进行:一是从导致产品功能故障或潜在故障的产品自身的物理、化学变化过程等方面的直接原因;二是由外部因素(如其他产品故障、试验测试设备、使用、环境和人为因素等)引起的产品故障的间接原因。

应正确区分故障模式与故障原因。故障模式一般是可观察到的故障表现形式,而故障原因则是由直接原因或间接原因造成的。工程经验表明,下一约定层次产品的故障模式往往是上一约定层次的故障原因,可以从相邻约定层次间的关系进行故障原因分析。例如,在低层次分析时,某燃油系统的"阀门不密封"(故障模式)造成燃油系统"渗漏";在进行高一层分析的,燃油系统"渗漏"的故障模式的故障原因就是"阀门不密封"。

4. 故障影响及严酷度分析

故障影响是指产品的每一个故障模式对产品自身或对其他产品的使用、功能、状态和经济的影响。故障模式影响一般是按预定的约定层次结构进行,即不仅分析该故障模式对该产品所在相同层次的影响,还应分析对更高层次产品的影响。故障影响通常分为局部影响、高一层次影响和最终影响,其定义见表3.19。

表 3.19　按约定层次划分故障影响分级表

名称	定义
局部影响	某产品的故障模式对该产品自身所在约定层次产品的使用、功能或状态的影响
高一层次影响	某产品的故障模式对该产品所在约定层次紧邻高一层次产品的使用、功能或状态的影响
最终影响	某产品的故障模式对初始约定层次产品的使用、功能或状态的影响

严酷度是指产品故障模式所产生的最终影响的严重程度。进行 FMEA 工作前,应对产品故障模式的严酷度进行定义,进而对每一个故障模式按严酷度类别进行排序。严酷度类别是依据产品每个故障模式造成最终可能出现的人员伤亡、"初始约定层次"产品损坏和环境损害等方面的影响程度而确定的。常用的严酷度类别的定义见表 3.20。

表 3.20　常用的严酷度类别定义

严酷度类别	严重程度定义
Ⅰ类(灾难的)	引起人员死亡或产品(如飞机、导弹、坦克及舰船等)毁坏及重大环境损害
Ⅱ类(致命的)	引起人员严重伤害或重大经济损失或导致任务失败产品严重毁坏及严重环境损害
Ⅲ类(中等的)	引起人员中等程度伤害或中等程度的经济损失,或导致任务延误或降级、产品中等程度损坏或中等程度的环境损害
Ⅳ类(轻度的)	不足以导致人员伤害或轻度经济损失或产品轻度损坏及环境损害,但它会导致非计划性维护或修理

系统地分析每一种故障模式产生的局部影响、高一层影响及最终影响,同时按照最终影响的严重程度,对照严酷度的定义,分析和确定每一故障模式的严酷度等级。

应注意,对已采用了余度设计、备用工作方式设计或故障检测与保护设计的产品,在分析中应暂不考虑这些设计措施而直接分析产品故障模式的最终影响。然后,根据最终影响确定其严酷度等级。对此情况,应在表格中指明针对这种故障模式影响已采取了上述设计措施。若需更仔细分析其影响,则应借助于故障模式的危害性分析。

5. 故障检测方法分析

故障检测方法分析就是对每一个故障模式是否存在能发现该故障模式的检测方法进行分析,从而为产品的故障检测与隔离设计、维修性与测试性设计以及维修等工作提供依据。

故障检测方法一般包括目视检查、原位测试、离位检测等,其手段有机内测试(BIT)、自动传感装置、传感仪器、音响报警装置、显示报警装置等。故障检测一般分为事前检测与事后检测两类,对于潜在故障模式,应尽可能在设计中采用事前检测方法。

当某故障模式确无故障检测手段时,应在 FMECA 表中的相应栏填写"无",并在设计中予以考虑。必要时,应提供"不可检测的故障模式清单"。

根据需要,增加必要的检测点,以便区分是哪个故障模式导致产品故障,应及时对冗余系统的每一个组成部分进行故障检测和及时维修,以保持或恢复冗余系统的固有可靠性。

6. 设计改进与使用补偿措施分析

设计改进与使用补偿措施分析是 FMEA 工作中的一个重要环节,必须认真做好,并提出相应的设计改进与使用补偿措施,尽量避免在填写 FMEA 表中"设计改进措施""使用补偿措施"栏内均填"无"。

1）设计改进措施

设计改进措施主要包括以下内容：

（1）产品发生故障时，应考虑是否具备能够继续工作的冗余设备。

（2）安全或保险装置（如监控及报警装置）。

（3）可替换的工作方式（如备用设备）。

（4）可以消除或减轻故障影响的设计改进（如热设计、降额设计等）。

2）使用补偿措施

使用补偿措施主要包括以下内容：

（1）为了尽量避免或预防故障的发生，在使用和维护规程中规定的使用维护措施，如润滑、定期维护、增加目视检查等。

（2）一旦出现某故障，操作人员应采取的最恰当的补救措施等。

3.5.3 危害性分析

危害性分析（CA）的目的是按照每一个故障模式的严重程度及该故障模式发生的概率所产生的综合影响对系统中的产品划等分类，以便全面评价系统中各种可能出现的故障的影响。CA 常用的方法有两种：一是风险优先数法，主要应用于汽车等民用工业领域；二是危害性矩阵法，主要应用于航空、航天等军工领域。本节主要介绍危害性矩阵法。

危害性矩阵分析又分为定性分析法和定量分析法。当不能获得产品故障数据时，应选择定性分析方法；当可以获得产品较为准确的故障数据时，则选择定量分析方法。

1. 定性分析方法

定性分析方法是将每个故障模式发生的可能性分成离散的级别，进而按其定义的级别对每个故障模式进行评定。根据每个故障模式出现概率大小划分为 A、B、C、D、E 5 个不同的等级（表 3.21）。结合工程实际，其等级及概率可以修正。完成故障模式发生概率等级的评定后，采用危害性矩阵图，对每个故障模式进行危害性分析。

表 3.21 故障模式发生概率的等级划分

等级	定义	故障模式发生概率的特征	故障模式发生概率
A	经常发生	高概率	某一故障模式发生概率大于产品总故障概率的 20%
B	有时发生	中等概率	某一故障模式发生概率大于产品总故障概率的 10%，小于 20%
C	偶然发生	不常发生	某一故障模式发生概率大于产品总故障概率的 1%、小于 10%
D	很少发生	不大可能发生	某一故障模式发生概率大于产品总故障概率的 0.1%，小于 1%
E	极少发生	几乎为零	某一故障模式发生概率小于产品总故障概率的 0.1%

2. 定量分析方法

定量分析方法主要是计算每个故障模式的危害度和产品的危害度，并对所得的不同危害度值进行排序，应用危害性矩阵图予以区分。

（1）故障模式的危害度

将产品在工作时间 t 内发生第 i 种故障模式所造成第 j 种严酷度等级下的危害度记

为 $C_{mi}(j)$,其计算公式为

$$C_{mi}(j) = \alpha_i \cdot \beta_i \cdot \lambda_p \cdot t \tag{3.42}$$

式中:j 为 Ⅰ、Ⅱ、Ⅲ、Ⅳ;λ_p 为被分析产品在其任务阶段内的故障率;α_i 为第 i 种故障模式的频数比,一般可通过统计、试验、预计等获得;β_i 为第 i 种故障模式的影响概率,表示在该故障模式发生的条件下其最终影响导致"初始约定层次"出现上述严酷度等级的条件概率。

β 值反映了分析人员对产品故障模式、原因和影响等掌握的程度。表 3.22 列出了确定 β 值的三种方法供参考,建议优先采用第一种方法确定 β 值。

表 3.22　故障模式影响概率的规定值

序号		1		2		3	
方法来源		GJB/Z 1391—2006		国内某歼击飞机设计用		GB 7824—1987	
β 规定值	实际丧失	1	一定发生	1	肯定损伤	1
	很可能丧失	0.1~1	很可能发生	0.5~0.99	可能损伤	0.5
	有可能丧失	0~0.1	可能发生	0.1~0.49	很少可能	0.1
	无影响	0	发生可忽略	0.01~0.09	无影响	0
			不发生	0		

(2)产品的危害度

将产品在工作时间 t 内产生的第 j 种严酷度等级的危害度记为 $C_r(j)$,其计算公式为

$$C_r(j) = \sum_{i=1}^{n} C_{mi}(j) \tag{3.43}$$

式中:n 为该产品在第 j 种严酷度等级的故障模式总数。

(3)绘制危害性矩阵图

危害性矩阵是在某一个特定严酷度级别下,对每个故障模式危害度或产品危害度的相对结果进行比较,进而为确定设计改进措施或使用补偿措施的先后顺序提供依据。

危害性矩阵图的横坐标一般按等距离表示严酷度类别(Ⅰ、Ⅱ、Ⅲ、Ⅳ);纵坐标为产品危害度 $C_r(j)$、故障模式危害度 $C_m(j)$ 或故障模式概率等级(定性分析时),如图 3.22 所示。

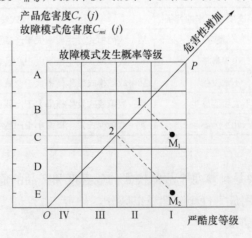

图 3.22　危害性矩阵示意图

绘制危害性矩阵图的步骤：首先，按 $C_r(j)$、$C_{mi}(j)$ 或故障模式概率等级在纵坐标上查到对应的点；然后，在横坐标上选取代表其严酷度类别的直线，并在直线上标注产品或故障模式的位置，从而构成产品或故障模式的危害性矩阵图。

危害性矩阵图的应用：从图 3.22 中所标记的故障模式分布点向对角线（图中虚线 OP）作垂线，以该垂线与对角线的交点到原点的距离作为度量故障模式（或产品）危害性大小的依据，距离越长，其危害性越大，需尽快采取措施。例如，图 3.22 中因 $O1$ 距离比 $O2$ 距离长，则故障模式 M_1 比故障模式 M_2 的危害性大。当采用定性分析时，大多数分布点是重叠在一起的，此时应按区域进行分析。

3. FMECA 表格

FMECA 表格的实施与 FMEA 表格的实施一样，均采用填写表格的方式进行。典型的 FMECA 表见表 3.23。

表 3.23 FMECA 表

初始约定层次产品：　　　　任　务：　　　　审核：　　　　第 页·共 页
约定层次产品：　　　　分析人员：　　　　批准：　　　　填表日期：

代码	产品或功能标志	功能	故障模式	故障原因	任务阶段与工作方式	严酷度类别	故障模式等级或故障数据源	故障率 λ_p	故障模式频数比 α_i	故障影响概率 β_i	工作时间 t	故障模式危害度 $C_{mi}(j)$	产品危害度 $C_r(j)$	备注
1	2	3	4	5	6	7	8	9	10	11	12	13	14	15

表 3.23 中：第 1~7 栏的内容与 FMEA 表中（表 3.17）对应栏的内容相同；第 8 栏记录在 CA 时所采用的故障数据（含故障率、故障模式频数比数据）的来源，当采用定性危害性分析方法时，此栏记录故障模式概率等级；第 9~14 栏记录危害度计算的相关数据及计算结果；第 15 栏记录对其他栏的注释和补充。

3.5.4　故障模式、影响及其危害性分析结果

FMECA 的输出结果主要是提供 FMECA 报告。FMECA 报告是工程经验的积累和总结，是研制单位长期保存、随时备查的重要技术文件之一。

FMECA 报告分为中间报告（用于设计评审中对备选设计方案的选择，并对严酷度Ⅰ、Ⅱ类故障模式与单点故障模式的改进措施提出明确建议）和最终报告（反映最终设计结果，并指明设计上无法排除的严酷度为Ⅰ、Ⅱ类的故障模式及单点故障模式）。

FMECA 报告的主要内容如下。

（1）概述：实施 FMECA 的目的、产品所处的寿命周期阶段、分析任务的来源等基本情况；实施 FMECA 的前提条件和基本假设的有关说明；FMECA 分析方法的选用说明，FMEA、CA 表的选用或剪裁说明；初始约定层次及最低约定层次的选取原则，编码体系、故障判据、严酷度定义、分析中所使用数据的来源和依据；其他有关解释和说明等。

(2)功能原理:概要介绍产品的功能原理,并指明本次分析所涉及的系统、分系统及其相应的功能。

(3)系统定义:产品的功能分析、绘制功能框图和任务可靠性框图。

(4)FMEA 表、CA 表的格式及其填写说明。

(5)结论与建议:除阐述结论外,还应包括为排除或降低故障影响已经采取的措施,对无法消除严酷度为Ⅰ、Ⅱ类的单点故障模式的说明、可能的设计改进和使用补偿措施的建议,以及执行措施后的效果说明。

(6)FMECA 清单。

①可靠性关键产品清单:危害性矩阵图中落在某一规定区域内的产品。

②严酷度为Ⅰ、Ⅱ类的单点故障模式清单:故障模式的严酷度为Ⅰ、Ⅱ类且该故障模式发生后将直接导致"初始约定层次"的故障($\beta=1$)。

(7)附件:FMEA、FMECA 表和危害性矩阵图等。

3.5.5 故障模式、影响及其危害性分析案例

以某型导弹二次电源 5V 串联稳压电路的硬件 FMECA 为例,进行说明。

1. 分析对象定义及有关说明

(1)功能。为导弹接收机提供 5V 直流电源。

(2)组成及框图。5V 串联稳压电路的组成及功能、电路原理图、功能及结构层次对应图、任务可靠性框图分别如表 3.24、图 3.23~图 3.25 所示。

表 3.24　5V 串联稳压电路的组成及其功能

代码	元器件名称	型号	类型	功能	故障率 $\lambda_p/(\times 10^{-6}/h)$
01	电容	C1	陶瓷电容	滤波(做高频波并平滑 V1 基准的偏置信号)	0.73
02	电容	C2	陶瓷电容	滤波(滤掉高频噪声)	0.73
03	晶体管	V1	双极晶体管	提供输出电流	2.71
04	二极管	V2	齐纳二极管	为 V1 提供 0.6V 的偏置电压	2.42
05	电阻	R1	固定薄膜电阻	为 V1 提供限流保护	0.312
06	电阻	R2	固定薄膜电阻	为 V1 提供基极电流	0.312

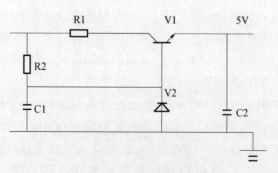

图 3.23　5V 串联稳压电路原理图

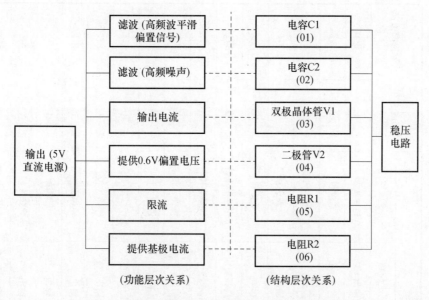

图 3.24 串联稳压电路的功能层次与结构层次对应图

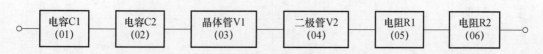

图 3.25 5V 串联稳压电路任务可靠性框图

(3)任务阶段是发射、飞行,其任务时间为 2min。

(4)约定层次。初始约定层次为某导弹,约定层次为 5V 串联稳压电路,最低约定层次为元器件。

(5)严酷度及其类别按表 3.20 的规定进行定义。

2. 填写 FMECA 表

根据 3.5.2 节和 3.5.3 节的要求,填写 FMEA 表(表 3.25)和 CA 表(表 3.26)。

3. 绘制危害性矩阵图

根据 3.5.3 节的要求,绘制各故障模式的危害性矩阵图(图 3.26)。

4. 结论与建议

危害性分析结果表明,编码 032(V1 开路)、031(V1 短路)、043(V2 短路)均是在严酷度 Ⅰ 类情况下,具有很高的故障模式危害度级别。因此,建议采用质量更好、可靠性更高、额定应力更大的元器件替代电路中的 V1 和 V2,并根据表 3.26 的分析结果,以危害度级别递减方式确定 V1 和 V2 为可靠性关键产品清单。

3.5.6 故障模式、影响及其危害性分析实施要点

(1)重视 FMECA 计划工作。在实施 FMECA 前,应对 FMECA 工作进行系统的、全面的计划,实行"边设计、边分析、边改进"和"谁设计、谁分析"的原则,确保 FMECA 分析工作与产品工程研制工作并行开展,以提高分析工作的有效性。

表 3.25　5V 串联稳压电路 FMEA 表

初始约定层次：某导弹　　任务：发射、飞行　　　　　　　　　　　　　审核：××　　　　　　第 1 页・共 1 页
约定层次：5V 串联稳压电路　　分析：××　　　　　　　　　　　　　　批准：××　　　　　　填表日期：××

代码	产品或功能标志	功能	故障模式 编码	故障模式 内容	任务阶段与工作方式	故障影响 局部影响	故障影响 高一层次影响	故障影响 最终影响	严酷度类别	故障检测方法
01	C1（陶瓷电容 0.01μF）	滤波	011	短路	发射、飞行	V1 无基极电流	无输出	导弹失控	I	BIT
			012	参数漂移	发射、飞行	滤波性能轻微变化	输出电压纹波变化	无影响	IV	无
			013	开路	发射、飞行	丧失滤波作用	输出电压纹波大	工作性能下降	III	ATE
02	C2（陶瓷电容 0.01μF）	滤波	021	短路	发射、飞行	V1 输出与地短路	无输出	导弹失控	I	BIT
			022	参数漂移	发射、飞行	滤波性能轻微变化	无影响	无影响	IV	无
			023	开路	发射、飞行	输出高频滤波能力丧失	输出有高频噪声	工作性能下降	III	ATE
03	V1（NPN 晶体管）	提供输出电流	031	短路	发射、飞行	丧失稳压作用	输出不稳	导弹失控	I	ATE
			032	开路	发射、飞行	无输出	无输出	导弹失控	I	BIT
04	V2（齐纳二极管）	为 V1 提供 0.6V 偏置电压	041	开路	发射、飞行	V1 偏置电压丧失	输出不稳	导弹失控	I	BIT
			042	参数漂移	发射、飞行	V1 偏置电压变化	输出电压漂移	工作性能下降	III	ATE
			043	短路	发射、飞行	V1 偏置电压丧失	无输出	导弹失控	I	BIT
05	R1（固定薄膜电阻 51Ω）	为 V1 提供限流保护	051	开路	发射、飞行	稳压回路无电流	无输出	导弹失控	I	BIT
			052	参数漂移	发射、飞行	V1 输入电流变化	无影响	无影响	IV	无
06	R2（固定薄膜电阻 10kΩ）	为 V1 提供基极电流	061	开路	发射、飞行	V1 无基极电流	无输出	导弹失控	I	BIT
			062	参数漂移	发射、飞行	V2 电流变化	输出电压轻微漂移	工作性能下降	III	ATE

注：此表省略了故障原因栏；设计改进措施为采用高可靠性元器件；使用补偿措施为严格进行二次筛选。

初始约定层次：某导弹

约定层次：5V 串联稳压电路

表 3.26 5V 串联稳压电路 FMECA 表

任务：发射、飞行　　　审核：×× 　　　第 1 页·共 1 页
分析：×× 　　　　　　批准：×× 　　　填表日期：××

代码	产品或功能标志	功能	故障模式编码	故障模式内容	任务阶段与工作方式	严酷度类别	故障率来源	故障率 λ_p /($\times 10^{-6}$/h)	故障模式频数比 α_i	故障影响概率 β_i	工作时间 t/min	故障模式危害度 C_{mi}	产品危害度 $C_r(j)$
01	C1（陶瓷电容 0.01μF）	滤波	011	短路	发射飞行	I	GJB/Z 299C	0.73	0.73	1	1	0.533	$C_r(\mathrm{I})=0.533$
			012	参数漂移	发射飞行	IV			0.11	1	1	0.080	$C_r(\mathrm{III})=0.117$
			013	开路	发射飞行	III			0.16	1	1	0.117	$C_r(\mathrm{IV})=0.080$
02	C2（陶瓷电容 0.01μF）	滤波	021	短路	发射飞行	I	GJB/Z 299C	0.73	0.73	1	1	0.533	$C_r(\mathrm{I})=0.533$
			022	参数漂移	发射飞行	IV			0.11	1	1	0.080	$C_r(\mathrm{III})=0.117$
			023	开路	发射飞行	III			0.16	1	1	0.117	$C_r(\mathrm{IV})=0.080$
03	V1（NPN 晶体管）	提供输出电流	031	短路	发射飞行	I	GJB/Z 299C	2.71	0.38	1	1	1.030	$C_r(\mathrm{I})=2.277$
			032	开路	发射飞行	I			0.46	1	1	1.247	
04	V2（齐纳二极管）	为 V1 提供 0.6V 偏置电压	041	开路	发射飞行	I	GJB/Z 299C	2.42	0.25	1	1	0.605	$C_r(\mathrm{I})=1.718$
			042	参数漂移	发射飞行	III			0.29	1	1	0.702	$C_r(\mathrm{III})=0.702$
			043	短路	发射飞行	I			0.46	1	1	1.113	
05	R1（固定薄膜电阻 51Ω）	为 V1 提供限流保护	051	开路	发射飞行	I	GJB/Z 299C	0.312	0.919	1	1	0.287	$C_r(\mathrm{I})=0.287$
			052	参数漂移	发射飞行	IV			0.081	1	1	0.025	$C_r(\mathrm{IV})=0.025$
06	R2（固定薄膜电阻 10kΩ）	为 V1 提供基极电流	061	开路	发射飞行	I	GJB/Z 299C	0.312	0.919	1	1	0.287	$C_r(\mathrm{I})=0.287$
			062	参数漂移	发射飞行	III			0.081	1	1	0.025	$C_r(\mathrm{IV})=0.025$

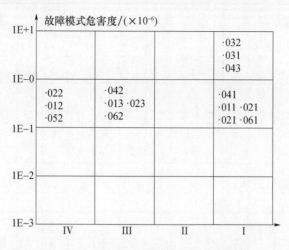

图 3.26 5V 串联稳压电路的危害性矩阵

(2)明确约定层次间的关系。约定层次的划分直接影响 FMECA 分析结果的正确性。各约定层次间存在着一定的关系,即低层次产品的故障模式是相邻上一层次的故障原因;低层次产品故障模式对高一层次的影响是相邻上一层次产品的故障模式。

(3)加强规范化工作。型号总体单位应加强 FMECA 工作的规范化管理,明确与各承制单位之间的职责与接口分工,统一规范、技术指导、跟踪效果,以保证分析结果的正确性、可比性。

(4)深刻理解、切实掌握分析中的基本概念。为保证分析结果的正确性和一致性,着重明确以下基本概念:严酷度是某一故障模式对初始约定层次产品的最终影响的严重程度;严酷度与危害度是两个不同概念,即前者是故障模式影响严重程度的度量,而后者是故障模式影响的严重程度及其发生概率的综合度量;故障检测方法是产品运行或使用维修时发现故障的方法,而不是研制试验和可靠性试验中暴露故障的方法等。

(5)积累经验、注重信息。故障模式是 FMECA 的基础。研制、生产和使用等单位应注意收集、分析、整理产品以及相似产品的故障模式、故障模式频数比、工作故障率等故障信息,并建立相应的故障数据库,为有效地开展 FMECA 定量分析工作提供技术支持。

(6)注意与其他故障分析方法相结合。FMECA 是一种行之有效的故障分析方法,但非万能,不能代替其他故障分析方法。应注意设计 FMECA 是一种静态、单因素的分析方法,在动态多因素分析方面还不够完善。为了对产品进行全面分析还应与其他故障分析方法相结合进行。

3.6 故障树分析

故障树分析(FTA)是指运用演绎法,逐级分析,寻找导致某种故障事件(顶事件)的各种可能原因,直到最基本的原因,并通过逻辑关系的分析确定潜在的硬件、软件的设计缺陷,以便采取改进措施。

3.6.1 概述

虽然在系统设计和使用阶段对可能引起灾难性后果的故障已经给予了足够的重视，但还是经常发生一些令人痛心的灾难。例如，苏联的切尔诺贝利核泄漏事故、美国的"挑战者"号航天飞机升空后爆炸、印度的波泊化学物质泄漏事故等，都给人们留下了永远抹不去的痛苦记忆。这些灾难促使人们研究和寻找一种在工程上能够保障和改进系统可靠性、安全性的方法。这种方法就是FTA。

1961年，美国贝尔实验室在"民兵"导弹的发射控制系统可靠性研究中首先应用FTA技术，并获得成功；1974年，美国原子能委员会在核电站安全评价报告(WASH—1400)中主要应用的方法也是FTA技术。这种图形化的方法从其诞生就显示了巨大的工程实用性和强大的生命力。随着计算机技术的发展，FTA技术已经逐渐地渗入到各工程领域，并逐步形成了一套完整的理论、方法和应用分析程序。

FTA首先让人们知道哪些事件的组合可以导致危及系统安全的故障，并计算它们的发生概率；然后通过设计改进和有效的故障监测、维修等措施，设法减小它们的发生概率。FTA还可以让分析者对系统有更深入的认识，对有关系统结构、功能、故障及维修保障的知识更加系统化，从而使在设计、制造和操作过程中的可靠性改进更富有成效。实践证明，FTA方法在系统安全性、可靠性、维修性和保障性分析方面很有工程实效。

FTA的一般流程如图3.27所示，下面将依次展开阐述。

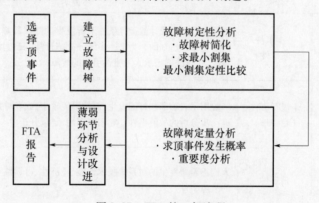

图 3.27　FTA的一般流程

3.6.2 选择顶事件

顶事件是建立故障树的基础，选择的顶事件不同，则建立的故障树也不同。在进行故障树分析时，选择顶事件的原则如下。

(1) 在设计过程中进行FTA，一般从那些显著影响产品技术性能、经济性、可靠性和安全性的故障中选择确定顶事件。

(2) 在FTA之前若已进行了FMECA，则可以从故障后果为Ⅰ、Ⅱ类的系统故障模式中选择其中一个故障模式确定为顶事件。

(3)发生重大故障或者事故后,可以将此类事件作为顶事件,通过故障树分析,为故障归零提供依据。

对于顶事件必须严格定义,否则建立的故障树将达不到预期的目的。大多数情况下,产品会有多个不希望事件,应对它们一一确定,分别作为顶事件,建立故障树并进行分析。

3.6.3 建立故障树

故障树指用来表明产品哪些组成部分的故障或外界事件或它们的组合,将导致产品发生一种给定故障的逻辑图。

从定义可知,故障树是一种特殊的倒立树状因果关系逻辑图,用事件符号和逻辑门符号来描述产品中各种事件之间的因果关系。事件符号用来描述产品和组成部件故障的状态;逻辑门符号把事件联系起来,表示事件之间的逻辑关系。逻辑门的输入事件是输出事件的"因",逻辑门的输出事件是输入事件的"果"。

这种图形化的方法清楚易懂,使人们对所描述的事件之间的逻辑关系一目了然,而且便于对多种事件之间复杂的逻辑关系进行深入的定性、定量分析。

1. 事件符号和逻辑门符号

常用的事件符号见表 3.27。

表 3.27 事件符号

序号	符号	名称	说明
1	○	基本事件 (底事件)	它是元部件在设计的运行条件下所发生的随机故障事件,一般来说它的故障分布是已知的。为进一步区分故障性质,又可用实线圆表示事件本身故障,虚线圆表示人为错误引起的故障
2	◇	未展开事件 (底事件)	一般用于表示那些可能发生,但概率值较小,或者对此系统而言不需要再进一步分析的故障事件。它们在定性、定量分析中一般可以忽略不计
3	▭	顶事件	人们不希望发生的对系统技术性能、经济性、可靠性和安全性有显著影响的故障事件
	▭	中间事件	包括故障树中除底事件及顶事件之外的所有事件
4	△A	入三角形	位于故障树的底部,表示树的 A 部分分支在另外地方
5	△A	出三角形	位于故障树的顶部,表示故障树 A 是在另外部分绘画的一棵故障树的子树

故障树中常用的逻辑门是逻辑"与门"和逻辑"或门",其他逻辑门在某种程度上都可以简化为逻辑"与门"和逻辑"或门"。常用的逻辑门符号见表 3.28。

表 3.28 逻辑门符号

序号	符号	名称	说明
1		与门	设 $B_i(i=1,2,\cdots,n)$ 为门的输出事件。B_i 同时发生时,事件 A 必然发生,这种逻辑关系称为"事件交",用逻辑"与门"描述,相应的逻辑代数表达为 $A = B_1 \cap B_2 \cap \cdots \cap B_n$
2		或门	当输入事件 $B_i(i=1,2,\cdots,n)$ 中至少有一个发生时,则输出事件 A 发生,这种逻辑关系称为"事件并",用逻辑"或门"描述,相应的逻辑代数表达为 $A = B_1 \cup B_2 \cup \cdots \cup B_n$
3		异或门	输入事件 B_1、B_2 中任何一个发生都可引起输出事件 A 发生,但 B_1、B_2 不能同时发生。相应的逻辑代数表达式为 $A = (B_1 \cap \bar{B}_2) \cup (\bar{B}_1 \cap B_2)$
4		禁止门	当给定条件满足时,则输入事件直接引起输出事件的发生,否则输出事件不发生。图中长椭圆形是修正符号,其内注明限制条件
5		表决门	n 个输入事件 $B_i(i=1,2,\cdots,n)$ 中至少有 k 个发生,则输出事件 A 发生

2. 建立故障树的基本原则

(1)明确建树边界条件,简化系统构成。故障树的边界应和系统的边界一致,才能避免遗漏或出现不应有的重复;对系统进行必要的合理假设,如不考虑人为故障等;对于复杂系统,可在 FMECA 的基础上将那些对于给定的顶事件不重要的部分舍去,简化系统,然后再进行建树。

(2)故障事件应严格定义。故障事件必须严格定义,否则建出的故障树将不正确。对于中间事件,应当根据需要准确地表示为"故障是什么"和"什么情况下发生",即说明部件故障的表现状态和此时的系统工作状态。

(3)应从上向下逐级建树。其目的是避免遗漏。一棵庞大的故障树,下级输入数可能很多,而每一个输入都可能仍然是一棵庞大的子树。因此,从上向下逐级建树可避免遗漏。从顶事件开始,不断利用"直接原因事件"作为过渡,逐步地无遗漏地将顶事件演绎为基本原因事件。

(4)建树时不允许门与门直接相连。其目的是首先防止建树者不从文字上对中间事件下定义即去建立该故障树;其次建立门与门相连的故障树,使评审者无法判断对错。

(5)把对事件的抽象描述具体化。为了故障树向下展开,必须用等价的、比较具体的直接事件逐步取代比较抽象的间接事件,否则在建树时也可能形成不经任何逻辑门的事件与事件相连。

3. 建立故障树的步骤

建立故障树,要求建树者对于系统及其各组成部分有透彻的理解和掌握,应由系统设计人员与其他方面人员密切合作、共同建造。建立故障树是一个多次反复、逐步深入完善的过程。建立故障树的一般步骤如下。

(1)广泛收集并分析系统及其故障的有关资料。包括系统的设计资料,如说明书、原理图、结构图和设计说明等;试验资料,如试验报告、故障记录等;使用维护资料,如维护规程、维修记录等;用户信息,如质量保证期的故障信息、重大故障的详细分析报告等。

(2)选择顶事件。根据分析的目的不同,可分别考虑对系统技术性能、经济性、可靠性和安全性影响显著的故障事件作为顶事件。如飞机发动机空中停车,将直接危及飞机安全,当对发动机进行安全性分析时就可以选"发动机空中停车"这一顶事件进行故障树分析。

(3)建造故障树。对于复杂系统,建树时应按系统层次自顶向下逐级展开。例如,飞机起落架放不下来的原因,可能是收放机构本身发生故障,也可能是液压系统故障,还可能是控制系统故障。

(4)简化故障树。在明确定义系统接口和进行合理假设的情况下,可以对所建故障树进行必要的简化。对于复杂庞大的故障树可应用模块分解法、逻辑简化法和早期不交化等方法进行合理的简化。

3.6.4 故障树定性分析

故障树定性分析的目的是寻找导致顶事件发生的原因事件及原因事件的组合,即识别导致顶事件发生的所有故障模式集合,发现潜在故障和设计上的薄弱环节,以便改进设计;还可用于指导故障诊断,改进使用和维修方案。

1. 割集和最小割集的含义

(1)割集:故障树中一些底事件的集合。当这些底事件同时发生时,顶事件必然发生。

(2)最小割集:若将割集中所含的底事件任意去掉一个就不再成为割集了,这样的割集就是最小割集。

图3.28所示是一个由三个部件组成的串并联系统,该系统的顶事件记为T,中间事件记为M,三个底事件依次记为X_1、X_2、X_3。

根据"与门""或门"的性质和割集的定义,可找出该故障树的割集为

$$\{X_1\}、\{X_2,X_3\}、\{X_1,X_2,X_3\}、\{X_1,X_2\}、\{X_1,X_3\}$$

根据最小割集的定义,从以上5个割集中找出最小割集为

$$\{X_1\}、\{X_2,X_3\}$$

一个最小割集代表系统的一种故障原因,故障树定性分析的任务之一就是要寻找故障树的全部最小割集。

2. 最小割集的意义

(1)找出最小割集对降低复杂系统潜在事故的风险具有重大意义。因为设计中如果

能做到使每个最小割集中至少有一个底事件不发生(或发生概率极低),则顶事件就不会发生(或发生概率极低),这样就可以把系统潜在事故的发生概率降至最低。

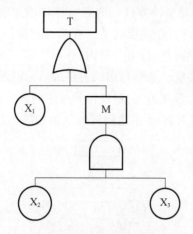

图 3.28　故障树示例

(2)消除可靠性关键系统中的一阶最小割集(最小割集中的底事件个数为1),可达到消除其单点故障的目的。可靠性关键系统设计要求不允许有单点故障,即系统中不允许有一阶最小割集。解决的方法之一就是找出一阶最小割集,然后在其所在的层次或更高的层次增加"与门",并使"与门"尽可能接近顶事件。

(3)最小割集可以指导系统的故障诊断和维修。如果系统某一故障模式发生了,则一定是该系统中与其对应的某一个最小割集中的全部底事件都发生了。维修时,如果只修复某个故障部件,虽然能够使系统恢复功能,但其可靠性水平还远未恢复;只有修复同一个最小割集中的全部故障部件,才能恢复系统可靠性、安全性设计水平。

3. 求最小割集的方法

常用的求最小割集的方法主要是下行法和上行法,这两种方法的特点和步骤见表 3.29。

表 3.29　上行法和下行法的特点和步骤

方法	上行法	下行法
特点	从所有底事件开始,逐级向上找事件集合,最终获得故障树的最小割集	从顶事件开始,逐级向下找事件的集合,最终获得故障树的最小割集
步骤	(1)确定所有底事件; (2)分析底事件所对应的逻辑门; (3)通过事件运算关系表示该逻辑门的输出事件(逻辑"与门"用布尔"积"表示,逻辑"或门"用布尔"和"表示); (4)按(3)向上迭代,直到故障树的顶事件; (5)将所得等式用布尔代数运算规则进行简化; (6)得到用底事件积之和表示顶事件的最简式; (7)最简式中,每一个底事件的"积"项表示故障树的一个最小割集,全部"积"项就是故障树的所有最小割集	(1)确定顶事件; (2)分析顶事件所对应的逻辑门; (3)将顶事件展开为该逻辑门的输入事件(用"与门"连接的输入事件列在同一行,用"或门"连接的输入事件分别占一行); (4)按(3)向下将各个中间事件按同样规则展开,直到所有的事件均为底事件; (5)表格最后一列的每一行是故障树的割集; (6)通过割集间比较,利用布尔代数运算规则进行合并消元,最终得到故障树的全部最小割集

1)下行法

根据故障树的实际结构,从顶事件开始,逐层向下寻查,找出割集。规则就是遇到"与门"增加割集阶数(割集所含底事件数目),遇到"或门"增加割集个数。

具体做法就是把从顶事件开始逐层向下寻查的过程横向列表,遇到"与门"将其输入事件取代输出事件排在表格的同一行下一列内,遇到"或门"将其输入事件在下一列纵向依次展开,直到故障树的最底层。这样列出的表格最后一列的每一行都是故障树的割集,再通过割集之间的比较,进行合并消元,最终得到故障树的全部最小割集。

例 3.10 用下行法求图 3.29 所示故障树的割集与最小割集。

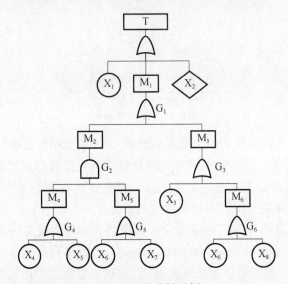

图 3.29 故障树示例

下行法分析过程见表 3.30。

表 3.30 下行法分析过程

步骤		1	2	3	4	5	6
过程		X_1	X_1	X_1	X_1	X_1	X_1
		M_1	M_2	M_4, M_5	M_4, M_5	X_4, M_5	X_4, X_6
		X_2	M_3	M_3	X_3	X_5, M_5	X_4, X_7
			X_2	X_2	M_6	X_3	X_5, X_6
					X_2	M_6	X_5, X_7
						X_2	X_3
							X_6
							X_8
							X_2

表 3.30 中从步骤 1 到 2,因 M_1 下面是"或门",所以在步骤 2 中 M_1 的位置替换为 M_2、M_3 且竖向串列;从步骤 2 到 3,因 M_2 下面是"与门",所以在下一列同一行内用 M_4、M_5 代替 M_2 且横向并列,由此下去直到第 6 步,共得 9 个割集为

$\{X_1\}$、$\{X_4,X_6\}$、$\{X_4,X_7\}$、$\{X_5,X_6\}$、$\{X_5,X_7\}$、$\{X_3\}$、$\{X_6\}$、$\{X_8\}$、$\{X_2\}$

通过集合运算吸收律规则简化以上割集,得到全部最小割集。

由于 $X_6 \cup X_4 X_6 = X_6$,$X_6 \cup X_5 X_6 = X_6$,则得到全部最小割集为:

$\{X_1\}$、$\{X_4,X_7\}$、$\{X_5,X_7\}$、$\{X_3\}$、$\{X_6\}$、$\{X_8\}$、$\{X_2\}$

2) 上行法

从故障树的底事件开始,自下而上逐层地进行事件集合运算,将"或门"输出事件用输入事件的并(布尔和)代替,将"与门"输出事件用输入事件的交(布尔积)代替。在逐层代入过程中,按照布尔代数吸收律和等幂律来化简,最后将顶事件表示成底事件积之和的最简式。其中每一积项对应于故障树的一个最小割集,全部积项即是故障树的所有最小割集。

例 3.11 用上行法求图 3.29 所示故障树的最小割集。

故障树的最下一层为

$$M_4 = X_4 \cup X_5, M_5 = X_6 \cup X_7, M_6 = X_6 \cup X_8$$

往上一层为

$$M_2 = M_4 \cup M_5 = (X_4 \cup X_5) \cap (X_6 \cup X_7)$$
$$M_3 = X_3 \cup M_6 = X_3 \cup X_6 \cup X_8$$

再往上一层为

$$M_1 = M_2 \cup M_3 = (X_4 \cup X_5) \cap (X_6 \cup X_7) \cup X_3 \cup X_6 \cup X_8$$
$$= (X_4 \cap X_7) \cup (X_5 \cap X_7) \cup X_3 \cup X_6 \cup X_8$$

最上一层为

$$T = X_1 \cup X_2 \cup M_1 = X_1 \cup X_2 \cup X_3 \cup X_6 \cup X_8 \cup (X_4 \cap X_7) \cup (X_5 \cap X_7)$$

上式共有 7 个积项,因此得到 7 个最小割集为

$\{X_1\}$、$\{X_4,X_7\}$、$\{X_5,X_7\}$、$\{X_3\}$、$\{X_6\}$、$\{X_8\}$、$\{X_2\}$

结果与第一种方法相同。要注意的是,只有在每一步都利用集合运算规则进行简化、吸收,得到的结果才是最小割集。

4. 最小割集的定性分析

在求得全部最小割集后,如果有足够多的数据能够对故障树中各底事件发生概率作出推断,则可进一步对顶事件发生概率作定量分析;数据不足时,可按以下原则对最小割集进行定性比较,以便将定性比较的结果应用于故障诊断、确定维修次序及提示改进系统的方向。

首先根据每个最小割集所含底事件数目(阶数)排序,在各个底事件发生概率比较小且相互差别不大的条件下,可按以下原则对最小割集进行比较:

(1) 阶数越小的最小割集越重要。

(2) 在低阶最小割集中出现的底事件比高阶最小割集中的底事件重要。

(3) 阶数相同时,在不同最小割集中重复出现次数越多的底事件越重要。

工程上,为减少分析工作量可略去阶数大于指定值的所有最小割集来进行近似分析。

3.6.5 故障树定量分析

故障树定量分析的主要任务就是在底事件互相独立和已知其发生概率的条件下,计

算顶事件发生概率和底事件重要度等定量指标。

复杂系统的故障树定量计算一般是很繁杂的,特别是当产品寿命不服从指数分布时,难以用解析法求得精确结果,此时可用蒙特卡洛仿真的方法进行估计。

1. 顶事件概率计算

已知故障树的全部最小割集为 $K_1, K_2, \cdots, K_{N_k}$。在大多数情况下,底事件可能在几个最小割集中重复出现,也就是说最小割集之间是相交的。这时精确计算顶事件发生的概率就必须用相容事件的概率公式:

$$P(T) = P(K_1 \cup K_2 \cup \cdots \cup K_{N_k})$$

$$= \sum_{i=1}^{N_k} P(K_i) - \sum_{i<j=2}^{N_k} P(K_i K_j) + \sum_{i<j<k=3}^{N_k} P(K_i K_j K_k) + \cdots + (-1)^{N_k-1} P(K_1, K_2, \cdots K_{N_k})$$

(3.44)

式中:$K_i (i=1,2,\cdots,N_k)$ 为第 i 个最小割集;N_k 为最小割集数。

在工程实际中,精确计算是不必要的,使用近似计算顶事件发生概率的方法,就能够满足工程的需要,这是因为:

(1) 统计得到的基本数据往往不是很准确,因此用底事件的数据计算顶事件发生的概率值时精确计算没有工程实际意义。

(2) 一般情况下人们总是把产品设计得可靠度比较高,对于武器装备尤其如此,因此产品的不可靠度是很小的。故障树顶事件发生的概率(就是系统的不可靠度)按式(3.44)计算收敛得非常快,$2^{N_k}-1$ 项的代数和中起主要作用的是第一项或第一项及第二项,后面一些的数值极小。所以,在实际计算时往往取式(3.44)的第一项来近似,称为一阶近似算法,即

$$P(T) \approx S_1 = \sum_{i=1}^{N_k} P(K_i) \tag{3.45}$$

式(3.44)的第二项为

$$S_2 = \sum_{i<j=2}^{N_k} P(K_i K_j) \tag{3.46}$$

因此,取式(3.44)的前两项的近似算式为

$$P(T) \approx S_1 - S_2 = \sum_{i=1}^{N_k} P(K_i) - \sum_{i<j=2}^{N_k} P(K_i K_j) \tag{3.47}$$

例 3.12 故障树如图 3.30 所示,其中,$F_A = F_B = 0.2$,$F_C = F_D = 0.3$,$F_E = 0.36$。该故障树的最小割集为:$K_1 = \{A,C\}$,$K_2 = \{B,D\}$,$K_3 = \{A,D,E\}$,$K_4 = \{B,C,E\}$,试求顶事件发生的概率。

解: 按式(3.45),计算出顶事件的发生概率为

$$P(T) \approx S_1 = \sum_{i=1}^{N_k} P(K_i) = P(K_1) + P(K_2) + P(K_3) + P(K_4)$$

$$= P(A)P(C) + P(B)P(D) + P(A)P(D)P(E) + P(B)P(C)P(E)$$

$$= 0.2 \times 0.3 + 0.2 \times 0.3 + 0.2 \times 0.3 \times 0.36 + 0.2 \times 0.3 \times 0.36$$

$$= 0.1632$$

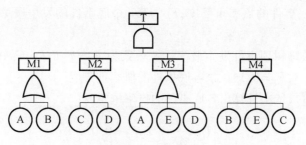

图 3.30 故障树

按式(3.44)计算出顶事件发生概率的精确值为 0.1406,则相对误差为

$$\varepsilon_1 = \left| \frac{0.1406 - 0.1632}{0.1406} \right| = 16.1\%$$

按式(3.46)计算:

$$S_2 = \sum_{i<j=2}^{N_k} P(K_i K_j)$$
$$= P(K_1 K_2) + P(K_1 K_3) + P(K_1 K_4) + P(K_2 K_3) + P(K_2 K_4) + P(K_3 K_4)$$
$$= P(A)P(C)P(B)P(D) + P(A)P(C)P(D)P(E) + P(A)P(B)P(C)P(E)$$
$$+ P(B)P(D)P(A)P(E) + + P(B)P(D)P(C)P(E) + P(A)P(D)P(B)P(C)P(E)$$
$$= 0.0265$$

按式(3.47),计算出顶事件的发生概率为

$$P(T) \approx S_1 - S_2 = 0.1632 - 0.0265 = 0.1367$$

其相对误差为

$$\varepsilon_2 = \left| \frac{0.1406 - 0.1367}{0.1406} \right| = 2.8\%$$

例 3.12 说明,尽管该故障树的底事件的故障概率相当高,但按式(3.47)计算的误差并不大。当底事件故障概率降低后,相对误差还会进一步减小,一般都能满足工程应用的要求。

2. 重要度分析

底事件对发生顶事件的贡献称为该底事件的重要度。一般情况下,系统中各部件对系统的影响并不相同。有的部件一发生故障就会引起系统故障,有的则不然。因此,按照重要度来对底事件进行排队,对改进产品设计是十分有用的。在工程设计中,重要度分析可应用在以下几方面:改善产品设计,确定产品需要监测的部位,制定产品故障诊断时的核对清单等。

下面给出几个常用重要度概念及其计算方法。

1)底事件概率重要度

底事件概率重要度的含义:底事件发生概率的微小变化而导致的顶事件发生概率的变化率,计算公式为

$$I_i^P = \frac{\partial F_s}{\partial F_i} \tag{3.48}$$

式中:I_i^P 为第 i 个底事件的概率重要度;F_i 为第 i 个底事件的发生概率;F_s 为故障树的故障概率。

例 3.13 某故障树顶事件发生概率计算公式为 $F_s = F_1 F_2 F_3$,其中:底事件发生概率为 $F_1 = 0.1, F_2 = 0.3, F_3 = 0.1$,试求各底事件的概率重要度。

解:由式(3.48),依次计算出各底事件的概率重要度:

$$\begin{cases} I_1^P = \dfrac{\partial F_s}{\partial F_1} = F_2 F_3 = 0.02 \\ I_2^P = \dfrac{\partial F_s}{\partial F_2} = F_1 F_3 = 0.01 \\ I_3^P = \dfrac{\partial F_s}{\partial F_3} = F_1 F_2 = 0.02 \end{cases}$$

则底事件中第 1、3 个底事件更为重要。

2)底事件相对概率重要度

底事件相对概率重要度的含义:底事件发生概率微小的相对变化而导致的顶事件发生概率的相对变化率,其计算公式为

$$I_i^S = \frac{F_i}{F_s} \cdot \frac{\partial F_s}{\partial F_i} \tag{3.49}$$

式中:I_i^S 为第 i 个底事件的相对概率重要度。

3.6.6 故障树分析的实施要点

(1)为保证分析工作的及时性,应在设计阶段早期开始 FTA 工作,并在各个研制阶段都要迭代进行,以反映产品技术状态和工艺的变化。

(2)贯彻"谁设计、谁分析"的原则,并邀请经验丰富的设计、使用和维修人员参与建立故障树工作,以保证故障逻辑关系的正确性。

(3)应该首先开展 FMECA 工作,从故障后果为 Ⅰ、Ⅱ 类的系统故障模式中选择最不希望发生的故障模式作为顶事件,建立故障树。

(4)必须考虑环境、人为因素对产品的影响,当产品处于多个环境剖面下工作时,应分别进行分析。

(5)若产品具有多个工作模式,顶事件应该在各工作模式下单独分析。

(6)在进行故障树分析时,假设底事件之间是相互独立的,并且每个底事件及顶事件只考虑其发生或不发生两种状态。

(7)建树时门与门之间不能直接相连,建树后要进行定性分析并根据合同要求,确定是否需完成定量分析。

(8)复杂产品的故障树应该进行模块分解和简化,并尽可能采用 CAD 软件辅助进行故障树分析。

(9)依据故障树分析结果,进行薄弱环节分析及重要度分析,并提出可能的设计改进措施及改进的先后顺序。

习 题

1. 如果要求系统的可靠度为 99%,设每个单元的可靠度为 60%,需要多少单元并联工作才能满足要求?

2. 试求下列 5 个系统的可靠度,设每个单元的可靠度相同,为 99%。
(1)四个单元构成的串联系统;
(2)四个单元构成的并联系统;
(3)四中取三的储备系统;
(4)串并联系统($N=2,n=2$);
(5)并串联系统($N=2,n=2$)。

3. 已知"三叉戟"客机的动力装备由 3 台相同的涡扇发动机构成,至少要 2 台发动机正常工作才能保证飞行安全。假设单台发动机的故障率 $\lambda = 5 \times 10^{-4}$/h,试计算该动力装置工作 10h、100h、2000h 的可靠度及平均寿命。

4. 可靠性设计准则制定的依据有哪些?

5. 什么是可靠性分配?常用方法有哪些?可靠性分配的原则是什么?

6. 什么是可靠性预计?常用方法有哪些?可靠性预计的目的是什么?

7. 有一个液压动力系统,其故障率 $\lambda_{S老} = 277 \times 10^{-6}$/h,各分系统故障率见表 3.31。现要设计一个新的液压动力系统,其组成部分与老的系统完全一样,只是提高新系统的可靠性,即 $\lambda_{S新}^* = 200 \times 10^{-6}$/h。试求应分配给拉紧装置、止回阀、油泵和油滤四个分系统的指标。

表 3.31　液压动力各分系统故障率

序号	分系统名称	$\lambda_{i老} \times 10^{-6}$	序号	分系统名称	$\lambda_{i老} \times 10^{-6}$
1	油箱	4	6	安全阀	36
2	拉紧装置	1	7	油滤	4
3	油泵	75	8	联轴节	1
4	电动机	56	9	导管	3
5	止回阀	30	10	启动器	67
总计				$\sum \lambda_{S老} \times 10^{-6} = 277 \times 10^{-6}$	

8. 什么是 FMECA?为什么要进行 FMECA 工作?

9. 试述 FMECA 的基本步骤。

10. 试述故障模式危害度和产品危害度之间的差异。

11. 试用你所熟悉的产品,定义一个顶事件,绘制其故障树(至少四层,含两种以上的逻辑门),写出最小割集并开展定性分析。

12. 试述故障树简化的"三早"原则。

13. 飞行器由动力装置、武器、制导装置、飞行控制系统、机体及辅助动力装置 6 个分系统组成。聘请专家为各系统进行了评分,具体评分值见表 3.32。系统的可靠性指标 $R_S^* = 0.95$,工作时间为 150h,试给各分系统分配可靠性指标。

表 3.32 分系统评分值

分系统名称	复杂度 r_{i1}	技术水平 r_{i2}	工作时间 r_{i3}	环境条件 r_{i4}
动力装置	5	6	5	5
武器	7	6	10	2
制导装置	10	10	5	5
飞行控制系统	8	8	5	7
机体	4	2	10	8
辅助动力装置	6	5	5	5

第4章 可靠性试验

可靠性试验是为了了解、评价、分析和提高产品的可靠性而进行各种试验的总称,旨在暴露产品的缺陷,为提高产品的可靠性提供必要信息并最终验证产品的可靠性。换句话说,任何与产品故障或故障效应有关的试验都可以认为是可靠性试验。可靠性试验在产品的研制过程中,对保证产品达到可靠性设计要求起到至关重要的作用,尤其是可靠性鉴定试验。它是验证产品的可靠性是否达到设计要求并作为产品状态鉴定的依据之一。

本章的学习目标:理解可靠性试验的概念,熟悉可靠性试验工作要求,掌握环境应力筛选、可靠性研制试验、可靠性增长试验、寿命试验的一般方法和实施要点以及可靠性鉴定与验收试验。

4.1 概述

4.1.1 可靠性试验目的与时机

可靠性试验的目的主要包括以下内容:

(1)发现缺陷,即发现产品在设计、元器件、零部件、原材料和工艺方面的各种缺陷。

(2)提供信息,即为提高产品可靠性、改善产品的战备完好性、提高任务成功率、减少维修保障费用提供信息。

(3)验证指标,即确认产品是否符合规定的可靠性定量要求,如 MTBF、MTBCF。

GJB 450A—2004《装备可靠性工作通用要求》中"400 系列"可靠性工作项目中规定了 6 种可靠性试验,分别是环境应力筛选(401)、可靠性研制试验(402)、可靠性增长试验(403)、可靠性鉴定试验(404)、可靠性验收试验(405)、寿命试验(407)。其中,可靠性鉴定试验和可靠性验收试验统称为可靠性验证试验。各类可靠性试验的目的及适用时机如表 4.1 所列。

表 4.1 各类可靠性试验的目的及适用时机

试验类型	目的	时机
环境应力筛选	在产品交付使用前发现和排除不良元器件、制造工艺和其他原因引入的缺陷造成的早期故障	研制阶段、生产阶段和大修过程

续表

试验类型	目的	时机
可靠性研制试验	通过对产品施加适当的环境应力、工作载荷,寻找产品中的设计缺陷,以改进设计、提高产品的固有可靠性水平	研制阶段的早期和中期
可靠性增长试验	通过对产品施加模拟实际使用环境的综合环境应力,暴露产品中的潜在缺陷并采取纠正措施,使产品的可靠性达到规定的要求	研制阶段中期,产品技术状态大部分已确定
可靠性鉴定试验	验证产品的设计是否达到规定的可靠性要求	状态鉴定阶段,同一产品已通过环境应力筛选、同批产品已通过环境鉴定,技术状态已固化
可靠性验收试验	验证批生产产品的可靠性是否保持在规定的水平	批生产阶段
寿命试验	验证产品在规定的条件下的使用寿命、储存寿命是否达到规定的要求	状态鉴定阶段,产品已通过环境鉴定试验,技术状态已固化

4.1.2 可靠性试验分类

可靠性试验分类方式有以下几种:
(1)按试验场地,分为实验室试验(也称内场试验)和使用现场试验(也称外场试验)。
(2)按试验结束方式,分为完全试验和截尾试验(定时截尾、定数截尾和序贯截尾)。
(3)按抽样方式,分为全数试验与抽样试验,如环境应力筛选属于全数试验,可靠性鉴定和可靠性验收试验属于抽样试验。
(4)按试验应力类型,分为模拟试验和激发试验(可靠性强化试验、加速寿命试验等属于激发试验)。
(5)按试验目的,分为工程试验和统计试验。工程试验的目的是暴露产品设计、工艺、元器件、原材料等方面存在的缺陷,采取措施加以改进,以提高产品的可靠性,如环境应力筛选、可靠性研制试验与可靠性增长试验等。统计试验的目的是验证产品的可靠性或寿命是否达到了规定的要求,如可靠性鉴定试验、可靠性验收试验、寿命试验等。这里我们重点关注的是按试验目的进行分类的方式。

4.1.3 可靠性试验要素

可靠性试验考虑的要素是可靠性定义中的"三规定"在试验过程中的具体体现[6]。可靠性试验要素与可靠性定义中"三规定"之间的对应关系如图4.1所示。

1. 试验条件

试验条件是否正确是衡量可靠性试验结果有效性的一个重要指标,因为试验条件对产品可靠性有直接影响,除非特殊要求(如加速试验技术),实验室应尽可能模拟产品的实际使用条件,过应力或欠应力都会影响试验的结果及可靠性评估的准确性。试验条件一般包括环境条件、工作条件和使用维护条件。

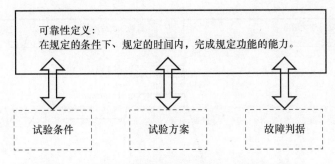

图4.1 可靠性试验要素与可靠性"三规定"的关系

1）环境条件

环境条件是指产品所经受的各种物理、化学和生物条件。按环境因素的属性可分为气候环境（包括温度、湿度、气压、雨、冰、沙尘、盐雾等）、力学环境（包括振动、冲击、炮振、恒加速度等）、生物环境（如霉菌）、电磁辐射环境（包括无线电干扰、雷电、电场等）、化学环境（如酸雨、腐蚀性大气、盐雾等）以及人因环境等。

产品所处的环境条件取决于产品执行任务的自然环境、安装平台、安装位置，是多种环境因素的综合作用，且各种环境应力是变化的。因此，完全模拟其现场环境条件是不太现实的，应根据产品所处的环境，尽可能真实地模拟产品比较敏感的环境，包括温度、湿度、振动、低气压、炮振、霉菌和盐雾等（加速试验除外）。

2）工作条件

产品在工作时有各种输入和输出负载状况。工况不同，给产品造成的损伤也不同。因此，需要得到各种工况所占的时间、使用比例、一种工况转换到另一种工况的转换条件及各工况转换次序等，为确定试验的工作条件提供依据。工作条件包括产品的功能模式、工作循环、输入/输出信号及负载情况（电负载和机械负载）、电源特性（电压、频率、波形、瞬变及容差）、产品的启动特性、工作循环等。这些条件由产品的特性、功能和性能决定。

3）使用维护条件

使用维护条件是指使用现场的维护条件，包括寿命件、易损件和消耗品的更换、位置和角度的修正等。一般规定试验中的使用维护条件应与现场使用时的维护条件相一致。

在可靠性试验中，试验条件是以试验应力的方式施加到产品上的。试验应力是指试验时施加的环境应力及工作应力的类型。对于航空产品而言，进行可靠性鉴定试验时，一般选用温度、湿度、振动、低气压的综合环境应力。试验应力的要素包括试验中施加的环境应力和工作应力的类型、大小、作用时间长短、施加频率及次数、应力的次序等。这些试验应力要素一般通过试验剖面的形式呈现出来。

试验剖面是直接供试验用的环境参数与时间的关系图，是按照一定的规则对环境剖面进行处理后得到的。试验剖面还应考虑任务剖面以外的环境条件，如飞机起飞前地面停放和开机启动的温度环境。对设计用于执行一种任务的产品，试验剖面与环境剖面和任务剖面是一一对应的关系；对设计用于执行多项任务的产品，则应按照一定的规则将多个试验剖面合并成为一个综合试验剖面。

某型传感器（2类机载设备）可靠性鉴定试验剖面如图4.2所示。

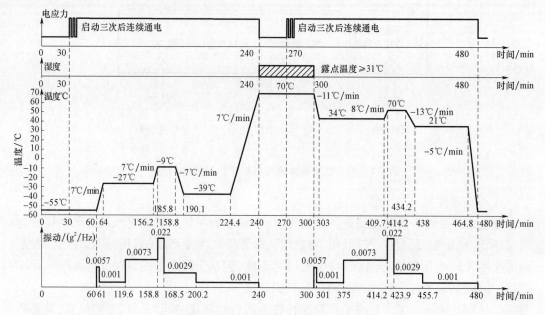

图 4.2 某型传感器可靠性鉴定试验剖面

2. 试验方案

试验方案是指试验方根据现行标准所选用的统计试验方案或工程试验方案,也可以是自行制定的非标准试验方案。试验方案中最重要的是试验参数和总试验时间。根据选定的试验方案,确定试验参数和试验时间。例如,可靠性鉴定试验参数包括 MTBF 检验下限 θ_1、MTBF 检验上限 θ_0、生产方风险 α、使用方风险 β、鉴别比 d、故障数 c、总试验时间 T 等。这部分知识将在 4.6 节中详细介绍。

3. 故障判据

故障判据指是否构成故障的界限值。在可靠性试验中,产品故障判定和故障分析与处理是最关键、最重要的工作之一,直接关系到试验结果的准确性以及试验效果。

在试验过程中,出现下列任何一种状态时,应判定受试产品出现故障:

(1) 受试产品不能工作或部分功能丧失。

(2) 受试产品参数检测结果超出规范允许范围。

(3) 产品的机械、结构部件或元器件发生松动、破裂、断裂或损坏。

可靠性试验(特别是可靠性鉴定与验收试验)中,受试产品的故障按是否在以后的现场使用中预计出现,可分为关联故障和非关联故障(图 4.3)。非关联故障是指由受试产品的外部条件引起的故障,在使用现场中不会发生的,包括某些从属故障、误用故障和已经证实属于某种将不再采用的设计引起的。关联故障是指预期在以后的现场使用中发生的故障,又进一步分为非责任故障和责任故障。

1) 非责任故障

非责任故障是非受试产品自身原因产生的故障。非责任故障不作为判定受试产品可靠性指标的依据,但需要作为故障记录。试验过程中,出现下列情况可判为非责任故障:

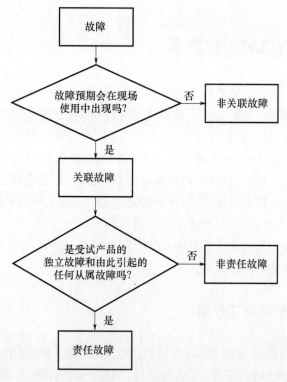

图4.3 故障分类情况

(1)误操作引起的受试产品故障。
(2)试验设施及测试仪表故障引起的受试产品故障。
(3)超出设备工作极限的环境条件和工作条件引起的受试产品故障。
(4)修复过程中引入的故障。
(5)将有寿器件超期使用,使得该器件产生故障及其引发的从属故障。

2)责任故障

责任故障是承制方提供的受试样品在试验中出现的关联的独立故障以及由此引起的任何从属故障。只用责任故障才是用于可靠性验证试验统计的故障,它是判定受试产品可靠性指标的依据,但一个独立故障及其从属故障只计为一次责任故障。除可判定为非责任故障外,其他所有故障均判定为责任故障,一般有以下几种情况:

(1)由于设计缺陷或制造工艺不良而造成的故障。
(2)由于元器件潜在缺陷致使元器件失效而造成的故障。
(3)由于软件引起的故障。
(4)间歇故障(产品故障后不经修复、在有限时间内或适当条件下可自行恢复功能的故障)。
(5)超出正常范围的调整。
(6)试验期间所有非从属性故障原因引起的故障征候(未超出性能极限)而引起的更换。
(7)无法证实原因的异常。

4.2 可靠性试验工作要求

可靠性试验是产品整个可靠性工作重要的组成部分之一。正确实施可靠性试验是保障可靠性试验结果真实可信的前提。要完成可靠性试验,必须了解可靠性试验的实施过程。为了保证可靠性试验结果有较高的置信度,使可靠性试验得出的可靠性验证值能够代表现场使用时的可靠性水平,必须对可靠性试验的实施过程提出系统的、统一的、严格的要求。每一个型号在研制过程中,特别是在可靠性要求中,都会针对可靠性试验制定出详细的计划。对于每一项可靠性试验,还应编制详细的试验大纲,制定试验程序及质量保证措施等文件,试验完成后,给出相应的试验报告。

整个可靠性试验工作大致可以分为:试验前、试验中、试验后三个阶段,下面分别介绍各阶段的工作要点及要求。

4.2.1 试验前准备工作要求

在可靠性试验前应具备以下条件:试验方案和试验大纲,试验程序,可靠性预计,FMECA,环境试验,环境应力筛选,夹具的设计、制造、安装及测定,温度测定,振动测定,FRACAS,试验质量控制和保证措施,试验前准备工作评审。

1. 试验方案和试验大纲

按照 GJB 450A—2004《装备可靠性工作通用要求》的要求,对每一项可靠性试验,都应制定试验方案,主要包括试验目的、受试产品的描述、试验设备、试验的环境条件、性能监测、故障判据以及数据处理等方面的要求。一般重大型号项目都会制定一个可靠性试验总体方案,包括试验类型、试验项目及其选取原则、试验方式及统计试验方案、试验剖面确定、试验的组织实施、工作进度要求、试验场所选取、验收及评审要求等。

可靠性试验大纲因试验目的和试验类型的不同而略有不同,总体上包括以下内容:

(1)试验目的、要求以及试验所依据的标准和规范。

(2)适用范围。

(3)受试产品说明及要求(包括受试产品组成、功能、技术状态、样品数量等)。

(4)具体试验方案。对于可靠性鉴定试验,应明确是选用标准试验方案,还是选用高风险方案,以及确定具体方案中的参数;对于可靠性增长试验,应给出选用的增长模型、增长率及增长目标值等。

(5)试验条件,包括环境条件、工作条件及使用维护条件。

(6)试验设备及检测仪器的技术要求。

(7)性能、功能检测,包括受试产品性能、功能检测的项目、方法,检测表格和内容,检测点的设置等。

(8)故障判据、故障分类及故障统计,故障的修复说明及修复后的验证要求。

(9)受试产品的预处理及预防性维护。

除可靠性验证试验外，其他可靠性试验应尽可能与性能试验、环境试验、耐久性试验等结合起来，构成一个比较全面的可靠性综合试验大纲，这样既可以提高效率、节省经费，又可以保证不漏掉单独试验时忽略或不易发现的缺陷。

2. 试验程序

试验程序是可靠性试验大纲具体实施过程的体现，详细说明了可靠性试验中有关设备的使用方法，以及试验的具体实施方法和步骤。试验程序由承试单位编写，是提供给订购方用来作为审查和批准承制方进行可靠性试验、监督试验和评价试验结果的依据之一。

试验程序主要包括以下内容：

(1) 受试产品的说明及要求，包括受试产品组成单元清单、拟安排试验的单元清单、功能、技术状态以及获准的更改、偏离、超差的说明或图样目录，是否有预防性维护以及维护内容。

(2) 试验设备与检测仪器，包括试验设备与检测仪器的名称、型号、规格、制造厂家、技术指标、计量标定及全套试验装置、受试产品和检测仪器的安装布局简图。

(3) 试验方案。

(4) 试验条件，列出温度、湿度、振动、电应力等具体的试验应力施加方法，给出具体可操作的试验剖面，包括为了便于实施操作对试验大纲规定的试验剖面进行必要修正说明等。

(5) 性能、功能检测，检测功能、性能参数的环境条件，检测表格和内容、检测时间、检测内容的容差、检测点的设置等。

(6) 故障处理，包括故障定位、故障处理步骤、修复后重新投入试验的要求等。

(7) 试验中出现重大事故的处理办法。

(8) 试验的实施过程和步骤，包括试验前准备工作、试验中工作内容及试验后要求等。

3. 可靠性预计

可靠性预计是可靠性设计与分析中一项很重要的工作，是试验前要求完成的一项主要工作。可靠性预计应根据产品研制进程不断地深入和完善，试验前应是最新的预计结果。

4. FMECA

FMECA 是可靠性设计与分析中一项很重要的工作，也是试验前要求完成的一项主要工作。这项工作一般由产品设计人员完成，在分析过程中还应充分听取有经验的工程技术人员的意见，特别是可靠性工程技术人员要参与此项工作。

5. 环境试验

为了保证可靠性试验顺利进行和试验结果真实有效，在可靠性试验前应根据 GJB 150—1986《军用设备环境试验方法》或 GJB 150A—2009《军用装备实验室环境试验方法》，按相应成品协议及产品技术规范所规定的环境试验项目，完成环境试验，并提交试验报告，作为可靠性试验前准备工作评审的文件之一。

不同于可靠性试验，环境试验主要考核的是产品对环境的适应性，判定产品是否能满足设计和工艺技术规范中所规定的使用环境条件的要求。由于使用环境多种多样，环境试验项目较多(GJB 150A—2009《军用装备实验室环境试验方法》规定了29项,如高温、低温、振动、冲击、低气压、湿热、霉菌、盐雾及沙尘等),环境条件一般为极限条件,试验时间也相对较短。而可靠性试验主要是模拟现场使用中的主要环境条件,一般是考核产品在典型条件下或实际使用中主要环境条件下的可靠性,试验时间相对比较长,试验环境条件为综合环境条件,一般多为温度、振动和湿度的综合。

产品环境试验一般可以在产品承制单位的环境实验室完成,也可以委托其他有条件的单位来完成,完成单位应提交试验报告。环境鉴定试验一般也要求在第三方完成。

6. 环境应力筛选

环境应力筛选的目的是发现和排除因不良零件、元器件、工艺缺陷和其他原因所造成的早期故障。GJB 899A—2009《可靠性鉴定和验收试验》规定:"为了保证可靠性验证试验的顺利进行和结果的准确性,试验前受试设备应进行应力筛选,消除早期故障。"国防科工委《武器装备可靠性维修性设计若干要求》中规定:"对元器件和关键、重要电子产品的电路板及外场可更换单元(LRU)应百分之百进行筛选。"同时还规定:"凡未经筛选、检验的元器件不得装配到产品上。对于高可靠性要求的元器件还应根据有关规定进行针对性筛选。"

环境应力筛选中的故障与产品可靠性试验结果的判定无关,但是应该详细记录故障现象,认真进行故障分析,并采取有效的纠正措施。具体方法和要求见4.3节。

7. 夹具要求

夹具是振动试验中用来将振动台产生的机械力和能量传递给受试件的一种过渡装置。对试验夹具的要求主要包括以下内容:

(1)在整个试验的频率范围内,夹具的频率响应要平坦且连接面各点响应尽可能一致。

(2)安装产品后,应保证夹具的重心与振动台的中心重合,避免产生横向振动或不平衡力矩。

(3)夹具的阻尼要大,夹具的质量是试件质量的2~4倍,并且横向运动(垂直与激振方向)要尽可能小,波形失真要小。

8. 温度测定

如果产品中有热惯性比较大的部件,需要进行温度测定时,应在可靠性试验程序规定的温度循环下,对一台样件进行温度测定试验。温度测定的目的是确定受试产品的过热点和具有最大热惯量的零部件,建立受试产品温度与试验箱内空气温度之间的时间与温度关系。通过这些关系确定受试产品的热稳定水平。当最大热惯量点的温度与试验的上/下限温度之差不超过2℃时,便认为温度上/下限已经稳定。确定试验方案时,所施加的温度应力的持续时间不得少于最大热惯量点的稳定时间。

用于温度测定的受试产品一般不再用作可靠性试验的样品,因为这种施加应力的附加工作时间,会使受试产品带上缺陷,如果没有别的产品必须将该产品用于可靠性试验,则必须经订购方同意。不是所有产品可靠性试验前都必须进行温度测定,只有当合同要求温度测定时才进行,并提供测定报告。

9. 振动测定

当合同要求进行振动测定时才进行振动测定。用一台样件进行振动测定试验,找出受试产品发生共振条件和设计薄弱环节。若无其他规定,振动条件应采用可靠性试验程序规定的条件。进行振动测定试验的样件在振动测定试验中的安装方式,应尽量模拟其实际安装情况,并与可靠性试验中的安装方式相同。对测定试验期间发生的任何故障都应报告、分析并找出原因,在可靠性试验开始前采取经验证并得到批准的相应纠正措施。

10. 故障报告、分析和纠正措施系统

建立故障报告、分析和纠正措施系统(FRACAS)的目的是保证故障信息的正确性和完整性,并及时利用故障信息对产品进行分析、改进,实现可靠性增长。可靠性试验应使用闭环系统来收集试验期间出现的所有故障数据,分析这些故障发生的原因,采取纠正措施,并做好记录。FRACAS 的基本内容包括故障报告表、故障分析报告表、故障纠正措施报告表,以及这些报告表的传递和相应的组织管理工作。FRACAS 工作流程如图 4.4 所示,详细要求可查阅 GJB 841—1990《故障报告、分析和纠正措施系统》。

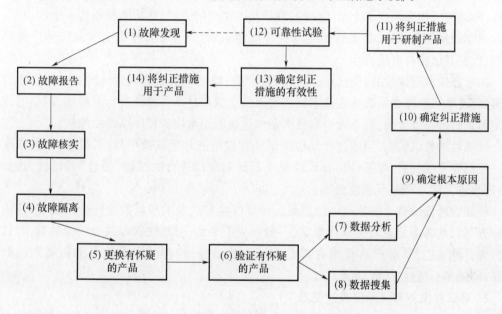

图 4.4　FRACAS 工作流程

11. 试验质量控制和保证措施

健全试验质量控制和保证措施的目的是贯彻全面质量管理的方针,对影响试验质量的诸多因素进行有效的控制,确保试验的质量和试验能正常进行。

试验前应成立由订购方、承制方和承试方等方面的代表组成的试验工作组。对于可靠性鉴定和验收试验,可由承试方任组长,驻承制方的军代表任副组长;对于可靠性增长试验,可委托第三方作为承试方,为了保证试验的公正性,一般可由承试方的代表担任组长,承制方的试验现场负责人作为成员参加工作组。

12. 试验前准备工作评审

试验开始前,由有关主管部门组织一次试验前准备工作评审,以确定试验条件是否具备,确保已批准的试验大纲及试验程序中规定的所有试验要求得以满足。评审的主要内容包括评审有关文件和试验现场检查等。

提交试验前要准备工作评审的主要文件包括:试验大纲、试验程序、可靠性预计报告、FMECA报告、环境试验报告、环境应力筛选报告、温度测定报告(若合同中规定)、振动测定报告(若合同中规定)、夹具测定报告、试验质量控制和保证措施报告等。

4.2.2 试验实施工作要求

在可靠性试验的实施阶段,应对受试产品、试验设备和仪器仪表、受试产品检测、故障判决及故障处理、元器件失效分析、预防性维护、试验程序的实施要求、试验记录、试验监督与检查、试验中期评审等提出要求。

1. 对受试品的要求

可靠性试验可以对研制阶段的样机、试制产品和批生产产品中的任何一种产品进行。但是,样品的母体必须基本上是同一的,即产品以相同的方法、在相同的条件下生产出来,采取同样的预处理措施(如老炼预处理或环境应力筛选)。受试产品必须从母体中随机抽取,以使其试验具有代表性。

在可靠性鉴定试验前,受试产品应通过性能试验和环境试验,且设计、工艺的修改均已落实,技术状态符合状态鉴定技术状态要求。受试产品不得另外进行直接的、间接的或其他形式的特殊预处理,也不能采取技术条件规定的正常维护程序以外的维护。

可靠性增长试验前,应通过产品性能试验和规定的环境试验项目,但设计、工艺修改不一定都要完成,因为可靠性增长试验是产品研制阶段进行的试验,通过"边试验、边分析、边改进",实现产品可靠性的增长。

可靠性增长试验一般抽取一台产品。可靠性鉴定试验的样品数应按合同规定,或由承制方与订购方商定。若无具体规定,一般不少于2台;可靠性验收试验的样品数,若订购方无其他规定,每批产品至少有2台用于验收试验,推荐的样本数量为每批产品的10%,但最多不超过20台。

2. 对试验设备和仪器仪表的要求

试验设备应能提供试验所要求的应力条件,经计量检定合格并在规定的试验期间内正常地工作。试验的检测仪器仪表必须满足试验所要求的测量项目和测量精度,其精度至少应为被测参数容差的1/3。

3. 对受试产品检测的要求

可靠性试验得出的可靠性特征量的置信度,很大程度上取决于检测的准确性、检测手段的完善程度以及受试产品被检测的次数。因此,在受试产品的可靠性试验大纲中要规定检测方法、检测时间间隔和要求等。

1)检测方法和要求

检测方法分为:自动检测和人工检测两种。若条件允许,应尽量采用自动检测,但由于受检测条件的限制,较多地采用人工检测或人工和自动检测相结合的方式。

需要注意:检测时要保持受试产品处在要求的环境条件下,受试品最好保持在试验箱内(在特殊情况下,也可取出试验箱,但应规定最大允许检测时间);规定各个功能参数检测顺序;受试产品的取出或重新投入试验,都应尽量减少对其他受试产品的附加影响。试验工作组成员和试验主管工程师应随时监督检测过程和检查检测结果。

2）测量时间点

若合同中没有规定,一般在由冷天和热天组成的试验剖面循环中设置四个测量时间点。第一个测量时间点设置在冷天地面工作结束前；第二个测量时间点设置在冷天最大振动量值相对应的温度段；第三个测量时间点设置在热天地面工作结束前；第四个测量时间点设置在热天最大振动量值相对应的温度段。

3）检测参数的确定

可靠性试验中,检测的功能和性能参数应在试验大纲中明确规定。检测参数,一般指表征产品在现场使用中能顺利完成规定功能和性能的主要指标。

4. 受试产品的故障判据及故障处理

不同的产品,因其完成的功能不同,其故障判据也是不同的。前面已经阐述,这里主要介绍故障处理过程,具体步骤如下：

（1）受试产品发生故障时：应首先记录故障现象、故障发生的时间及环境应力量值,并报告现场负责人；然后将其撤出试验,撤出时应尽量避免影响其他产品继续试验。

（2）更换有故障的零部件,其中包括由其他零部件故障引起应力超出允许额定值的零部件,但不能更换性能虽已恶化但未超出允许容限的零部件。

（3）经修理恢复到可工作状态的受试产品,在证实其修理有效后,应以尽量不影响其他受试产品的方式,尽快重新投入试验。

（4）在取出有故障的受试产品进行修理期间,试验数据应连续记录。

（5）除已确定为非关联故障外,对故障检测过程中受试产品或其部件出现的故障,若不能确定是原有故障引起的,则应进行分类和记录,并作为与原有故障同时发生的多重关联故障进行处理。

（6）除事先已规定或经订购方批准的以外,不应随意更换未出故障的模块或部件。

（7）在故障检测和修理期间,必要时经订购方批准,可临时更换接插件,以保证试验的连续性。

（8）若质量保证和工艺实践证明,在修理过程中拆下的零部件可能会降低产品的可靠性时,则不应将它再装入受试产品中。

另外,试验期间,应正常运行FRACAS,对故障登记、报告、分析等都应满足FRACAS的要求。

5. 元器件失效分析

元器件失效分析是在试验过程中产品故障定位已经确认到元器件时,并需要确定元器件的失效机理时才需进行的工作。元器件失效的原因：一类为元器件不能正确使用和选用的问题；另一类为元器件本身存在的质量问题。

进行元器件失效分析的目的是通过失效机理分析,找出失效原因,并及时反馈到产品承制方,为承制方优选、淘汰元器件品种,改进设计及合理使用元器件提供依据。

6. 预防性维修

凡是在技术文件中或现场的使用维护条例中,对把预防性维修作为实际使用过程中一项正常操作程序的产品,在其可靠性试验中应包括此项预防性维修程序。但是,在可靠性试验期间和产品修理期间不允许进行其他额外的维护,除非试验合同中另有规定。

维护的项目一般包括更换、调整、校准、润滑、清洗、复位等。在可靠性试验的实施程序中应规定预防性维修的时间间隔,为保证可靠性试验顺利完成,应对试验设备和检测仪器进行及时维护保养。

7. 试验程序的实施要求

可靠性试验程序的实施要求主要包括以下内容:

(1)受试产品在试验程序开始前必须进行初始检查,主要性能指标与规定功能都必须合格;受试产品在初始检查时,必须在标准(或常温)环境条件下测量一组性能数据,以便与试验过程中各种试验条件下测量的数据进行比较,确定是否有故障。

(2)试验前应对试验的准备工作进行检查,检查试验的必备条件是否满足,否则试验不能开始。

(3)受试产品应按现场安装方式或设备技术规范的要求正确装入试验设备中,并要特别注意保证受试产品、试验设备及试验人员的安全。试验的操作及受试产品的校正、调整,应按照现场使用的实际情况、设备使用说明书的要求及试验程序执行。

(4)试验中应严格执行试验程序的规定。试验人员未经试验方案制定人的同意不得更改试验大纲、试验程序、试验方法和要求,也不得违规实施试验。

(5)试验中应按试验程序规定的时间间隔进行测量,并保证试验数据的连续性、完整性和准确性。

(6)试验中出现的故障,要实事求是,严格认真地按规定进行故障分析与处理。

(7)到达方案规定的试验时间(针对定时截尾试验)或故障数(针对定数截尾试验)后,将产品恢复至标准环境条件下,再测量一组性能数据,并与试验前、试验中数据进行比较,判断产品是否正常。

(8)试验结束后,按时提交试验报告,并按规定程序进行评审。

8. 试验记录

试验过程中,对每台受试产品记录所需的全部数据、发生的异常情况以及试验设备运行工作情况等。试验记录均应按试验程序规定的要求进行,包括受试产品的检测记录、试验设备检测记录、故障记录。

9. 试验监督与检查

对于可靠性验证试验,订购方或其委派的代表有权接近受试产品,以便及时对可靠性试验进行检查和监督,一般包括试验地点、受试产品的选择、试验条件、试验方案、试验程序、试验设备、检测仪器和仪表、试验操作及故障分析与处理等。

对有可靠性要求的产品在承制方研制阶段内进行的研制试验或可靠性增长试验,一般订购方可以不提出检查和监督的要求,但实验室应按自身质量体系的要求进行监督。

10. 试验中期评审

对于长时间的可靠性增长或鉴定试验,或者试验过程中出现重大技术问题,试验工作组可根据具体情况在承试方安排试验中期评审,以便及时审查试验进展情况、分析和处理试验过程中出现的问题及通报最新试验结果。

4.2.3 试验后工作要求

1. 试验报告

试验结束后,承试方应按试验大纲要求,参照有关标准规定的格式和内容,及时完成试验报告,并按有关规定提交。试验报告内容包括:对试验的全面描述、试验目的和说明(包括试验类型、承试单位和要定量考核的要求)、试验方法和条件、试验情况记录、出现的问题及处理方法、总体评价、测试设备和试验设备的精度及检定情况;不合格情况下的试验结果和后续工作意见。

2. 纠正措施

纠正措施是指产品发生故障后,经过故障分析,找出故障原因、故障机理等,从设计或工艺上采取措施,防止类似故障再次发生。产品可靠性试验的一个很重要的目的就是通过试验暴露其可靠性的薄弱环节,针对试验中出现的故障采取相应的纠正措施,以提高产品的固有可靠性。因此,可靠性试验后要对所有故障制定纠正措施方案。对于可靠性增长试验,纠正措施应体现在试验报告中;对于可靠性鉴定试验,试验后应追踪故障的纠正和归零工作。

3. 受试产品的复原

产品的可靠性试验是模拟现场的使用条件的试验,不是破坏性试验,所以用于可靠性试验的产品在试验以后应当复原,使产品复原到规定的技术状态,即完全符合产品的技术条件的要求。在复原工作中,如订购方没有特别的规定,则失效的零件要更换,性能退化但尚未超出允许极限的零件要更换,试验中寿命受到很大影响的元器件也要更换。复原后的产品按正常验收程序验收入库,订购方按合同接收。

4. 试验结果评审

试验结束后应对试验完成情况进行评审,确认试验结果,给出评审结论性意见。对于没有发生重大问题的可靠性试验,也可以不单独组织试验结果评审。

4.3 环境应力筛选

可靠性是设计到产品中的,但通过设计使产品的可靠性达到了目标值并不意味着投产后产品的可靠性就能达到这一目标。产品在生产过程中,由于原材料的不一致性、生产工艺的波动性、设备状况的变化、操作者的技术水平、生产责任心的差异以及质量检验和管理等方面的因素,造成产品或多或少存在缺陷。明显的缺陷可以通过常规的检验和测试手段加以排除,而对于潜在的缺陷,常规的检验和测试手段方法很难将它们剔除出来,只有采取特殊的检测方法或施加相应的外部应力,使这些潜在缺陷激活并发展成故障,才能将它们剔除。

4.3.1 概述

环境应力筛选(environmental stress screening,ESS)是一种应力筛选,通过对产品施加合理的环境应力(如振动、温度等)和电应力,将其潜在的缺陷激活成故障,并通过检验发现,通过采取有效措施加以排除。它是迅速暴露产品的隐患和激发缺陷最有效的一种筛选方法,是一种工艺手段。

ESS 的目的是剔除早期故障。通过施加加速环境应力,在最短时间内析出最多的可筛缺陷,找出产品的设计薄弱部分,但不能损坏好的部分或引入新的缺陷。因此,施加的应力不能超出设计极限,不能改变产品的故障机理。一般元器件、部件(组件)、产品(设备)三级均需进行 ESS。

进行 ESS 的基本要求如下:

(1)应能激发由于潜在缺陷而引起的早期故障。

(2)施加的环境应力不必是产品规定的试验剖面,但需模拟规定条件下各种工作模式。

(3)不应使合格的产品发生故障,也不能留下残余应力,影响合格产品的使用寿命。

(4)重要产品的筛选应贯穿于制造过程中,重点是元器件的筛选。

(5)环境应力应以效费比最高为确定条件,对不太重要的产品可适当放宽要求。

4.3.2 典型环境应力筛选效果

每一种结构类型的产品,应当有其特有的筛选方法,这就要求必须选择适当的应力和合理的时间。严格来说,不存在一个通用的、对所有产品都具有最佳效果的筛选方法,这是因为不同结构的产品,对环境应力作用的响应是不同的。根据以往的工程实践经验,不是所有的应力在激发产品内部缺陷方面都特别有效,通常仅选用其中的几种典型应力进行筛选。

常用的典型环境应力有包括温度循环、随机振动、恒定高温、温度冲击、定额正弦、低温扫频正弦振动等,并同时施加相应的电应力。各种应力筛选效果对比如图 4.5 所示。由图可以看出,温度循环和随机振动的筛选效果最好,可以剔除绝大部分的早期故障。因此,一般情况下,若订购方没有特殊要求,ESS 最常采用的是温度循环和随机振动两种应力或两种应力的组合。

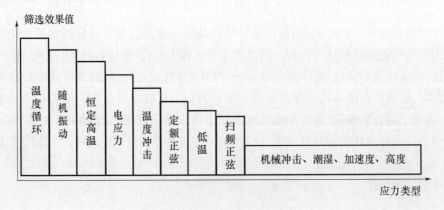

图 4.5 各种应力筛选效果对比

ESS作为一种工艺,其暴露出的缺陷也具有明显的工艺特性。大部分缺陷是由于工艺方法或装配操作不当造成的,也有元器件本身质量低劣或选用不当造成的。表4.2列出了温度循环和随机振动激发的常见缺陷。

表4.2 温度循环和随机振动激发的常见缺陷

缺陷类型	温度循环	随机振动	缺陷类型	温度循环	随机振动
参数漂移	√		相邻元器件短路		√
印制电路板短路、开路	√	√	相邻印制电路板接触		√
布线连接不当		√	虚焊		√
元器件选配不当	√		元器件松动		√
错用元件	√		冷焊点缺陷	√	√
密封失效	√		硬件松动		√
元器件污染	√		有低劣元器件	√	√
多余物			紧固件松动		√
导线擦破		√	连接器不配对		√
导线夹断		√	元器件引脚断裂		√
导线松动		√	接触不良	√	√

4.3.3 环境应力筛选方法

环境应力筛选方法主要分为常规筛选方法和定量筛选方法。

1. 常规筛选方法

最常用的是温度循环和随机振动顺序施加的方法。GJB 1032—1990《电子产品环境应力筛选方法》中规定了随机振动和温度循环顺序施加的常规筛选程序,如图4.6所示。

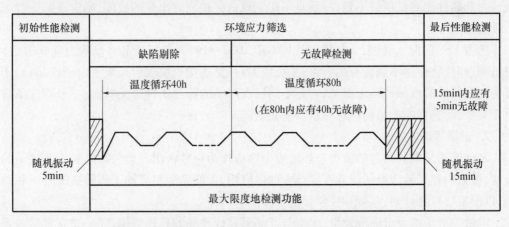

图4.6 随机振动和温度循环顺序施加的常规筛选程序

具体程序步骤说明如下:

1) 初始性能检测

筛选前按照规定,检查筛选用的设备、仪表及夹具等是否符合要求,还应对受试产品按有关标准或技术文件进行技术状态、外观、力学及电气性能检测并记录。凡检测不合格者不能继续进行 ESS。

2）缺陷剔除

受筛产品应施加规定的随机振动和温度循环应力，以激发出尽可能多的故障。在此期间，发现的所有故障都应记录下来并加以修复。随机振动时间为 5min，在随机振动时出现的故障，待随机振动结束后排除并修复；当不施加振动无法确定故障部位时，可按照 GJB 1032—1990《电子产品环境应力筛选方法》中规定施加低量值随机振动，寻求故障；当振动试验的故障修复后，方可进入温度循环。温度循环时间为 40h，在温度循环时出现的故障时，应立即中断试验，排除故障后从该循环的起始点继续试验，且出现故障的循环无效。

3）无故障检测

本阶段的目的在于验证筛选的有效性。首先进行温度循环，然后进行随机振动；所施加的应力量级与缺陷剔除阶段相同。不同的是温度循环时间最长增加到 80h、随机振动时间最长增加到 15min。

因为是继续进行温度循环，所以温度循环参数与排除故障阶段相同，但应从一开始就记录无故障运行时间。筛选过程应对试验产品进行功能监测，在最长 80h 内只要连续 40h 温度循环期间不出现故障，即可认为产品通过了温度循环应力筛选。如果在最长 15min 内连续 5min 不出现故障，则可认为产品通过了随机振动筛选。

4）最后性能检测

将通过无故障检验的产品在标准大气压条件下通电工作，按产品技术条件要求逐项检测并记录其结果，将最后性能与初始测量值做比较，对筛选产品根据规定的验收功能极限值进行评价。最终检测时，若出现故障，应加以分析，如果认为在施加环境应力期间性能测试的项目足够，则可认为筛选是有效的，不必重新进行无故障检验；如果认为施加环境应力期间性能测试项目不足，特别是不能发现最终检测时出现的故障，则应重新进行无故障检测。

随着 ESS 的深入开展，人们发现按照 GJB 1032—1990《电子产品环境应力筛选方法》进行筛选时，往往达不到应有的效果，主要原因：一是适用对象仅仅局限于电子产品，对于具有耗损特性的机械产品未提及；二是不同层次产品的筛选条件也无差别；三是筛选条件过于宽松，筛选后的产品仍然存在很多潜在缺陷。

2. 定量筛选方法

定量筛选是常规筛选的发展。环境应力筛选作为一种析出元器件缺陷和工艺缺陷的方法，被人们越来越多地认识并在实践中加以应用，人们希望更多地了解筛选的费用和效益，以便系统性地计划、监督和控制筛选工作。

定量筛选是指要求筛选效果、成本与产品可靠性现场的修理费用之间，建立定量关系的筛选。定量筛选应在产品结构设计已确定和已经掌握筛选应力对其影响情况下才能进行。

定量筛选要具备的条件如下：

（1）交付产品有可靠性定量目标值，对筛选后产品中无可筛缺陷的概率有定量要求。

(2)具备定量环境应力筛选所必需的数据,如元器件缺陷率、筛选所用应力的筛选度和检测仪的检测效率等。

(3)有经验丰富的筛选专家。

GJB/Z 34—1993《电子产品定量环境应力筛选指南》对定量筛选进行了详细说明。由于定量筛选十分复杂,同时在设计产品定量筛选大纲时必须掌握产品所选用元器件缺陷率、工艺缺陷率、应力强度和检测仪表检测效率等多方面信息,这些信息的获得及其准确性很难保证,目前工程上很难应用。

4.3.4 高加速应力筛选

传统的常规环境应力筛选方法相应的标准规定过于"死板",往往达不到预期筛选效果,而定量筛选由于条件的限制,工程上应用的很少。随着工业水平,特别是元器件水平的整体提高,产品耐环境能力越来越强,传统的筛选方法力度明显不够。于是,很多承研单位开始研究适合自身产品的筛选方法。

高加速应力筛选(HASS)是 Greggk K. Hobbs 等学者经过多年对 ESS 的研究后,于1984 年提出的一种加速应力筛选方法。它的特点是选用产品能预见的最剧烈的环境应力和有限的持续时间,快速激发缺陷,使筛选更加高效、经济。它要求产品必须有足够大的高于标准环境下强度要求的强度余量。

HASS 也是产品制造过程中的一种工艺过程,同样是为了发现制造过程中的潜在缺陷而不能改变产品的失效机理。因此,应用 HASS 要求彻底了解产品在超出正常范围应力下完成功能的能力,同样要了解产品这些激励水平的故障机理的详细信息。

1. 应力量级

HASS 与 ESS 的差别是采用的应力量级水平不同。前者的应力量级通常超过产品设计极限、低于工作极限(量值由可靠性强化试验确定);后者的应力量级通常在产品的设计极限之内,如图 4.7 所示。通常可以通过变更设计和工艺来提高产品的工作极限和破坏极限,从而保证足够大的设计和生产余量,同时保证 HASS 的顺利实施并节约筛选费用。

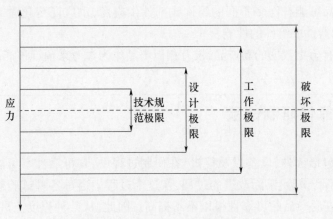

图 4.7 各类应力量级关系示意图

(1)技术规范极限(technical specification limit):由使用方或承制方规定的应力极限,产品预期在该极限内工作。

(2)设计极限(design limit):承制方在设计产品时,考虑设计余量而设计的极限,技术规范极限和设计极限之差称为设计余量。

(3)工作极限(operational limit):产品正常工作的极限,在用于确定相关应力对可靠性影响的加速试验过程中,施加于产品的应力极限,加速寿命试验通常在该极限内进行。

(4)破坏极限(destruct limit):产品出现不可逆失效的应力极限,破坏极限可以通过可靠性强化试验测定。

2. 特点

HASS首先属于ESS,是一种高效的ESS,具备ESS的全部基本特征。除此之外,它还具备以下特点:

(1)某一给定筛选应力析出缺陷而又不产生过应力的有效性,取决于产品本身及其内部元器件(包括结构、安装、材料等)对施加应力的响应。

(2)能够有针对性地用最低费用和最短时间来激发和检测出特定产品的制造、工艺和元器件批次缺陷,降低产品生产、筛选、维修保障费用。

(3)不仅适用于电子产品,而且适用于机械、机电等其他类型的产品。

3. 适用对象

HASS过程较为复杂且相对昂贵,而且许多成熟产品的早期失效主要集中在批生产过程的工艺控制方面,也不一定必须通过HASS才能暴露问题,目前HASS没有通用的标准规范。一般在下列情况可考虑采用HASS对产品进行筛选:

(1)在可靠性强化试验中发现产品存在制造工艺缺陷或元器件的批次性故障等问题,而且通过筛选能够提高产品外场可靠性。

(2)复杂程度比较高、ESS没有暴露问题,但外场使用中出现故障较多的产品。

(3)要求通过筛选获得有关产品余度的统计信息,需要大量的产品进行试验才能得到有意义的统计结果。

(4)要求设计一个鉴定筛选跟踪产品质量和可靠性。

(5)一个产品可能有许多不同的组件或部件供应商,供应商变化时需要通过筛选来衡量所提供的元器件或组件的性能。

(6)对于没有历史数据的新产品,没有相似产品作为参考来预计该产品的可靠性。

4.4 可靠性研制试验

任何产品(包括部件、设备以及整机)在研制过程中,其可靠性不可能一次达到规定要求,而是一个不断试验、不断改进的过程,在这个过程中通过各种试验暴露产品的设计缺陷,经分析改进后产品的可靠性得以不断提高。因此,从某种程度上讲,产品研制过程本身就是一个可靠性逐步增长的过程。广义上,工程研制阶段各种与产品的可靠性有关的或旨在发现产品设计、工艺等缺陷,提高产品可靠性的试验都可看作可靠性研制试验,甚至可以包括性能试验和环境试验。为防止混淆,本节仅介绍目前较为普及的可靠性增长摸底试验和可靠性强化试验,研制阶段后期作为一项特殊的可靠性研制试验,即可靠性增长试验,将在4.5节中单独阐述。

4.4.1 概述

可靠性研制试验(reliability development test)是指对样机施加一定的环境应力和(或)工作应力,以暴露样机设计和工艺缺陷的试验、分析和改进过程。尽管可靠性研制试验的意义已为人们所公认,而且已在多个型号中广泛开展并取得了很好的成效,但至今仍没有一个标准对其试验方案设计及实施方法予以规范。目前,在型号研制过程中,主要是由承制方根据型号特点、相关产品信息及研制试验来规划可靠性研制试验。

1. 特点

根据可靠性研制试验工程经验,可总结出以下特点:

(1)试验根本目的是暴露缺陷。可靠性研制试验主要是为了暴露缺陷并采取纠正措施,更改设计,其核心理念是使产品更加"健壮"。因此,越早开展,效果越好。一般在研制阶段初期或中期前开展,而且可以没有定量的可靠性目标要求。

(2)试验方法无强制性要求。由于研制试验的目的就是发现缺陷,改进设计,使产品可靠性得到提高。因此,只要能够达到这一目的,试验方法是不限的,既可以是模拟试验,也可以是激发试验,甚至还可以是两种方法相结合。国外在研制阶段多采用加速试验来充分暴露缺陷,我国型号上最常采用的可靠性增长摸底试验也起到了很好的作用,特别是为保证飞机首飞安全起到了重要作用。

(3)试验对象无明确限制。任何希望提高可靠性的产品都可以在研制阶段开展此项试验。型号研制合同中一般不会规定哪些产品必须完成此项试验,受试产品的级别也不限制。

(4)试验时机无明确规定。可靠性研制试验可以在研制阶段的任何时间进行,没有明确规定,但通常在装备试用前(如飞机首飞前)完成才更有意义。

2. 要求

(1)承制方在研制阶段要尽早开展可靠性研制试验,通过试验、分析、改进(test analysis and fix,TAAF)过程来提高产品的可靠性。

(2)可靠性研制试验是产品研制试验的组成部分,应尽可能与产品研制阶段其他试验(如性能试验、环境试验)结合进行。

(3)承制方要制定可靠性研制试验方案,并对可靠性关键产品,尤其是新技术含量较高的产品实施可靠性研制试验。必要时,可靠性研制试验方案要经订购方认可。

(4)可靠性研制试验可采用加速应力(如可靠性强化试验)进行,以尽快找出产品的薄弱环节或验证设计余量。

(5)对试验中发生的故障均应纳入FRACAS,并对试验后产品的可靠性状况作出说明。

4.4.2 可靠性增长摸底试验

可靠性增长摸底试验是根据我国国情开展的一种可靠性研制试验。它是一种以可靠性增长为目的、无增长模型、也不确定增长目标值的短时间可靠性增长试验。其试验目的是在模拟实际使用的综合应力条件下,用较短的时间、较少的费用,暴露产品的潜在缺陷,并及时采取纠正措施,使产品的可靠性水平得到增长,保证产品具有一定的可靠性和安全性水平,同时为产品以后的可靠性工作提供信息。可靠性增长摸底试验一般在产品有了试验件后就应尽早进行。

1. 试验对象

任何一个武器装备的研制过程,不可能对构成装备的各项产品全部进行可靠性增长摸底试验,那样既耗时又费钱。因此,可靠性增长摸底试验以较复杂的、较重要的、无继承性的新研或改型电子产品为主要对象。例如:含电子元器件数量和种类较多的关键复杂产品;重要度较高的关键产品,如Ⅱ、Ⅲ类航空产品;大量采用新技术、新材料、新工艺,技术跨度大,技术含量高,缺乏继承性等技术特点的新研产品。

可靠性增长摸底试验的受试产品一般为试样件,具备产品规范要求的功能和性能。受试产品在设计、材料、结构布局、工艺等方面,能基本反映将来生产的产品技术状态。试验前受试产品应通过有关非破坏性环境试验项目和ESS,完成FMECA和可靠性预计,而且必须经过全面的功能、性能试验,以确认产品已经达到技术规范规定的要求。

2. 试验时间

可靠性增长摸底试验时间可以统一规定,也可以根据产品复杂度、重要度、技术特点、可靠性要求等因素对各种产品分别确定试验时间,通常可取该产品MTBF最低可接受值的10%~30%。

早期根据我国产品可靠性水平及工程经验,可靠性增长摸底试验的试验时间一般为100~200h。北京航空航天大学航空可靠性综合重点实验室对1998—2008年开展的152项有代表性的各种可靠性试验进行了统计分析,发现48.7%的故障发生在试验前100h内,87.3%的故障发生在试验前200h内,可靠性增长摸底试验的时间定为200h是合理的。但是,对于一些长寿命、高可靠的装备,其首发故障时间逐年后移,也可将试验时间定为300h。

前面指出,由于目前型号中ESS依然采用GJB 1032—1990《电子产品环境应力筛选方法》,通过筛选的产品依然存在很多早期缺陷,如果将这些缺陷带入到使用中,必然会存在安全隐患。因此,进行可靠性增长摸底试验可以进一步剔除早期缺陷,提高产品的使用可靠性,即尽可能使产品的故障率接近浴盆曲线的盆底。另外,通过实施相应的TAAF,进一步提高产品的固有可靠性,使浴盆曲线整体下移。

3. 实施要点

(1)在可靠性增长摸底试验前,必须完成可靠性预计、FMECA等可靠性设计工作,同批产品应完成所规定的环境试验项目及ESS。

(2)产品的技术状态应满足可靠性增长摸底试验的要求。

（3）试验过程中的产品监测记录应完整，以保证为分析故障原因提供准确的信息。

4.4.3 可靠性强化试验

可靠性强化试验（reliability enhancement test，RET）是指在产品的研制阶段，采用更加严酷的试验应力，加速激发产品的潜在缺陷，并进行不断的改进和验证，以提高产品的固有可靠性。它是一种研制试验，又称为加速应力试验。

GJB 451A—2005《可靠性维修性保障性术语》中对"可靠性强化试验"的定义是：通过系统地施加逐步增大的环境应力和工作应力，激发和暴露产品设计中的薄弱环节，以便改进设计和工艺，提高产品可靠性的试验。

1. 试验过程及应力

可靠性强化试验施加的主要环境应力包括低温、高温、快速温变循环、振动、湿度，以及综合环境应力。一般电子产品在可靠性强化试验中不施加湿度应力，由湿度应力引起的故障主要靠其他试验来剔除（如温度—湿度环境试验）。

可靠性强化试验采用步进应力试验方法，一般按以下顺序施加环境应力：低温步进、高温步进、快速温变循环、振动步进、综合应力。具体实施过程分为试验设备温控能力测试、产品温度分布测试、低温步进应力试验、高温步进应力试验、快速温度循环试验、振动步进应力试验和综合环境应力试验等几个步骤，如图4.8所示。

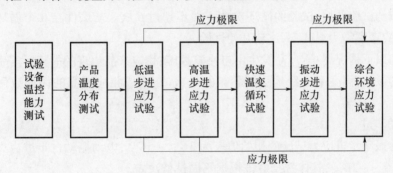

图4.8 可靠性强化试验过程

其中，快速温度循环试验的温度应力极限通过低温步进应力试验和高温步进应力试验确定，而低温步进应力试验、高温步进应力试验和振动步进应力试验三个试验确定的应力极限也是作为确定综合环境应力试验应力条件的依据。

主要试验应力施加过程如下。

1）高/低温步进

低温步进应力试验在室温或某一接近室温的温度条件下进行，通常为20~30℃；高温步进应力试验在室温或某一接近室温的温度条件下进行，通常为20~40℃。

每步的保持时间应包括元器件及其零部件完全热/冷透的时间和产品检测所需时间。每个温度水平的保持时间以测温结果达到设定值并稳定后开始功能和性能测试为准，热/冷透时间通常为20~30min，具体时间可以通过测温仪器的温度显示值来确定；功能检测在受试产品热/冷透之后进行，具体时间由受试产品的检测要求决定。

步长通常为10℃,但是某些时候也可以增加到20℃或减小到5℃。建议在高/低温工作极限前步长设定为10℃,高/低温工作极限后步长调整为5℃,视产品具体情况而定。建议试验应力到达产品工作极限之后,适当减小步长继续试验至破坏极限。

在高/低温步进的过程中,一旦发现产品出现异常,立即将温度恢复至上一个量级,然后进行全面检测。如果产品恢复正常,则判定产品出现异常的温度应力为产品的高/低温工作极限;如果仍然不正常则判定产品出现异常的温度为产品的高/低温破坏极限。

试验应该持续到试件的破坏极限或试验箱的最高温度。在试验过程中,如果产品第一次出现异常的温度应力就是产品的破坏极限,应该考虑调整试验步长,产品检测时间不宜过长。

2) 快速温变循环

温度循环中的上/下限温度值决定了试验强度。为使产品缺陷发展为故障所需的循环次数最少,应选择最佳的上/下限温度值。选择上/下限温度值的关键是给受试产品施加适当应力以析出缺陷又不损坏好的产品。通常,快速温变循环的上/下限不超过产品破坏极限的80%。上/下限温度持续时间包括两部分:元器件(零部件)温度达到稳定所需时间(一般20~30min)和在上/下限温度浸泡时间(不少于5min)。

温度变化率(温变率)以复杂的方式影响试验强度,也影响试验时间和试验费用,一般为15~30℃/min。在试验中应根据实际情况来设定温度变化率的大小,以达到激发产品缺陷、缩短试验时间、节约试验费用的目的。

为了节约试验费用,试验的循环次数一般不超过6次。若试件在6个循环内还未出现故障,则应考虑增大温变率,重新开始试验。

试验在以下情况终止:产品发生不可修复故障;修复产品出现的故障所需费用超过修复所带来的效益;温变率已经到达试验箱的最大值,完成相应所需的循环数后仍不出现故障。

3) 振动步进

全轴台振动步进应力试验的初始值应为 $3G_{rms} \sim 5G_{rms}$;电动振动台步进应力试验的初始值应为 $1G_{rms} \sim 2G_{rms}$,具体选择应该根据不同试件决定。

每个振动水平的停留时间包括产品振动稳定后的驻留时间(一般为5~10min)以及功能和性能检测时间。

全轴台振动步进应力步长一般为 $3G_{rms} \sim 5G_{rms}$,一般不超过 $10G_{rms}$。电动台振动步进应力步长一般为 $2G_{rms} \sim 3G_{rms}$,一般不超过 $5G_{rms}$。当应力到达产品工作极限后,应适当减小步长继续试验,以找到破坏极限。

在振动应力步进试验过程中,如果发现产品出现异常,立即将应力恢复至上一个量级,进行全面检测;如果产品又恢复正常,则判定产品出现异常的振动应力为产品的振动应力工作极限;如果仍不正常,则判定当前应力为振动应力破坏极限。

振动步进应力试验应持续到试件的破坏极限被确定后或到达试验设备所能提供应力的最大振动量值。

4) 综合应力

一般是将温度应力和振动应力综合在一个试验剖面中进行。

2. 实施要点

可靠性强化试验的实施要点如下：

(1) 重视所有故障。可靠性强化试验的目的是提高产品可靠性，试验本身只能发现缺陷，要提高产品可靠性，必须对出现的所有故障进行分析，采取改进措施并验证。

(2) 团队协作的重要性。试验期间需要试验、设计和制造等各方面人员的相互协作，共同设计试验，进行故障分析，讨论是否需要采取改进措施及确定改进方案。

(3) 不是所有缺陷都需要采取改进措施。试验中可能会出现很多故障，重视所有故障并不意味着要对所有故障采取改进措施。如果确认试验出现的故障在产品使用中不可能出现就没有必要进行改进，或者出现故障的应力水平远高于产品技术规范极限，即产品已有足够的安全余量，也可不采取改进措施。虽然不是所有的故障都需要采取改进措施，但所有促成故障的原因都应很清楚并有资料存档。是否采取改进措施，主要由费用、时间、风险等因素决定。

(4) 可靠性强化试验应用的产品层次。可进行可靠性强化试验的产品层次包括印制电路板、组(部)件、设备、系统。随着产品越来越复杂，进行可靠性强化试验的难度也越来越大。

4.5 可靠性增长试验

可靠性增长是指通过不断地消除产品的设计或制造中的薄弱环节，使产品可靠性随时间逐步提高的过程。可靠性增长贯穿于产品的全寿命周期。在研制过程中，通过性能试验、环境试验、增长试验，以及相应的分析、改进工作，使产品的可靠性不断增长；在试生产过程中，继续纠正样机阶段的薄弱环节，使可靠性得到增长；在批生产过程中，通过"筛选""老炼"，改进生产制造工艺，使可靠性得到增长并达到规定的 MTBF 值；在使用过程中，通过反馈外场使用信息，改进设计和制造工艺，并通过使用和维护熟练程度的提高，使可靠性进一步增长。其中，产品可靠性的增长很大程度上依赖于研制过程的试验，而要实现有计划的可靠性增长，必须通过可靠性增长试验。

4.5.1 概述

可靠性增长试验(reliability growth test，RGT)是通过试验激发产品设计和制造的缺陷，使之成为故障，通过分析找出薄弱环节，采取改进措施，并不断评估措施的有效性，使产品的固有可靠性在预定的时间内不断提高直至达到规定值。可靠性增长试验主要适用于新研产品和重大改进改型的产品的工程研制阶段。

可靠性增长试验的目的是通过试验、分析、改进，解决设计缺陷，提高产品可靠性。

1. 特点

可靠性增长试验的特点如下：

(1) 可靠性增长试验是工程研制阶段单独安排的一个可靠性工程项目，旨在通过试验及相应的分析改进,使产品的可靠性得到有计划的增长。

(2)可靠性增长试验是一种工程试验。试验本身不能提高产品的可靠性,只有进行设计改进,消除薄弱环节,才能提高产品固有可靠性。

(3)试验条件通常模拟产品的实际使用条件。

(4)试验时间通常取产品MTBF目标值的5~25倍,具体时间取决于可靠性增长模型、工程经验和产品规范。

2. 时机

安排可靠性增长试验一般在工程研制阶段后期、可靠性鉴定试验之前。因为在这个时期,产品性能与功能已基本达到设计要求;产品已接近或达到状态鉴定技术状态。由于尚未定型,故障纠正还有时间,还来得及对产品设计和制造工艺进行更改。

3. 对象

由于可靠性增长试验时间长、耗费资源巨大,不是所有产品都适合安排可靠性增长试验。只有新研及重大技术更改后的复杂关键产品、可靠性指标高且需分阶段增长的关键产品才安排进行可靠性增长试验。

4.5.2 常用的可靠性增长模型

可靠性增长试验中产品的可靠性水平在不断地变动、提高,传统的恒定故障率的假设以及相应的数学分析方法已经不再适用,需要用更加科学的可靠性增长数学模型来描述和分析。常用的可靠性增长模型有Duane模型和AMSAA模型。

Duane模型适用于对受试产品连续不断地进行可靠性改进工作的过程,通过图解的方法来分析可靠性增长数据;根据Duane模型绘制的可靠性曲线图,可以反映受试产品可靠性的变化,并能得到可靠性的估计值。AMSAA模型是利用非齐次泊松过程而建立的可靠性增长模型,既可用于可靠性以连续尺度度量的产品,也可用于在每个试验阶段内试验次数相当多而且可靠性相当高的一次使用的产品。AMSAA模型仅能用于一个试验阶段内,而不能用于跨阶段对可靠性进行跟踪;它能用于评估在试验过程中引入了改进措施而得到的可靠性增长,而不能用于评估一个在试验阶段结束时引入的延缓改进措施而得到的可靠性增长。

1. Duane模型

1962年,美国通用电气公司的J. D. Duane分析了两种液压装置及三种航空发动机的试验数据,发现只要不断地对产品进行改进,累计故障率与累积试验时间在双对数坐标纸上是一条直线,并在此基础上提出了Duane模型。Duane模型的提出,是可靠性增长技术发展的第一个里程碑。由于其表达式简单,适用范围广,现仍广泛应用于增长计划的制定和增长过程的跟踪。

1)以累计故障率表示的Duane模型

设可修产品的累积试验时间为t,在$(0,t)$时间范围内,共出现了N个故障,累积故障次数记为$N(t)$。产品的累积故障率$\lambda_\Sigma(t)$定义为累积故障次数$N(t)$与累积试验时间t之比,即

$$\lambda_\Sigma(t) = \frac{N(t)}{t} \tag{4.1}$$

Duane 模型指出:在产品研制过程中,只要不断地对产品进行改进,累积故障次数 $N(t)$ 与累积试验时间 t 之间的关系可表示为

$$\lambda_\Sigma(t) = at^{-m} \tag{4.2}$$

式中:a 为尺度参数,$a>0$,与初始的 MTBF 值和预处理有关;m 为增长率,$0<m<1$。

对式(4.2)两边取对数,可得

$$\ln\lambda_\Sigma(t) = \ln a - m\ln t \tag{4.3}$$

由此可见,在双对数坐标上可以用一条直线来描述累积故障次数 $N(t)$ 与累积试验时间 t 之间的关系,即它们之间呈现线性关系。

a 的几何意义:当 $t=1$ 时,$\ln t = 0$,此时 $\ln\lambda_\Sigma(t) = \ln a$,因此 a 为直线在纵坐标上的截距。

累积故障次数 $N(t)$ 与累积试验时间 t 之间的关系为

$$N(t) = t\lambda_\Sigma(t) = at^{1-m} \tag{4.4}$$

时刻 t 的瞬时故障率为

$$\lambda(t) = \frac{\mathrm{d}N(t)}{\mathrm{d}t} = a(1-m)t^{-m} \tag{4.5}$$

累积故障率 $\lambda_\Sigma(t)$ 与瞬时故障率 $\lambda(t)$ 之间的关系为

$$\lambda(t) = (1-m)\lambda_\Sigma(t) \tag{4.6}$$

2)以 MTBF 表示的 Duane 模型

对于指数分布,有

$$\theta = \frac{1}{\lambda} = \frac{t}{N(t)} \tag{4.7}$$

式中:θ 为 MTBF 值。

产品可靠性水平用 MTBF 表示,则

$$\theta_\Sigma(t) = \frac{t^m}{a} \tag{4.8}$$

对式(4.8)两边取自然对数,有

$$\ln\theta_\Sigma(t) = -\ln a + m\ln t \tag{4.9}$$

$$\theta(t) = \frac{t^m}{a(1-m)} \tag{4.10}$$

对式(4.10)两边取自然对数,有

$$\ln\theta(t) = -\ln a - \ln(1-m) + m\ln t \tag{4.11}$$

式中:$\theta_\Sigma(t)$ 为累积 MTBF;$\theta(t)$ 为瞬时 MTBF,两者之间的关系为

$$\theta_\Sigma(t) = (1-m)\theta(t) \tag{4.12}$$

显然,累积 MTBF 与瞬时 MTBF 在双对数坐标上为一对平行直线,移动系数为 $-\ln(1-m)$。

图 4.9 所示为 Duane 模型分别在双对数坐标系和线性坐标系上的形状。

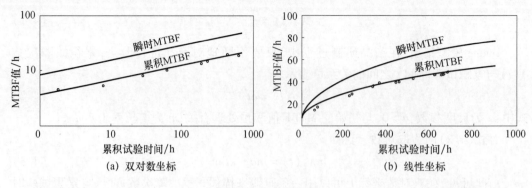

图 4.9 Duane 曲线

(1)尺度参数 a 的意义。尺度参数 a 的倒数是 Duane 模型累积 MTBF 曲线在双对数坐标系纵轴上的截距,从一定程度上反映了产品进入可靠性增长试验时的初始 MTBF 水平(此时 t 为 1 而不为 0)。

(2)增长率为 m 的意义。增长率 m 为 MTBF 曲线的斜率,反映了 MTBF 值随时间增长的速度。

3) Duane 模型的图分析法

Duane 模型的图分析法步骤如下:

(1)随着试验的进展,不断记录受试产品的累积故障次数 $N(t)$ 与累积试验时间 t。
(2)计算出相应的 $t/N(t)$。
(3)将各坐标点 $(t, t/N(t))$ 绘制在双对数坐标系上。
(4)如果绘制的点构成一条较好的直线,则说明用 Duane 模型描述该增长试验是适宜的。

通过 Duane 曲线还可以求得各参数的近似值:m 为直线的斜率;a 为截距的倒数,即 $a = N(1)$;还可以进一步求出任何时刻的 MTBF 近似值。

2. AMSAA 模型

1972 年,美国陆军装备分析中心(Army Materiel Systems Analysis Activity, AMSAA)的 L. H. Crow 提出了可靠性增长的 AMSAA 模型(或称 Crow 模型),给出了参数的极大似然估计与无偏估计、MTBF 区间估计、模型拟合优度检验方法、分组数据的分析方法以及丢失数据时的处理方法。这是可靠性增长技术发展的第二个里程碑。AMSAA 模型把可修产品在可靠性增长过程中的故障累积过程建立在随机过程理论上,并认为这是一个非齐次泊松过程。因此,它可以对数据进行统计处理,并给出 MTBF 的区间估计。

AMSAA 模型认为在 $(0, t]$ 试验时间内,受试产品故障 $n(t)$ 是一个随机变量,随着 t 的变化,$n(t)$ 也在变化,这样就形成了一个随机过程,记为 $\{n(t), t \geq 0\}$。

AMSAA 模型的均值函数(数学期望)为

$$E[n(t)] = N(t) = at^b \tag{4.13}$$

式中:$N(t)$ 为累积故障数;a 为尺度参数($a > 0$);b 为状态参数($b > 0$),与 Duane 模型的 m 之和等于 1,即 $b + m = 1$;t 为试验时间。

(1)瞬时故障率表示的 AMSAA 模型。AMSAA 模型认为,增长过程中,累积故障数是一个非齐次泊松过程,其瞬时故障率为

$$\lambda(t) = \frac{\mathrm{d}N(t)}{\mathrm{d}t} = abt^{b-1} \tag{4.14}$$

将 $b+m=1$ 代入式(4.14),可得

$$\lambda(t) = \frac{\mathrm{d}N(t)}{\mathrm{d}t} = a(1-m)t^{-m} \tag{4.15}$$

这就是 Duane 模型。

(2)MTBF 值表示的 AMSAA 模型。若用 MTBF 表示,则 AMSAA 模型转化为

$$\theta(t) = \frac{1}{\lambda(t)} = \frac{1}{abt^{b-1}} = \frac{t^{1-b}}{ab} \tag{4.16}$$

当 $0<b<1$ 时,$\lambda(t)$ 为减函数,MTBF 为增函数,表明故障率降低,故障间隔时间增大,产品可靠性增加;当 $b>1$ 时,$\lambda(t)$ 为增函数,MTBF 为减函数,表明故障率增高,故障间隔时间缩短,产品可靠性降低,也称为负增长;当 $b=1$ 时,$\lambda(t)$ 和 MTBF 均为常数,此时产品可靠性既不降低也不增加。

(3)AMSAA 模型与 Duane 模型的关系。AMSAA 模型与 Duane 模型在描述累积故障数、MTBF 与累积试验时间的关系时是极其相似的,如:代入上述的转换关系 $b+m=1$,AMSAA 模型的数学期望与 Duane 模型的数学期望是一致的。因此,通常说,AMSAA 模型是 Duane 模型的概率解释。

4.5.3 可靠性增长试验实施要点

可靠性增长试验实施要点如下:

(1)可靠性增长试验应有明确的增长目标和增长模型,重点是进行故障分析和采取有效的设计改进措施。

(2)由于可靠性增长试验不仅要找出产品的设计缺陷和采取有效的纠正措施,而且要达到预期的可靠性增长目标。因此,可靠性增长试验必须在受控的条件下进行。

(3)为了提高任务可靠性,应把纠正措施集中在对任务有影响的故障模式上;为了提高基本可靠性,应把纠正措施的重点放在频繁出现的故障模式上。如果要同时达到任务可靠性和基本可靠性预期的增长要求,则要权衡这两方面的工作。

(4)成功的可靠性增长试验可以代替可靠性鉴定试验,但应得到订购方的批准。

4.6 可靠性鉴定与验收试验

可靠性鉴定试验(reliability qualification test,RQT)和可靠性验收试验(reliability accceplance test,RAT)都是应用数理统计的方法,验证产品可靠性是否符合规定要求。因此,这两种试验统称为可靠性验证试验或可靠性统计试验。

4.6.1 概述

可靠性鉴定试验的目的是在产品状态鉴定阶段或主要设计、工艺变更后,验证产品的设计是否达到了规定可靠性要求。需要做可靠性鉴定试验的产品有:新研产品、重大改型产品、重要度高而没有证据证明在使用环境条件下能满足系统分配的可靠性要求的产品。

可靠性验收试验的目的是确定已通过可靠性鉴定试验而转入批生产的产品在规定条件下是否达到规定的可靠性要求,验证产品的可靠性是否随批生产期间工艺、工作流程、零部件质量等因素的变化而降低。

可靠性验收试验与可靠性鉴定试验的综合环境条件相同。两者都是一种抽样检验,一般按照批量的大小和规定的抽样原则从生产批次中抽取一定数量的样本进行试验,注重与时间有关的产品可靠性特征量,如 MTBF。

4.6.2 统计试验方案

既然可靠性验证试验的目的是通过试验并应用数理统计的方法,给出可靠性特征量的观测值和验证区间,那么,确定统计试验方案就是实施可靠性验证试验的前提和基础。

1. 统计试验方案的有关概念和参数

统计试验方案是以数理统计作为数学基础的,统计问题是用个体的某些特性值的观测值代表总体的特性。统计试验就是通过抽样的方式,抽取总体中一定数量的样本进行试验,通过试验获得样本的某特征参数(以 MTBF 为例)的观测值,并据此统计推断总体的可靠性特征值。因此,除数理统计的一般概念外,还需定义有关的概念和参数。

1) 抽样检验

按照规定的抽样方案,从提交检验的一批产品中随机抽取一部分样品进行检验,将结果与判别标准比较,决定整批产品是否合格。它是建立在概率论与数理统计的基础之上的。样本不是总体,每一个个体都有差异,抽样检验的结论必然存在一定的风险和误差,样本量越大,误差越小,但抽样的费用会越高,试验时间会减少。因此,必须要在风险、样本的费用、试验时间及费用等方面进行权衡。

2) 抽样特性曲线(OC 曲线)

接收概率 $L(\theta)$ 随可靠度指标 θ 变化的曲线称为抽样特性(operating characteristics, OC)曲线。抽样特性曲线是表示抽样方式的曲线,从 OC 曲线上可以很直观地看出抽样方式对检验产品质量的保证程度。

3) 参数

(1) θ_0:MTBF 检验上限,它是可接收的 MTBF 值。当受试产品的 MTBF 真值大于或等于 θ_0 时,以高概率接收,也称为可接受的质量(acceptable quality)。

(2) θ_1:MTBF 检验下限,当受试产品的 MTBF 真值小于或等于 θ_1 时,以高概率拒收(小概率接收),也称为极限质量(limited quality)。

(3) d:鉴别比,对指数分布,$d = \theta_0/\theta_1$。

(4)α:生产方风险,产品的可靠性真值已达到其检验上限θ_0,但在试验时却被拒收的概率,表明采用该统计试验方案给生产方带来的风险,即将合格品判为不合格产品而拒收,让生产方受损失。

(5)β:使用方风险,产品的可靠性真值没有达到θ_1,但在试验时却被接收的概率,表明采用该统计试验方案给使用方带来的风险,即将不合格产品判为合格产品而接收,让使用方受损失。

4) MTBF 验证值

(1)MTBF 点估计(观测值)。MTBF 观测值等于受试产品总工作时间除以关联故障数,一般用$\hat{\theta}$表示。

(2)MTBF 验证区间。试验条件下真实的 MTBF 的可能范围,即在所规定的置信度下 MTBF 的区间估计,一般用θ_L和θ_U分别表示 MTBF 置信下限、上限。

2. 统计试验方案类型及其适用范围

统计试验方案是建立在一定寿命分布假设基础上的,对于不同的寿命分布,其可靠性指标的数学描述是不同的,统计试验方案也不同。常见的统计试验方案分类如图4.10所示。

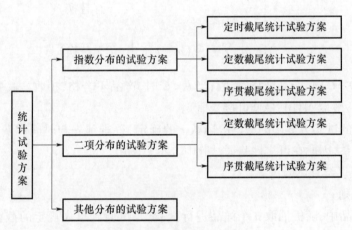

图 4.10 统计试验方案分类

各统计试验方案的优缺点及适用范围如下:

(1)指数分布的统计试验方案适用于其可靠性指标可以用时间度量的电子产品、部分机电产品(如惯性导航设备)及复杂的功能系统。二项分布的统计试验方案主要适用于其可靠性指标用可靠度或成功率度量的成败型产品(如导弹用设备等),但采用该试验方案需要足够多的受试样本。只有当指数分布统计试验方案和二项分布统计试验方案都不适用的情况下(如多数的机械产品),才考虑采用其他统计试验方案,如威布尔分布统计试验方案。

(2)定时试验方案的优点是判决故障数及试验时间、费用在试验前已能确定,便于试验管理,是目前可靠性鉴定试验中用得最多的试验方案。其缺点是对于可靠性非常差或非常好的产品,做出判决所需的试验时间比序贯截尾试验要长。序贯截尾试验优点是对于可靠性非常差或非常好的产品能够较快地做出拒收或接收的判决,一般适用于可靠性验收试验,也适用于对受试产品的可靠性有充分的信心,能够较快地做出接收判决的产品的可靠性鉴定试验;其缺点是失效数及试验时间、费用在试验前难以确定,不便于试验管理。定数试验方案适用于成败型产品。

由于具有恒定故障率的产品及无余度的复杂产品的寿命都服从指数分布,这种分布具有广泛的适用性。因此,目前使用最多的是指数分布假设下的统计试验方案,这也是GJB 899A—2009《可靠性鉴定与验收试验》提供的统计试验方案。下面将主要以指数分布的统计试验方案为例进行阐述。

4.6.3 指数分布的统计试验方案

1. 定数截尾统计试验方案

抽验规则:从一批产品中,随机抽取 n 个样品,当试验到事先规定的截尾故障数 r 时,停止试验。r 个故障的故障时间为 $t_1 \leqslant t_2 \leqslant \cdots \leqslant t_r$。

根据这些数据,可以求出 MTBF 的极大似然估计为

$$\hat{\theta} = \begin{cases} \dfrac{nt_r}{r} & \text{(有替换)} \\ \dfrac{1}{r}\left[\sum_{i=1}^{r} t_i + (n-r)t_r\right] & \text{(无替换)} \end{cases} \quad (4.17)$$

则抽样为:当 $\hat{\theta} \geqslant C$ 时,产品合格,接收;当 $\hat{\theta} < C$ 时,产品不合格,拒收。其中,C 为合格判据(判定时间一般取 MTBF 最低可接受值)。

定数截尾的试验方案中的截尾故障数 r 的确定,很难预先与时间和费用等约束条件建立直接的关系,因此在可靠性验证试验中基本不使用。

2. 定时截尾统计试验方案

1)抽样规则

从一批产品中,随机抽取 n 个样品进行试验,当试验到事先规定的截止时间 t 时,停止试验。

若在 $(0,t]$ 内总故障数为 r,则抽验规则为:当 $r \leqslant C$ 时,产品合格,接收;当 $r > C$ 时,产品不合格,拒收。其中,C 为合格判据(故障个数,此处 C 的含义与定数截尾抽验方案不同)。

定时截尾试验方案的试验时间 T 可根据给定的风险值、MTBF 检验下限及鉴别比等综合确定。

2)OC 曲线

产品寿命服从指数分布时,n 个产品在 $(0,t]$ 时间内故障次数 r 服从或近似服从参数为 $\dfrac{nr}{\theta}$ 的泊松分布,即

$$P_r(t) = \frac{\left(\dfrac{nr}{\theta}\right)^r}{r!} e^{-\frac{nr}{\theta}} \quad (4.18)$$

则接收概率为

$$L(\theta) = P_r(r \leq C) = \sum_{r=0}^{C} \frac{\left(\dfrac{nr}{\theta}\right)^r}{r!} e^{-\frac{nr}{\theta}} \tag{4.19}$$

也可写出分布密度函数的积分形式,即

$$L(\theta) = \int_{\frac{2nt}{\theta}}^{\infty} f(r, 2C+2) \mathrm{d}x \tag{4.20}$$

式中:$f(r, 2C+2)$ 为自由度为 $2C+2$ 的 χ^2 分布密度函数。

OC 曲线如图 4.11 所示。

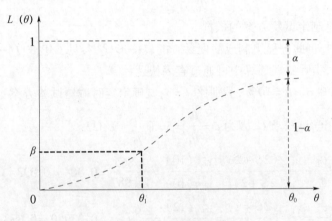

图 4.11 OC 曲线

设定时截尾的试验时间为 T,则

$$T = \begin{cases} nt & （有替换） \\ \sum_{i=1}^{r} t_i + (n-r)t & （无替换） \end{cases} \tag{4.21}$$

受试产品一般可修复,按有替换计算,则接收概率可表示为

$$L(\theta) = \sum_{r=0}^{C} \frac{\left(\dfrac{nr}{\theta}\right)^r}{r!} e^{-\frac{nr}{\theta}} = \int_{\frac{2T}{\theta}}^{\infty} f(r, 2C+2) \mathrm{d}x \tag{4.22}$$

3)统计试验方案

对于给定的生产方风险 α、使用方风险 β、检验上限 θ_0、检验下限 θ_1,可建立如下方程组:

$$\begin{cases} L(\theta_0) = \displaystyle\sum_{r=0}^{C} \frac{\left(\dfrac{T}{\theta_0}\right)^r}{r!} e^{-\frac{T}{\theta_0}} = \int_{\frac{2T}{\theta_0}}^{\infty} f(r, 2C+2) \mathrm{d}x = 1 - \alpha \\ L(\theta_1) = \displaystyle\sum_{r=0}^{C} \frac{\left(\dfrac{T}{\theta_1}\right)^r}{r!} e^{-\frac{T}{\theta_1}} = \int_{\frac{2T}{\theta_1}}^{\infty} f(r, 2C+2) \mathrm{d}x = \beta \end{cases} \tag{4.23}$$

则

$$\begin{cases} \dfrac{2T}{\theta_0} = \chi^2_{1-\alpha}(2C+2) \\ \dfrac{2T}{\theta_1} = \chi^2_{\beta}(2C+2) \end{cases} \quad (4.24)$$

即

$$\begin{cases} \dfrac{T}{\theta_1} = \dfrac{\chi^2_{\beta}(2C+2)}{2} \\ \dfrac{\theta_1}{\theta_0} = \dfrac{\chi^2_{1-\alpha}(2C+2)}{\chi^2_{\beta}(2C+2)} \end{cases} \quad (4.25)$$

式(4.25)是制定试验方案的依据。

工程应用中,将此方程组制成简便易查的表格形式,参见 GJB 899A—2009《可靠性鉴定和验收试验》,实际工程计算中可通过查表快速计算。

例 4.1 已知 $\alpha = \beta = 10\%$,鉴别比 $d = 3$,试确定定时截尾试验方案。

解:(1)采用尝试法求 C,因为 $d = \dfrac{\theta_0}{\theta_1} = 3$,即 $\dfrac{\theta_1}{\theta_0} \approx 0.333$。

设 $C = 4$,则 $\dfrac{\theta_1}{\theta_0} = \dfrac{\chi^2_{1-\alpha}(2C+2)}{\chi^2_{\beta}(2C+2)} = \dfrac{\chi^2_{0.9}(10)}{\chi^2_{0.1}(10)} = \dfrac{4.865}{15.987} = 0.304 < 0.333$。

设 $C = 5$,则 $\dfrac{\theta_1}{\theta_0} = \dfrac{\chi^2_{1-\alpha}(2C+2)}{\chi^2_{\beta}(2C+2)} = \dfrac{\chi^2_{0.9}(12)}{\chi^2_{0.1}(12)} = \dfrac{6.3}{18.549} = 0.33980 \approx 0.333$。

设 $C = 6$,则 $\dfrac{\theta_1}{\theta_0} = \dfrac{\chi^2_{1-\alpha}(2C+2)}{\chi^2_{\beta}(2C+2)} = \dfrac{\chi^2_{0.9}(14)}{\chi^2_{0.1}(14)} = \dfrac{7.79}{21.064} = 0.3698 > 0.333$。

因此,C 取 5。

(2)计算试验时间 T:

$$\dfrac{T}{\theta_1} = \dfrac{\chi^2_{\beta}(2C+2)}{2} = \dfrac{\chi^2_{0.1}(12)}{2} = \dfrac{18.549}{2} \approx 9.3$$

(3)验算风险 α 和 β。因为 $\dfrac{T}{\theta_1} \approx 9.3$、$d = \dfrac{\theta_0}{\theta_1} = 3$,则 $\dfrac{T}{\theta_0} = 3.1$,有

$$\begin{cases} L(\theta_0) = \sum_{r=0}^{C} \dfrac{\left(\dfrac{T}{\theta_0}\right)^r}{r!} e^{-\dfrac{T}{\theta_0}} = \sum_{r=0}^{5} \dfrac{(3.1)^r}{r!} e^{-3.1} = 0.906 = 1 - \alpha \\ L(\theta_1) = \sum_{r=0}^{C} \dfrac{\left(\dfrac{T}{\theta_1}\right)^r}{r!} e^{-\dfrac{T}{\theta_1}} = \sum_{r=0}^{5} \dfrac{(9.3)^r}{r!} e^{-9.3} = 0.099 = \beta \end{cases}$$

则 $\alpha = 9.4\%$、$\beta = 9.9\%$。所以,试验方案为 $C = 5$、$T = 9.3\theta_1$、$\alpha = 9.4\%$、$\beta = 9.9\%$。

这就是 GJB 899A—2009《可靠性鉴定和验收试验》中标准定时试验方案 15。

GJB 899A—2009《可靠性鉴定和验收试验》给出了 9 个标准型定时截尾试验方案(方案 9~17)和 3 个决策风险名义值为 30% 的方案,称为短时高风险定时方案(方案 19~

21),见表4.3和表4.4。所有的标准试验方案都是按照这个方法计算出来的。

表4.3 标准定时试验方案表

方案号	决策风险/%				鉴别比 $d=\dfrac{\theta_0}{\theta_1}$	试验时间 (θ_1的倍数)	判决故障数	
	名义值		实际值				拒收数	接收数
	α	β	α	β				
9	10	10	12.0	9.9	1.5	45.0	37	36
10	10	20	10.9	21.4	1.5	29.9	26	25
11	20	20	19.7	19.6	1.5	21.5	18	17
12	10	10	9.6	10.6	2.0	18.8	14	13
13	10	20	9.8	20.9	2.0	12.4	10	9
14	20	20	19.9	21.0	2.0	7.8	6	5
15	10	10	9.4	9.9	3.0	9.3	6	5
16	10	20	10.9	21.3	3.0	5.4	4	3
17	20	20	17.5	19.7	3.0	4.3	3	2

注:方案1~8为序贯试验方案。

表4.4 短时高风险定时试验方案表

方案号	决策风险/%				鉴别比 $d=\dfrac{\theta_0}{\theta_1}$	试验时间 (θ_1的倍数)	判决故障数	
	名义值		实际值				拒收数	接收数
	α	β	α	β				
19	30	30	29.8	30.1	1.5	8.1	7	6
20	30	30	29.3	29.5	2.0	3.7	3	2
21	30	30	30.7	33.3	3.0	1.1	1	0

从例4.1可以看到,标准型方案都是通过给定α、β、θ_0和θ_1后,求试验时间T。但是,有时考虑到试验经费和研制周期等方面的原因,对试验时间可能预先就有要求,这时就要考虑非标准型方案,也称为极限质量方案(limited quality, LQ),即首先提出所能接受的试验时间,然后根据试验时间调整其他参数,得到最终试验方案。

GJB 899A—2009《可靠性鉴定和验收试验》中分别给出了使用方风险为10%、20%和30%的三个LQ方案族,共计60个方案。其中,使用方风险为10%的LQ方案族见表4.5。

表4.5 使用方风险β为10%的非标准型定时试验方案

方案号	判决故障数		试验时间 (θ_1的倍数)	MTBF观测值 $\hat{\theta}$ (θ_1的倍数)	鉴别比 d		
	拒收数	接收数			$\alpha=30\%$	$\alpha=20\%$	$\alpha=10\%$
10-1	0	1	2.30	2.30	6.46	10.32	21.85
10-2	1	2	3.89	1.94	3.54	4.72	7.32
10-3	2	3	5.32	1.77	2.78	3.47	4.83
10-4	3	4	6.68	1.67	2.42	2.91	3.83
10-5	4	5	7.99	1.59	2.20	2.59	3.29
10-6	5	6	9.27	1.55	2.05	2.38	2.95

续表

方案号	判决故障数		试验时间	MTBF 观测值 $\hat{\theta}$	鉴别比 d		
	拒收数	接收数	(θ_1 的倍数)	(θ_1 的倍数)	$\alpha=30\%$	$\alpha=20\%$	$\alpha=10\%$
10-7	6	7	10.53	1.50	1.95	2.22	2.70
10-8	7	8	11.77	1.47	1.86	2.11	2.53
10-9	8	9	12.99	1.43	1.80	2.02	2.39
10-10	9	10	14.21	1.42	1.75	1.95	2.28
10-11	10	11	15.41	1.40	1.70	1.89	2.19
10-12	11	12	16.60	1.38	1.66	1.84	2.12
10-13	12	13	17.78	1.37	1.63	1.79	2.06
10-14	13	14	18.96	1.35	1.60	1.75	2.00
10-15	14	15	20.13	1.34	1.58	1.72	1.95
10-16	15	16	21.29	1.32	1.56	1.69	1.91
10-17	16	17	22.45	1.31	1.54	1.67	1.87
10-18	17	18	23.61	1.30	1.52	1.64	1.84
10-19	18	19	24.75	1.29	1.50	1.62	1.81
10-20	19	20	25.90	1.28	1.48	1.60	1.78

由表 4.4 和表 4.5 可以看出:①当 α、β、θ_1 给定时,试验时间 T 随鉴别比 d 的增加而减小,因此要想缩短 T 就要增大 d;②当鉴别比 d、θ_1 给定时,试验时间 T 随 α 和 β 的增加而减小,因此加大风险可以缩短试验时间;③LQ 方案可以预先知道试验时间,便于安排计划和管理,常用于可靠性鉴定试验。

例 4.2 某电子产品可靠性鉴定试验,$\alpha=\beta=10\%$,$\theta_1=2000\mathrm{h}$,且考虑到试验经费的限制,希望总试验时间不超过 $9.3\theta_1=18600$ 台时,试确定定时截尾试验方案。若 $n=50$ 台,平均每台试验时间为多少? 如果试验截止时间为 300h,需要多少台产品参试?

解:查表 4.5,当 $\alpha=\beta=10\%$ 时,与 $T=9.3\theta_1$ 相近的方案为 10—6,即 $T=9.27\theta_1$,$d=2.95$,则 $\theta_0=2.95\theta_1=2.95\times2000=5900\mathrm{h}$,$C=5$。

若 $n=50$ 台,则单台产品试验截止时间 $t=9.28\times2000/50=370.8(\mathrm{h})$。若试验截止时间为 300h,则 $n=9.27\times2000/300\approx62$(台)。

4) MTBF 验证值的估计

MTBF 点估计:

$$\hat{\theta}=\frac{T}{r} \tag{4.26}$$

MTBF 的区间估计 $(\theta_\mathrm{L},\theta_\mathrm{U})$ 如下:

$$\begin{cases}\theta_\mathrm{L}=\dfrac{2T}{\chi^2_{\beta/2}(2r+2)}=\dfrac{2r}{\chi^2_{\beta/2}(2r+2)}\cdot\hat{\theta}\\ \theta_\mathrm{U}=\dfrac{2T}{\chi^2_{1-\beta/2}(2r)}=\dfrac{2r}{\chi^2_{1-\beta/2}(2r)}\cdot\hat{\theta}\end{cases} \tag{4.27}$$

式中:置信度为 $1-\beta$。

MTBF 单侧置信下限为

$$\theta'_L = \frac{2T}{\chi^2_\beta(2r+2)} = \frac{2r}{\chi^2_\beta(2r+2)} \cdot \hat{\theta} \tag{4.28}$$

在确定的试验方案下,当试验完成总试验时间结束时未发生故障,即 $r=0$,此时一般只能估计 MTBF 的置信下限,还有一种更加简便的 MTBF 置信下限的估计方法,即

$$\theta'_L = \frac{T}{-\ln\beta} \tag{4.29}$$

例 4.3 某产品按选定的定时截尾试验方案,总试验时间为 920 台时,出现 7 个故障并判为接收,规定置信度 $1-\beta$ 为 80%,试求 MTBF 的点估计和区间估计。

解:MTBF 的点估计(观测值):

$$\hat{\theta} = \frac{T}{r} = \frac{920}{7} = 131.43(h)$$

MTBF 置信区间如下:

$$\begin{cases} \theta_L = \frac{2T}{\chi^2_{\beta/2}(2r+2)} = \frac{2r}{\chi^2_{\beta/2}(2r+2)} \cdot \hat{\theta} = \frac{2\times 7}{\chi^2_{0.1}(16)} \times 131.43 = 78.2(h) \\ \theta_U = \frac{2T}{\chi^2_{1-\beta/2}(2r)} = \frac{2r}{\chi^2_{1-\beta/2}(2r)} \cdot \hat{\theta} = \frac{2\times 7}{\chi^2_{0.9}(14)} \times 131.43 = 236.2(h) \end{cases}$$

则 MTBF 的验证区间为(78.2h,236.2h)。

3. 序贯截尾抽验方案

1)抽验规则

序贯抽验方案是 1947 年由 Wald 提出的。抽验规则为:从一批产品中随机抽取 n 个样品进行试验,对发生的每个故障 $r(r=1,2,\cdots,n)$ 都规定两个判别时间,即 $T(A)$(合格的下限时间)和 $T(R)$(不合格的上限时间)。

计算每一次故障发生时的总试验时间 T,并进行判决。

若 $T \geqslant T(A)$,则判定产品批合格,接收,停止试验;

若 $T \leqslant T(R)$,则判定产品批不合格,拒收,停止试验;

若 $T(R) < T < T(A)$,则不能做出判断,继续试验直到能够做出接收或拒收判断为止。

这种抽样规则的特点是每发生一次故障,做出一次判决;充分利用每一个故障信息;可以减少试验时间 T。基于以上特点,序贯试验通常用于可靠性验收试验。

2)抽验方案

n 台产品参加试验,若产品故障时间服从指数分布,且在总试验时间 $T=nt$ 内有 r 个故障发生,则其 MTBF 的概率服从泊松分布,即

$$P(\theta) = \frac{\left(\frac{T}{\theta}\right)^r \cdot e^{-\frac{T}{\theta}}}{r!} \tag{4.30}$$

当 $\theta = \theta_0$ 时,$P(\theta_0) = 1-\alpha$,高概率接收;当 $\theta = \theta_1$ 时,$P(\theta_1) = \beta$,高概率拒收(或小概率接收),则概率比为

$$\frac{P(\theta_1)}{P(\theta_0)} = \left(\frac{\theta_0}{\theta_1}\right)^r \cdot e^{-\left(\frac{1}{\theta_1}-\frac{1}{\theta_0}\right)T} \tag{4.31}$$

这就是通常所说的概率比序贯抽样试验方案。

如果 $P(\theta_0)$ 明显大于 $P(\theta_1)$，那么从接收角度来看，$\theta=\theta_0$ 的可能性大；如果 $P(\theta_0)$ 明显小于 $P(\theta_1)$，那么从拒收角度来看，$\theta=\theta_0$ 的可能性大。

Wald 提出判断界限：令 $A=\dfrac{1-\beta}{\alpha}>1$，$B=\dfrac{\beta}{1-\alpha}<1$。

（1）如果 $\dfrac{P(\theta_1)}{P(\theta_0)}\leqslant B$，则 $\theta=\theta_0$，接收（$P(\theta_0)$ 大，则大概率事件发生，$(1-\alpha)$ 高概率接收）。

（2）如果 $\dfrac{P(\theta_1)}{P(\theta_0)}\geqslant B$，则 $\theta=\theta_1$，接收（$P(\theta_1)$ 大，则大概率事件发生，$(1-\beta)$ 高概率拒收）。

（3）如果 $B<\dfrac{P(\theta_1)}{P(\theta_0)}<A$，则不能判断继续试验。

继续试验条件为

$$B<\frac{P(\theta_1)}{P(\theta_0)}=\left(\frac{\theta_0}{\theta_1}\right)^r\cdot e^{-\left(\frac{1}{\theta_1}\frac{1}{\theta_0}\right)T}<A \tag{4.32}$$

对式（4.32）两边取自然对数，可得

$$\ln B<r\ln\frac{\theta_0}{\theta_1}-\left(\frac{1}{\theta_1}-\frac{1}{\theta_0}\right)T<\ln A$$

则总试验时间为

$$\frac{-\ln A+r\ln\dfrac{\theta_0}{\theta_1}}{\dfrac{1}{\theta_1}-\dfrac{1}{\theta_0}}<T<\frac{-\ln B+r\ln\dfrac{\theta_0}{\theta_1}}{\left(\dfrac{1}{\theta_1}-\dfrac{1}{\theta_0}\right)} \tag{4.33}$$

将 $A=\dfrac{1-\beta}{\alpha}$ 和 $B=\dfrac{\beta}{1-\alpha}$ 代入式（4.33），并令

$$\begin{cases}h_1=\dfrac{-\ln\dfrac{1-\beta}{\alpha}}{\dfrac{1}{\theta_1}-\dfrac{1}{\theta_0}}\\[2ex]h_0=\dfrac{-\ln\dfrac{\beta}{1-\alpha}}{\dfrac{1}{\theta_1}-\dfrac{1}{\theta_0}}\\[2ex]S=\dfrac{-\ln\dfrac{\theta_0}{\theta_1}}{\dfrac{1}{\theta_1}-\dfrac{1}{\theta_0}}\end{cases} \tag{4.34}$$

则得到继续试验条件为 $-h_1+Sr<T<h_0+Sr$。

拒收线：$T(R)=Sr-h_1$；接收线：$T(A)=Sr+h_0$。

3)序贯抽验方案判决图

由式(4.34)可以看出,只要给出 α、β、θ_0 和 θ_1,就可以在 $T-r$ 坐标上绘出接收线、拒收线和继续试验区。序贯抽验方案判决图如图4.12所示。

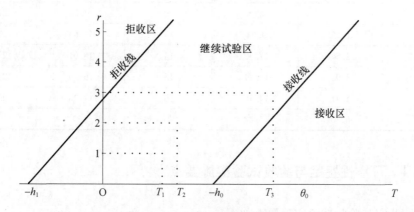

图4.12 序贯抽验方案判决图

判决方法:抽取 n 个样品进行试验,当其中任何一个发生故障时,都记下发生故障的时间,则故障时间分别记为 $T_1,T_2,\cdots$,将点 (T_r,r) 标在图上,根据其落入的区域来做出判决。

根据式(4.34)可得

$$\begin{cases} h_1 = \dfrac{-\ln\dfrac{1-\beta}{\alpha}}{\dfrac{1}{\theta_1}-\dfrac{1}{\theta_0}} = \dfrac{\ln\dfrac{0.9}{0.1}}{\dfrac{1}{\theta_1}-\dfrac{1}{\theta_0}} = 2\theta_1\ln 9 = 4.3944\theta_1 \\ h_0 = \dfrac{-\ln\dfrac{\beta}{1-\alpha}}{\dfrac{1}{\theta_1}-\dfrac{1}{\theta_0}} = \dfrac{-\ln\dfrac{1-\beta}{\alpha}}{\dfrac{1}{\theta_1}-\dfrac{1}{\theta_0}} = \dfrac{\ln\dfrac{0.9}{0.1}}{\dfrac{1}{\theta_1}-\dfrac{1}{\theta_0}} = 2\theta_1\ln 9 = 4.3944\theta_1 \\ S = \dfrac{-\ln\dfrac{\theta_0}{\theta_1}}{\dfrac{1}{\theta_1}-\dfrac{1}{\theta_0}} = 2\theta_1\ln 2 = 1.3863\theta_1 \end{cases}$$

则得到继续试验条件为 $(1.3863r - 4.3944)\theta_1 < T < (1.3863r + 4.3944)\theta_1$。

拒收线:$T(R) = (1.3863r - 4.3944)\theta_1$;接收线:$T(A) = (1.3863r + 4.3944)\theta_1$。

根据接收线、拒收线以及相应的故障数,可以得到接收、拒收判决表,见表4.6。

表4.6 接收、拒收判决表

故障数	总试验时间(θ_1 倍数)		故障数	总试验时间(θ_1 倍数)	
	$T(R)$	$T(A)$		$T(R)$	$T(A)$
0		4.39	9	8.08	16.86
1		5.78	10	9.47	19.25
2		7.17	11	10.85	19.64

续表

故障数	总试验时间(θ_1 倍数)		故障数	总试验时间(θ_1 倍数)	
	$T(R)$	$T(A)$		$T(R)$	$T(A)$
3		9.55	12	12.24	21.03
4	1.15	9.94	13	13.63	22.40
5	2.54	11.32	14	15.01	23.79
6	3.92	12.71	15	16.39	25.18
7	5.31	14.10	16	17.78	26.57
8	6.70	15.48			

4.6.4 可靠性鉴定与验收试验实施要点

可靠性鉴定与验收试验实施要点如下：

(1)可靠性鉴定试验所需的试验时间长、试验费用高，不可能要求型号中所有产品均进行可靠性鉴定试验，而只能选取二级及以上产品或影响装备安全或任务完成的新研、有重大改进的关键产品，其中多数是电子产品和机电产品。

(2)能组成系统的尽量按系统考核，对于不能在实验室进行鉴定试验的二级及以上系统或分系统，可对其中关键组件（外场可更换单元）进行可靠性鉴定试验，其他组件可利用外场使用数据进行可靠性综合评估，以确定产品是否达到规定的可靠性指标。综合评估验证必须经总师单位和订购方、使用方的同意，并报相应的定型管理机构批准。

(3)对于可靠性鉴定试验一般采取定时截尾方案，而对于可靠性验收试验一般采用定时截尾试验方案或序贯截尾试验方案。使用方风险和生产方风险一般选取20%；对于可靠性指标非常高的产品（如大于1000h）而承制单位对可靠性工作抓得好，对产品可靠性有把握，为了节约经费和进度，使用方风险和生产方风险可以选取30%，或用实验室试验和现场使用数据结合进行综合评估。

(4)可靠性鉴定试验剖面应尽可能模拟产品真实使用环境，包括环境应力和工作应力。

(5)可靠性鉴定试验中如发生故障，只能修复，不能进行设计改进，否则试验要从头开始。

(6)无论试验最终结果是接收、还是拒收，对试验中发生的所有故障都应予以高度的重视，并积极采取相应的纠正措施。

(7)若试验结果做出拒收判决时，因装备研制急需及其他特殊情况，经相应定型管理机构和使用部门认可，可以采其下列措施之一进行处理：

① 对试验期间发生的所有故障制定相应的纠正措施方案。在有关的纠正措施获得批准和实施之后，应采用相同的样本量或经订购方同意的其他样本量重新进行试验。

② 如果对所发生的故障经采取有效措施后，并经试验验证确保不再发生，可以接收。

③ 如果所发生的故障属于早期故障，承制方必须采取有效措施，确保不再发生此类故障，可以接收。

(8)可靠性试验得出的可靠性特征量的可信度,很大程度上取决于检测的准确性、检测手段的完善程度以及受试产品被检测的次数。由于检测是确定产品是否故障及相关的工作时间所必需的,因此,在产品的可靠性试验大纲中要规定检测方法、检测的时间间隔和要求等,用于产品的激励信号要尽量符合产品在实际使用中的受载情况。

4.7 寿命试验

寿命试验是指为了测定产品在规定条件下的寿命所进行的试验,也就是为了验证产品在规定条件下,处于工作(使用)状态或储存状态时,其寿命到底有多长,即要了解产品在一定应力条件下的寿命而进行的试验。本节提出的方法适用于具有耗损特性的机械类、机电类产品的使用寿命和储存寿命的试验,不适用于大型装备结构(如飞机结构)的寿命试验。

4.7.1 概述

1. 目的

一是发现产品中可能过早发生耗损的零部件,以确定影响产品寿命的根本原因和可能采取的纠正措施;二是验证产品在规定条件下的使用寿命、贮存寿命是否达到规定的要求。

2. 时机

寿命试验适用于产品状态鉴定、试用和使用阶段。

3. 寿命参数

耐久性是指产品在规定的使用、储存与维修条件下,达到极限状态之前完成规定功能的能力,一般用寿命参数度量。

产品主要寿命参数如下。

(1)首翻期:在规定条件下,产品从开始使用到首次大修的寿命单位数。

(2)使用寿命:产品使用到无论从技术上还是经济上考虑都不宜再使用,而必须大修或报废时的寿命单位数。

(3)翻修间隔期:在规定条件下,产品两次相继大修间的寿命单位。

(4)总寿命:在规定条件下,产品从开始使用到报废的寿命单位数。

(5)储存寿命:产品在规定的储存条件下能够满足规定要求的储存期限。

(6)可靠寿命:给定的可靠度所对应的寿命单位。

4. 分类

根据工作状态、储存状态,产品寿命试验分为使用寿命试验、储存寿命试验。

除模拟正常使用状态或储存状态进行寿命试验外,对于高可靠性产品而言,寿命试验时间很长。为了缩短试验时间,在不改变故障模式和故障机理的条件下,用大应力的方法进行寿命试验,这个试验称为加速寿命试验。按照应力施加方式不同,寿命试验可以分为恒定应力、步进应力、序进应力加速寿命试验。

4.7.2 使用寿命试验

使用寿命试验是在一定环境条件下加载应力,模拟使用状态的试验,其目的是验证产品首翻期或使用寿命指标。

1. 试验方案

一般采用工程经验法。

(1)试验条件:包括环境条件、工作条件和维护条件,应尽可能模拟实际使用条件。

(2)试验时间:对于航空装备的机载产品一般取产品首翻期的 1~1.5 倍作为试验时间,其他装备根据其使用特点确定试验时间。

(3)受试产品:对于新研产品,选取定型合格产品;对于定型或现场使用的产品,选取现场使用了一定时间的产品。

(4)受试产品数量:一般不应少于两台(套)。

2. 寿命试验评估

如果受试产品寿命试验到 T 截止时,全部产品未发生耗损故障,按下式评估产品的首翻期或使用寿命,即

$$T_0 = \frac{T}{K} \tag{4.35}$$

式中:T 为每台受试产品试验时间;K 为经验修正系数(一般取 1.5)。

如果受试产品试验到 T_0 截止时,有 r 个关联故障发生,则按下式评估产品的首翻期或使用寿命,即

$$T_{0r} = \frac{\sum_{i=1}^{r} t_i + (n-r)t_0}{nK_0} \tag{4.36}$$

式中:t_i 为第 i 个受试产品发生关联故障的时间;n 为受试产品数量;K_0 为经验修正系数(一般近似取 1.5)。

如果受试产品试验到 t_n 截止时,全部受试产品都发生耗损故障,则按下式评估产品的首翻期或使用寿命,即

$$T_{0n} = \frac{\sum_{i=1}^{n} t_i}{nK_1} \tag{4.37}$$

式中:K_1 为经验修正系数(一般取大于 1.5)。

需要说明的是,当已知受试产品的威布尔分布的形状参数 m 时,则应按规定的受试产品的数量 n、显著性水平 α 和可靠度 $R(t)$ 查表选取以上公式中经验修正系数的数值。

4.7.3 储存寿命试验

储存寿命试验是在模拟储存环境条件下进行的试验。由于产品在储存过程中处于非

工作状态,储存环境应力比工作应力小得多,产品因储存引起的性能参数变化(或故障)是一个长期的缓变过程。因此,储存寿命试验有其特殊性。

下面以特性参数服从正态分布的产品来估计储存寿命。

设产品的性能特性参数为 $Y,Y \sim N(\mu,\sigma^2)$。为了使产品性能特性在储存期内的退化不低于特性参数的允许值 Y_0,需要求得一个合理的储存期限 t^*,则

$$P(Y(t^*) \geq Y_0) = R(t) \tag{4.38}$$

式中:Y_0 为特性参数允许值;$R(t)$ 为储存可靠度,一般取 0.99 或更大一些。

为了在较短时间内得出产品储存期的结论,可选取 n 个样品,经短期储存后进行性能参数测定,若选取 k 个测试点,可得到一组 (t_i, Y_{ij}) 值,其中 $i = 1,2,\cdots,k; j = 1,2,\cdots,n$。根据所测数据,在给定可靠度的情况下,由上式求解 t^*,得到产品储存寿命估计值。

产品特性的退化规律基本上是线性关系(或经过某种换算后也可成为线性关系),则产品的特性规律可表示为

$$Y(t) = \alpha + \beta t + \delta \tag{4.39}$$

式中:α,β 为回归系数;δ 为 $Y(t)$ 对母体回归线的残差。

由于 Y 是正态分布,即 $Y \sim N(\alpha + \beta t, \sigma_\delta^2)$,以单侧下限参数为例,在给定 γ 情况下,由正态分布的分位数 $U_{1-\gamma}$,可得

$$P[Y(t) > \alpha + \beta t - U_{1-\gamma}\sigma_\delta] = R(t) \tag{4.40}$$

即

$$\alpha + \beta t - U_{1-\gamma}\sigma_\delta = Y_0 \tag{4.41}$$

由此可以求解 t^*。但是,$\alpha,\beta,\sigma_\delta$ 都是未知的母体参数,只有通过有限子样测试数据代替。当测试数据有限时,在独立、等精度测量情况下,可以利用最小二乘法原理来配置回归直线,即

$$Y = a + bt \tag{4.42}$$

通过证明可得到:$a,b,\dfrac{n}{n-2}s_\delta^2$ 分别是 $\alpha,\beta,\sigma_\delta$ 的无偏估计,s_δ^2 为 $Y(t)$ 观测值对经验回归线残差的方差。

最后可得

$$Y_0 = a + bt^* + t_{1-\gamma}\sqrt{\frac{n+1}{n} + \frac{(t^* - \bar{t})}{\sum t^2 - n\bar{t}^{-2}} \times \bar{\sigma}_\delta} \tag{4.43}$$

式中:$t_{1-\gamma}$ 为在给定 γ 情况下自由度为 $n-2$ 的 t 分布函数下侧分位数,由此可求解储存寿命 t^* 值。

4.7.4 加速寿命试验

加速寿命试验方法是指用加大应力(如温度应力、电应力、机械应力等)的办法,缩短试验时间,加快产品失效,揭露失效机理,并可运用加速寿命模型,估计出产品在正常工作应力下的寿命特性。

加速寿命试验可分为:恒定应力加速寿命试验、步进应力加速寿命试验、序进应力加速寿命试验三种。其中,恒定应力加速寿命试验最为成熟,应用最为广泛。下面以恒定应力加速寿命试验为例,进行介绍。

恒定应力加速寿命试验数据的统计分析是根据产品的寿命分布和产品的失效机理制定的,这些统计分析都是以一定假设为前提的。对于威布尔分布和对数正态分布试验的基本假定如下:

(1)同分布。加速试验中,在正常工作应力和各组加速应力水平下的产品寿命是同一种分布(威布尔分布或对数正态分布)形式,只是其参数不同。

(2)失效机理相同。加速试验中,在加速应力水平下的产品失效机理与正常工作应力水平下的产品失效机理是相同的。这在威布尔分布中表现为形状参数不变(对数正态分布中是对数标准差不变),即由各组加速应力以及正常工作应力下得到的失效数据拟合线在威布尔概率纸上基本是一族平行的直线。

(3)符合加速寿命方程。可求得加速应力和相应寿命的关系。

对于威布尔分布,产品的特征寿命与所加应力 S 有如下关系:

$$\ln\eta = a + b\varphi(S) \tag{4.44}$$

式中:a,b 为待估参数;$\varphi(S)$ 为 S 的某一个已知函数。

对于对数正态分布,产品的中位寿命与 S 有如下关系:

$$\ln t_{0.5} = a + b\varphi(S) \tag{4.45}$$

式中:$t_{0.5}$ 为中位寿命。

这些关系式通常称为加速寿命方程,是根据阿伦尼斯方程和逆幂律模型转换出来的。

满足以上三项基本假设,就可进行恒定应力加速寿命试验。

(4)加速系数。加速系数是正常应力水平下的某种寿命与加速应力水平下的相应寿命的比值,即

$$N = \frac{t_{p,0}}{t_{p,i}} \tag{4.46}$$

式中:N 为加速系数;$t_{p,0}$ 为产品在正常应力水平下达到失效概率为 p 的时间;$t_{p,i}$ 为产品在加速应力水平下达到失效概率为 p 的时间。得到加速系数后,就可从加速寿命试验结果推导出正常工作应力下的寿命。

(5)注意事项。施加什么样的载荷条件和应力水平是十分重要的,在安排试验计划时应考虑以下问题:

(1)测试单元应当与产品最终考虑的单元是相同的。

(2)只施加加速应力,其他因素保持不变。

(3)应力水平的确定应当使加速应力下的故障模式与正常工作条件下的故障模式相同。

(4)加速应力水平不应超过产品的应力设计极限。

加速寿命试验在零部件级别上进行较为有效,因为它能发现失效机理和寿命有限的关键部件;对于设备级产品,由于是多重的故障模式,将应力数据转换成正常条件比较困难。

4.7.5 寿命试验实施要点

寿命试验实施要点如下:

(1) 对于既有可靠性指标要求,又有寿命指标要求的产品,可以采用寿命与可靠性综合验证试验方案,通过一个试验,同时给出产品的寿命与可靠性的验证结果。

(2) 产品寿命试验是一项周期长、投入多的工作。因此,在型号研制过程中,应对所选择的配套产品进行重要性分析,对于影响装备安全和任务完成的产品开展寿命试验,并通过合同给予确定。

(3) 产品的使用寿命或储存寿命一般较长,在新产品使用初期要一次性确定产品寿命往往比较困难。因此,新产品的寿命指标一般可在首次使用、型号状态鉴定、列装定型分阶段给定,但各阶段所给定寿命指标应满足订购方、使用方的要求。产品的寿命指标、分阶段寿命指标均应通过合同给予确定。部分产品由于其寿命要求特别高,仅在交付前进行耐久性试验考核,无法给出其寿命值。

(4) 寿命试验考核的是产品的寿命指标,而不是产品的保证期。产品保证期是承制方对其产品实行包修或包换的责任期限,不能与产品的寿命混为一谈。

(5) 目前有相当多的产品,制定其寿命试验条件的依据不足,寿命试验环境或工作应力量值过高或过低,均可能导致寿命试验达不到预期目的。因此,应根据产品的寿命剖面,科学确定产品寿命试验剖面。

(6) 目前,加速寿命试验得到人们的高度重视,但要合理地选择加速应力、建立准确的失效物理模型,现仍处于研究阶段。实际应用时,要进行权衡分析、专项评审、慎重开展。

习　题

1. 简述可靠性试验的目的和分类。
2. 可靠性试验应考虑哪些要素?
3. 试述 ESS 中常规筛选方法的步骤。
4. 试述如何通过可靠性强化试验来确定温度应力的工作极限和破坏极限?
5. 试述可靠增长试验的含义和基本过程。
6. 某电子产品进行可靠性鉴定试验方案,已知 $\alpha=\beta=30\%$,$\theta_1=2000\text{h}$,且考虑到试验经费的限制,希望总试验时间不超过 $9.3\theta_1$ 台时,试确定定时截尾试验方案。若 $n=20$ 台,平均每台试验时间为多少?
7. 试述常见的寿命试验分类。

第5章
维修性设计与分析

维修性是装备通用质量特性的重要组成部分,也是影响装备作战效能和寿命周期费用的重要因素之一。维修性是与装备维修密切相关的设计特性,反映了装备是否具有维修便捷、经济的能力。相对于可靠性而言,人们对装备维修性的关注还不够,造成了装备可达性不高、维修作业效率低、维修差错时有发生等问题,制约了装备作战能力和保障效能的提升。近年来,随着武器装备的快速发展以及实战化训练水平的提高,对装备维修性的要求不断提升。因此,装备维修性越来越受到装备研制、生产和使用方的重视。

本章学习目标:理解维修性定义和定性要求,掌握维修性函数和维修性参数;了解维修性建模的概念,理解维修性物理模型和数学模型;理解维修性分配与预计的概念、常用方法要点。

5.1 维修性概念及度量

5.1.1 维修性定义

维修性是指产品在规定的条件下和规定的时间内,按照规定的程序和方法进行维修时,保持或恢复其规定状态的能力。从维修性定义可以看出,产品维修性的好坏,离不开四个规定。

(1)规定的条件。维修时所具备的条件会影响维修工作的质量、完成维修工作所需的时间及维修费用。这里的条件,主要是指进行维修的不同的处所(维修级别)、不同素质的维修人员和不同水平的维修设施与设备等所构成的实施维修的条件,也涉及与之相关联的环境条件(如战时或平时)。

(2)规定的时间。指对直接完成维修工作需用时间所规定的限度,是衡量产品维修性好坏的主要尺度。

(3)规定的程序和方法。针对同一个故障,以不同的程序和方法进行维修,完成维修工作所需时间会有所不同。按规定的程序和方法进行维修,反映了一种力图使维修时间尽可能地缩短的要求,即要采用经过优化的(或合理化的)维修操作过程,同时也只有基于同一操作过程进行维修,才能对产品不同设计方案的维修性优劣做权衡比较。

(4)规定的状态。该项内容明确了产品通过维修所应保持的(未出现故障)的或应恢复到的(出现故障后)功能状态。根据不同的使用条件,所规定的状态既可以是完好如新的全功能状态,也可能是某种降低了要求的部分功能状态(如任务降级状态)。

5.1.2 维修性函数

在维修性定义里,变量是维修时间。维修时间受故障的随机发生而具有随机性。设某一可修产品发生故障后进行修复,直到恢复到完好状态的时间记为 τ,则 τ 是一个随机变量。

1. 维修度函数

维修度是可修产品在规定的时间内和规定的条件下,按规定的程序和方法进行维修时,保持或修复到完成状态的概率。

设零时刻产品发生故障,维修到 t 时刻的维修度记为 $M(t)$,可表示为

$$M(t) = P(\tau \leq t) \tag{5.1}$$

由于 $M(t)$ 表示从 $t=0$ 开始到某一时刻 t 内完成维修的概率,是对时间的累积概率,与故障分布函数 $F(t)$ 类似,则有 $0 \leq M(t) \leq 1$ 且 $M(0)=0$、$M(\infty)=1$。同一时刻 t,$M(t)$ 值越大,说明产品越易于维修。

理论上,当我们知道了产品维修时间的分布函数,便可计算出任意时刻的维修度。但工程上,由于产品的维修时间的分布函数一般是未知的,此时我们只能用大量实验中事件频数来近似表示其概率。那么,从工程估算的角度,近似给出的维修度称为经验维修度。

如果维修的是 N 件产品,设在 $t=0$ 时均处于故障状态,经过时间 t 的维修后,在 t 时刻的累积修复数记为 $N_r(t)$,则 t 时刻的经验维修度记为 $\hat{M}(t)$,可表示为

$$\hat{M}(t) = \frac{N_r(t)}{N} \tag{5.2}$$

2. 维修密度

设维修度函数 $M(t)$ 连续可微,我们定义维修度函数的一阶导数为维修密度,记为 $m(t)$,可表示为

$$m(t) = \frac{dM(t)}{dt} \tag{5.3}$$

t 时刻的经验维修密度的估算公式为

$$\hat{m}(t) = \frac{\Delta N_r(t)}{N \cdot \Delta t} \tag{5.4}$$

式中:$\Delta N_r(t)$ 表示 t 时刻后 Δt 内的产品修复数。

对式(5.3)两边在 $(0,t)$ 处取积分,可得

$$\int_0^t m(t) dt = \int_0^t dM(t) = M(t) - M(0) \tag{5.5}$$

由于 $M(0)=0$,则

$$M(t) = \int_0^t m(t) dt \tag{5.6}$$

3. 修复率函数

产品在 $t=0$ 时刻发生故障,经过 $(0,t]$ 时间的修理后,尚未修复的产品在 t 到 $t+\Delta t$

的单位时间内完成修复的条件概率,称为瞬时修复率,简称修复率,记为 $\mu(t)$,可表示为

$$\begin{aligned}\mu(t) &= \lim_{\Delta t \to 0} \frac{P(\tau \leq t + \Delta t \mid \tau > t)}{\Delta t} \\ &= \lim_{\Delta t \to 0} \frac{P(t < \tau \leq t + \Delta t) \cap P(\tau > t)}{\Delta t \cdot P(\tau > t)} \\ &= \lim_{\Delta t \to 0} \frac{P(t < \tau \leq t + \Delta t)}{\Delta t \cdot P(\tau > t)} \\ &= \frac{m(t)}{1 - M(t)}\end{aligned} \tag{5.7}$$

t 时刻的经验修复率的估算公式为

$$\hat{\mu}(t) = \frac{\Delta N_r(t)}{\overline{N}_r(t) \cdot \Delta t} \tag{5.8}$$

式中:$\overline{N}_r(t)$ 表示 t 时刻与 $t + \Delta t$ 时刻的平均修复数,可表示为:

$$\overline{N}_r(t) = \frac{N_r(t) + N_r(t + \Delta t)}{2} \tag{5.9}$$

对式(5.7)进行数学变换,可得

$$\mu(t) = \frac{m(t)}{1 - M(t)} = \frac{\mathrm{d}M(t)}{[1 - M(t)] \cdot \mathrm{d}t} \tag{5.10}$$

将式(5.10)等号右边的 dt 移到等号左边,可得

$$\mu(t)\mathrm{d}t = \frac{\mathrm{d}M(t)}{1 - M(t)} = -\mathrm{d}\ln[1 - M(t)] \tag{5.11}$$

对式(5.11)两边在 $(0,t)$ 处取积分,可得

$$\int_0^t \mu(t)\mathrm{d}t = \ln[1 - M(t)]\Big|_0^t = -\ln[1 - M(t)] \tag{5.12}$$

对式(5.12)等号两边取自然对数再变换后,可得

$$M(t) = 1 - \exp\left[-\int_0^t \mu(t)\mathrm{d}t\right] \tag{5.13}$$

当维修时间服从指数分布时,$\mu(t) = \mu$,则

$$\begin{cases} M(t) = 1 - \exp(-\mu t) \\ m(t) = \mu\exp(-\mu t) \end{cases} \tag{5.14}$$

例 5.1 某机件的修复率 $\mu = 0.162/\mathrm{h}$,试求维修时间为 1h、2h、10h 的维修度。

解:由式(5.13)可得

$$\begin{cases} M(1) = 1 - \exp(-0.162) = 0.15 \\ M(2) = 1 - \exp(-0.162 \times 2) = 0.28 \\ M(10) = 1 - \exp(-0.162 \times 10) = 0.80 \end{cases}$$

则维修 1h、2h、10h 的维修度分别为 0.15、0.28、0.80。

5.1.3 维修性定性要求

维修性要求反映了使用方对产品应达到的维修性水平的期望目标。维修性要求通常

包括定性要求和定量要求两个方面,二者相辅相成,系统描述了进行维修性设计所要达到的具体目标。任何不能被归类为定量要求的维修性要求都属于定性要求,它涵盖了广泛的希望达到的设计状态。这些设计状态对于确保产品的可维修而言一般都是必不可少的。

维修性的定性要求与定量要求之间存在着紧密的互补关系。维修性定性要求反映了那些无法或难于定量描述的维修性要求。它基于保证产品便于维修这一基本点,从不同方面的考虑出发,提出了设计产品时需实现的特点,或者说产品应具有的、便于完成维修工作的设计要素。用户提出的笼统的、定性维修性要求,往往对设计人员缺少直接的指导和控制作用。为响应用户的需求,需要提出与之相对应的、能够进行度量或核查的维修性设计准则。

维修性定性要求一般体现在以下几个方面:

1. 良好的可达性

可达性是维修时接近产品不同组成单元的相对难易程度,也就是接近维修部位的难易程度。维修部位看得见、够得着,不需要拆装其他单元或拆装简便,容易达到维修部位,同时具有为检查、修理或更换所需要的空间,就是可达性好。那些看不见或看不清、够不着,工具使不开,为了检查某个零件要费很大周折才能进行的结构,是可达性差的设计。可达性差往往耗费更多的维修人力和时间。在实现了机内测试和自动检测以后,可达性差是延长维修时间的首要因素。因此,良好的可达性是维修性的首要要求。

2. 提高标准化、互换性和通用化程度

标准化、互换性和通用化,不仅利于产品设计和生产,而且也使产品维修简便,能显著减少维修备件的品种、数量,简化保障,降低对维修人员技术水平的要求;大大缩短维修工时。因此,它们也是产品维修性的重要要求。

3. 具有完善的防差错措施及识别标记

维修差错对装备安全使用的危害很大。如果产品设计时,没有防差错措施和识别标记,对那些外形相似、大小相近的零部件,维修时常常发生装错、装反或装漏等差错,在采购、储存、保管、请领中也常常搞错,造成返工、时间延迟,甚至是严重事故,导致人员伤亡及设备损坏。设计人员不能一味要求操作和维修人员具有很强的责任心而疏忽设计,而必须在设计上采取措施,确保不出差错。因此,它也是产品维修性的重要要求。

4. 保证维修安全

维修安全性是指在进行维修活动时,避免人员伤亡或设备损坏的一种设计特性。它比使用时的安全更复杂、涉及的问题更多。具体地说,就是不仅要求使用时安全,而且要求储存、运输、维护、修理过程中安全。例如,在维修作业时,要保证维修人员不会遭受电击、机械损伤以及有害气体、辐射等伤害,才能使其放心进行维修。这也是产品进行维修性设计时必须考虑的问题。

5. 对贵重件的可修复性要求

贵重件应具有便于在其磨损、变形或有其他形式故障后修复原样的性能。例如,设计成可调整的、可局部更换的组合形式,设计专门的修复基准等措施,使零部件发生故障后易于进行修理。

6. 减少维修内容和降低维修技能要求

将产品设计成不需要或很少需要预防性维修的结构,如通过自动检测、改善润滑、合理密封、防锈、减轻磨损等设计措施,尽量减少维修工作量,并通过采用健壮设计和易于进行修复的设计,降低对维修技能的要求和修理工艺的要求。

7. 符合维修人素工程要求

维修人素工程是研究设备维修中人的各种能力(如体力、感观力、耐受力、心理容量)、人体尺寸等因素与设备的关系,以及如何提高维修工作效率、质量和减轻人员疲劳等方面的问题。维修时,维修人员有良好的工作姿势,低的噪声、良好的照明、合适的工具、适度的负荷强度,就能提高维修人员的工作质量和效率。

5.1.4 维修性定量要求

维修性定量要求是通过对用户需求与约束条件进行分析,选择适当的维修性参数,并确定对应的指标而提出来的。

作为度量产品维修性水平的尺度,所选定的维修性参数必须能够反映产品的战备完好性、任务成功性、保障费用和维修人力等方面的目标或约束条件,应能体现对预防性维修、修复性维修和战伤抢修等内容的相关考虑。维修性定量要求应按不同的产品层次(系统、分系统、设备、组件等)和不同的维修级别,分别予以规定。

针对航空装备技术特点,结合 GJB 1909A—2009《装备可靠性维修性保障性要求论证》、GJB 451A—2005《可靠性维修性保障性术语》和 GJB 368B—2009《装备维修性工作通用要求》中维修性参数分类情况,将各种维修性参数大致分为维修时间参数、维修工时参数、维修任务参数和维修费用参数。常用的维修性参数及其统计计算方法见表 5.1。

表 5.1 常用的维修性参数及其统计计算方法

类别	维修性参数	统计计算方法
维修时间参数	平均修复时间	在规定的条件下和规定的时间内,产品在规定的维修级别上,修复性维修总时间与该级别上被修复产品的故障总数之比
	平均预防性维修时间	在规定的条件下和规定的时间内,产品在规定的维修级别上,预防性维修总时间与预防性维修总次数之比
	重要零部件平均更换时间	在规定的条件下,为接近、拆卸和检查重要部件并使其达到可使用状态所需的时间
	系统平均恢复时间	在规定的条件下和规定的时间内,由不能工作事件引起的系统修复性维修总时间(不包括离开系统的维修时间和卸下部件的修理时间)与不能工作事件总数之比
	平均维护时间	产品总维护时间与维护次数之比
	最大修复时间	产品达到规定维修度所需的修复时间
	更换发动机时间	在具有规定技术水平的规定数量的人员参加下,为接近、拆装和检查发动机,并使飞机达到可用状态所需的时间

续表

类别	维修性参数	统计计算方法
维修工时参数	维修工时率	在规定的条件下和规定的时间内,产品直接维修工时总数与该产品寿命单位总数之比
	每飞行小时的直接维修工时	在规定的条件下和规定的时间内,飞机和设备的外场级预防性维修和修复性维修工时总数与总飞行小时数之比
维修任务性参数	平均恢复功能用的任务时间	在规定的任务剖面和规定的维修条件下,装备严重故障的总修复性维修时间与严重故障总数之比
	重构时间	系统故障或损伤后,重新构成能完成其功能的系统所需的时间
维修费用参数	每飞行小时的直接维修费	在规定的条件下和规定的时间内,飞机和设备的外场级维修费用与总飞行小时数之比
	每飞行小时的维修器材费	在规定的条件下和规定的时间内,飞机和设备的外场级器材维修费用与总飞行小时数之比

下面将针对其中的典型维修性参数,阐述其具体含义和计算公式。

1. 平均修复时间

平均修复时间(mean time to repair,MTTR,记为 T_{ct})是产品维修性的一种基本参数。简单地说,就是排除故障所需实际时间的平均值。排除故障的实际时间包括准备、检测诊断、换件、调校、检验及原件修复等时间,而不包括因管理或后勤供应原因导致的延误时间。

由于修复时间是随机变量,T_{ct} 是修复时间的数学期望,其理论计算公式为

$$T_{ct} = \int_0^\infty t m(t) \mathrm{d}t \tag{5.15}$$

当维修时间服从指数分布时,$m(t) = \mu \exp(-\mu t)$,则 $T_{ct} = \dfrac{1}{\mu}$;当维修时间服从对数正态分布时,$m(t) = \dfrac{1}{\sqrt{2\pi}\sigma t} \exp\left[-\dfrac{(\ln t - \mu)^2}{2\sigma^2}\right]$,则 $T_{ct} = \exp\left(\mu + \dfrac{\sigma^2}{2}\right)$。

MTTR 在工程上的度量方法为

$$T_{ct} = \frac{\sum_{i=i}^{n} t_i}{n} \tag{5.16}$$

式中:t_i 为第 i 次修复时间;n 为被修复产品的故障总数。

当产品有 n 个可修复项目时,系统的平均修复时间表示为

$$T_{ct} = \frac{\sum_{i=i}^{n} \lambda_i T_{cti}}{\sum_{i=i}^{n} \lambda_i} \tag{5.17}$$

式中:λ_i 为第 i 项目的故障率;T_{cti} 为第 i 项目的平均修复时间。

2. 最大修复时间

最大修复时间是装备维修度达到90%或95%所需的修复时间,记为 T_{maxct}。最大修复

时间通常是平均修复时间的 2~3 倍,具体比值取决于维修时间的分布、方差和规定百分位。

当维修时间服从指数分布时,则

$$T_{\text{maxct}} = -T_{\text{ct}}\ln(1-p) \tag{5.18}$$

式中:p 为指定的维修度。

当 $p=0.95$ 时,$T_{\text{maxct}}=3T_{\text{ct}}$;当 $p=0.9$ 时,$T_{\text{maxct}}=2.3T_{\text{ct}}$。

当维修时间服从正态分布时,则

$$T_{\text{maxct}} = T_{\text{ct}} + Z_p\sigma \tag{5.19}$$

式中:Z_p 为在指定维修度 p 时的正态分布分位点;σ 为正态分布的标准差。

当 $p=0.95$ 时,$T_{\text{maxct}}=T_{\text{ct}}+1.65\sigma$;当 $p=0.9$ 时,$T_{\text{maxct}}=T_{\text{ct}}+1.28\sigma$。

3. 平均预防性维修时间

预防性维修时间同样有均值和最大值,其含义和理论计算方法与修复时间相似,只是以预防性维修频率代替故障率,预防性维修时间代替修复性维修时间。

平均预防性维修时间(mean preventive maintenance time,MPMT)是对产品进行预防性维修所需时间的平均值,记为 T_{pt}。MPMT 在工程上的度量方法为

$$T_{\text{pt}} = \frac{\sum_{i=1}^{n} t_i}{n} \tag{5.20}$$

式中:t_i 表示第 i 次预防性维修时间;n 表示产品预防性维修总数。

当产品有 n 个预防性维修项目时,系统的平均预防性维修时间表示为

$$T_{\text{pt}} = \frac{\sum_{i=1}^{n} f_i T_{\text{pt}i}}{\sum_{i=1}^{n} f_i} \tag{5.21}$$

式中:f_i 表示第 i 项目的预防性维修频率;$T_{\text{pt}i}$ 表示第 i 项目的平均预防性维修时间。

4. 平均维修时间

平均维修时间记为 T_{m},是将修复性维修和预防性维修合起来考虑的一种与维修方法有关的维修性参数。其度量方法为:在规定的条件下和规定的期间内产品预防性维修和修复性维修总时间与该产品计划维修和非计划维修事件总数之比,即

$$T_{\text{m}} = \frac{\lambda T_{\text{ct}} + f_p T_{\text{pt}}}{\lambda + f_p} \tag{5.22}$$

式中:λ 为产品的故障率;f_p 为产品的预防性维修频率。

5.2 维修性建模

维修性建模是装备维修性设计与分析的主要工作项目之一,目的是描述系统与各单元维修性关系、维修性参数与各种设计及保障之间的关系,在进行维修性的分配、预计、维

修性设计方案的决策、维修性指标的优化时,均需建立维修性模型。

5.2.1 概述

维修性模型是指为分析、评定系统的维修性而建立的各种物理和数学模型。

1. 作用

在装备寿命周期的各个阶段,可以通过建立各单元的维修作业与系统维修性之间的数学与物理的逻辑关系,进行维修性分析、评估。维修性模型的作用主要表现在以下几个方面。

1)方案论证阶段

对各种可能的系统方案进行维修性预计和权衡分析,优化系统的维修性要求。

2)工程研制阶段

可以从试验系统中获得较为真实的相关可靠性和维修性信息,并反馈到模型中,以改进初始的预计,为维修性设计决策提供依据。具体作用如下。

(1)进行维修性分配,把系统级的维修性要求,分配给系统及以下层次产品,以便进行产品设计。

(2)进行维修性预计和评定,估计或确定设计或设计方案可达到的维修性水平,为维修性设计与保障决策提供依据。

(3)当设计变更时,进行灵敏度分析,确定系统内的某个参数发生变化时,对系统可用性、费用和维修性的影响。

3)使用阶段

可通过收集外场维修性数据,用建立的模型评价在外场环境下系统的使用维修性,确定需要改进的问题范围,同时对模型本身进行必要的修正,使之更符合实际。

2. 分类

(1)按照建模的层次不同,分为单元维修过程模型、系统维修性模型。

(2)按照建模目的,分为以下几种。

① 设计评价模型。通过对影响产品维修性的各个因素进行综合分析,评价有关的设计方案,为设计决策提供依据。

② 分配、预计模型。建立维修性分配、预计模型是 GJB 368B—2009《装备维修性工作通用要求》中工作项目 302、303 的主要内容。

③ 统计与验证试验模型。在形成设计方案后,需要通过该模型以确定产品与设计要求的一致性。

(3)按照模型的形式分类。

① 实物模型。用来验证样机结构、布局等设计是否合理。按照模型与实物比例,可将实物模型分为缩小模型、等比例模型与放大模型;在维修性试验、评定中,还将用到各种实体模型。

② 非实物模型。基于物理规则抽象表达装备结构、功能关系的模型称为非实物模型。根据表达形式不同,又可将非实物模型划分为维修性物理关系模型、维修性数学关系

模型与虚拟维修模型。

3. 程序

建立维修性模型一般程序如图5.1所示。

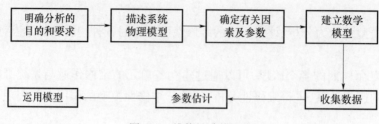

图 5.1　维修性建模程序

维修性建模具体过程如下。

(1)首先要明确建模目的和要求,说明模型用来解决什么问题。如:用于维修性分配或维修性预计,用于对维修时间的分析或对维修费用的分析等。

(2)要对重点型号的功能和维修职能进行描述,可以用框图的形式来说明。根据产品的类别和维修特点作必要的简化假设,抓住主要因素,抛弃次要因素,如外场维修只考虑 LRU 故障引起的维修。

(3)确定需要分析的维修性参数及与该参数有关的影响因素。如确定需要分析的维修性参数为 MTTR,则需要考虑故障检测、故障隔离、可更换性、调整性等因素的影响。

(4)利用适当的数学工具,建立维修性参数与各个变量、常量之间的关系。

(5)收集类似产品的数据,包括有关的可靠性数据、维修性数据和工程设计数据。

(6)根据收集的有关数据,用建立的模型进行参数估计,检验模型的合理性和适用性;经分析,可根据需要对收集的数据进行修正,同时对模型作必要的修改,使其进一步完善。

(7)如果模型检验的结果比较满意,则可投入应用,应用的方式可依据分析问题的性质而异。

5.2.2　维修性物理关系模型

维修性物理关系模型主要是采用维修职能流程图、系统功能层次框图等形式,标出各项维修活动之间的顺序或产品层次、部位,判明其相互影响,以便于分配、评估产品的维修性并及时采取纠正措施。

1. 维修职能流程图

维修职能是一个统称,首先是指组织实施装备维修的级别划分,其次是指在某一具体级别上实施维修的各项活动。由于在实施某一既定级别上的维修活动之前,还需要对各级别间的维修活动关系有一个整体的把握。所以,维修职能应包括维修级别的划分、各级别间的维修活动关系和维修过程三方面内容。

维修职能分析是指根据装备维修方案规定的维修级别划分,确定各维修级别的职能和维修工作流程。通常,以流程图的形式描述维修职能。维修职能流程图,也称维修流程图(maintenance flow diagram,MFD)是表示维修要点,并找出各项职能之间相互关系的一种流程图。对某一个维修级别来说,维修职能流程图应包括从产品进入维修时起,直到完成最后一项维修职能,使产品恢复到规定状态为止的全过程。对于某一个具体装备进行维修职能分析,一般包括以下事项。

(1)结合装备的维修体制与划分功能层次,明确各个功能层次可选择的全部维修级别。

(2)明确各个级别之间的维修活动关系。

(3)确定每一级别上的维修工作内容及先后顺序。

(4)以流程图的形式描述维修职能。

维修职能流程图通常会因维修体制、装备层次以及维修级别的不同而不同。绘制MFD采用的元素说明如图5.2所示。

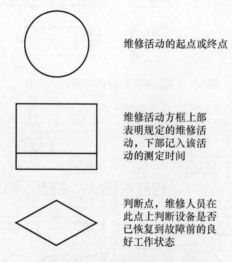

图 5.2 维修流程图元素说明

随着我军编制体制改革调整的推进,传统三级维修缩减为两级维修,只保留基地级和基层级两级维修机构,中继级修理机构已基本完成裁撤,所属人员、厂房、设备原则上全部移交就近的基地级修理机构,初步达到了压缩规模、减少维修层级、提升整体保障效益的改革目标。图5.3所示为某设备基地级维修的具体职能流程图。它标示出该设备从接收到返回基层级的一系列维修活动,包括准备活动、诊断活动和更换活动等。

2. 系统功能层次框图

系统功能层次图与维修职能流程图同属于维修性框图模型,是描述从系统到每一个底层次产品的功能层次关系,及其所需要的维修活动和措施的一种方法,进一步说明了维修职能流程图中有关装备和维修职能的细节。

系统功能层次的分解是按其结构自上而下进行的,一般从系统级开始,根据系统的功能分析和系统设计方案进行。分解的细化程度则可根据实际需要和设计的进度确定,通常分解到能进行故障定位、更换故障件、修复或调整的层次为止。分解时,应结合维修方案,在各个产品上标明与该层次有关的重要维修措施(如换件修理、参数调整等)。为简明起见,这些维修措施可用符号表示。某通信系统功能层次框图如图5.4所示。

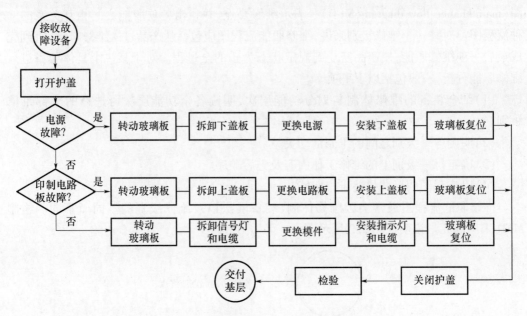

图 5.3 某设备基地级维修职能流程图

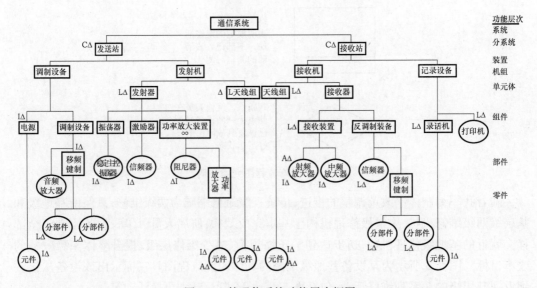

图 5.4 某通信系统功能层次框图

图中各符号的意义如下。

(1)圆圈"○":在该圈内的项目故障后采用换件修理,即为可更换单元。

(2)方框"□":框内的项目要继续向下分解。

(3)标有"L"的三角形:标明该项目不用辅助的保障设备即可故障定位。

(4)标有"I"的三角形:需要使用机内或辅助设备才能故障定位。

(5)标有"A"的三角形:标在方框旁边,表明换件前需调整或校正。标在圆圈旁边表明换件后需调整或校正。

(6)标有"C"的三角形:需要功能检测。

在进行系统功能层次框图绘制时,需要注意以下事项。

(1)在维修性分析中使用的功能层次框图要着重展示有关维修的要素,所以并不需要都分解到最低层次产品,而只需分解到可更换件并用圆圈表示、标示维修措施或要素。

(2)由于同一个系统在不同维修级别的维修安排(包括可更换件、检测隔离点及校正点设置等)不同,系统功能层次框图也会不同。应根据需要维修级别进行分析和绘制框图。

(3)产品层次划分和维修措施或要素的确定,是随着研制进程而不断细化、修正,包含维修的功能层次框图也要不断细化和修正。

5.2.3 维修性数学关系模型

维修性数学关系模型包括维修性量化模型、维修性统计模型与维修性仿真模型,常用在维修性分配和预计中进行维修性定量分析。

产品的维修时间是以某种统计分布的形式存在的不确定的量。在维修性分析中最常用的时间分布有正态分布、对数正态分布、指数分布。具体产品的维修时间分布应当根据实际维修中的统计数据,进行分布检验,在一定的置信度下,选择适用的分布。

1. 串行维修作业模型

串行维修作业是指由若干项维修作业组成的维修中,前项维修作业完成后,才能进行下一项维修作业。例如:故障检测、故障定位、获取备件、更换故障件、修复检测等维修活动就可以看作是串行维修作业,因为各项作业必须一环扣一环,不能同时进行也不能交叉进行。串行维修作业的表示方法如同系统可靠性计算中的串联框图一样,如图5.5所示。

图5.5 串行维修作业职能流程图

假设某次维修的时间为τ,完成该次维修需要n项基本的串行维修作业,每项基本的维修作业时间为τ_i,则

$$\tau = \sum_{i=1}^{n} \tau_i \tag{5.23}$$

如上所述,τ为随机变量,其分布函数$M(t)$可以通过以下方式获得。

(1)卷积计算。当已知各项维修作业时间的密度函数为$m_i(t)$时,有

$$M(t) = \int_0^t m(t)\,dt \tag{5.24}$$

式中:$m(t) = m_1(t) * m_2(t) * \cdots m_n(t)$,"$*$"为卷积符号。

当随机变量超过两个时,其卷积可分步计算。一般情况下,通过卷积计算,写出$m(t)$的解析式非常困难,可利用卷积数值计算软件。

(2)近似计算。若各项基本维修作业的时间分布未知,可按β分布处理。假设随机

变量 T 服从 β 分布,为了估算 τ 的均值常采用下列三点估计公式:

$$E(\tau_i) = \frac{a + 4m + b}{6} \tag{5.25}$$

式中:a 为最乐观估计值,它表示最理想情况下 τ_i 的值;b 为最保守估计值,它表示最不利情况下 τ_i 的值;m 为最大可能值,它表示正常情况下 τ_i 的最可能值。这些参数的取值由有关专家共同估计确定。

由于上述公式是一个统计结果,在应用前默认假设条件如下。

τ_i 服从 β 分布,则

$$P(\tau > b) = P(\tau < a) = 0.65$$

式中:β 分布在 m 处有单峰值。

τ_i 的方差为

$$\sigma_i^2 = \frac{1}{36}(b - a)^2 \tag{5.26}$$

当维修作业数足够大时,根据中心极限定理,独立同分布随机变量和的分布服从正态分布,则维修度为

$$M(t) = \Phi(u) \tag{5.27}$$

式中:$\Phi(u)$ 为标准正态分布函数(标准正态分布表见附表 1),u 可以表示为

$$u = \frac{t - \sum_{i=1}^{n} E(\tau_i)}{\sqrt{\sum_{i=1}^{n} \sigma_i^2}} \tag{5.28}$$

2. 并行维修作业模型

某次维修由若干项维修作业组成,若各项维修作业是同时展开的,则为并行维修作业。完成并行维修作业的时间等于并行作业中时间最长的时间。并行维修作业的表示方法如同系统可靠性计算中的并联框图一样。并行维修作业模型适用于某些预防性维修活动。

假设并行维修作业活动的时间为 τ,各基本维修作业时间为 τ_i(图 5.6),则

$$\tau = \max(\tau_1, \tau_2, \cdots, \tau_n) \tag{5.29}$$

$$M(t) = P(\tau \leq t) = P(\tau_1 \leq t, \tau_2 \leq t, \cdots, \tau_n \leq t) = \prod_{i=1}^{n} M_i(t) \tag{5.30}$$

式中:$M_i(t)$ 为第 i 项维修作业的维修度。

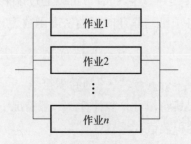

图 5.6 并行维修作业职能的流程图

3. 网络维修作业模型

网络维修作业模型的基本思想是采用网络计划技术的基本原理,把每一维修作业看作是网络图中的一道工序。首先按维修作业的组成方式,建立起完成维修的网络图;然后找出关键路线。完成关键路线上的所有工序的时间之和构成了该次维修的时间。

网络维修作业模型适用于装备大修时间分析,以及有交叉作业的预防性维修时间、排除故障维修时间分析等。

工程上,网络作业模型中的维修作业(工序)时间,可按 β 分布处理。用三点估计求出均值和方差;用工序时间均值求出关键路线。关键路线上的各维修作业按串行维修作业模式计算维修时间的分布。

例 5.2 某产品预防性维修活动的网络图如图 5.7 所示,试计算该任务在 20h 内完成的概率。若要求完成全部维修活动的概率为 0.95,则规定时间应为多少?

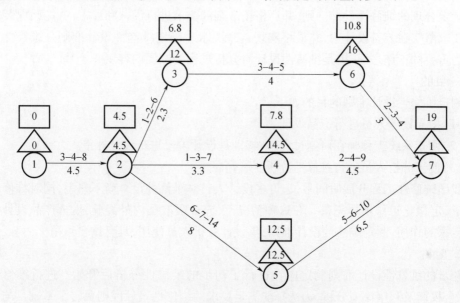

图 5.7 某产品预防性维修活动的网络图

(圆圈内的符号表示维修作业序号;各工序箭头上的数值 $a-m-b$ 分别代表三点估计中的数值;长方形内的数值表示最早可能开工时间;三角形内的数值表示最晚必须完工时间;关键路线用双箭头相连)

解:(1) 求出各工序的时间 $t(i,j)$ 标在箭杆下面;

(2) 找出关键路线,即工序 1—工序 2—工序 5—工序 7;

(3) 由式(5.25)和式(5.26),计算关键路径的均值和标准差,分别为 19 和 1.8;

(4) 计算 $t=20$ 时的 $M(t)$:

$$M(t) = \Phi\left(\frac{20-19}{1.8}\right) = 0.71$$

计算 $M(t) = 0.95$ 时的 t:

$$M(t) = \Phi\left(\frac{t-19}{1.8}\right) = 0.95$$

查标准正态分布表,得 $\frac{t-19}{1.8} = 1.65$,即 $t = 22h$。

5.3 维修性设计准则

维修性是产品的固有属性,单靠计算和分析是难以设计出维修性好的产品,需要根据设计和使用中的经验,拟制维修性设计准则,用以指导设计。

5.3.1 概述

维修性设计准则是为了将系统的维修性要求及使用和保障约束转化为具体的产品设计而确定的通用或专用设计准则。该准则的条款是设计人员在设计装备时应遵循和采纳的。确定合理的维修性设计准则,并严格按准则的要求进行设计和评审,就能确保装备维修性要求落实在装备设计中,并最终实现这一要求。确定维修性设计准则是维修性工程中极为重要的工作之一,也是维修性设计与分析过程的主要内容。

1. 目的

制定维修性设计准则的目的如下。

(1)指导设计人员进行产品设计。

(2)便于系统工程师在研制过程中,特别是设计阶段进行设计评审。

(3)便于分析人员进行维修性分析、预计。

我国维修性工程开展时间不长,许多设计人员对维修性设计尚不熟悉,同时维修性数据缺乏,定量化工作不尽完善。在这种情况下,充分吸取国内外经验,发挥产品设计与维修性专家的作用,制定维修性设计准则,供设计分析人员使用,具有重要作用。

2. 时机

初步的维修性设计准则制定应在进行了初步的维修性分析后开始。进行维修性分配、综合权衡及利用模型分析,为选择能满足要求的维修性设计准则奠定了基础。与研制过程中的其他工程活动一样,确定维修性设计准则也是一个不断反复、逐步完善的过程。初步设计评审时,承制方应向订购方提交一份将要采用的设计准则及其依据,以便获得认可。随着设计的进展,该准则不断改进和完善,并在详细设计评审时最终确定其内容及说明。

5.3.2 维修性设计准则制定和贯彻

1. 维修性设计准则制定的依据

制定维修性设计准则最基本的依据是产品的维修方案和维修性定性、定量要求。维修方案中描述了产品及其组成部分将于何时、何地以及如何进行维修,在完成维修任务时将需要什么资源。

制定具体产品的维修性设计准则的主要依据如下。

(1)适用的标准、设计手册,如 GJB 368B—2009《装备维修性工作通用要求》、GJB

312—1987《飞机维修品质规范》或美军的 DOD – HDBK – 791《维修性设计技术》等。

(2)类似产品的维修性设计准则和已有的维修与设计实践经验教训。

2. 维修性设计准则制定与控制

维修性设计准则制定和控制流程如图 5.8 所示。

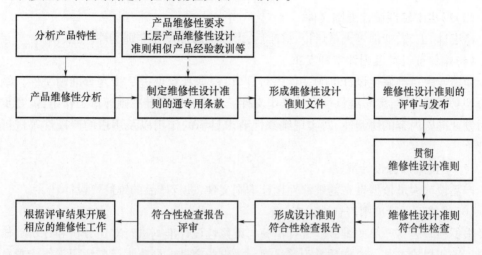

图 5.8 维修性设计准则制定和控制流程

维修性设计准则的具体过程如下。

(1)分析产品特性,开展维修性分析

分析产品层次、功能和结构特性,针对影响维修性的因素与问题开展分析,明确维修性设计准则覆盖的产品层次范围,以及产品对象组成类别。产品层次范围是指型号、系统、分系统、设备、部件等。不同层次的产品,由于其特性不同,在维修性设计准则上存在一定的差异;产品对象类别包括电子类产品、机械类产品、机电类产品、软件产品以及这些类别的各种组合等。不同类别产品的维修性详细设计准则是不同的。

不同层次的产品,其维修性设计准则的制定应由其承制单位负责,在遵循总体单位要求的前提下,各自结合自己产品的特点和研制要求,分头制定,同时要注意考虑与其他有接口关系的产品保持协调。在完成产品特性分析和相关维修性分析工作的基础上,制定初步的维修性设计准则。

(2)制定产品维修性设计准则的通用和专用条款

产品的维修性要求是制定维修性设计准则的重要依据,通过分析研制合同或任务书中规定的产品维修性要求,尤其是维修性定性要求,可以明确维修性设计准则的范围,避免重要维修性设计条款的遗漏。在制定配套产品的维修性设计准则时,应参照"上层产品维修性设计准则"的要求进行扩展。因此,可参照相关的标准、设计手册,如 GJB 2873—1997《军事装备和设施的人机工程设计准则》、GJB/Z 91—1997《维修性设计技术手册》、GJB/Z 72—1997《可靠性维修性评审指南》或美军的 DOD—HDBK—791《维修性设计技术》等。另外,类似产品的维修性设计准则和已有的维修性设计实践经验、教训也是制定设计准则的重要基础。

维修性设计准则中通用部分的条款对产品中各组成单元是普遍适用的;其专用部分

的条款是针对产品中各组成单元的具体情况制定的,只适用于特定的单元。在制定维修性设计准则通用和专用部分时,可以收集参考与维修性设计准则有关的标准、规范或手册,以及相关产品的维修性设计准则文件。其中,相似产品的各类维修性问题是归纳出专用条款的重要手段。

(3)形成维修性设计准则文件

经设计、工艺、管理等人员讨论、修改后,形成维修性设计准则文件(正式稿)。

(4)维修性设计准则评审和发布

邀请专家对维修性设计准则文件进行评审,根据其意见进一步完善准则文件。最后经过型号总师批准,发布维修性设计准则文件。在维修性设计准则评审工作中,需要重点针对设计准则内容的协调性、对实现维修性要求目标的作用以及用语的严谨性等进行分析评价。

(5)贯彻维修性设计准则

产品设计人员依据发布的维修性设计准则文件,进行产品的维修性设计。

(6)维修性设计准则符合性检查

根据核查表将产品的维修性设计措施与维修性设计准则进行对比分析和评价。核查表是一种用以检查某一事或物是否符合规定要求的文件。核查表已广泛用来作为对事或物进行检验、审查、鉴定、评价的一种有效工具。核查表的制定通常是以维修性的基本原则及过去设计中出现的维修方面的问题为基础。它是设计师的备忘录。有些问题非常简单和实际,但在设计中往往又最容易忽视。

标准审查表通常包括在设计部门的设计规范和公开出版的有关文件中,核查表也可用来作为设计评审的指南。

5.3.3 简化设计

简化设计主要包含两层含义:一是功能结构简化,即在满足功能和使用要求下,尽可能采用最简单的组成、结构或外形;二是维修程序简化,即简化使用和维修人员的工作步骤、环节,如维修程序简单明了、资源要求少等。

简化设计的一般准则如下。

(1)设计时要对产品功能进行分析权衡,合并相同或相似功能,消除不必要的功能,以简化产品和维修操作。

(2)设计时在满足规定功能要求的条件下,使其构造简单,尽可能减少产品层次和组成单元的数量,并简化零部件的形状。

(3)产品应尽量设计成简便而可靠的调整机构,以便排除因磨损或漂移等原因引起的常见故障;对易发生局部耗损的贵重件应设计成可调整或可拆卸的组合件,以便局部更换或修复;避免或减少相互牵连的反复调校。

(4)要合理安排各组成部分的位置,减少连接件、固定件,使其检测、换件等维修操作简便,尽可能做到在维修任一部分时,不拆卸、不移动其他部分,以降低对维修人员技能水平的要求和减少维修工作量。

5.3.4 可达性设计

可达性是指维修产品时,接近维修部位的难易程度。产品在维修时,能够"看得见、够得着"或者很容易"看得见,够得着"而不需要多少拆装、搬动,维修人员在正常姿态下就能操作,就是可达性好。可达性的好坏,还会产生不同的心理效应,维修人员总是自觉或不自觉地首先去做那些容易接近、操作方便的维修工作。对那些接近困难,操作费事的维修工作往往被推迟甚至忽略。因此,最大限度地提高可达性是维修性设计的重要目标。

对维修性的基本要求,就是维修时间尽可能短,可达性设计是从维修空间和布局着眼,来提高维修性的措施,从具体操作(拆卸、组装、调整)入手,使维修方便、快捷。

可达性设计的一般准则如下。

(1)统筹安排、合理布局。故障率高、维修空间需求大的部件尽量安排在系统的外部或容易接近的部位。

(2)产品各部分(特别是易损件和常用件)的拆装要简便,拆装零部件进出的路线最好是直线或平缓的曲线,不要使拆下的产品拐着弯或颠倒后再移出。

(3)为避免各部分维修时交叉作业与干扰(特别是机械、电气、液压系统中的相互交叉),可用专舱、专柜或其他适宜的形式布局。

(4)产品的检查点、测试点、检查窗、润滑点、添加口及燃油、液压、气动等系统的维修点,都应布局在便于接近的位置上。

(5)尽量做到检查或维修任一部分时,不拆卸、不移动或少拆卸、少移动其他部分。

(6)需要维修和拆装的机件,其周围要有足够的空间,以便进行测试或拆装。

(7)维修通道口或舱口的设计应使维修操作尽可能简便。

(8)维修时,一般能看见内部的操作,其通道除了能容纳维修人员的手臂外,还应留有适当的间隙以供观察。

(9)在不降低产品性能的条件下,可采用无遮盖的观察孔。

5.3.5 模块化、标准化和互换性设计

在维修性设计中,互换性是目的,模块化是基础,标准化是保证。

模块化是指产品设计为可单独分离的,具有相对独立功能的结构体,以便于供应、安装、使用、维护等。模块化设计是实现部件互换通用、快速更换修理的有效途径。

标准化是在满足要求的条件下,限制产品可行的变化到最小范围的设计特性。标准化包括元器件和零部件、工具的种类、型号和式样,以及术语、软件、材料工艺等。通过标准化,有利于生产、供应、维修。开展标准化工作,应从以往型号的经验与教训入手,针对一些数目较多的紧固件、连接件、扣盖、快卸锁扣等给出标准化要求。

互换性是指产品间在实体上(几何形状、尺寸)、功能上能够相互替换的设计特性。在维修性设计时考虑互换性,有利于简化维修作业和节约备件备品费用,提高维修性

水平。

模块化是通过有效的功能模块化设计,进而实现实体模块化,为部件互换和标准化提供基础。

模块化、标准化和互换性设计的一般准则如下。

(1)优先选用标准件,即最大限度地采用通用零部件,尽量减少需要的零部件品种;

(2)提高互换性和通用程度,具体做法如下。

① 在不同产品中最大限度地采用通用零部件,并尽量减少其品种。

② 设计产品时,必须使故障率高、容易损坏、关键性的零部件具有良好的互换性和必要的通用性。

③ 为避免危险状况,实体互换场合应具有功能互换;反之,功能不能互换的场合不应实体互换。

④ 功能互换的产品应避免实体上不同。

⑤ 完全互换不可行时,应功能互换,并提供适配器以便实体互换可能。

⑥ 安装孔和支架应能适应不同工厂生产的相同型号的成品件、附件,即全面互换。

⑦ 产品上功能相同且对称安装的部件、组件和零件,尽量设计成可以通用的。

⑧ 为避免潜在错误理解,应提供说明和标示牌,以便维修人员正确决定产品的实际互换能力。

⑨ 修改零部件设计时,不要任意更改安装的结构要素,以免破坏互换性而造成整个产品或系统不能配套。

⑩ 产品需作某些更改或改进时,要尽量做到新、老产品之间能互换使用。

⑪ 在系统中,零件、坚固件和连接件、管线和电缆等实行标准化。

(3)尽量使用模块化设计。产品应按照功能设计成若干个能够完全互换的模件(或模块),其数量应根据实际需要而定;模件从产品上卸下来以后,应便于单独进行测试;成本低的器件可制成弃件式的模件并加标志;模件的大小与质量一般应便于拆装、携带或搬运。

5.3.6 防差错设计和识别标志

许多使用或维修操作的差错都源于设计上的考虑不周。为了减少人为差错的发生,便于装备使用及维修,应进行防差错设计和设置识别标志。

1. 防差错设计

防差错设计就是从设计上入手,采取适当措施避免或防止维修作业发生差错。防差错设计的基本思路有:一是错不了,即设计上采取措施保证不可能执行错误操作,即"要么是一装就对,要么是不能装";二是不会错,即设计符合人的习惯和公认惯例,按习惯去操作不会出错,如"螺纹右旋为紧、左旋为松";三是不怕错,即设计时采取容错技术使某些差错不至于造成严重后果。

防差错设计的一般原则如下。

(1)对于维修、拆装中的关键步骤,要有防差错措施,以保证合理、正确的操作顺序。

例如,对于可能导致人员或产品损伤的错装、漏装、错按(开关、按钮)等误操作,可采用限位器、联锁开关、报警器等预防和告警;

(2)功能不同、位置相近、外形相似、容易安装错的零部件、组件、印制电路板等,从结构上加以区别和限制(如不同印制电路板加不同定位销),必要时增加明显标志,使之不能装错;

(3)经常拆装的连接器、口盖、紧固件等,应有必要的防差错措施。

① 电连接器。需要分清流向或零线、火线的电源插头插座,可采用不对称插脚(如一粗一细、一粗两细)、加定位销连接;多芯插头插座,宜采用梯形的外壳;不同电源或电压用途的插头插座采用不同尺寸、形状等。

② 液气接头。不同的接头应有明显差异;单向活门接头两端应用不同的直径,活门及油滤、流量调节器等有流向要求的装置应有明显的流向标志。

③ 加油口盖。必须设置表示口盖是否盖好的明显标志或听觉、触觉指示(如口盖拧到位时发出响声或对正缺口)。

④ 螺钉。相近位置需使用不同螺纹的螺钉时,应使其螺纹直径也不同;在同一个位置上必须防止因使用长度不同、螺纹相同的螺钉而损坏零部件。

(4)对称配置零部件的防差错措施为左、右(或上、下)及周围对称配置的零部件,应尽可能设计成能互换的;若功能上不互换,则应在结构、联接上采取措施,使之不会装错。

(5)贵重零部件与维修有关的物理性质,例如,能否进行焊接、加温、燃烧等,应在技术文件中说明,并尽量在零部件上作出标志;

(6)控制器(开关、调整器、操纵器等)设计中的防差错措施。

① 同类装备中,应把相同的控制柄(杆、钮等)设在同样位置。

② 对于易出错且出错有严重后果的控制器,设置在专门的盖、筒内,防止无意中碰着,同时提醒使用者注意,减少出错的机会。

③ 控制柄的动作方向与受控物或显示器方向一致,例如车辆上的驾驶盘(杆)左扳左转弯,右扳右转弯,已经形成人们头脑中的定势。

④ 在控制手柄的不连续位置上设置掣子或卡榫以防止使用、维修人员无意间触动控制器。

⑤ 互相靠近的控制柄(钮、键)要用不同的形状、尺寸、颜色等进行明显区别和标志,以免在忙乱中扳(按)错。

⑥ 多个控制柄(钮、键)的排列,最好与其一般正常使用程序相适应,以便于使用、维修人员序贯地操纵。

⑦ 对安全、任务起关键作用的控制器,应有防止程序错误执行的设计。

2. 识别标志

识别标志是为便于使用和维修而对装备表面及测试点所做的记号,可以是图形符号、告示牌、信号等标志,其内容通常是产品的名称、功能,使用与维修说明以及与该产品直接有关的注意事项或警告信息。

识别标志设计的一般原则如下。

(1)给出的全部标志要十分准确,不会产生不正确的理解。
(2)要向使用者提供有助于进行工作的有关信息。
(3)同类标志的位置在整个装备中要尽可能统一。
(4)标志要通俗易懂,尽量不要使用难以理解的词汇或模糊的语句。
(5)要尽量简短,避免使用标点符号。
(6)除非有特殊要求外,标志文字要尽量从左到右横排印刷。
(7)在必要时,可使用颜色、图形等方式对标志加以补充。
(8)标志汉字应采用长仿宋体,黑体字一般只用于那些要求强调的短句。
(9)标志要直接标在产品上,至少也应靠近产品的位置,务必避免与相邻产品标志相混淆。
(10)要保证标志的耐久牢固,其牢固程度与所标记部件的寿命相当,根据不同的需要选择适当的标记方法。

5.3.7 维修人素工程设计

维修中的人素工程是指考虑维修作业过程中,从人的生理、心理因素的限制来考虑产品应如何开展设计,使得维修工作能够在人的正常生理心理约束下完成。主要包括以下三类因素。
(1)人体测量,如身高、体重等,这类因素与可达性、维修安全性相关联。
(2)生理要求,如力量、视力等,这类因素与可达性、维修安全性、防差错等相关联。
(3)心理要求,如错误、感知力等,这类因素与维修安全性、防差错等相关联。
维修人素工程设计的一般准则如下。
(1)设计产品时要考虑使用和维修时,人员所处的位置与使用状态,并根据人体的度量,提供适当的操作空间,使维修人员有个比较合理的状态。
(2)噪声不允许超过规定标准。
(3)对维修部位应提供适度的自然或人工照明条件。
(4)要采取积极措施,减少震动,避免维修人员在超过标准规定的震动条件下工作。
(5)设计时,要考虑维修操作中举起、推拉、提起及转动时人的体力限度。
(6)使维修人员的工作负荷和难度适当。
(7)要满足人的特性与能力,即设计应保证90%使用者人群可以操作和维修,而极限尺度应设计为保证5%和95%的人群水准。

5.4 维修性分配

维修性分配是系统进行维修性设计时要做的一项重要工作,根据提出的产品维修性指标,按需要把它分配到各层次及其各功能部分,作为它们各自的维修性指标,使设计人员在设计时明确必须满足的维修性要求。

5.4.1 维修性分配的目的与时机

1. 目的

将产品的维修性指标分配到各层次各部分,根本目的在于明确各部分的维修性指标,为系统研制单位提供对承制方和供应方进行管理的依据和手段,通过设计实现这些指标,保证产品最终符合规定的维修性要求。其具体的目的如下。

(1)为系统或装备的各部分(各个低层次产品)研制者提供维修性设计指标,以保证系统或装备最终符合规定的维修性要求。

(2)通过维修性分配,明确各承制方或供应方的产品维修性指标,以便于系统承制方对其进行实施管理。

2. 时机

产品的维修性分配应尽早开始。这是因为它是各层次产品进行维修性设计的依据。只有尽早分配,才能充分地权衡、更改和向下层分配。

维修性分配实际上是逐步深入的。早在产品论证中就需要进行分配,当然这时的分配是属于系统级的、高层的。例如,一个产品在论证时只是将整个系统的指标,分配到各个分系统和重要的设备。在设计阶段,由于产品设计与可靠性等信息有限,维修性指标的分配也仅限于较高产品层次,如某些整机更换的设备、机组、部件。无论如何,各单元的维修性要求要在详细设计之前加以确定,以便在设计中考虑其结构与连接等影响维修性的设计特征。

总之,维修性分配应该在产品的论证阶段就开始进行,并随着产品研制工作的深入而逐步深化,在必要的时候做适当的修正。在生产阶段遇有设计更改,或者在产品的改型、改进中都要修正或进行维修性局部分配。

5.4.2 维修性分配的原则

维修性分配只有具备了一定条件才能进行。首先要有明确的定量维修性要求;然后,要对产品进行功能分析,确定系统功能结构层次划分和维修方案;最后,产品要完成可靠性分配或预计。进行维修性分配时,应遵循以下原则。

(1)维修级别。维修性指标是按哪一个维修级别规定的,就应按该级别的条件及完成的工作分配指标。

(2)维修类别。指标要区别清楚是修复性维修、还是预防性维修,或者二者的组合,相应的时间或工时与维修频率不得混淆。

(3)产品功能层次。维修性分配要将指标自上而下一直分配到需要进行更换或修理的低层次产品,直至不再分解的可更换单元为止。要按产品功能与结构关系,根据维修需要划分产品。

(4)维修活动。每一次维修都要按一定顺序完成一项或多项维修作业,而一次维修的时间则由相应的若干时间元素组成。对维修活动的了解,可为合理地分配和分析提供依据。维修活动通常可分为7项,即准备、诊断、更换、调整校准、保养、检验、原件修复。

(5)维修性分配中要注意维修环境对故障频率和维修性参数的影响,对不同的产品、不同的环境应引入不同的环境因子来考虑。在考虑向下进行维修性分配时,应根据产品具体的结构情况,留有适当的余量。

(6)对于新的设计,分配应以涉及的每个功能层次上各部分的相对复杂性为基础,故障率较高的部分一般分配较高的维修性,即维修时间参数要小。

(7)若设计是从过去的设计演变而来或有相似的系统或设备,则分配应以过去的经验或相似产品的数据为基础。

对不同的产品,不同的维修级别及维修类型,一次维修包含的活动不相同,在分析、计算时间应分别考虑。

5.4.3 维修性分配的方法

首先要明确维修性分配的指标应是关系全局的系统维修性的主要指标,并在研制合同或任务书中规定的。常见的维修性分配指标是平均修复时间、平均预防修维修时间、维修工时率。对于具体的维修性分配工作,应按照任务书要求,针对具体参数指标做分配,并注意维修性分配的指标是与维修级别相关的。

进行维修性分配时,应优先采用 GJB/Z 57—1994《维修性分配与预计手册》所推荐的维修性分配方法,包括等分配法、按故障率分配法、相似产品分配法、按故障率和设计特性的加权因子分配法和按可用度和单元复杂度的加权因子分配法,具体方法的适用范围和说明见表5.2。

表5.2 维修性分配的常用方法

方法	适用范围	简要说明
等分配法	各单元复杂程度、故障率相近的系统;缺少可靠性维修性信息时做初步分配	取各单元维修性指标相等
按故障率分配法	已有可靠性分配值或预计值	按故障率高的维修时间应当短的原则分配
按故障率和设计特性的综合加权分配法	已知单元可靠性值及有关设计方案	按故障率及预计维修的难易程度加权分配
相似产品分配法	有相似产品维修性数据的情况	利用相似产品数据,通过比例关系分配
按可用度和单元复杂度的加权因子分配法	有故障率值并要保证可用度的情况	按单元越复杂可用度越低的原则分配可用度,再计算维修性指标

1. 按故障率分配法

按故障率分配法的分配原则是单元的故障率越高,分配的维修时间就越短;反之则长。按故障率分配法进行维修性分配步骤如下。

(1)确定第 i 种单元的数量 Q_i。

(2)确定单个单元的故障率 λ_{ss}。

(3)确定第 i 种单元的总故障率 λ_i,即第 i 种单元的数量 Q_i 与其单个单元故障率 λ_{ss} 的乘积,$\lambda_i = Q_i \lambda_{ss}$。

(4)确定每种单元的故障率对总故障率影响的百分数,即确定每种分系统的故障率

加权因子 W_i,即

$$W_i = \frac{\lambda_i}{\sum\limits_{i=1}^{n} \lambda_i} \tag{5.31}$$

式中:λ_i 为单元 i 的故障率;n 为单元种类数。

(5)根据式(5.17),可知产品与其组成单元的平均修复时间关系式,进而计算各单元的平均修复时间 T_{ct},即

$$T_{cti} = \frac{T_{ct} \sum \lambda_i}{n \lambda_i} = \frac{T_{ct}}{n W_i} \tag{5.32}$$

例5.3 某串联系统由 5 个单元组成,要求其系统平均维修时间 $T_m = 40\min$,预计各单元的元件数和故障率见表 5.3,试确定各单元的平均修复时间指标。

表5.3 各单元的元件数和故障率

单元号	1	2	3	4	5	总计
元件数	400	500	500	300	600	2300
故障率 $\lambda/(1/h)$	0.01	0.005	0.01	0.02	0.005	0.05

解: 根据各种单元的数量 Q_i,单个单元 i 的故障率 λ_{ss},见表 5-3。

确定各种单元的总故障 $\lambda_i = Q_i \lambda_{ss}$,可得

$$\begin{cases} \lambda_1 = 400 \times 0.01 = 4(1/h) \\ \lambda_2 = 500 \times 0.005 = 2.5(1/h) \\ \lambda_3 = 500 \times 0.01 = 5(1/h) \\ \lambda_4 = 300 \times 0.02 = 6(1/h) \\ \lambda_5 = 600 \times 0.005 = 3(1/h) \end{cases}$$

确定每种单元的故障率加权因子 W_i,即

$$\begin{cases} W_1 = \dfrac{\lambda_1}{\sum\limits_{i=1}^{n} \lambda_i} = \dfrac{4}{4+2.5+5+6+3} = \dfrac{8}{41} \\[2mm] W_2 = \dfrac{\lambda_2}{\sum\limits_{i=1}^{n} \lambda_i} = \dfrac{2.5}{4+2.5+5+6+3} = \dfrac{5}{41} \\[2mm] W_3 = \dfrac{\lambda_3}{\sum\limits_{i=1}^{n} \lambda_i} = \dfrac{5}{4+2.5+5+6+3} = \dfrac{10}{41} \\[2mm] W_4 = \dfrac{\lambda_4}{\sum\limits_{i=1}^{n} \lambda_i} = \dfrac{6}{4+2.5+5+6+3} = \dfrac{12}{41} \\[2mm] W_5 = \dfrac{\lambda_5}{\sum\limits_{i=1}^{n} \lambda_i} = \dfrac{3}{4+2.5+5+6+3} = \dfrac{6}{41} \end{cases}$$

计算各单元的平均修复时间 T_{ct},即

$$\begin{cases} T_{ct1} = \dfrac{T_{ct}}{nW_1} = \dfrac{40 \times 41}{5 \times 8} = 41(\min) \\ T_{ct2} = \dfrac{T_{ct}}{nW_2} = \dfrac{40 \times 41}{5 \times 5} = 65.5(\min) \\ T_{ct3} = \dfrac{T_{ct}}{nW_3} = \dfrac{40 \times 41}{5 \times 10} = 32.5(\min) \\ T_{ct4} = \dfrac{T_{ct}}{nW_4} = \dfrac{40 \times 41}{5 \times 12} = 27.3(\min) \\ T_{ct5} = \dfrac{T_{ct}}{nW_5} = \dfrac{40 \times 41}{5 \times 6} = 54.7(\min) \end{cases}$$

需要注意的是仅依据故障率分配的维修性参数 $\{T_{cti}\}$,虽然合理但未必可行。例如,某个或某几个 T_{cti} 可能太小,就要考虑技术上是否能实现,如果在技术上难以实现或者要花费很大代价(包括经济上、时间上和人力上)就应进行调整。此时,应根据初步设想的结构方案,考虑各种影响维修时间或工时的维修性定性特点(如复杂程度、可达性、可调性、更换的难易程度、测试性等)综合权衡予以确定。

对于平均预防性维修时间 T_{pt} 的分配,将故障率换成预防性维修频率,其他与 T_{ct} 的分配步骤一样。

对于某些改进改型的系统,并不是系统中所有的单元都需要进行重新设计,有些单元沿用原来系统。对于这种情况需要单独考虑。设系统由 n 种分系统组成,其中 L 种是不需要进行改进设计的分系统,$(n-L)$ 种是需要进行新设计的分系统,新设计的分系统的维修性分配由下式决定:

$$T_{ctj} = \frac{T_{cts}\sum_{i=1}^{n}Q_i\lambda_i - \sum_{i=1}^{L}Q_i\lambda_i T_{ct_i}}{(n-L)Q_j\lambda_j} \quad (j = L+1,\cdots,n) \tag{5.33}$$

式中:T_{ctj} 为新设计的第 j 分系统的平均修复时间;T_{cts} 为系统要求的平均修复时间;T_{cti} 为第 i 分系统的平均修复时间;Q_i 为第 i 分系统的数量;λ_i 为第 i 分系统的故障率;Q_j 为第 j 分系统的数量;λ_j 为第 j 分系统的故障率(具体的分配方法如前面所述)。

2. 按故障率和设计特性的加权因子分配法

按故障率和设计特性的加权因子分配法,是将分配时考虑的因素(复杂性、测试性、可达性、可更换性、可调整性、维修环境等)转化为加权因子,按照设计特性的加权因子进行分配。具体步骤如下。

(1)分析产品的类型和产品的设计特性(包括复杂性、故障检测与隔离技术、可达性、可更换性、可调整性、维修环境等方面),根据各方面的特性确定产品各组成单元的各项加权因子 k_{ij},并根据下式确定各单元的各项加权因子之和,即

$$k_i = \sum_{j=1}^{m} k_{ij} \tag{5.34}$$

式中:k_{ij} 为第 i 单元、第 j 种因素的加权因子。

(2)确定产品各单元的故障率 λ_i。

(3)计算产品各单元加权因子平均值 $\bar{k}$,即

$$\bar{k} = \frac{\sum_{i=1}^{n} k_i}{n} \tag{5.35}$$

(4)计算产品各单元故障率平均值 $\bar{\lambda}$,即

$$\bar{\lambda} = \frac{\sum_{i=1}^{n} \lambda_i}{n} \tag{5.36}$$

(5)计算单元 i 修复时间加权系数 β_i,即

$$\beta_i = \frac{\bar{\lambda} k_i}{\lambda_i \bar{k}} \tag{5.37}$$

(6)计算单元 i 的平均修复时间,即

$$T_{cti} = \beta_i T_{ct} \tag{5.38}$$

例 5.4 某串联系统由三个单元组成,要求系统平均修复时间为 0.5h,据此对各单元进行分配,各单元设计方案和故障率情况见表 5.4。

表 5.4 某系统各单元设计方案和故障率

单元	测试性	可达性	可更换性	可调整性	$\lambda_i/(1/h)$
1	人工检测	有遮盖、螺钉固定	卡扣固定	需微调	0.01
2	自动检测	能快速拆卸遮挡	插接	需微调	0.02
3	半自动检测	有遮盖、螺钉固定	螺钉固定	需微调	0.06

各单元各项加权因子 k_{ij} 见表 5.5,则

$$k_1 = 5+4+2+3 = 14, k_2 = 1+2+1+3 = 7, k_3 = 3+4+4+1 = 12$$

确定该系统各单元的故障率 λ_i 见表 5.3。

表 5.5 各单元各项加权因子值

单元	测试性	可定性	可更换性	可调整性
1	5	4	2	3
2	1	2	1	3
3	3	4	4	1

计算该系统各单元加权因子平均值 $\bar{k}$,即

$$\bar{k} = \frac{1}{3}(k_1 + k_2 + k_3) = 11$$

计算该系统各单元故障率平均值 $\bar{\lambda}$,即

$$\bar{\lambda} = \frac{1}{3}(\lambda_1 + \lambda_2 + \lambda_3) = 0.03$$

计算单元 i 修复时间加权系数 β_i,即

$$\beta_1 = \frac{14 \times 0.03}{11 \times 0.01} \approx 3.82, \beta_2 = \frac{7 \times 0.03}{11 \times 0.02} \approx 0.95, \beta_3 = \frac{12 \times 0.03}{11 \times 0.06} \approx 0.54$$

计算单元 i 的平均修复时间,即

$$\begin{cases} 单元1: T_{ct1} = \beta_1 T_{ct} = 3.82 \times 0.5 = 1.91(h) \\ 单元2: T_{ct2} = \beta_2 T_{ct} = 0.95 \times 0.5 = 0.48(h) \\ 单元3: T_{ct3} = \beta_3 T_{ct} = 0.54 \times 0.5 = 0.27(h) \end{cases}$$

需要注意的是使用该方法进行分配时,注意分配对象的类型(机械、电子、机电等),并清楚该对象的维修性设计特性。该方法中的这些加权因子,实际上是从各因素对单元维修性指标的影响来考虑的。

对于 T_{pt} 的分配,将故障率换成预防性维修频率,其他与 T_{ct} 的分配步骤一样。

3. 相似产品分配法

相似产品分配法借用已有的相似产品维修性状况提供的信息,作为新研制或改进产品维修性分配的依据。具体步骤如下。

(1)确定合适的相似产品;
(2)确定相似产品的平均修复时间;
(3)确定相似产品中的第 i 个单元的平均修复时间。

按式(5.39)计算需要分配产品的第 i 个单元的平均修复时间,即

$$T_{ct_i} = \frac{T'_{ct_i}}{T'_{ct}} T_{ct} \tag{5.39}$$

式中: T'_{ct} 为相似产品已知的或预计的平均修复时间; T'_{ct_i} 为相似产品已知的或预计的第 i 个单元的平均修复时间。

例 5.5　某定时系统组成及各单元数据如图 5.9 所示,要求对其进行改进,使平均修复时间控制在 60min 以内,试分配各单元的平均修复时间。其中,故障率的单位是万时率(每 10^4h 的故障数)。

解: (1)确定合适的相似产品。由于该系统是对原有系统进行改进,因此相似产品即是原有定时系统。

(2)找到相似产品的平均修复时间。计算原有定时系统的平均修复时间为

$$T'_{ct_i} = \frac{\sum_{i=1}^{n} \lambda_i T'_{ct_i}}{\sum_{i=1}^{n} \lambda_i}$$

$$= \frac{2 \times 30 \times 68 + 2 \times 48.01 \times 120 + 2 \times 51.1 \times 58 + \times 72.04 \times 52 + 6.85 \times 42 + 23.29 \times 60}{2 \times 30 + 2 \times 48.01 + 2 \times 51.1 + 72.04 + 6.85 + 23.29}$$

$$= 74.7(min)$$

(3)找到相似产品中的第 i 个单元的平均修复时间,如图 5.9 所示。

(4)按式(5.39)计算需要分配产品的第 i 个单元的平均修复时间,即

$$T_{ct_1} = \frac{T'_{ct_1}}{T'_{ct}} T_{ct} = \frac{68}{74.7} \times 60 = 54.6(min), \quad T_{ct_2} = \frac{T'_{ct_2}}{T'_{ct}} T_{ct} = \frac{120}{74.7} \times 60 = 96(min)$$

$$T_{ct_3} = \frac{T'_{ct_3}}{T'_{ct}} T_{ct} = \frac{58}{74.7} \times 60 = 46(min), \quad T_{ct_4} = \frac{T'_{ct_4}}{T'_{ct}} T_{ct} = \frac{52}{74.7} \times 60 = 41(min)$$

$$T_{ct_5} = \frac{T'_{ct_5}}{T'_{ct}} T_{ct} = \frac{42}{74.7} \times 60 = 33 \,(\min), \; T_{ct_6} = \frac{T'_{ct_6}}{T'_{ct}} T_{ct} = \frac{60}{74.7} \times 60 = 48 \,(\min)$$

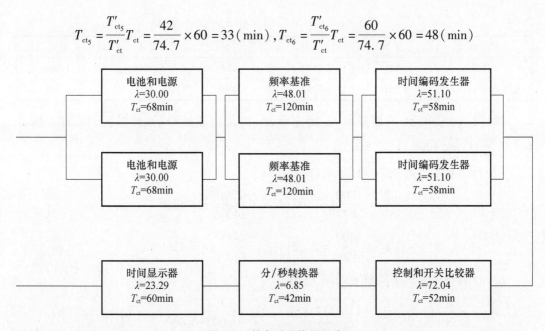

图 5.9　某定时系统的组成

相似产品分配法只适用于有相似产品维修性数据的新研产品的分配和改进改型产品的再分配。对于 T_{pt} 的分配，将平均修复时间换成某项预防性维修平均时间，其他与 T_{ct} 的分配步骤一样。

4. 按固有可用度和单元复杂度的加权因子分配法

工程实践中常需要考虑单元的复杂度，并需要保证系统的固有可用度。按固有可用度和单元复杂度的加权因子分配方法能够满足这一要求，并按"单元越复杂、固有可用度越低"的原则进行分配。具体步骤如下。

(1) 确定单元 i 的故障率 λ_i。

(2) 确定单元 i 的元件数量 Q_i。

(3) 确定系统的元件总数量 $Q_S = \sum_{i=1}^{n} Q_i$。

(4) 计算单元 i 的复杂度因子 k_i，即

$$k_i = \frac{Q_i}{Q_S} = \frac{Q_i}{\sum_{i=1}^{n} Q_i} \tag{5.40}$$

式中：Q_i 为单元 i 的元件数；Q_S 为系统的元件数；n 为单元种类数。

(5) 计算单元 i 的平均修复时间 T_{cti}，即

$$T_{cti} = \frac{1}{\lambda_i}(A_S^{-k_i} - 1) \tag{5.41}$$

式中：λ_i 为单元 i 的故障率；A_S 为产品的可用度要求值；k_i 为单元 i 的复杂性因子。

例 5.6　某串联系统由四个单元组成，要求其系统可用度 $A_S = 0.95$，预计各单元的元件数和故障率见表 5.6，试确定各个单元的平均修复时间指标。

表 5.6 各个单元的元件数与故障率

单元号	1	2	3	4	总计
元件数	1000	2500	4500	6000	14000
故障率 $\lambda/(1/h)$	0.001	0.005	0.01	0.02	0.036

解：(1)确定单元 i 的故障率 λ_i，确定单元 i 的元件数量 Q_i，确定系统的元件总数量 $Q_S = \sum Q_i = 14000$，见表 5.6。

(2)计算各单元的复杂度因子 k_i，即

$$k_1 = \frac{1000}{14000} = 0.0714, k_2 = \frac{2500}{14000} = 0.1786$$

$$k_3 = \frac{4500}{14000} = 0.3214, k_4 = \frac{6000}{14000} = 0.4286$$

(3)计算各单元的平均修复时间 T_{ct_i}，即

$$T_{ct_1} = \frac{1}{0.001}\left(\frac{1}{0.95^{0.0714}} - 1\right) = 3.714(h), T_{ct_2} = \frac{1}{0.005}\left(\frac{1}{0.95^{0.1786}} - 1\right) = 1.837(h)$$

$$T_{ct_3} = \frac{1}{0.01}\left(\frac{1}{0.95^{0.3214}} - 1\right) = 1.667(h), T_{ct_4} = \frac{1}{0.02}\left(\frac{1}{0.95^{0.4286}} - 1\right) = 1.11(h)$$

影响单元复杂度的因素有很多，但在工程中一般可简化为单元的元件数与系统的总元件数之比。

5.4.4 维修性分配的实施要点

整个系统的维修性通常由总设计师单位负责进行分配，他们应保证与各承制方、转承制方共同实现合同规定的系统维修性要求。每一设备或较低层次产品的承制方负责将其承担的指标或要求分配给更低的层次，直至各个可更换单元。为保证系统维修性指标科学合理地分配到各部分，需要注意以下事项。

1)分配与预计结合

为使维修性分配结果合理、可行，应当在分配过程中对各分配指标的产品维修性做预计，以便采取必要的措施。在分配的同时进行维修性预计，当然可以应用或局部应用维修性预计的方法。但由于设计方案未定，难以完成正规的预计，主要用一些简单粗略的方法。可以利用相似产品的数据，包括：在其他装备采用的同类或相似产品的数据；从相似产品得到的经验，如各产品维修时间或各维修活动时间的比例；根据设计人员、维修人员凭经验估计维修时间或工时。

2)分配结果的评审与权衡

维修性分配的结果是研制中维修性评审的重要内容，特别是在系统要求评审、系统设计评审中，更应评审维修性分配结果。

对维修性分配的结果要进行权衡。当某个或某些产品的维修性指标估计值比分配值相差甚远时，要考虑是否合适，是否需要调整，或者作为关键性的部分进行研究，还要考虑

研制周期与费用,以及对保障资源的要求等。

对于电子产品以及其他复杂产品,故障检测与隔离时间往往要占用时间很多,而且获取其手段所消耗的费用及资源也占很大一部分。要把测试性的分配同维修性指标分配结合在一起并进行权衡。分配给某个产品维修时间时,首先要考虑其故障检测时间、故障隔离时间、可能采取的手段,以及故障检测率、故障隔离率等指标。

5.5 维修性预计

维修性预计是研制过程中主要的维修性活动之一,是以历史经验和相似产品的数据为基础,为估计、测算新产品在给定工作条件下的维修性参数,以便了解设计满足维修性要求的程度。

5.5.1 维修性预计的目的与时机

1. 目的

在产品研制和改进过程中进行了维修性设计,但能否达到规定的要求,是否需要进行进一步的改进,这就要开展维修性预计。所以,预计的目的是预先估计产品的维修性参数,了解其是否满足规定的维修性指标,以便对维修性工作实施监控,其具体目的如下。

(1)预计装备设计或者设计方案可能达到的维修性水平,了解其是否能达到规定的指标,以做出研制决策(选择设计方案或转阶段)。及时发现维修性设计及保障方面的缺陷,作为更改装备设计或保障安排的依据;当研制过程更改设计或保障要素时,估计其对维修性的影响,以便采取适当对策。

(2)维修性预计的结果常常作为维修性设计评审的一种依据。维修性预计是研制与改进产品过程必不可少且费效比较好的维修性工作。维修性预计作为一种分析工作,不能取代维修性的试验验证。但是,预计可以在试验之前、产品制造之前、乃至详细设计完成之前,对产品可能达到的维修性水平做出估计。尽管这种估计不是验证的依据,却可以避免设计的盲目性,防止完成设计、制成样品试验时才发现不能满足要求,无法或难于纠正。

2. 时机

研制过程的维修性预计要尽早开始、逐步深入、适时修正。

在方案论证及确认阶段,就要对满足要求的系统方案进行维修性预计,评估这些方案满足维修性要求的程度,作为选择方案的重要依据。在这个阶段可供利用的数据有限,不确定因素较多,主要是利用相似产品的数据,预计比较粗略,但作用却不可忽视。如果此时不进行维修性预计,选择了难以满足维修性指标的系统方案,工程研制阶段就会遇到种种困难,乃至不能满足要求,而不得不返工。

在工程研制阶段,需要针对已做出的设计进行维修性预计,确定系统的维修性参数值,并做出是否符合要求的估计。此时由于比方案阶段有更多的系统信息,预计会更加精确。随着设计的深入,有了装备详细的功能方框图和装配方案,原来初步设计中的那些假设或工程人员的判断,已由图纸上的具体设计所替代,就可以进行更为详细而准确的预计。

在研制过程中,设计更改时要做出预计,以评估其是否会对维修性产生不利影响及其程度。

如果没有现成的维修性预计结果,在维修性试验前应进行预计。一般地说,预计不通过时不宜转入试验。

5.5.2 维修性预计的原则

维修性预计只有具备了一定条件才能进行。首先,要有相似产品的数据,包含产品的结构和维修性参数值;其次,要明确维修方案、维修资源(包括人员、物质资源)等约束条件,然后,要有系统各产品的故障率数据,可以是预计值或实际值;最后,还要掌握系统维修工作的流程、时间元素及顺序等。

进行维修性预计时,应遵循以下原则。

(1)维修性预计应重点考虑在基层级维修的产品层次,对于在基地级进行维修的产品,可适当减少在维修性预计工作方面的投入,但应充分考虑战场抢修可能要求部分基地级维修工作在战场完成。

(2)维修性预计时应妥善处理不同产品之间的接口关系,既要避免重复预计,也要避免遗漏。

(3)维修性参数及其指标要区别清楚是修复性维修、还是预防性维修,或者两者的组合,相应的时间或工时与维修频率不得混淆。

(4)维修性预计一般按照产品结构层次划分逐层展开,维修性预计的层次通常应与维修性分配的层次保持一致。

(5)充分重视并参考相似产品的维修性数据。

(6)维修性预计过程中,充分重视工程经验的利用,以降低预计的误差。

5.5.3 维修性预计的方法

首先要明确维修性预计的指标应是关系全局的系统维修性主要指标,并在研制合同或任务书中规定的。常见的维修性预计指标是平均修复时间、平均预防修维修时间、维修工时率和最大修复时间。

维修性预计的参数通常是系统或设备级的,以便与合同规定和使用需求相比较。而要预计出系统或设备的维修性参数,必须先求得其组成单元的维修时间或工时及维修频率。在此基础上,运用累加、加权和等模型,求得系统或设备的维修时间或工时的均值、最大值。所以,根据产品设计特征,估计各单元的维修时间及频率是预计工作的基础。

进行维修性预计时应优先采用 GJB/Z 57—1994《维修性分配与预计手册》所推荐的维修性预计方法,包括:概率模拟预计法、功能层次预计法、抽样评分预计法、运行功能预计法、时间累积预计法、单元对比预计法,具体方法的适用范围和说明见表5.7。

表5.7 维修性预计的常用方法

方法	适用范围	简要说明
概率模拟预计法	各种系统与其设备维修时间预计	通过基本维修作业分布估计,逐步计算,累加求得系统停机时间分布数值
功能层次预计法	各种电子设备的维修值预计,也可用于其他设备的维修性预计	有两种方法:一种用于预计修复性维修,根据维修活动及产品层次查表确定修复时间;另一种可用于计算修复性及预防性维修时间,没有给出具体的数据
抽样评分预计法	地面电子系统和设备平均修复时间及最大修复时间预计	利用随机抽样原理,结合以经验数据为基础的专用核对表评分和估算维修时间
运行功能预计法	各种系统与其设备维修时间的预计	将修复性维修与预防性维修结合在一起,把任务过程分为若干运行功能,利用所建立的模型计算维修时间
单元对比预计法	各种产品方案阶段的早期预计	以某个维修时间已知的或能够估测的单元为基准,通过对比确定其他单元的维修时间,再按维修频率求均值,得到修复性或预防性维修时间
时间累积预计法	各种电子设备在各级维修的维修性参数预计,也可用于任何使用环境的其他各种设备的维修性预计	给出了较多的维修作业时间数据,按其规定程序,由基本维修作业逐步计算,累加求修复时间、工时等维修性参数值

1. 单元对比预计法

针对产品在研制过程中都有一定的继承性,在组成新设计的系统或设备的单元中,总会有些是使用过的产品。因此,单元对比预计法是假定系统中已知一个单元的维修时间和维修频率,并可将其作为基准单元,从研制的系统或设备中可找到一个可知其维修时间的单元,通过与该基准单元就维修难度、维修频率进行比较,进而确定系统或设备自身的维修时间和维修频率,并据此对系统维修性做出预计。

单元对比预计法不需要更多的具体设计信息,适用于各类产品方案阶段的早期预计。它既可预计修复性维修参数,又可预计预防性维修参数。预计的基本参数是平均修复时间 T_{ct}、平均预防性维修时间 T_{pt} 和平均维修时间 T_m。

预计需要的资料有:①在规定维修级别可单独拆卸的LRU的清单;②各个可更换单元的相对复杂程度;③各个可更换单元各项维修作业时间的相对量值;④各个预防性维修单元的维修频率相对量值。②~④条中需要的是相对值,而不一定要每个项目的绝对值。

单元对比预计法的实施步骤如下。

(1)明确预计参数。单元对比法通常用于预计平均修复时间 T_{ct}、平均预防性维修时间 T_{pt},平均维修时间 T_m 等。

(2)确定产品的可更换单元。以规定的维修级别为准,根据产品设计方案和实施可能,划分并确定产品各个可更换单元。

(3)选择基准单元。基准单元的选择原则,一是要能够估计其平均维修时间;二是要使它与其他单元在复杂性、维修性等方面有明确的可比性,以便于确定各项系数。对于修复性维修和预防性维修的基准单元,可以是同一个基准单元,也可以根据需要分别选择不同的基准单元。

(4)确定各项系数。

① 计算相对故障率系数。第 i 个可更换单元的相对故障率系数为

$$k_i = \frac{\lambda_i}{\lambda_0} \tag{5.42}$$

式中:λ_i 为第 i 个可更换单元的相对故障率。

实际预计中,k_i 并不一定通过 λ_i 和 λ_0 的量值计算,可以根据产品设计特性直接估算。

② 计算相对修复时间系数。若将修复性维修分解为故障定位、隔离、分解、更换、组装、调准、检验等活动,则相对时间系数为

$$h_i = h_{i1} + h_{i2} + h_{i3} + h_{i4} + h_{i5} + h_{i6} + h_{i7} \tag{5.43}$$

式中:h_{ij} 由第 i 个可更换单元第 j 项维修活动时间 t_{ij} 与基准单元相应维修活动时间 t_{0j} 的比值确定,即

$$h_{ij} = h_{0i} \frac{t_{ij}}{t_{0j}} \tag{5.44}$$

同样,该系数也可根据设计方案直接估算确定。此外,修复性维修活动的分解也可根据实际情况进行相应的调整。

③ 计算相对预防性维修频率系数。相对频率系数 l_i 是指第 i 个预防性维修单元的预防性维修频率 f_i 与基准单元预防性维修频率 f_0 的比值,即

$$l_i = \frac{f_i}{f_0} \tag{5.45}$$

对修复性维修的基准单元,令其 $k_0 = 1$,$h_{01} + h_{02} + h_{03} + h_{04} = 1$,$h_{0j}$ 的数值根据四项活动时间所占的比例确定。其他各可更换单元按相对于基准单元的倍比关系确定各项系数。对于预防性维修基准单元,令其 $l_0 = 1$,其他与修复性维修相似。

各相对系数确定后分别填入表 5.8 中。

表 5.8 各更换单元相对系数表

各更换单元序号	k_{ij}	h_{ij}				h_i	$k_i h_i$	l_i	$l_i h_i$
		h_{i1}	h_{i2}	h_{i3}	h_{i4}	$\sum h_{ij}$			
1									
2									
合计									

(5)计算相应的维修性参数值。平均修复时间为

$$T_{ct} = \frac{T_{ct0} \sum_{i=1}^{n} h_{0i} k_i}{\sum_{i=1}^{n} k_i} \tag{5.46}$$

式中:T_{ct0}为基准可更换单元的平均修复时间T_{ct};h_{0i}为产品中第i个可更换单元相对故障率系数,即第i个可更换单元平均修复时间与基准可更换单元平均修复时间之比;k_i为产品中第i个可更换单元相对维修时间系数。

平均预防性维修时间为

$$T_{pt} = \frac{T_{pt0} \sum_{i=1}^{n} l_i h_{pi}}{\sum_{i=1}^{n} l_i} \quad (5.47)$$

式中:T_{pt0}为基准单元的平均预防性维修时间;h_{pi}为产品中第i个预防性维修单元的相对维修时间系数,即第i个预防性维修单元平均预防性维修时间与基准可更换单元平均预防性维修时间之比;l_i为产品中第i个预防性维修单元的相对预防性维修频率系数。

平均维修时间为

$$T_m = \frac{T_{ct0} \sum_{i=1}^{n} h_{0i} k_i + \dfrac{f_0 T_{pt0} \sum_{i=1}^{m} l_i h_{pi}}{\lambda_0}}{\sum_{i=1}^{n} k_i + \dfrac{f_0 \sum_{i=1}^{m} l_i}{\lambda_0}} \quad (5.48)$$

例 5.7 设某产品在现场维修时,可划分为 12 个可更换单元,其设计与保障方案已知,1 号单元的平均修复时间为 10min,故障率预计为 0.0005/h,3 号单元预防性维修频率为 0.0001/h。要求预计其平均维修时间是否不大于 20min。

因为设计与保障方案已知,根据设计方案与维修规程,该系统在现场可更换的单元共有 12 个。故只需从确定基准单元开始。显然,取 1 号单元为修复性维修基准单元,3 号单元为预防性维修基准单元为好。

然后,分别以 1 号单元为修复性维修基准单元,以 3 号单元为预防性维修基准单元,对其他各个可更换单元进行对比分析,得到各项系数,见表 5.9。

表 5.9 某系统更换单元相对系数表

更换单元序号	k_{ij}	h_{ij}				h_i	$k_i h_i$	l_i	$l_i h_i$
		h_{i1}	h_{i2}	h_{i3}	h_{i4}	$\sum h_{ij}$			
1	1	0.4	0.3	0.1	0.2	1	1	0	0
2	2.5	0.5	1	2	0.6	4.1	10.25	0	0
3	0.7	1.8	0.3	0.5	0.7	3.3	2.31	1	3.3
4	1.5	2	1.2	0.8	0.5	1.5	6.75	0	0
5	0.5	1.2	0.5	0.3	2	4	2	0	0
6	2.8	0.4	1	0.25	0.5	2.15	6.02	2.5	6.375

续表

更换单元序号	k_{ij}	h_{ij}				h_i	$k_i h_i$	l_i	$l_i h_i$
		h_{i1}	h_{i2}	h_{i3}	h_{i4}	$\sum h_{ij}$			
7	0.8	1.3	0.7	1.2	0.8	4	3.2	0	0
8	2.2	0.2	0.5	0.4	0.3	1.4	3.08	0	0
9	3	0.6	0.8	0.6	0.5	2.5	7.5	1.5	3.75
10	0.08	5	2	2.5	3	12.5	1	0.04	0.5
11	0.9	1	2	0.8	1	4.8	4.32	0	0
12	1.4	0.6	0.3	0.4	0.5	1.8	2.52	0	0
合计	17.38						49.95	5.04	12.925

假设设备采用机外测试,确定 1 号单元为修复性维修基准单元,其故障率系数 $k_0 = k_1 = 1$。检测隔离平均时间 4min,拆卸组装 3min;1 号单元为插接式模块,其更换只要 1min,更换后的调准约 2min,安装更换 1min;调准检验 2min,平均修复时间为 10min,故障率预计值为 0.0005/h。于是,$h_{01} = 0.4, h_{02} = 0.3, h_{03} = 0.1, h_{04} = 0.2$。因此,该模块不需做预防性维修,$l_1 = 0$。

假设 2 号单元是一个重量较大需用多个螺钉固定的模块,其外还有屏蔽,寿命较短。因此,其相对故障率系数高,取 $k_2 = 2.5$。检测隔离与基准单元相差不大,取 $h_{21} = 0.5$;更换时需拆装外部屏蔽遮挡,比基准单元费时间,取 $h_{22} = 1$;多个螺钉固定,更换费时,$h_{23} = 2$;调准较费时,$h_{24} = 0.6$。不需预防性维修,$l_2 = 0$。

假设 3 号单元是一个小型电动机,依其设计、安装情况,与基准单元对比,估计出各系数如表 5.9 所示。因为它需要定期进行润滑、检修,故 l_3 不为零,作为预防性维修单元,$l_3 = l_0 = 1$。

其余各单元可照上面的办法估计各系数并列入系统更换单元相对系数表中。按表所列,计算各系数之和。再计算出装备的维修性参数预计值。由于各维修时间系数均是以 1 号单元为基准的,故公式中的基准单元维修时间均应用 1 号单元的 10min 计算。

(1) 系统平均修复性维修时间为

$$T_{ct} = \frac{T_{ct0} \sum_{i=1}^{n} h_{0i} k_i}{\sum_{i=1}^{n} k_i} = 10 \times \frac{49.95}{17.38} = 28.74 (\min)$$

(2) 系统平均预防性维修时间为

$$T_{pt} = \frac{T_{pt0} \sum_{i=1}^{m} l_i h_{pi}}{\sum_{i=1}^{m} l_i} = 10 \times \frac{12.925}{5.04} = 25.64 (\min)$$

(3)系统平均维修时间为

$$T_{\mathrm{m}} = \frac{T_{\mathrm{ct0}} \sum_{i=1}^{n} h_{0i} k_i + \dfrac{f_0 T_{\mathrm{pt0}} \sum_{i=1}^{m} l_i h_{\mathrm{p}i}}{\lambda_0}}{\sum_{i=1}^{n} k_i + \dfrac{f_0 \sum_{i=1}^{m} l_i}{\lambda_0}}$$

$$= \frac{10 \times 49.95 + 0.0001 \times 10 \times 12.925/0.0005}{17.38 + 0.000 \times 5.04/0.0005}$$

$$= 28.57(\mathrm{min})$$

预计的平均维修时间 $T_{\mathrm{m}} = 28.57\mathrm{min}$ 超过指标要求(20min),需要更改设计方案。由 T_{m} 计算公式可见,其中预防性维修的影响较小,可暂不考虑。要减少修复时间,即应减少 $\sum k_i h_i$,在 T_{m} 式中若令 $T_{\mathrm{m}} = 20\mathrm{min}$,可得

$$\sum k_i h_i = \frac{\left[T_{\mathrm{m}}\left(\sum k_{0i} + \dfrac{f_0 \sum_{i=1}^{m} l_i}{\lambda_0}\right) - \dfrac{f_0 T_{\mathrm{pt0}} \sum_{i=1}^{m} l_i h_{\mathrm{p}i}}{\lambda_0}\right]}{T_{\mathrm{CT0}}} = \frac{[20 \times 18.39 - 25.85]}{10} = 34.2$$

要将上式中 $\sum k_i h_i$ 减至 34.2,由表 5.9 可知,重点应放在减少 2、9、4、6、11 等单元修复时间。

需要注意的是:对于修复性维修,为简化计算,不一定将维修活动划分为定位隔离、拆卸组装、安装更换、调准检测等步骤并分别确定相对时间系数,可直接确定相对修复时间系数。对于不同的预防性维修单元,其预防性维修步骤可能并不相同,相对预防性维修时间系数也可根据设计特性、维修规程或经验等直接确定。

若需提高预计精度,可以首先对基准单元及其他单元的结构设计因素、维修资源要求因素、维修人员的要求因素等方面进行细致的评分,在此基础上更为准确地确定各单元与基准单元的相对修复时间系数。

2. 时间累计预计法

时间累积预计法是一种比较细致的预计方法。首先根据历史经验或现成的数据、图表,对照装备的设计或设计方案和维修保障条件,逐个确定每个维修项目、每项维修工作、维修活动乃至每项基本维修作业所需的时间或工时;然后综合累加或求平均值;最后预计出装备的维修性参量。

时间累积预计法适用于预计航空、地面及舰载电子设备在各级维修的维修性参数,也可用于任何使用环境的其他各种设备的维修性预计,但所给出的维修作业时间标准主要是电子设备的,用于预计其他设备时需进行补充或校正。平均修复时间是本方法预计的基本参数,还可以预计最大修复时间、维修工时率等参数。

时间累积预计法主要用于工程研制阶段,其中:早期时间预计方法用于初步设计中,能够利用估算的设计数据进行预计;精确时间预计方法用于详细设计中,它使用详细设计

数据来预计维修性参数值。这里主要阐述早期时间预计方法。

对于一个修复性维修事件,通常可认为由以下几项活动组成:准备、故障诊断隔离、分解、更换、组装、调校、检验。修复过程有以下几种情况。

(1)通过故障检测及隔离输出(FD&I)能将故障隔离到单个 RU 时,对该故障单元的修复性维修过程如图 5.10 所示。

图 5.10　修复性维修的基本过程

(2)通过故障检测及隔离输出能将故障隔离到可更换单元组并采用成组更换方案时,可将该单元组视为一个可更换单元,其修复性维修过程与图 5.10 相同。

(3)通过故障检测及隔离输出能将故障隔离到可更换单元组并采用交替更换方案时,该故障单元的修复性维修过程如图 5.11 所示。

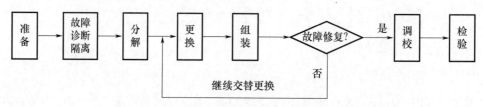

图 5.11　修复性维修的基本过程

根据特定的维修性预计对象,可根据实际情况对维修过程中的各项活动元素进行补充、简化或合并,如分为定位隔离、拆卸组装、安装更换、调准检测四项。

时间累计法就是通过对系统中各个单元进行上述维修过程的分析,得到每个单元的平均修复时间,再根据其维修频率加权计算得到系统的平均修复时间。

维修性预计模型中常用的修复时间元素符号和定义表示如下。

① 平均准备时间 $\bar{T}_p$:故障隔离前完成相关准备工作所需要的时间。

② 平均故障隔离时间 $\bar{T}_{fi}$:将故障隔离到着手进行修复的层次所需的时间。

③ 平均分解时间 $\bar{T}_d$:拆卸设备以便达到故障隔离所确定的可更换单元所需的时间。

④ 平均更换时间 $\bar{T}_i$:更换失效的或怀疑失效的可更换单元所需的时间。

⑤ 平均组装时间 $\bar{T}_r$:在换件后重新组装设备所需的时间。

⑥ 平均调准时间 $\bar{T}_a$:在排除故障后调整系统或可更换单元所需的时间。

⑦ 平均检验时间 $\bar{T}_{co}$:检验故障是否已被排除及该系统能否正常运行所需的时间。

时间累计法的实施步骤如下。

(1)确定预计要求及预计参数。明确预计的维修性参数及其定义,确定预计程序和基本规则,明确预计所依据的维修级别,了解其保障条件与能力。

早期时间累计预计法通常用于预计系统的平均修复时间 T_{ct},在此基础上还可预计给定百分位的最大修复时间;每次修复的平均维修工时等。

(2)确定更换方案。为提高预计精度,须考虑产品修复过程中的更换方案,当故障隔离到单个 RU 时,即可单独更换该单元以排除故障。如果维修方案允许故障隔离到各个 RU 组并通过 RU 组修复,则在各 RU 组互不相关时,可将每个 RU 组看作一个 RU。如果采用人工方法交替更换可更换单元组中的各个单元,则需要计算平均交替更换次数 $\bar{S}_i$,修复过程中如果需平均交替更换 $\bar{S}_i$ 次才能排除故障,更换时间 T_i 和检验时间 T_{co} 都要变更为可直接隔离到单一 LRU 所对应时间的 $\bar{S}_i$ 倍,有的情况下,分解时间与再组装时间 T_d、T_r 也要变为 $\bar{S}_i$ 倍。

$\bar{S}_i$ 的计算取决于故障隔离的能力,如 $X_1\%$ 隔离到小于或等于 N_1 个 RU;$X_2\%$ 隔离到大于 N_1 而小于或等于 N_2 个 RU;$X_3\%$ 隔离到大于 N_2 而小于或等于 N_3 个 RU。其中 $X_1 + X_2 + X_3 = 100$,则

$$\bar{S}_i = \frac{X_1\left(\frac{N_1+1}{2}\right) + X_2\left(\frac{N_1+N_2+1}{2}\right) + X_3\left(\frac{N_2+N_3+1}{2}\right)}{2} \tag{5.49}$$

用此方法计算 $\bar{S}_i$ 的前提是假设设计已经(或将要)满足规定的故障隔离要求,而计算所得到的 T_{ct} 为固有的 T_{ct}。这种方法在装备研制的早期阶段对于维修性要求的分配和预计很有价值。当可以获取实际故障隔离特征数据时则应以实际数据为准。

计算 $\bar{S}_i$ 的第二种方法,涉及所分析装备故障隔离的具体特征。先将设备划分为 K 个相互独立的且能够估计其隔离能力的 RU 组。对每个 RU 组估计其平均隔离组 RU 的单元数 $\bar{S}_r$,然后按各 RU 组的故障率 λ_r 求加权平均值,即

$$\bar{S}_i = \frac{\sum_{r=1}^{K} \lambda_r \bar{S}_r}{\sum_{r=1}^{K} \lambda_r} \tag{5.50}$$

(3)收集数据。系统数据收集表见表5.10、单元数据收集表见表5.11。

表 5.10 系统数据收集表

单元名称	故障率 λ_i	单元数 Q_i	基本维修作业平均时间/min							合计/min $\bar{T}_{cti}$
			$\bar{T}_{pi}$	$\bar{T}_{fii}$	$\bar{T}_{di}$	$\bar{T}_{ii}$	$\bar{T}_{ri}$	$\bar{T}_{ai}$	$\bar{T}_{coi}$	
RU_1										
RU_2										
⋮										
RU_n										

表 5.11 单元数据收集表

单元名称: 　　　　　　　　　　　单元故障率:

维修活动	每项维修活动所需平均时间 T_m	每项维修活动发生的频率 λ_m	λ_m 补充说明
准备			
检测隔离			
分解			
更换			

续表

维修活动	每项维修活动所需平均时间 T_m	每项维修活动发生的频率 λ_m	λ_m 补充说明
组装			
调校			
检验			

(4) 计算相应的维修性参数。

① 计算单元平均修复时间 T_{cti}:

$$T_{cti} = \frac{\sum_{m=1}^{M} T_{mj}\lambda_{mi}}{\sum_{j=1}^{n}\sum_{m=1}^{M} \lambda_{mi}} \tag{5.51}$$

式中:λ_{mi} 为第 i 项 RU 第 m 项维修活动出现的频率;T_{mj} 为完成第 j 项 RU 第 m 项维修活动所需的平均时间。

② 计算系统平均修复时间 T_{ct}。就系统而言,其 T_{ct} 为所有 RU 平均修复时间的加权平均值,可表示为

$$T_{ct} = \frac{\sum_{i=1}^{n} Q_i \lambda_i T_{cti}}{\sum_{i=1}^{n} Q_i \lambda_i} \tag{5.52}$$

计算得到平均修复时间 T_{ct} 后,即可计算其他的维修性参数值。

③ 计算给定百分位的最大修复时间。如果给定百分位 φ、平均修复时间 T_{ct}、系统修复时间对数标准差 σ,T_{maxct} 可用下式计算:

$$T_{maxct} = \exp[\ln T_{ct} + Z_\varphi \sigma] \tag{5.53}$$

式中:Z_φ 为百分位 φ 对应的正态偏移量;σ 通常由相似装备的数据决定。

④ 计算每次修复平均维修工时,即

$$\frac{\overline{M}_h}{R_p} = \frac{\sum_{n=1}^{N} \lambda_n M_{hn}}{\sum_{n=1}^{N} \lambda_n} \tag{5.54}$$

式中:$\overline{M}_{hn}$ 为修复第 n 个 RU 引起的故障需要的平均工时,即

$$\overline{M}_{hn} = \frac{\sum_{j=1}^{I} \lambda_{nj} M_{hnj}}{\sum_{j=1}^{I} \lambda_{nj}} \tag{5.55}$$

式中:M_{hnj} 为修复由第 j 个 FD&I 输出的第 n 个 RU 所需的维修工时。

例 5.8 本案例是在某型飞机的初步设计阶段对其工作舱的维修性进行初步预计。选取平均修复时间作为预计的维修性参数。选择工作舱中三个典型的 LRU 作为分析对象,计算该工作舱的平均修复时间。本案例中维修均在基层级完成,即对工作舱中的 LRU 实施换件维修。假设均能将故障隔离到单个 LRU。

本案例中考虑各 LRU 的维修活动均只采用一种方法,且各维修子活动出现的频率均与产品故障率相当,因此本案例中将无须就每项 LRU 的维修活动单独列表进行说明,将各 LRU 的相关数据填入表中,见表 5.12。计算系统平均修复时间,可得

$$T_{ct} = \frac{\sum_{i=1}^{n} Q_i \lambda_i T_{cti}}{\sum_{i=1}^{n} Q_i \lambda_i} = \frac{4898.4 + 562.432 + 4193.28}{390 + 208 + 256} = 11.3 (\min)$$

根据三个典型 LRU 的分析,可初步判定该工作舱的平均修复时间为 11.3min。

表 5.12 系统数据收集表

单元名称 LRU	故障率 λ_i	单元数 Q_i	基本维修作业平均时间/min							合计/min
			$\bar{T}_{pi}$	$\bar{T}_{fii}$	$\bar{T}_{di}$	$\bar{T}_{ii}$	$\bar{T}_{ri}$	$\bar{T}_{ai}$	$\bar{T}_{coi}$	$\bar{T}_{cti}$
回流风扇	390	1	1.5	1.5	2.48	2.2	2.88	0.5	1.5	12.56
应答机主机	208	1	1.5	0.017	0.52	0.23	0.42		0.017	2.704
副翼可逆助力液压器	256	1	2	1.5	3.14	2.2	5.64	0.4	1.5	16.38
系统平均修复时间合计 ($\sum_{i=1}^{n} Q_i \lambda_i T_{cti} / \sum_{i=1}^{n} Q_i \lambda_i$)						11.3				

5.5.4 维修性预计的实施要点

为确保可靠性预计结果的正确性和权威性,维修性预计工作在具体实施过程中需注意以下几个方面。

(1) 预计结果的及时修正。维修性预计同整个维修性工作一样,强调早期投入,同时又强调及时修正。这是因为设计不断深化和修正,其维修性状况会逐渐清晰和变化。同时随着可靠性、综合保障工作的深入进展,可靠性数据和保障计划及资源的变化,会对维修性产生影响。所以,要随着研制进程,对维修性预计结果及时修正,以充分反映实际技术状态和保障条件下的维修性。需要特别注意的是当有设计更改和新的可靠性数据时,应进行维修性预计,修正原来的预计结果。

(2) 预计模型的选用。各种预计方法都提供了进行预计用的模型。但这些模型并不都是普遍适用的。因此,除选择预计方法时应考虑其模型是否适合所需预计的产品及研制阶段外,还要对预计模型进行适用性分析,需考虑的因素包括维修级别、维修种类、维修流程及维修活动的组成、更换方案,并在必要时对预计模型进行局部修正。

(3) 基础数据的选取与准备。产品故障及修复活动时间等数据是产品维修性预计的基础。这些数据可从各方面获取,其优选顺序如下。

① 本系统或设备的历史数据,即使用、试验收集到的故障与维修数据。

② 相似系统或设备的历史数据,特别是同一产品在类似系统或设备中使用、试验得到的数据。

③ 有关标准提供的数据,如 GJB 299C—2006《电子设备可靠性预计手册》和 GJB/Z

57—1994《维修性分配与预计手册》提供的数据。

④ 由使用维修人员提供的经验数据。

⑤ 设计人员凭经验判断提出的数据。

习 题

1. 某机载电子设备在外场使用维修中,观察到故障修复时间为:3.8、1.4、0.8、0.9、0.8、1.6、0.7、1.8、1.7、0.8、0.7、0.6、1.8、1.3、2.8、4.4、2.6(单位:h),试求 $M(t)$、$m(t)$、$\mu(t)$ 随修复时间的变化关系,并求出平均修复时间。

2. 某设备由四个可修部件组成且其寿命服从指数分布,各个部件的 $MTBF_i$ 和修理时间 t_i 见表 5.13,试求该设备的平均修复时间 T_{ct}。

表 5.13 各部件的平均故障时间和修复时间

部件编号	$MTBF_i$/h	t_i/h
部件 1	100	0.5
部件 2	200	1
部件 3	300	1.5
部件 4	400	2

3. 在使用现场观测到某设备的故障修复时间和修复次数见表 5.14。

表 5.14 某设备的故障修复时间和修复次数

修复时间/h	10	12	14	16	18	20	22	24	26	28	30	32	34	36	38
修复次数/次	1	2	3	4	8	10	12	13	12	10	8	6	3	2	1

(1)对表中数据进行处理,画出概率密度分布曲线,根据曲线的形状判别其可能属于何种分布类型?并写出维修度函数;

(2)试求出设备的平均修复时间 T_{ct}、维修度达到 90% 的最大修复时间 T_{maxct}。

4. 已知某电子设备的故障修复时间服从指数分布,当维修度为 95% 时,试证 $T_{maxct} \approx 3T_{ct}$。

5. 已知某系统的修复时间服从对数正态分布,试根据表 5.15 所列的观测数据,试求:

表 5.15 观测数据

修复时间/h	12	14	16	18	20	22	24	26	28	30	32	34	36	38	40	42	44
修复次数/次	1	4	8	12	13	14	13	11	10	8	7	6	5	4	3	2	2

(1)系统的维修度函数;

(2)修复时间为 30h 时的维修度;

(3)T_{ct}、T_{maxct}(比时维修度为 95%)。

6. 为什么要进行维修性分配与预计?常用的维修性分配与预计方法有哪些?

7. 某系统由 A、B、C 三个分系统构成,其功能层次如图 5.12 所示,要求系统的平均修复时间为 1h,各分系统的故障率列于表 5.16 中。

(1)全部分系统为新设计;

(2)分系统 B、C 有可供参考的资料,分系统 A 为新设计。

试按以下两种情况进行的 MTTR 分配。

图 5.12　系统的功能层次

表 5.16　分系统的故障率

分系统类型	数量	故障率	MTTR/h	
			情况(1)	情况(2)
A	1	1.71		
B	2	0.45		0.5
C	1	0.06		0.1

第 6 章
维修性试验与评定

为了更直接地证明装备所能达到的维修性水平与规定的维修性要求的符合程度,需要在有代表性的、实际的或接近实际的使用或运行条件下,对所研究的装备进行试验与评定,以确定装备的实际维修性水平。

本章的学习目标是了解维修性试验与评定的概念,理解维修性试验与评定的工作要求,会维修性统计试验与评定方法,理解维修性演示试验与评定方法要点。

6.1 概述

6.1.1 维修性试验与评定的目的

维修性试验与评定的目的是考核与验证所研制装备满足维修性要求的程度,以之作为产品鉴定和验收的依据,发现和鉴别有关装备维修性的设计缺陷,以便采取纠正措施,实现维修性增长。此外,在开展维修性试验与评定工作的同时,还可实现对各种相关维修保障要素(如备件、工具、设备、资料等资源)进行评价。

6.1.2 维修性试验与评定的时机与方式

为了提高试验的效率和节省试验经费,并确保试验结果的准确性,维修性试验与评定一般应与功能试验及可靠性试验结合进行,必要时也可单独进行。对于不同类型的装备或低层次的产品,其试验与评定的阶段划分则视具体情况而定。整个装备系统级的维修性试验与评定一般包括维修性核查、维修性验证与维修性评价三个阶段。图 6.1 给出了维修性试验与评定和寿命周期各阶段的对应关系。

1. 维修性核查

维修性核查是指承制方为实现系统的维修性要求,从签订研制合同起,贯穿于从零部件、元器件直到分系统、系统的整个研制过程中,不断进行的维修性试验和评价工作。维修性核查常常在订购方监督下进行。

维修性核查的目的是检查与修正用于维修性分析的模型和数据,鉴别设计缺陷和确认对应的纠正措施,以实现维修性增长,促使满足规定的维修性要求和便于以后的验证。

维修性核查主要是承制方的一种研制活动与手段,其方法灵活多样,可以采取在产品实体模型、样机上进行维修作业演示,排除模拟故障或实际故障,测定维修时间等试验方法。其试验样本量可以少一些,置信水平可以低一些,着重于发现缺陷,探寻改进维修性的途径。当然,若要求将正式的维修性验证与后期的维修性核查结合进行,则应按维修性验证的要求实施。

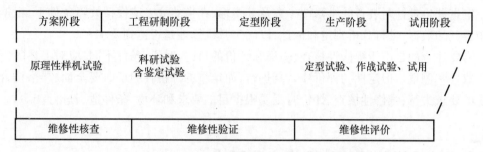

图 6.1 维修性试验与评定和寿命周期各阶段的对应关系

2. 维修性验证

维修性验证是指为确定装备是否达到规定的维修性要求,由指定的试验机构进行或由订购方与承制方联合进行的试验、分析与评价工作。维修性验证通常在装备定型阶段进行。本章主要介绍统计试验验证和演示验证方法。

维修性验证的目的是全面考核系统是否达到规定的要求,其结果作为批准定型的依据之一。因此,进行验证试验的环境条件要尽可能与装备的实际使用与维修环境一致或接近,其所用的保障资源也要尽可能地与规划的需求相一致。试验要有足够的样本量,在严格的监控下进行实际维修作业,按规定方法进行数据处理和判决,并应有详细记录。

3. 维修性评价

维修性评价是指订购方在承制方配合下,为确定装备在实际使用、维修及保障条件下的维修性所进行的试验和评价工作。维修性评价通常在用户试用或(和)使用阶段进行。

维修性评价的对象是已使用的装备或与之等效的样机,需要评价的维修作业重点是在实际使用中经常遇到的维修工作,参与的维修人员也应是来自实际使用现场的人员。主要依靠使用维修中的数据,必要时可补充一些维修作业试验,以便对实际条件下的维修性做出评价。

6.1.3 维修性试验与评定的内容

针对维修性要求的性质不同,维修性试验与评定可分为定性评价和定量评价两部分。

1. 定性评价

定性评价是根据合同规定的维修性定性要求、有关国家标准以及国家军用标准的要求,制定相应的检查项目核对表,并结合设计方案分析以及维修操作演示,对其是否满足要求的情况进行评价。维修性定性评价的内容主要有维修可达性、检测诊断的方便性和快速性、零部件的标准化与互换性、防差错措施与识别标志、工具操作空间和工作场地的维修安全性、人素工程要求等。

由于装备的维修性与维修保障资源是相互联系、互为约束的,在进行维修性评价的同时,应评价维修保障资源是否满足维修工作的需要,并分析维修作业程序的正确性,审查维修过程中所需维修人员的数量与技能要求、维修设备和工具、备件和技术文件等的完备程度和适用性。

2. 定量评价

定量评价是针对装备的维修性参数及其指标,在自然故障或模拟故障条件下,根据试验中得到的数据,进行分析判定和估计,以确定其维修性是否达到要求。

需要注意的是由于维修性核查、验证和评价的目的、时机、条件不同,应对上述各内容有所取舍和侧重。但定性的评价要认真进行,而定量的评价在验证时要全面、严格按合同规定的要求进行;维修性核查、评价时则要根据目的要求和环境、条件适当进行。

6.2 维修性试验与评定工作要求

维修性试验与评定,无论是与性能试验、可靠性试验结合进行,还是单独进行,其工作程序一般可以都分为试验前准备阶段和试验实施阶段。

6.2.1 试验前准备工作要求

维修性试验与评定前准备阶段工作有:制定试验计划、选择试验方法、确定受试品、培训试验维修人员、准备试验环境及保障资源。

1. 制定试验计划

试验之前应根据 GJB 2072—1994《维修性试验与评定》的要求,结合装备的类型、试验与评定的时机、种类及合同的规定,制定试验计划,一般包括以下内容。

(1)试验与评定的目的和要求,包括:试验与评定的依据、目的、类别和要评定的项目。若维修性试验是与其他工程试验结合进行,应说明结合的方法。

(2)试验与评定的组织,包括组织领导、参试单位、参试人员分工及人员技术水平和数量的要求,参试人员的来源及培训等。

(3)受试品及试验场、资源的要求,包括:对受试品的来源、数量、质量要求;试验场(或单位)及环境条件的要求;试验用的保障资源(如维修工具设备、备附件、消耗品、技术文件和试验设备、安全设备等)的数量和质量要求。

(4)试验方法。包括选定的试验方法及判决标准、风险率或置信度等。

(5)试验实施的程序和进度,包括:采用模拟故障时,故障模拟的要求及选择维修作业的程序;数据获取的方法和数据分析的方法与程序;特殊试验、重新试验和加试的规定;试验进度的日程安排等。

(6)评定的内容和方法,包括:对装备满足维修性定性要求程度的评定;满足维修性定量要求程度的评定;维修保障资源的定性评定等。

(7)试验经费的预算和管理。

(8)订购方参加试验的有关规定和要求。

(9)试验过程监督与管理的要求。

(10)试验及评定报告的编写内容、图表、文字格式,完成日期等要求。

2. 选择试验方法

维修性定量指标的试验验证,在 GJB 2072—1994《维修性试验与评定》中规定了 11 种方法(表6.1)可供选择。选择时,应根据合同中要求的维修性参数、风险率、维修时间分布的假设以及试验经费和进度要求等诸多因素综合考虑,在保证满足不超过订购方风险的条件下,尽量选择样本量小、试验费用省、试验时间短的方法。由订购方和承制方商定,或由承制方提出、经订购方同意。除上述国军标规定的 11 种方法外,也可以选用国标中规定的适用的方法,但都要经订购方同意。

例如,某新产品合同要求平均修复时间的最低可接受值为 0.5h,订购方风险率 β 不大于 0.10。由于是新产品,维修时间的分布及方差都是未知的。表 6.1 中的方法 9 维修时间平均值的检验正符合上述条件,且样本量为 30,相对别的方法较少。故选择方法 9 较合适。

表6.1 试验方法

编号	检验参数	分布假设	样本量	推荐样本量	作业选择
1-A	维修时间平均值的检验	对数正态,方差已知		≥30	自然或模拟故障
1-B	维修时间平均值的检验	分布未知,方差已知			
2	规定维修度的最大维修时间检验	对数正态,方差未知			
3-A	规定时间维修度的检验	对数正态			
3-B	规定时间维修度的检验	分布未知			
4	装备修复时间中值检验	对数正态	按不同试验方法确定	20	
5	每次运行应计入的维修停机时间的检验	分布未知		50	自然故障
6	每飞行小时维修工时的检验①	分布未知			
7	地面电子系统的工时率检验	分布未知		≥30	自然或模拟故障
8	维修时间平均值与最大修复时间的组合序贯检验	对数正态			自然故障或随机抽样
9	维修时间平均值、最大修复时间的检验	分布未知,对数正态②		≥30	
10	最大修复时间和维修时间中值的检验	分布未知		≥50	自然或模拟故障
11	预防性维修时间的专门检验	分布未知			

说明:① 用于间接验证装备可用度的一种试验方法;
② 检验维修时间平均值假设分布未知,检验最大修复时间假设为对数正态分布。

3. 确定受试产品

维修性试验与评定所用的受试产品,应直接利用定型样机或从提交的所有受试产品中随机抽取,并进行单独试验,也可以同其他试验结合用同一样机进行试验。

为了减少延误时间,保证试验顺利进行,允许有主试品和备试品。但是,受试产品的数量不宜过多,因维修性试验的特征量是维修时间,样本量是维修作业次数,而不是受试产品的数量,且它与受试产品数量无明显关系。当模拟故障时,在一个受试产品上进行多次维修作业就产生了多个样本,这和在多个受试产品上进行多次或多样维修作业具有同样的代表性。但是,在同一个受试产品上也不宜多次重复同样的维修作业,否则会因多次拆卸使连接松弛,而丧失代表性。

4. 培训试验维修人员

参试人员的构成应按不同要求分别确定。维修性验证要按维修级别分别进行,参试人员要达到相应维修级别维修人员的中等技术水平。

选择和培训参加维修性验证的人员要注意以下几点。

(1)应尽量选用使用单位的修理技术人员、技工和操作手,由承制方按试验计划要求进行短期培训,使其达到预期的工作能力,经考核合格后方能参试。

(2)承制方的人员,经培训后也可参加试验,但不宜单独编组,一般应和使用单位人员混合编组使用,以免因心理因素和熟练程度不同而造成实测维修时间的较大偏差。

(3)参试人员的数量,应根据该装备使用与维修人员的编制或维修计划中规定的人数严格规定。

5. 准备试验环境及保障资源

维修性验证试验,应由具备装备实际使用条件的试验场所或试验基地进行,并按维修计划所规定的维修级别及相应的维修环境条件分别准备好试验保障资源,包括:实验室、检测设备、环境控制设备、专用仪表、运输与储存设备以及水、气、动力、照明,成套备件,附属品和工具等。

6.2.2 试验实施工作要求

维修性试验与评定实施阶段的工作包括:确定试验样本量、选择与分配维修作业样本、模拟与排除故障、预防性维修试验、收集分析与处理维修试验数据、评定试验结果、编写试验与评定报告。

1. 确定样本量

维修性指标验证试验的样本量,是指为了达到验证目的所需维修作业的样本量。维修作业样本量按所选取的试验方法中的公式计算确定,也可参考表6.1中所推荐的样本量。某些试验方案(如表6.1中试验方法1维修时间平均值的检验),在计算样本量时还应对维修时间分布的方差作出估计。

2. 选择与分配维修作业样本

1)维修作业样本的选择

为保证试验所作的统计学决策(接收或拒绝)具有代表性,所选择的维修作业最好与实际使用中所进行的维修作业一致。

对于修复性维修的试验可用以下两种方法产生的维修作业:

(1)优先选用自然故障所产生的维修作业。装备在功能试验、可靠性试验、环境试验或其他试验及使用中发生的故障,均称为自然故障。由自然故障产生的维修作业,如果次数足以满足所采用的试验方法中的样本量要求时,应优先采用这些维修作业作为样本。如果对上述自然故障产生的维修作业在实施时是符合试验条件要求的,当时所记录的维修时间也可用于维修性验证时的数据分析和判决。而在进行正式维修性验证时应重复进行自然故障产生的那些维修作业,严格按规定操作并准确记录维修时间,供分析判决和评估时使用。

(2) 选用模拟故障产生的维修作业。当自然故障所进行的维修作业次数不足时,可以通过对模拟故障所进行的维修作业次数补足。为了缩短试验时间,经承制方和订购方商定也可采用全部由模拟故障所进行的维修作业作为样本。

预防性维修应按维修大纲规定的项目、工作类型及其间隔期确定试验样本。

2) 维修作业样本的分配

当采用自然故障所进行的维修作业次数满足规定的试验样本量时,就不需要进行分配。当采用模拟故障时,在什么部位,排除什么故障,需要合理地分配到各有关的零部件,以保证能验证整机的维修性。

维修作业样本的分配属于统计抽样的应用范围,是以装备的复杂性、可靠性为基础的。如果采用固定样本量试验法检验维修性指标,可运用按比例分层抽样法进行维修作业分配;如果采用可变样本量的序贯试验法进行检验,则应采用按比例的简单随机抽样法。

按比例分层抽样的分配法,其分配步骤见表6.2。

表6.2 维修作业样本的比例分层抽样分配

构成	LRU	维修作业	故障率 λ_i	LRU 数量 Q_i	工作时间系数 T_i	$\lambda_i Q_i T_i$	C_{pi}	分配样本量 N_i
(1)	(2)	(3)	(4)	(5)	(6)	(7)	(8)	(9)

表6.2中具体分配步骤如下。

第(1)栏:列出产品的组成单元。

第(2)栏:列出产品在现场级修复的项目,即 LRU。

第(3)栏:列出 LRU 的维修作业。

第(4)栏:列出 LRU 的故障率 λ_i。

第(5)栏:列出产品各 LRU 的数量 Q_i。

第(6)栏:列出各 LRU 的工作时间系数(运行比) T_i。

第(7)栏:计算出各 LRU 的 $\lambda_i Q_i T_i$。

第(8)栏:计算出各 LRU 的故障相对发生频率 $C_{pi} = \lambda_i Q_i T_i / \sum \lambda_i Q_i T_i$。

第(9)栏:计算出各 LRU 的分配样本量 $N_i = N \cdot C_{pi}$ (N 为预先确定的样本总数)。

按比例的简单随机抽样分配法,其分配步骤见表6.3。

表6.3 维修作业样本的简单随机抽样分配

构成	LRU	维修作业	C_{pi}	$C_{pi} \times 100$	$\sum C_{pi} \times 100$	随机数
(1)	(2)	(3)	(4)	(5)	(6)	

表6.3中具体分配步骤如下。

第(1)~第(4)栏与表6.2中一致。

第(5)栏:列出产品各 LRU 的故障相对发生频数 $C_{pi} \times 100$。

第(6)栏:计算累计故障相对发生频数范围 $\sum C_{pi} \times 100$。

利用 00—99 均匀分布的随机数表,在整个维修作业样本中随机抽取。例如,随机数是 43 时,从 43 对应的累计故障相对发生频数范围所在组中抽取,实施相应的维修作业。

3. 模拟与排除故障

1) 模拟故障

一般采用人为或模拟故障,常用的方法有:用故障件代替正常件,模拟零部件的失效或损坏;接入附加的或拆除不易察觉的零部件,模拟安装错误的零部件丢失;故意造成零部件失调变位。

对于电器和电子设备,可人为制造断路或短路;接入失效部件,使部组件失调;接入折断的连接件、插脚或弹簧等。

对于机械和电动机械的设备,可接入折断的弹簧;使用已磨损的轴承、失效的密封装置、损坏的继电器和断路、短路的线圈等,使部组件失调;使用失效的指示器、损坏或磨损的齿轮、拆除或使键及紧固件连接松动等;使用失效或磨损的零件等。

对于光学系统,可使用脏的反射镜或有霉雾的透镜;使零部件失调变位;引入损坏的零部件或元器件;使用有故障的传感器或指示器等。

总之,模拟故障应尽可能真实、接近自然故障。基层级维修以常见故障模式为主。参加试验的维修人员应在事先不了解所模拟故障的情况下去排除故障,但可能危害人员和产品安全的故障不得模拟(必要时应经过批准,并采取有效的防护措施)。

2) 排除故障

由经过训练的维修人员排除上述自然的或模拟的故障,并记录维修时间。完成故障检测、隔离、拆卸、换件或修复原件、安装、调试及检验等一系列维修活动,称为完成一次维修作业。在排除故障的过程中必须注意以下问题。

(1)只能使用试验规定的维修级别所配备的备件、附件、工具、检测仪器和设备。不能使用超过规定的范围或使用上一个维修级别所专有的设备。

(2)按照本维修级别技术文件规定的修理程序和方法。

(3)应由专职记录人员按规定的记录表格准确记录时间。

(4)人工或利用外部测试仪查找故障及其他作业所花费时间均应记入维修时间中。

(5)对于用不同诊断技术或方式所花费的故障检测和隔离的时间应分别记录,以便判定哪种诊断技术更有利。

4. 预防性维修试验

预防性维修时间常被作为维修性指标进行专门试验(表 6.1 方法 11)。

产品在验证试验间隔期间也有必要进行预防性维修。其频数和项目应按预防性维修大纲的规定进行。为节约试验费用和时间可采用以下办法。

(1)在验证试验的间隔时间内,按规定的频率和时间所进行的一般性维护(保养)应进行记录,供评定时使用。

(2)在使用和贮存期内,间隔时间较长的预防性维修,其维修频率和维修时间以及非维修的停机时间也应记录,以便验证评价预防性维修指标时作为原始数据使用。

5. 收集、分析与处理维修性数据

1）维修性数据的收集

收集试验数据是维修性试验中的一项关键性的重要工作。为此试验组织者需建立数据收集系统,包括成立专门的数据资料管理组,制定各种试验表格和记录卡,并规定专职人员负责记录和收集维修性试验数据。此外,还应收集包括功能试验、可靠性试验、使用试验等各种试验中的故障、维修与保障的原始数据,建立数据库供数据分析和处理时使用。

承制方在核查过程中使用的数据收集系统及其收集的数据,要符合核查的目的和要求,鉴别出设计缺陷,采取纠正措施后又能证实采取措施的有效性。同时要与维修性验证、评价中订购方的数据收集系统和收集的数据协调一致。对于由承制方负责承担基地级维修的装备,承制方要注意收集这些维修数据。

在验证与评价中需要收集的数据,应由试验的目的决定。维修性试验的数据收集不仅是为了评定产品的维修性,而且还要为维修工作的组织和管理（如维修人员配备、备件储备等）提供数据。

试验数据收集表格主要针对两个方面的信息内容进行制定:一是试验现场需要收集的信息;二是为了进行试验结果的评价需要进行信息分析与处理所需汇集的信息。产品 MTTR 试验现场需要收集的信息表格见表 6.4 和表 6.5。

在进行具体操作之前首先应填写表 6.5。在现场收集信息时,应根据各 LRU 需进行的维修操作的内容,将有关维修活动框用黑线加粗标出,先填写表 6.4,再将试验结果汇成表 6.6。

表 6.4 修复性维修作业时间记录表

产品名称：×× 　　　　　记录日期：××

LRU 名称	维修人数	维修活动/min							维修作业时间
		准备	故障隔离	接近	拆卸更换	组装	调准	检验	
操作人员： 　　　专业： 　　　　　故障诊断方式:BIT( )、STE( )、GTE( )、NO( )									
记录人员：									

注:BIT 表示机内测试、STE 表示专用测试设备、GTE 表示通用测试设备、NO 表示无故障测试与诊断设备。

表 6.5 修复性维修作业记录卡

产品名称：×× 　　　　　记录日期：××

LRU 名称：	操作第×次
工　具： 设　备： 测量仪器：	
需说明的事项及问题：	
操作人员： 　　　专业： 记录人员：	

表6.6 修复性维修作业记录卡

产品名称：×× 　　　　　　　　记录日期：××

LRU 名称	分配的样本量	试验次数	测定 T_{ct} 值	备注

2）维修性数据的分析和处理

首先需要将收集的维修性数据加以鉴别区分，保留有效的数据，剔出无效的数据。原则上所有的直接维修停机时间或工时，只要是记录准确有效的，都是有用数据，供统计计算使用。但是，由于以下几种情况引起的维修时间，不能作为统计计算使用。

（1）不是承制方提供的或同意使用的技术文件规定的维修方法造成差错所增加的维修时间。

（2）试验中意外损伤的修复时间。

（3）不是承制方责任的供应与管理延误的时间。

（4）使用了超出规定配置的测试仪器引起的维修时间。

（5）在维修作业实施过程中安装非规定配置的测试仪器的时间。

（6）产品改进的时间。

（7）在试验中有争议的问题，经试验领导小组裁定认为不应计入的时间。

将经过鉴别区分的有用、有效数据，按选定的试验方法进行统计计算和判决，需要时，可进行估计。统计计算的参数应与合同规定对应，判决是否满足规定的指标要求。但是，应注意在最后判决前还应检查分析试验条件、计算机程序，特别是对一些接近规定要求的数据，更要认真复查分析。数据收集、分析和处理的结果和试验中发生重大问题及改进意见，均应写入试验报告，以使各有关单位了解试验结果，以便采取正确的决策。

6. 评定试验结果

1）定性要求的评定

通过演示或试验，检查是否满足维修性与维修保障要求，作出结论。若不满足，写明哪些方面存在问题，限期改正等要求。

维修性演示一般在实体模型、样机或产品上，演示项目为预计要经常进行的维修活动。重点检查维修的可达性、安全性、快速性，以及维修的难度、配备的工具、设备、器材、资料等保障资源能否完成维修任务等。必要时可以测量动作的时间。

2）定量要求的评定

根据统计计算和判决的结果，做出该装备是否满足维修性定量要求的结论。必要时可根据维修性参数估计值，评定装备满足维修性定量要求的程度。

7. 编写维修性试验与评定报告

在核查、验证或评价结束后，试验组织者应分别写出维修性试验与评定报告。如果维修性试验是同可靠性或其他试验结合进行时，则在其综合报告中应包含维修性试验与评定的内容。

6.3 维修性统计试验与评定方法

产品的维修性应当通过实际使用中的维修实践来进行考核、评定。然而这种考核评定又不可能都在完全真实的使用条件下完成。因此,需要在研制过程中采用统计试验的方法,及时作出产品维修性是否符合要求的判定,使承制方掌握其产品维修性的真实水平,使订购方能够决定是否接收该产品[8]。

维修性定量指标的试验则属于统计试验,要用正规的统计试验方法。在 GJB 2072—1994《维修性试验与评定》中规定了11种方法(表6.1)可供选择。选择时,应根据合同中要求的维修性参数、风险率、维修时间分布假设以及试验经费和进度要求等因素综合考虑,在保证满足不超过订购方风险的条件下,尽量选择样本量小、试验费用省、试验时间短的方法。

6.3.1 实施过程

维修性统计试验的实施流程如图6.2所示。

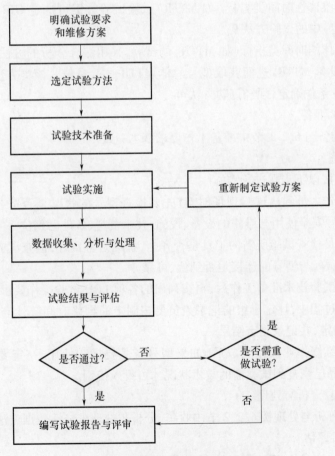

图 6.2 维修性统计验证试验的实施流程

主要试验实施环节如下。

1. 明确试验要求和维修方案

(1)明确试验要求。需要明确型号产品的 MTTR 指标是根据指标分配确定的,还是订购方在研制要求中专门提出的。如果该指标是由订购方专门提出的,还需明确该指标所属的维修级别。另外,根据需要明确规定承制方风险 α 和(或)订购方风险 β,具体数值由双方共同商定。

(2)明确产品的维修方案。对于修复性维修,维修方案主要涉及以下事项。

① 在现场进行产品修复性维修的所有维修工作任务是否都能由现场级维修机构执行。

② 更换的级别,即更换的 LRU 是整机、设备还是组件、模块。

③ 进行修复的项目是单个可更换项目还是成组的可更换项目。

④ 对于成组可更换项目的更换是采取整组更换、还是逐一更换。

⑤ 相应维修级别上所具备的维修保障资源。

⑥ 维修人员的人数和他们的专业及技能水平。

2. 选定试验方法

根据我国型号研制的实际情况,通常情况下做好以下工作。

(1)设备的维修性时间类指标(如 MTTR)试验试验方案可选定 GJB 2072—1994《维修性试验与评定》中的试验方法 9。

(2)装备总体的时间类指标(如 MTTR)的试验,采用综合分析的方法,综合各类在现场进行维修的设备 MTTR,进而获取型号总体 MTTR 试验量值。该类方法须根据具体的试验工作需求及条件确定,须经订购方认可。

3. 试验技术准备

试验技术准备与 6.2.1 节中准备工作要求基本一致。

4. 试验实施

MTTR 试验按以下步骤进行实施。

(1)试验操作人员到达试验现场时,首先要检查型号的状况是否符合试验规定的技术状态,保证型号安全使用与维修的设备、设施、技术资料、备件已到位。

(2)操作人员检查试验所需的工具是否齐全,状况是否良好;检查试验所需维修设备技术状况是否良好,与型号的连接是否到位、可靠。

(3)在完成试验技术准备工作后,再按列出的各项 LRU 试验操作要求进行操作。

(4)在操作过程中,评定小组的记录人员要按制定的维修时间统计准则,进行各项维修活动时间的测定,并记录测定结果。

(5)在每次维修作业操作完成后,如果型号产品要投入使用,一定要经过严格的复查,确保型号产品已恢复到试验前的技术状况才可投入使用。

5. 数据收集、分析与处理

数据收集、分析与处理按 6.2.2 节中收集、分析与处理维修性数据方法进行。

6. 试验结果评估

计算统计量时,将各 LRU 测定的 T_{ct} 值用符号 T_{cti}(一项完整的修复性维修作业时间

T_{ct})表示,维修作业样本量用 n_c 表示,产品 MTTR 的样本均值为

$$\bar{T}_{ct} = \sum_{i=1}^{n_c} T_{cti}/n \tag{6.1}$$

样本方差为
$$S_{ct}^2 = \sum_{i=1}^{n_c} (T_{cti} - \bar{T}_{ct})/(n_c - 1) \tag{6.2}$$

产品 MTTR 试验结果按下列判断规则,如果满足下式则产品 MTTR 符合要求而接收,否则拒绝,即

$$\bar{T}_{ct} \leqslant T_{ct} - Z_{1-\beta}(S_{ct}^2/\sqrt{n_c}) \tag{6.3}$$

式中:T_{ct} 为合同中规定的平均修复时间;$Z_{1-\beta}$ 为对应下侧概率 $1-\beta$ 的标准正态分布分位数;β 为订购方风险。

对于平均预防性维修时间,一般采用点估计方法。按下式计算平均预防性维修时间的样本均值 $\bar{T}_{pt}$ 可表示为

$$\bar{T}_{pt} = \frac{\sum_{i=1}^{m} f_{Ri} T_{pti}}{\sum_{i=1}^{m} f_{Ri}} \tag{6.4}$$

式中:m 为全部预防性维修的类型数;f_{Ri} 为在规定的期间内发生的预防性维修作业预期数。

对平均预防性维修时间,若 $\bar{T}_{pt} \leqslant T_{pt}$(合同规定的平均预防修维修时间),则符合要求而接收,否则拒绝。

7. 编写试验报告及评审

(1)编写试验结果报告。试验评定组编写产品维修性试验结果报告,报告的格式与内容一般应参照型号鉴定定型文件的要求编写,并向有关部门提交最终试验报告。报告至少应包括:试验的目标、方法、实施过程、试验数据处理与试验的结论等。

(2)评审。在试验工作结束后,应按照型号维修性试验大纲的要求进行评审。根据试验工作的需要,也可以安排阶段性的结果评审。评审的主要内容(但不限于)如下:试验工作的全面完成情况;试验与评定信息的准确性与完整性;信息分析、处理的合理性;最终试验报告的内容及结论的正确性。

6.3.2 注意事项

(1)试验应制定必要的管理制度,严格遵守,以保证 MTTR 试验工作有序进行。

(2)如果采用与其他工程试验相结合的方式开展 MTTR 试验,则需要特别注意维修操作安全。在进行故障注入时必须将安全问题放在首位,如果存在着安全隐患,则取消该项试验操作。

(3)如果采用故障注入的方法,则一定要保证注入故障的人员与维修人员相互"隔离",以保证故障定位、隔离的时间尽量准确。

(4)MTTR 试验应尽可能与测试性试验、保障资源评价结合开展。

(5)试验的方案、实施、结论均需要得到订购方的认可。

(6)进行试验时,严格按照该型号维修技术文件规定的操作程序进行操作;使用该型号维修保障方案中规定的工具和设备;指定专人负责核查操作人员实施维修活动的正确性;操作中严禁强行拆卸与安装;在操作中有可能造成产品的损伤时,必须有可靠的安全措施;在操作中有可能造成产品损坏或危及人员安全的操作时,必须经过全面细致的分析与论证并确认有必要的情况下,经试验领导小组批准且有确实的安全保障条件下才可以进行;否则,该项操作不予进行。

6.3.3 实例分析

下面以 F-16 战斗机的火控雷达设备为例说明统计试验方法的应用。

1. 产品简况

F-16 战斗机的火控雷达设备是 F-16 火控系统的心脏部分。雷达为飞机提供空对空和空对地两种作战模式。

2. 明确试验要求和确认产品技术特性

1)明确试验要求

根据美空军与威斯汀豪斯电气公司签订的研制合同规定,雷达在基层级的 MTTR ≤ 0.5h,即规定的平均修复时间。

按合同规定,订购风险 $\beta = 0.05$。

2)确认产品技术特性

(1)设备组成及安装。提供试验试验的雷达是装机使用的雷达,其技术状态符合研制合同中规定的要求。

F-16 战斗机的火控雷达设备由 6 个基层级 LRU 组成,分别是天线、发射机、低功率射频组件、雷达计算机、处理机和雷达控制面板。各个 LRU 的内部组成及相互间的连接关系如图 6.3 所示,一条数字式多路总线提供雷达计算机与其他 LRU(数字式信号处理机除外)的接口;数字信号处理机通过一条独立的高速数据总线与雷达计算机相连。除雷达天线和控制面板两个 LRU 外,其余 LRU 均做成抽屉式盒形件结构形式。

雷达在飞机上的安装位置,除雷达控制面板安装在驾驶舱外,其余 5 个 LRU 都安装在飞机头部,站在地面就可接近,如图 6.4 所示。

(2)故障诊断方式。F-16 战斗机的火控雷达设备故障诊断采用 BIT,其工作方式主要有三种。

① 加电机内测试(Power-u PBIT):当各 LRU 加电后,自动进行测试,用来确认设备是否处于完好状态。

② 操作员启动机内测试(OI-BIT):由设备操作员(维修人员)启动,进行检测时要求设备中断工作,用来进行故障检测与隔离,或确认设备处于完好状态。

③ 连续机内测试(CTN-BIT):飞行员对设备进行连续监视和周期性检测,确认设备是否工作在容许范围内,这种检测不中断设备正常工作。

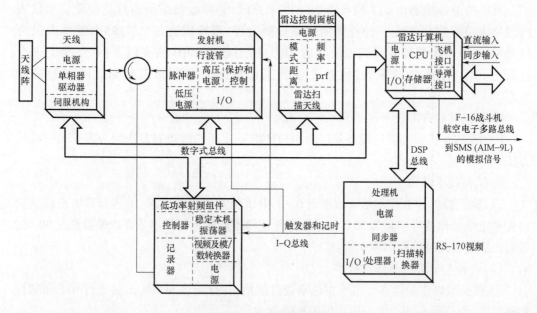

图 6.3　火控雷达组成

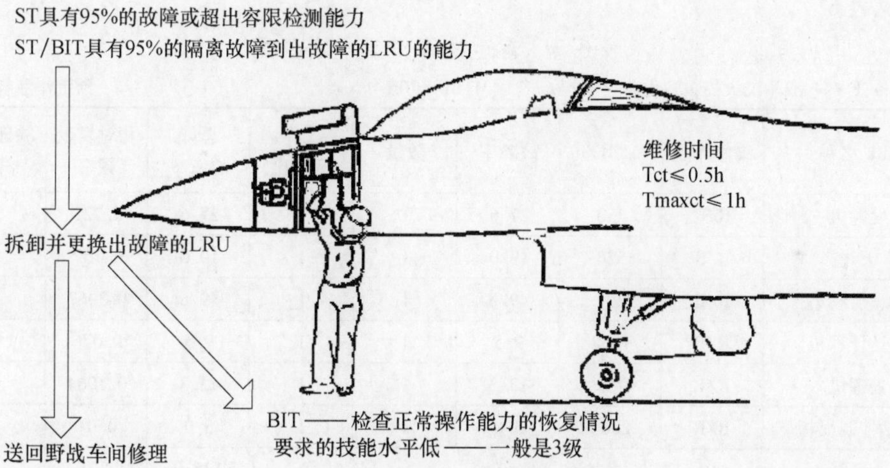

图 6.4　雷达基层级维修方案

(3) 相关的可靠性技术特性。设备已进行了可靠性鉴定试验,可靠性指标已达到研制合同规定的要求。试验得出的可靠性数据如下。

雷达的 MTBF = 70h；各 LRU 的平均故障间隔时间分别：天线为 350h、发射机为 526h、低功率射频组件为 201h、雷达计算机为 1052h、处理机为 752h、雷达控制面板为 2040h。

3. 确认维修方案

某型雷达按三级维修体制进行维修,其基层级的维修方案如图 6.4 所示。

雷达在基层级的修复工作由一名具有技能等级为三级的雷达专业维修人员就可完成,其修复性维修工作如下：

雷达的故障检测由 BIT 的自检测(ST)来完成,并将检测结果通过驾驶舱显示仪表向维修人员报告。ST 是一种连续的故障检测过程,当检测到一个故障后,维修人员再启动 OI-BIT,将故障隔离到出故障的 LRU,然后将此 LRU 从飞机上拆下,换上一个良好的 LRU,在重装完毕后,检查设备的工作情况并判断其恢复到故障前的完好状态。

4. 选定试验方案

F-16 战斗机火控雷达设备基层级 MTTR 指标验证的试验方案选定为表 6.1 中试验方法 9。

5. 试验技术准备

(1)确定维修作业样本量。根据表 6-1 中试验方法 9 的要求,雷达 MTTR 指标试验预先确定维修作业样本量为 30。如果维修作业样本分配中因样本数需取整数超过 30 时,可将该数定为最终确定的样本量。

(2)选择与分配维修作业样本。

① 选择维修作业样本。由于雷达刚装机使用,并且结合 MTTR 试验进行 BIT 测试性指标试验,维修作业的产生一般用模拟故障方式。

② 分配维修作业样本。将预先确定的维修作业样本量分配到雷达的各个 LRU,分配结果见表 6.7。

表 6.7 雷达维修作业样本分配

设备:F-16 战斗机火控雷达设备　　　　　MTBF=70h　　　　　预定作业样本量:30

LRU 名称	维修作业	MTBF/h	故障率	数量	工作运行比	总计故障率	相对发生频率	验证分配的样本数
发射机	R/R	350	27.6	1	1	27.6	0.227	7
天线	R/R	526	19.0	1	1	19.0	0.152	5
低功率射频组件	R/R	201	49.6	1	1	49.6	0.3967	12
雷达计算机	R/R	1052	9.5	1	1	9.5	0.076	2
处理机	R/R	752	13.3	1	1	13.3	0.1064	3
雷达控制面板	R/R	2000	5.0	1	1	5.0	0.04	1
共计						125.0	1.0	30

注:故障率的单位是用万时率(每 10^4 h 的故障数)。

根据维修作业样本分配结果,最终确定维修作业样本量为 30。

③ 制定维修时间统计准则。维修时间统计准则在制定过程中要结合雷达工作的特点,对雷达基层级修复性维修工作的各项时间要素作出明确的说明,如准备时间中不应包括雷达接通电源后栅控行波管灯丝达到工作温度的时间等。有关内容在此不详细列出。

④ 制定维修信息收集表格。维修信息收集表格的格式和内容参照表 6.4 和表 6.5 制定。

⑤ 制定试验实施工作计划。F-16 战斗机火控雷达设备试验试验实施工作安排见表 6.8。

表6.8 雷达试验工作安排

序号	LRU名称	模拟的故障及编号	序号	LRU名称	模拟的故障及编号
1	低功率射频组件	断路(7)	16	天线	失效元件(19)
2	低功率射频组件	断路(3)	17	低功率射频组件	断路(10)
3	天线	断路(13)	18	发射机	失效元件(22)
4	发射机	断路(20)	19	低功率射频组件	断路(9)
5	雷达计算机	失效元件(25)	20	发射机	失效元件(21)
6	低功率射频组件	失效元件(1)	21	天线	断路(17)
7	雷达控制面板	弹簧折断(30)	22	处理机	失效元件(27)
8	低功率射频组件	断路(12)	23	低功率射频组件	失效元件(2)
9	发射机	断路(16)	24	雷达计算机	失效元件(26)
10	低功率射频组件	失效元件(5)	25	天线	断路(15)
11	低功率射频组件	断路(6)	26	发射机	断路(23)
12	处理机	失效元件(27)	27	处理机	失效元件(29)
13	发射机	断路(24)	28	低功率射频组件	失效元件(4)
14	低功率射频组件	失效元件(11)	29	发射机	失效元件(17)
15	天线	断路(14)	30	低功率射频组件	断路(7)

6. 试验的实施

雷达设备MTTR指标验证试验,按规定程序进行。

7. 数据分析与处理

维修性试验的数据记录(部分)见表6.9。

表6.9 修复性维修作业时间记录表(部分)

设备名称:F-16战斗机火控雷达设备

LRU名称	维修人数	维修活动时间							维修作业时间
		准备	故障隔离	接近	更换	组装	调准	检验	
低功率射频组件	1	3min 27s	15s	35s	4min 43s	45s	不需要	5min 37s	15min 23s
天线	1	3min 25s	15s	32s	5min 22s	46s	不需要	5min 37s	15min 37s

操作人员: 专业:雷达 故障诊断方式:BIT√ STE GTE NO
记录人员: 故障注入人员:

8. 试验结果与评估

(1)试验结果汇总。F-16战斗机火控雷达设备共进行30次试验,其结果汇总见表6.10。

表 6.10　雷达试验结果汇总表

设备名称:F－16 战斗机火控雷达设备

LRU 名称	分配的样本数	试验序号	MTTR 测定值	LRU 名称	分配的样本数	试验序号	MTTR 测定值
低功率射频组件	12	(1)	15min37s	发射机	7	(4)	15min22s
		(2)	15min29s			(9)	15min21s
		(6)	15min35s			(13)	15min27s
		(7)	15min29s			(17)	15min22s
		(10)	15min31s			(20)	15min23s
		(11)	15min32s			(26)	15min22s
		(14)	15min30s			(29)	15min20s
		(17)	15min27s	处理机	3	(12)	15min35s
		(19)	15min29s			(22)	15min36s
		(23)	15min34s			(27)	15min34s
		(27)	15min27s	天线	5	(3)	16min10s
		(30)	15min23s			(15)	16min7s
雷达计算机	2	(5)	15min45s			(16)	16min7s
		(24)	16min			(21)	16min5s
雷达控制面板	1	(7)	22min17s			(25)	16min2s
				雷达			15min50s

注:表中"试验序号"是指表 6.8 某型雷达试验工作安排中所列的"序号"。

(2) 计算下列统计量。

① 雷达设备的平均修复时间 $\bar{T}_{ct}$,按式(6.1)计算:

$$\bar{T}_{ct} = \sum_{i=1}^{n_c} \frac{T_{cti}}{n} = 15.73\text{min}$$

② 样本的方差值 S_{ct}^2,按式(6.2)计算:

$$S_{ct}^2 = \sum_{i=1}^{n_c} (T_{cti} - \bar{T}_{ct})^2 / (n_c - 1) = \frac{44.999}{29} = 1.55$$

③ 评估。雷达设备的 $\bar{T}_{ct}$(MTTR)按式(6.3)进行评估:

$$T_{ct} - Z_{1-\beta}(S_{ct}^2/\sqrt{n_c}) = 30 - 16.5 \times (1.55/5.47) = 29.6\text{min}$$

雷达设备的 $\bar{T}_{ct}$ 为 15.73min,小于 29.6min 的要求,验证通过。

6.4　维修性演示试验与评定方法

产品的维修性应当通过实际使用中的维修实践来进行考核、评定。然而这种考核评定又不可能都在完全真实的使用条件下来完成。因此,需要在研制过程中采用统计试验的方法,及时作出产品维修性是否符合要求的判定,使承制方掌握其产品维修性的真实水平,使订购方能够决定是否接收该产品。

维修性演示试验是一种按照规定的要求与程序进行维修过程操作的试验方法。对于修复性维修,是假定有故障需进行维修并按规定的维修工序进行操作;对预防性维修,是按规定程序进行操作的。维修性演示试验用于状态鉴定试验阶段和部队试用阶段因条件不允许无法采用大量样本实施统计试验的情况,如无法进行故障模拟产生足够样本、预防性维修等。

6.4.1 实施过程

维修性演示试验按以下步骤进行。

(1)演示试验操作人员到达试验现场时,首先要检查装备的状况是否符合试验规定的技术状态,保证装备安全使用与维修的设备和设施已到位。

(2)操作人员检查演示试验所需的工具是否齐全,状况是否良好;检查演示试验所需维修设备技术状况是否良好,与装备的连接是否到位并可靠。

(3)在进行完(1)、(2)项工作后,再按预定列出的各项 LRU 演示试验操作要求进行演示操作。

(4)在演示操作过程中,记录人员要按制定的维修时间统计准则进行各项维修活动时间的测定,并将测定结果填入表6.4的相应维修活动框内。

(5)在每次维修作业演示操作完成后,如果装备要投入使用,一定要经过严格的复查,确认装备已恢复到演示试验前的技术状况才可投入使用。

对于平均预防性维修时间来说,由于不存在故障模拟等内容。因此,比较适合采用演示的方法进行试验,其试验工作流程如图6.5所示。

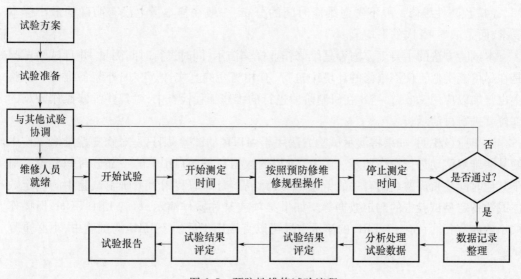

图 6.5 预防性维修试验流程

预防性维修试验具体步骤如下。
1. 试验方案
明确所有预防性维修的工作项目、工作项目的发生频数对于制定预防性维修试验方案而言至关重要。

2. 试验准备

准备工作包括如下内容：

(1)技术准备,除"分配作业样本"外,其他项目均需要执行。对于每项预防性维修作业,建议试验3~5次。

(2)明确产品特性,包括其组成、结构、装配连接关系等。

(3)各种工具、保障设备、设施基本到位。

(4)维修人员应具备维修方案中所确定的基本维修技能。

3. 协调

协调主要指应与装备的其他试验、使用情况进行协调,以保证试验工作开展的顺利,提高数据的有效性。

4. 时间统计原则

与MTTR的试验工作相比,其中更换、组装、校准等工作内容基本相同,在平均预防性维修时间中不含有故障隔离定位的部分。此外,对于规程中所规定的诸如目视检查、润滑等操作直接记录其消耗时间,作为一项要素累计入预防性维修时间测定值中。

预防性维修与修复性维修试验工作相比较,主要区别如下。

(1)预防性维修试验需要完成全部的预防性维修工作内容,即预防性维修具体的工作项目、内容是已知的,而修复性维修则要完成排故的目标。

(2)预防性维修试验工作中不需要模拟故障。

(3)在试验中,每次一般外观检查或定期检查,都当作独立的预防性维修作业;在检查中所进行的修理应作为独立的修复性维修作业处理。

(4)预防性维修一般不考虑维修时间的分布,一般在样本量上没有明确的最小样本要求,而是取3~5次的平均值。

本试验方法的主要工作内容是维修作业操作演示,同时进行时间测量,并且试验试验是在尽可能类似于使用维修的环境中进行,有相当高的真实性。在国外装备维修性试验中也曾加以应用,如 AV-7B 在研制阶段进行的维修工程检查中,对某些维修操作困难的部位就进行过演示。

这里应该说明,如果将演示试验方法用于MTTR的试验,则只是对修复性维修工作中的某些维修活动进行操作演示。因此,所得的数据只是MTTR中的一部分时间要素。对于其他时间要素需要利用有关的信息,如故障隔离时间需利用BIT研制试验中的测定数据或装备定型试验中的测定数据等。如果某项或某些操作演示,尽管LRU不同,但操作演示的内容相同,前一个LRU的演示结果可以直接用于后一个LRU的试验中,不必重复试验。

6.4.2 注意事项

根据实际情况,恰当地应用相关标准,对于经济而有效地完成维修性试验与评价工作是至关重要的。在应用有关的标准时,应注意处理好以下几个问题。

(1)注意类似名目的工作内容在不同国军标中可能有一定差异,要避免造成混淆。例如,在 GJB 2072—1994《维修性试验与评定》中,构成维修性试验与评价的三类方式之一的"维修性评价"指的是"确定装备部署后的实际使用、维修及保障条件下的维修性"的一种评价方式。在 GJB 368B—2009《装备维修性工作通用要求》中的工作项目 501"使用期间维修性评价",指的是"确定装备在实际使用条件下达到的维修性水平"的工作。

(2)在开始试验前,切实按 GJB 368B—2009《装备维修性工作通用要求》附录 A 中述及的各项基本规则做出明确的规定,其中的关键事项是对于记录的维修作业时间的认定和区分与处理。

(3)维修性试验与评价是一项相当细致而繁杂的工作,对通过试验所获得的数据进行处理与分析也需要相当大的工作量。有时,从工程实际考虑,要在保持一定可信和可接受程度的前提下做适当的简化处理,而 HB 7177—1995《军用飞机可靠性维修性外场验证》则提供了较为简捷的处理方法,可以参照应用。

(4)定性的维修性评价是对定量的维修性评价的不可或缺的补充,因此应认真制定进行定性评价的维修性核对表并切实地对照核查。但应注意的是,维修性核对表不应是维修性设计准则的简单重复,而应是设计准则的更进一步的细化。以可达性为例,设计准则中可能仅提出"应具有最大可能的可达性",而与之对应的核对表中则可能进一步从不同的角度列出若干项条目。

习 题

1. 维修性试验与评定的主要目的是什么?有何作用?
2. 维修性试验与评定的通常在何时进行,有哪些试验方法?
3. 维修性试验与评定实施阶段的主要工作有哪些?
4. 如何保证维修性试验与评定正确进行?

第7章
保障性设计分析与评价

装备投入使用后能否迅速形成战斗力,在平时训练和战时使用中能否发挥其效能,本质上取决于装备系统的保障特性,既要求主装备本身具有便于保障的设计特性,又要求保障系统具有能够对主装备实施及时有效保障的特征,上述特性便是装备系统的保障性。

本章的学习目标是理解保障性概念,学会保障性定性要求和定量要求;理解装备完好率和战斗出动强度的建模方法,会瞬时可用度的计算方法,掌握稳态可用度;理解以可靠性为中心的维修分析,学会修理级别分析,掌握使用与维修工作分析;理解维修人员、保障设备的规划与配置,会保障装备规划与配置,掌握备件规划与供应;了解保障性试验与评价的目的、时机与内容。

7.1 保障性概念及要求

7.1.1 保障性概念内涵

1. 保障性

GJB 3872—1999《装备综合保障通用要求》中将"保障性"定义为:装备的设计特性和计划的保障资源能满足平时战备和战时使用要求的能力。该定义涉及了5个方面的名词概念:装备、平时战备要求、战时使用要求、装备的设计特性与计划的保障资源。

1)装备

这里的"装备"应该是装备系统的范畴,不仅包括实施作战行动的主战装备,还包括保障作战行动的保障装备、设备、器材、弹药等。主战装备本身并不具备持续的作战能力,还必须依靠由保障装备、设备、器材、弹药和人员等资源通过有机的管理所形成的保障系统,即保障资源的有机组合,从而对主战装备提供及时有效的保障。装备要完成规定的作战与使用功能,就必须依靠与主战装备相匹配的保障系统,二者有机组合起来才能形成装备系统。

2)平时战备要求

战备是指为应付可能发生的战争或突发事件而在平时进行的准备与戒备,这些准备与戒备包括训练、战备值班等。平时战备要求经常用战备完好性来衡量。战备完好性是指装备在使用环境条件下处于能执行任务的完好状态的程度或能力。战备完好性强调的是装备完好能力,即计划的保障资源能使装备随时执行任务的能力。

3) 战时使用要求

战时使用是指作战任务对装备的使用要求,包括作战期间装备执行作战相关任务以及作战演习。战时使用要求经常用任务持续性来衡量。任务持续性是指装备能够持久使用的能力,强调的是装备战时作战(含演习)任务的持续能力,即计划的保障资源能保证装备达到要求的出动强度(如出动率)或任务次数的持续时间。如果给定出动强度或任务次数的持续时间,则该要求指的是需要计划多少保障资源。

4) 装备的设计特性

保障性定义中所涉及的设计特性,是指与装备使用和保障相关的、由设计赋予装备的固有属性。总体上,可以将装备保障设计特性分成两类:一类是与装备使用有关的使用保障特性,用于度量维持装备正常使用功能的保障特性,主要包括使用保障及时性、保障资源的可部署性,装备的可运输性等;另一类是与装备故障有关的维修保障特性,涉及的内容有可靠性、维修性、测试性等。

5) 计划的保障资源

计划的保障资源指的是规划好的保障资源配置,具体包括保障装备所需的人力人员、备品备件、工具和设备、训练器材、技术资料、保障设施、装备嵌入式计算机系统所需的专用保障资源(如软/硬件)以及包装、装卸、储存和运输装备所需的特殊资源等内容。

由以上分析可以看出,保障性是装备系统的固有属性,是装备满足以下两方面要求能力的表征:既能满足平时战备完好性的要求,也能满足战时持续使用的要求。这表明保障性所表征的是装备整体的综合特性,比可靠性、维修性、测试性等特性考虑问题的层次要高,范围要广。

装备满足平时和战时两个方面要求的能力,既是通过装备自身的特性设计得以具备的,也是通过保障系统有计划地提供保障资源得以实现的。保障性的设计工作与可靠性、维修性等工作有所差别,影响保障性的因素很多,包括可靠性、维修性、测试性、生存性、安全性、标准化等。这些特性都是由设计赋予的,意味着必须要通过设计来赋予装备相应的能力。但除了包含装备保障设计特性的工作内容外,保障性的设计工作更需要关注保障系统的规划设计。保障性涵盖了从装备系统、装备特性到具体保障资源等多个层次的内容,必须统筹考虑,从装备自身设计特性和保障系统特性两个方面,开展设计、分析、试验、评价,并充分考虑保障系统与装备设计方案之间的协调,力求实现装备系统层面的最优,才能确保这种特殊的设计要求得以全面地落实。

2. 保障系统

GJB 3872—1999《装备综合保障通用要求》中将"保障系统"定义为:使用与维修装备所需的所有保障资源及其管理的有机组合。仅有保障资源还不能直接形成保障能力,只有通过合理的管理,才能将分散的各种资源有机地组合起来,相互配合形成具有一定功能的系统,充分发挥每种资源的作用。保障系统包括保障资源、保障组织和保障功能三个方面的要素,构成的三维结构如图 7.1 所示。

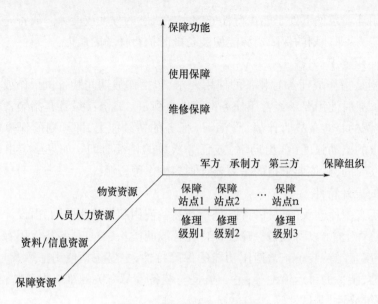

图 7.1 保障系统的三维视图

1) 保障功能

保障系统的功能是要维持装备的正常使用与维修,即要在装备使用时保证装备能够操作动用,在装备故障时能够及时修复装备。

保障系统主要功能分为两类。

(1) 使用保障功能,即在装备储存、运输和使用时,保障系统能够提供相应的保障功能,以保证装备能随时可用。

(2) 维修保障功能,即在装备故障时,保障系统能够为故障的装备提供维修功能,以保持和恢复装备完好的技术状态。

为了确保实现使用与维修保障功能,保障系统需要具备相应的辅助功能,以完成相关的准备工作。

(1) 包装、装卸与运输功能(packaging, handling and stevedoring transportation, PHST)功能,以确保保障资源与待保障装备处于就绪状态。

(2) 训练与训练保障功能,以确保保障人员具有完成任务的技术水平。

(3) 供应保障功能,以实现备件、消耗品的到位就绪。

2) 保障资源

保障资源要素是进行装备使用和维修等保障工作的物质基础。保障资源要素从其性质来看,可分为物资资源、人力资源和信息资源三大类。

(1) 物资资源,包括备件/消耗品、设备/工具和设施。

(2) 人力资源,包括使用与维修装备的人员、训练人员、管理人员、供应保障人员等。

(3) 信息资源,主要是指技术资料类的资源。

3) 保障组织

保障组织要素是指平时和战时装备保障机构的设置。保障组织由保障站点组成,保障站点是完成保障活动的场所。站点又可以包含若干个子站点。例如,军用飞机基层级保障站点,即航空兵场站,由航材、油料、军械、弹药、航空四站等保障子站点构成。因此,保障组织要素是指保障站点或保障子站点。

按照责任主体划分,保障组织要素中的保障站点/子站点可以分为军方、承制方、第三方。不同的责任主体都承担着保障系统组织要素的角色。每个责任主体通常要负责多个站点的保障工作。按维修级别划分,保障组织要素中的站点又可分为两级,即基层级和基地级。

需要注意的是,"保障功能—保障组织—保障资源"这三维结构要想构成一个有机整体,还需要通过保障活动(流程),将三者联系起来。为实现保障系统的功能,需要在相应的保障组织开展相应的保障活动,这些活动在执行时需要使用或消耗一定的保障资源,将相应的保障资源部署到保障组织中,以保证保障系统功能的正常执行。

3. 保障方案

GJB 3872—1999《装备综合保障通用要求》中将"保障方案"定义为:保障系统完整的总体描述。它满足装备的保障要求并与设计方案及使用方案相协调,一般包括使用保障方案和维修保障方案。保障方案事实上是保障系统的信息描述,而保障系统则是保障方案的物质表现形式。

使用保障方案规定了使用保障的工作要求,包括装备使用的一般说明、使用保障的基本原则与要求、动用准备方案、使用操作人员分工和主要任务、使用人员的训练和训练保障方案、能源和特种液补给方案、弹药准备和补给方案等。

维修保障方案规定了维修保障的工作内容。维修保障方案又可分为预防性维修保障方案和修复性维修保障方案。预防性维修保障方案主要包括:需进行预防性维修的产品、预防性维修工作类型及其简要说明、预防性维修工作的间隔期和维修级别。它是编制其他技术文件和准备维修保障资源的重要依据之一。修复性维修保障方案主要包括:进行修复性维修的产品、修理还是报废的决策、如果需要修理在何级别维修。它为确认装备修理需要的保障设备、备品备件和各维修级别的人员需求和训练要求等提供了信息。

保障系统作为复杂的工程系统,其研制需经过论证、设计、生产等寿命周期阶段。作为反映保障系统方案内容的具体文件,保障方案也经历论证、设计、规划等阶段,并与主装备的设计方案、使用方案相协调,及时优化调整,以保证实现最佳的保障效果。因此,根据装备寿命周期阶段的变化,随着主装备技术状态的变化,保障方案的生成也经历了一个动态过程,如图 7.2 所示。

具体变动过程如下。

1) 论证阶段——初始保障方案

在保障系统论证阶段,订购方需根据对装备保障的需求,生成初始保障方案,以明确对保障的重要的、关键的需求。此时的保障系统方案即为初始保障方案。初始保障方案是研究保障问题影响装备设计的基础,也是确定装备的可靠性和维修性指标的重要根据。

2) 方案设计阶段——保障方案

在保障系统方案设计阶段,承制单位须根据初始保障方案,结合使用任务需求以及主装备的设计方案,生成装备的保障方案,即保障系统在主装备设计阶段的设计方案。在此阶段中,保障方案需要明确主要的保障功能、组织以及初步的资源信息,并相继经过备选保障方案与最终优化选定的保障方案等过程。

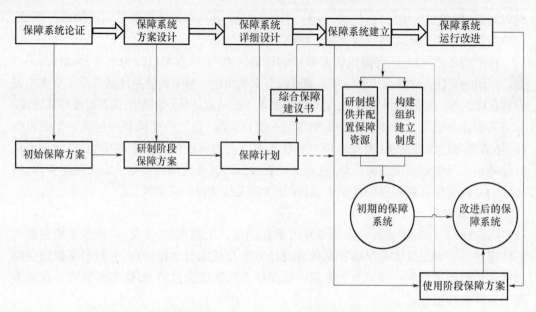

图7.2 保障方案与保障系统寿命周期各阶段的对应关系

3)初步设计与详细设计阶段——保障计划

保障计划是关于装备保障的详细说明,是保障方案内容的细化,具体涉及保障工作的实施、保障资源的配置使用等。在保障系统的详细设计阶段,承制单位细化保障方案,进一步细化使用保障功能,分析维修保障功能、训练与训练保障功能,明确保障资源需求,生成保障计划,即保障系统在此阶段的设计方案,并开展保障资源的研制。此时的保障计划应包括完整、详细的使用与维修保障功能及过程信息,保障资源需求及配置信息,以及训练与训练保障、供应保障功能等信息。

4)生产阶段——综合保障建议书

保障系统研制单位向装备的订购方提出的关于装备列装后如何配置保障资源、建设保障系统的建议。订购方根据自身特点与需求,结合自身现有装备保障系统的情况,对装备综合保障建议书进行调整改进,生成相应的保障方案,并且开展相应的工作,使得保障资源到位、保障组织逐渐构建完成,有机地与现有系统进行融合。综合保障建议书可视为保障系统在此阶段的方案。该建议书应及时提交给订购方,一般不得晚于装备生产阶段。

5)使用阶段——使用阶段的保障方案

装备的使用阶段对应着保障系统建设、运行及持续优化。使用阶段的保障方案刻画了装备在使用过程中如何进行保障的内容。针对不同的任务会有不同的保障方案,也可能会产生不同装备协同保障的内容。例如,针对联合作战、联合军演任务的保障方案等,由于任务模式的变化,使用阶段保障方案比研制阶段保障方案(只考虑单一装备典型任务模式)要复杂得多,其作用也有所区别,后者更多地关注如何从保障的角度来影响装备设计、保障系统研制与规划等。此时,使用阶段的保障方案仍然是保障系统的描述,只是其组织关系相对复杂、保障功能更加复杂。

4. 综合保障

GJB 3872—1999《装备综合保障通用要求》中将"综合保障"定义为:在装备的寿命周

期内,为满足系统战备完好性要求,降低寿命周期费用,综合考虑装备的保障问题,确定保障性要求,进行保障性设计,规划并研制保障资源,及时提供装备所需保障的一系列管理和技术活动。

综合保障与保障性,从定义上看是不同的,但又有联系。保障性是装备系统的一种特性,是装备与保障有关的设计特性和保障系统特性的综合,强调装备要容易保障并能得到保障;综合保障是围绕保障性目标而开展的一系列管理和技术活动,其主要目的有两个:对装备设计施加影响,使装备设计得易于保障;在获得装备的同时,提供经济有效的保障资源并建立保障系统。显然,装备的保障性是通过开展装备综合保障工程来落实的。

为了实现上述目的,装备综合保障工程主要完成如下任务。
(1)提出科学合理的装备保障性要求。
(2)有效地将保障考虑纳入装备系统设计。
(3)规划并获取所需的保障资源。
(4)在使用阶段以最低的费用对装备实施保障。

7.1.2 保障性定性要求

与装备可靠性、维修性等设计特性相似,装备的保障性要求也包括定性要求和定量要求两个方面。对那些不能量化的保障性要求,即难于规定定量的指标、验证方法时,需规定定性要求[9]。

保障性定性要求一般包括针对装备系统、与保障有关的设计、保障系统及其保障资源等方面的非量化要求。装备系统的定性要求主要是指模块化、通用化、标准化等原则性要求。与保障有关的设计方面的定性要求主要是指可靠性、维修性、运输性的定性要求和需要纳入设计的有关保障考虑。例如,发动机的设计要便于安装和拆卸、坦克火炮身管要能在战场条件下快速更换等,同时还应包括保障装备充、填、加、挂等使用工作所需的非量化的设计要求。例如,要求尽量选用通用的燃油和润滑油(脂)、加油口盖的设计要考虑消沫功能等。保障系统及其保障资源的定性要求主要是指在规划保障时要考虑、要遵循的各种原则和约束条件,如:对维修方案的各种考虑、对维修级别及各级维修任务的划分等。保障资源的定性要求主要是规划保障资源的原则和约束条件,这些原则取决于装备的使用与维修需求、经费、进度等,如保障设备的定性要求包括:应尽量减少保障设备的品种和数量,尽量采用通用的、标准化的保障设备,尽量采用现有的保障设备,采用综合测试设备等。

此外,当有特殊任务要求时还应考虑特殊的定性要求,主要是指装备执行特殊任务或在特殊环境下执行任务时,对装备保障的特殊要求。例如,飞机在高原地区作战使用时对设计和保障的特殊要求,装备在核、生、化等环境下使用时对设计和保障的要求等。

不同的装备有不同的保障性定性要求,应根据装备的性能与任务、结构特点、工作方式、使用要求、维修方案及验收准则提出适用的定性要求。以军用飞机为例,主要的保障性定性要求如下。

（1）军用飞机的保障性设计要贯彻标准化、系列化、通用化的原则，以减少保障资源品种、规格要求，减少保障规模。

（2）尽可能采用机载制氧、制氮等技术，提高飞机自主保障能力，以减少对保障系统的依赖。

（3）维修人员不用工具或仅用很少的工具就可以完成飞机日常检查工作。

（4）根据保障性分析结果和相似装备的使用经验，制定飞机随机备件清单和初始备件清单，对于有毒、易燃易爆、贵重、需专门订货或超长供应时间的备件、消耗品需在清单中予以标明。

（5）维修保障设备和工具应随飞机同步研制，一线维修保障设备和工具随机交付，二线维修保障设备应同步研制，在飞机状态鉴定时达到可订货状态，保障设备维修应便捷，只需要少量的保养、调整等工作。

（6）飞机交付部队时，同步提交飞机使用、维修、保障所需的成套纸质技术资料和清单，以及交互式电子技术手册，各类技术资料的内容要与所交付飞机的技术状态一致。

（7）飞机到交付部队前，要对部队使用、维修保障人员进行初始训练。研制单位要制定好训练计划，编好训练教材，研制出教具和训练器材等。

（8）飞机的使用、维修保障人员的数量与编配，尽可能与部队现有的编制、专业划分相一致。

（9）尽量利用部队原有的保障设施，或尽可能在原有设施上改造，以适应飞机保障需求；需要新设计的保障设施，应提前提供设计图纸及要求。

（10）对于软/硬件相结合的系统或设备，应考虑软件的维护、升级和后续保障需求，并规划相应的保障资源。

7.1.3 保障性定量要求

保障性定量要求应是可度量、可验证的，一般用保障性定量参数及其量值来规定的。由于保障性是一种要在使用环境中才能得以检验的一种特性，即从任务需求出发，提出保障性指标要求的使用值，而进行保障性评估时又是验证其使用值。因此，这些参数的指标要用使用参数的量值表示，并可根据合同和设计的需要转换为承制方可控制的合同参数量值[10]。

不同种类的装备有不同的保障性定量参数，应根据装备功能与任务的特点、工作方式、使用要求、维修方案及考核与验证的方法选择适用的参数。以军用飞机为例，其常用的保障性参数及适用范围见表7.1。

保障性参数一般包括保障性综合参数、有关保障性设计特性参数和保障系统与保障资源参数。

1. 保障性综合参数

保障性综合参数是综合衡量装备系统保障性优劣的一些参数，体现了军方对装备保障的总体期望，分为以下三类。

表 7.1 军用飞机常用的保障性定量要求

参数类型	参数名称	适用范围						参数类型	
		装备系统	飞机整机	发动机	机载分系统	机载设备	零部件	使用参数	合同参数
综合	使用可用度	☆						√	(√)
	出动架次率	☆						√	
	再次出动准备时间	☆						√	(√)
保障系统	平均保障延误时间	☆						√	(√)
	保障设备利用率	○						√	
	保障设备满足率	☆						√	
	备件利用率	○						√	
	备件满足率	☆						√	

注:☆表示优先选用;○表示选用;√表示适用;(√)表示同时适用。

1) 战备完好性参数

装备系统常用的战备完好性参数有:使用可用度、能执行任务率、出动率(如出动架次率、出航率)和储存可用度等。其中:使用可用度是各类装备普遍使用的战备完好性参数,可用于平时,也可用于战时;能执行任务率和出动率主要用于衡量战时装备的出动强度的大小;储存可用度主要是衡量大部分寿命剖面处于储存状态的一次性武器,如导弹、炮弹及火工品等。

对于飞机而言,出动架次率是战斗出动强度的反映,也是一类任务持续性的度量参数。其度量方法为:在规定的使用及维修保障方案下,每架飞机每天能够出动的次数,也称单机出动率或战斗出动强度。

2) 战斗准备时间参数

战斗准备时间是装备接到战斗命令到投入战斗的准备时间,或前次战斗结束返回到再次出动的准备时间。战斗准备时间的长短也反映装备保障性水平。如果装备具有自保障设计,则可以大大缩短战斗准备时间。

不同种类的装备战斗准备时间参数的差异较大,常用的战斗准备时间参数有:再次出动准备时间、转入战斗的准备时间(如由行军状态转入战斗状态的时间、由二等战备转为一等战备的时间)等。

3) 寿命周期费用参数

寿命周期费用是从装备的费用效能的角度衡量装备的保障性水平,特别是使用与保障费用的高低直接反映了需保障的工作量大小。寿命周期费用参数可作为指标要求或约束条件。

主要的寿命周期费用参数包括:寿命周期费用、论证与研制费、购置费、使用与保障费、退役处置费等。根据需要,也可以进一步分解上述主要寿命周期费用单元,提出下一层的寿命周期费用参数。

2. 有关保障性设计特性参数

有关保障性设计特性参数是指仅受主装备设计影响的保障性设计特性参数,主要有可靠性、维修性、测试性及运输性等设计特性参数。可靠性、维修性参数前文已经阐述,这里主要介绍测试性、运输性等设计特性参数。

1）测试性参数

测试性表现为能否及时、准确地确定装备的工作状态（可工作、不可工作或工作性能下降）并隔离其内部故障。它直接影响了故障的检测、定位与隔离的时间，从而影响维修时间。

常用的测试性参数有：故障检测率（fault detection rate，FDR）、故障隔离率（fault isolation rate）、虚警率（false alarm rate，FAR）、故障检测时间（fault detection time，FDT）、故障隔离时间（fault isolation rate，FIT）等。

2）运输性参数

运输性表现为装备依据牵引、自行或利用各种运输工具实现转移的能力，也直接影响装备的保障能力。常用的运输性参数有：运输重量、运输尺寸（长、宽、高）、所需的基本运输单位数（如几个航空方舱）、运输动态极限参数（如振动的频率与强度、冲击加速度）等。

3. 保障系统与保障资源参数

保障系统与保障资源参数，都从资源的角度来影响保障性水平。其主要差别是前者是保障系统或多项保障资源的综合影响，后者则是单个保障资源要素的影响。

1）保障系统参数

主要的保障系统参数有：平均保障延误时间（mean logistics delay time，MLDT）、备件更换维修周转时间、各维修级别故障修复百分数、机动转移时保障资源的运输量等。其中，资源的运输量常采用保障规模来表征。保障规模是单次运输人力人员、备件消耗品、设备和技术资料所需的某型运输工具的数量。例如，为保障24架飞机的转场执行一个月的战备任务，平均每架飞机飞行时间不低于60飞行小时，所需运输量不超过12架次伊尔-76飞机的总运量。

2）保障资源参数

主要保障资源参数有：随装工具数量与重量；各维修级别器材库存量、各维修级别保障设备利用率和满足率；各维修级别备件利用率和满足率；各维修级别保障设施利用率；器材（备件）携运基数（随装备件基数、战时小修器材基数等）；使用人员数量、技能等级与培训率；各维修保障机构维修人员数量、技能等级（按专业职务）与培训率；技术资料的种类、数量与差错率等。

7.2 保障性建模

这里主要针对常见的保障性参数，即可用度、装备完好率、战斗出动强度，介绍其计算方法。

7.2.1 可用度

可用性是产品在任一随机时刻需要和开始执行任务时，处于可工作或可使用状态的程度。可用性的概率度量称可用度。

1. 时间的分解

可用度首先涉及装备的各时间区段到底是处于可用,还是不可用状态。因此,需要明确装备配发部队投入服役的在编期内的时间分解,如图7.3所示。

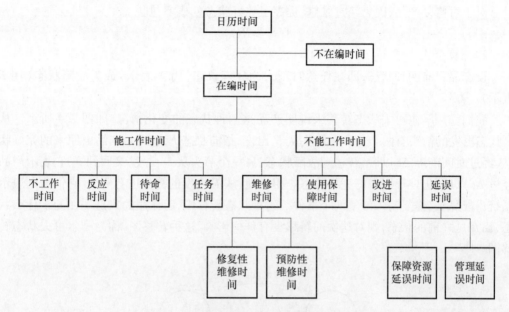

图7.3 装备服役期后总日历时间分解示意图

总日历时间包括在编时间和不在编时间。在编时间是指产品处于列编的时间;不在编时间是指把装备处于较长时间的储存(如战备封存)、运输及闲置。在编时间包括能工作时间和不能工作时间两个部分。

(1)能工作时间。能工作时间是指产品处于执行其规定功能状态的在编时间。可分解为不工作时间、反应时间(从不工作状态转入工作状态所需的时间)、待命时间(从准备好随时可执行其任务到开始执行任务的等待时间)、任务时间。

(2)不能工作时间。不能工作时间是指产品处于列编,但不处于执行其规定功能状态的时间。不能工作时间又可分解为维修时间、使用保障时间(为产品的使用提供保障以确保其完成规定的任务所用的时间)、改进时间(为改善产品特性或增加新的特性而对其进行更改所用的时间)、延误时间(由于保障资源补给或管理原因未能及时对产品进行保障所延误的时间)。

2. 瞬时可用度

1)瞬时可用度的定义

产品在规定的使用条件下,由 $t=0$ 时是完好状态,到任意时刻 t 仍处于完好状态的概率,称为瞬时可用度,记为 $A(t)$。

设

$$X(t) = \begin{cases} 0(\text{表示}\ t\ \text{时刻为完好状态}) \\ 1(\text{表示}\ t\ \text{时刻为故障状态}) \end{cases} \tag{7.1}$$

则
$$A(t) = P\{X(t) = 0\} \tag{7.2}$$
对于不可修产品,则
$$A(t) = R(t) = P\{X(t) = 0\}$$
对于可修复产品,因为经过维修,提高了完好状态的概率,则
$$A(t) \geqslant R(t)$$

2) 计算公式

设产品只有两种状态,即在任意时刻 t,为完好状态(用 N 表示)或为故障状态(用 F 表示)。

我们应用马尔可夫状态转移来说明产品这两种状态的变化情况,如图 7.4 所示。从 N 状态出发的箭头有两个。一个箭头从 N 出发,指向状态 F,它表示产品由原来的完好状态,经过时间间隔 Δt 以后,转移到故障状态;另一个箭头从 N 出发,又回到 N,它表示产品经过 Δt 以后,仍处于原来的完好状态。相应地,从 F 出发的箭头也有两个,它们分别表示系统出故障后,修复与未修复两个事件。这种状态转移中,起作用的只是现在处于什么状态,而在这之前的状态,则对这次的转移没有任何影响,这种转移图,称为马尔可夫状态转移图。

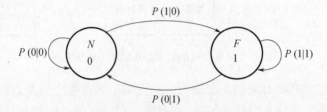

图 7.4 马尔可夫状态转移图

设产品由完好到故障和由故障到完好的时间,均服从指数分布,故障率和修复率分别为 λ 和 μ,按式(7.1)的规定,定义下述条件概率:
$$\begin{cases} P[X(t+\Delta t) = 1 | X(t) = 0] = P(1|0) \\ P[X(t+\Delta t) = 0 | X(t) = 0] = P(0|0) \\ P[X(t+\Delta t) = 0 | X(t) = 1] = P(0|1) \\ P[X(t+\Delta t) = 1 | X(t) = 1] = P(1|1) \end{cases}$$
则
$$\begin{cases} P(0|0) = R(\Delta t) = e^{-\lambda \Delta t} = 1 - \lambda \Delta t + o(\Delta t) \\ P(1|0) = 1 - R(\Delta t) = \lambda \Delta t + o(\Delta t) \\ P(0|1) = M(\Delta t) = 1 - e^{-\mu \Delta t} = \mu \Delta t + o(\Delta t) \\ P(1|1) = 1 - \mu \lambda \Delta t + o(\Delta t) \end{cases}$$

应用全概率公式,有
$$P[X(t+\Delta t)] = P[X(t)=1]P[X(t+\Delta t)=0|X(t)=1]$$
$$+ P[X(t)=0]P[X(t+\Delta t)=0|X(t)=0]$$
$$A(t+\Delta t) = [1-A(t)]\mu \Delta t + A(t)[1-\lambda \Delta t] + o(\Delta t)$$

即
$$\lim_{\Delta t \to 0} \frac{A(t+\Delta t)-A(t)}{\Delta t} = -(\lambda+\mu)A(t)+\mu \tag{7.3}$$

初始时刻 $t=0$ 时,产品处于完好状态,即
$$A(0)=1 \tag{7.4}$$

由式(7.3)、式(7.4)可得
$$A(t) = \frac{\mu}{\lambda+\mu} + \frac{\lambda}{\lambda+\mu} e^{-(\lambda+\mu)t} \tag{7.5}$$

若为不可修复产品,在式(7.5)中 $\mu=0$,有 $A(t)=e^{-\lambda t}=R(t)$,表示这时的可用度不受维修的影响,它与可靠度是相等的。

按式(7.5)可得 $A(t)$ 随 t 的变化曲线,如图7.5所示,由图可见,$A(t)$ 为单调减函数,当 $t\to\infty$ 时,趋于最小值 $\frac{\mu}{\lambda+\mu}$。

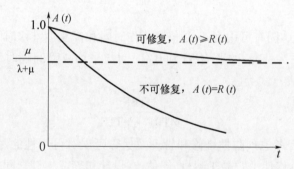

图7.5 瞬时可用度的变化

3. 稳态可用度
1)稳态可用度的定义
如果瞬时可用度 $A(t)$ 有极限的话,即
$$A = \lim_{t\to\infty} A(t) \tag{7.6}$$

则 $A(t)$ 的极限值 A 称为稳态可用度。

由于经常研究的问题是产品长时间使用中的可用度,所以工程上常采用稳态可用度。

2)计算公式

当产品的寿命和修复时间都服从指数分布时,由式(7.5)可知
$$A = \lim_{t\to\infty} A(t) = \frac{\mu}{\lambda+\mu} = \frac{\frac{1}{\lambda}}{\frac{1}{\mu}+\frac{1}{\lambda}} = \frac{\text{MTBF}}{\text{MTBF}+\text{MTTR}} \tag{7.7}$$

如果是一般分布,利用更新理论,可得
$$A = \frac{\text{MTBF}}{\text{MTBF}+\text{MTTR}} \tag{7.8}$$

将式(7.8)加以变换,可得

$$A = \frac{1}{1 + \dfrac{\text{MTTR}}{\text{MTBF}}} = \frac{1}{1 + a} \tag{7.9}$$

式中：a 为维修时间比或维修系数，$a = \dfrac{\text{MTTR}}{\text{MTTF}} = \dfrac{\lambda}{\mu}$。

有时稳态可用度采用下式计算：

$$A = \frac{\text{MUT}}{\text{MUT} + \text{MDT}} \tag{7.10}$$

式中：MUT 表示平均可用时间（平均工作时间）；MDT 表示平均停用时间（平均不工作时间）。

3）常用的稳态可用度

常用的稳态可用度有固有可用度(inherent availability)、可达可用度(achieved availability)、使用可用度(operational availability)。下面将阐述这三种常见稳态可用度的内涵及其计算公式。

(1) 固有可用度。固有可用度 A_i 是仅与工作时间和修复性维修时间有关的一种可用性参数。其度量方法为：产品的平均故障间隔时间与平均故障间隔时间和平均修复时间的和之比。则 A_i 的表示式为

$$A_i = \frac{\text{MTBF}}{\text{MTBF} + \text{MTTR}} \tag{7.11}$$

固有可用度没有考虑预防性维修和管理及保障延误对可用性的影响，而仅取决于产品的固有可靠性与维修性。它易于测量、评估，在设计初期或签订合同时采用。

(2) 可达可用度。可达可用度 A_a 是仅与工作时间、修复性维修和预防性维修时间有关的一种可用性参数。其度量方法为：产品的工作时间与工作时间、修复性维修时间、预防性维修时间的和之比。则 A_a 的表达式为

$$A_a = \frac{\text{MTBM}}{\text{MTBM} + \text{MTTR} + \text{MPMT}} \tag{7.12}$$

可达可用度不仅与产品的固有可靠性和维修性有关，还与预防性维修有关，仅仅没有考虑管理及保障延误的影响，是装备所能够达到的最高可用度。可见它主要反映装备硬件、软件的属性，要比固有可用度更接近实际，在研制早期采用。在保障性管理中，进行以可靠性为中心的维修分析，运用逻辑决断方法，制定出合适的预防性维修性大纲，合理地确定预防性维修工作类型和频率，可以使可达可用度得到提高。

(3) 使用可用度。使用可用度 A_o 是与能工作时间和不能工作时间有关的一种可用性参数。其度量方法为：产品的能工作时间与能工作时间、不能工作时间的和之比。则 A_o 的表达式为

$$A_o = \frac{T_o + T_s}{T_o + T_s + \text{MTTR} + \text{MPMT} + T_{\text{ald}}} \tag{7.13}$$

式中：T_o 为工作时间；T_s 为待命时间（能工作而未工作时间）；T_{ald} 为因等待备件、维修人员及运输等管理和保障延误时间。

使用 A_o 表达式计算时应注意以下事项。

① 根据装备的工作方式(如连续工作、间断工作)和使用要求及特点,具体判定每个时间段是属于能工作或不能工作的时间,如有的装备某些预防性维修工作类型如出动前的检查和一般性的保养等时间是属于能工作时间,又如舰船出航后的预防性维修时间一般是归入能工作时间。

② 在待命时间里装备属于能工作而不工作的状态,它是指装备出动前的检查与准备和完毕后人员上机等待出动命令状态,如部队现行的一等战备状态。

③ 表达式中的参量的时间区段可按一年日历时间计算,也可以另规定时间区段,如以装备的一个大修或翻修用为时间区段,但必须使合同的规定要求与评估的要求相一致,并且每个参量要有明确的定义与统计方法。

前面我们介绍的可用度计算方法针对的是单元,对于系统可用度的计算,涉及马尔可夫过程模型,参见北航章国栋教授编写的《系统可靠性与维修性的分析与设计》,这里不再赘述。

7.2.2 装备完好率

装备完好率是装备的完好数与实有数的比值,通常用百分比表示。对于军用飞机而言,装备完好率是指一定时限内可遂行飞行任务的飞机数占实有飞机数的比率。反映飞机完好情况的航空机务指标,衡量航空机务管理和技术水平对作战、训练保障程度的标尺,制定飞行计划的依据之一。统计各年度完好率变化,说明飞机维修保障效果变化趋势。其计算公式为

$$装备完好率 = \frac{实有飞机架日 - 不完好飞机架日}{实有飞机架日} \times 100\% \qquad (7.14)$$

式中:实有飞机架日指包括在编、超编、借入等所有在役飞机在内的飞机架日;不完好飞机架日指因检查发现故障、定期检修、换季检查、进厂大修、维修器材短缺等不能遂行飞行任务的飞机架日。

7.2.3 战斗出动强度

战斗出动强度,又称战斗出动率或出动架次率,是航空母舰上机群和军用飞机常用的战时战备完好性参数,用于度量装备在作战环境下连续出动的能力。

目前有两种定义:一是装备遂行战斗任务时,在规定的时间内出动的次数。通常以每台装备在规定的时间内出动的次数计算;二是在规定的使用及维修方案下,单位时间内(每天或每月)每台装备出动的次数。

根据战斗出动强度的定义可以得出其计算公式为

$$R_{SG} = \frac{N_{SG}}{N_{AT}} \qquad (7.15)$$

式中:R_{SG} 为装备的战斗出动强度;N_{SG} 为在规定时间内装备累计总出动次数;N_{AT} 为在规定

时间内核准的装备累计总数。

对于军用飞机而言,出动架次率(SGR)是度量军用飞机在规定的使用及维修保障方案下,每架飞机每天能够出动的次数,其计算公式为

$$R_{SG} = \frac{T_{FL}}{T_{DU} + T_{GM} + T_{TA} + T_{CM} + T_{PM} + T_{AB}} \tag{7.16}$$

式中:T_{FL}为飞机每个日历时间的小时数,一般取24h或12h;T_{DU}为飞机平均每次任务时间;T_{GM}为飞机平均每次地面滑行时间;T_{TA}为飞机再次出动准备时间;T_{CM}为飞机每出动架次的平均修复性维修时间;T_{PM}为飞机每出动架次的平均预防性维修时间;T_{AB}为飞机每出动架次的平均战斗损伤修理时间。

主要注意事项如下。

(1)上述定义中对飞机而言,一次出动是从飞机向起飞点移动开始,到飞行结束返回地面终止。

(2)SGR是装备连续出动能力的度量,是反映航空兵部队战斗力的重要参数,与飞机的可靠性、维修性、测试性、维修及保障能力等因素有关。

(3)该参数与战时要求直接相关,对平时训练意义不大,因为飞机平时的出动强度很可能明显低于其实际能力。

7.3 保障性分析技术

7.3.1 以可靠性为中心的维修分析

以可靠性为中心的维修分析(RCMA)是按照以最少的维修资源消耗来保持装备固有可靠性和安全性的原则,应用逻辑决断的方法确定装备预防性维修要求的过程[13,14]。

RCMA的目的是通过确定适用而有效的预防性维修工作,以最少的资源消耗来保持和恢复装备的安全性和可靠性的固有水平,并在必要时提供改进设计所需的信息。

在保障性设计分析中,通过RCMA可以确定装备预防性维修工作的项目和要求,装备的预防性维修要求一般包括:需要进行预防性维修的产品、预防性维修工作的类型及简要说明、预防性维修工作的间隔期和维修级别的建议。装备的预防性维修要求是编制其他技术文件(如维修工作卡、维修规程)和准备维修资源的依据。

RCMA是保障性设计分析技术中的重要内容。工作项目、间隔期等内容的确定,正是保障性设计工作的体现。RCMA主要有系统和设备RCMA、结构RCMA、区域检查分析三项内容,下面将分别阐述。

1. 系统和设备RCMA

系统和设备RCMA用于确定系统和设备的预防性维修的产品、预防性维修工作类型、维修间隔期及维修级别。它适用于各种类型的设备预防性维修大纲的制定,具有通用性。

开展系统和设备RCMA分析前,所需的信息包括产品构成与功能、故障信息、维修保障信息、费用信息、相似产品信息等。

系统和设备 RCMA 的主要步骤和方法如下。

1）确定重要功能产品

重要功能产品一般是指其故障符合下列条件之一的产品：①可能影响安全。②影响任务完成。③可能导致重大经济损失。④产品隐蔽功能故障与另一有关或备用产品的故障的综合可能导致上述一项或多项后果。⑤可能引起从属故障导致上述一项或多项后果。

2）FMEA

对每个重要功能产品进行 FMEA，确定其所有的功能故障、故障模式和故障原因，以便为下一步维修工作逻辑决断分析提供所需的输入信息。装备在可靠性设计中已进行了故障模式和影响分析的，则可直接引用其分析的结果。

3）应用逻辑决断图确定预防性维修工作类型

逻辑决断图分为两层，如图 7.6 所示。

第一层确定故障影响（图 7.6 中问题（1）~（5））：根据 FMEA 确定各功能故障的影响类型，即将功能故障的影响划分为明显的安全性、任务性、经济性影响和隐蔽的安全性、任务性、经济性影响。

第二层选择预防性维修工作类型，即 6 个影响分支下的逻辑决断，分别判断保养、使用检查、功能检测、定时拆修、定时报废及综合工作是否是适用而有效的。

某类维修工作是否可用于预防所分析的功能故障，不仅取决于工作的适用性，还取决于其有效性。适用性主要取决于产品的故障特性，适用条件如下。

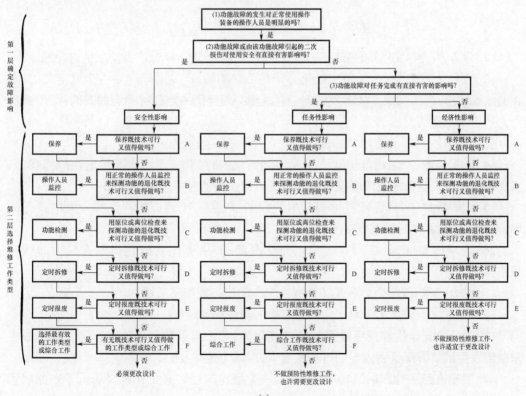

(a)

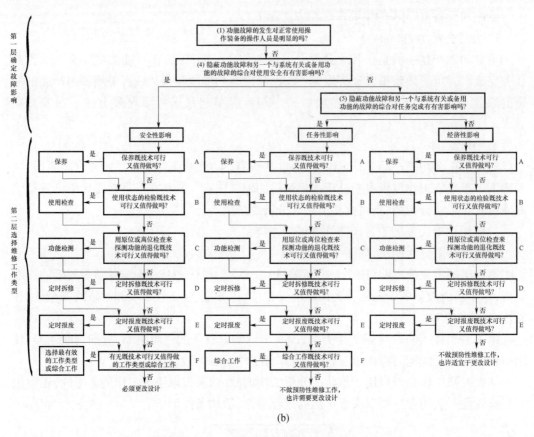

(b)

图 7.6 系统和设备 RCMA 的逻辑决断图

(1)保养:保养工作必须是该产品设计所要求的,必须能降低产品功能的退化速率。

(2)操作人员监控:产品功能退化必须是可探测的;产品必须存在一个可定义的、潜在的故障状态;产品从潜在故障发展到功能故障必须经历一定的可检测的时间;必须是操作人员正常工作的组成部分。

(3)使用检查:产品使用状态良好与否必须是能够确定的。

(4)功能检测:产品功能退化必须是可测的;必须具有一个可定义的潜在故障状态;从潜在故障发展到功能故障必须经历一定的可以预测的时间。

(5)定时拆修:产品必须有可确定的耗损期;产品工作到该耗损期有较大的残存概率;必须有可能将产品修复到规定状态。

(6)定时报废:产品必须有可确定的耗损期;产品工作到该耗损期有较大的残存概率。

(7)综合工作:所综合的各预防性维修工作类型必须都是适用的。

有效性取决于该类工作对产品故障后果的消除程度。

(1)对于有安全性和任务性影响的功能故障,若该类预防性维修工作能将故障或多重故障发生的概率降低到规定的可接受水平,则认为是有效的。

(2)对于有经济性影响的功能故障,若该类型预防性维修工作的费用低于产品故障引起的损失费用,则认为是有效的。

(3)保养工作只要适用就是有效的。

4)预防性维修间隔期的确定

预防性维修间隔期的确定比较复杂,涉及各个方面的工作,一般先分析各种维修工作类型,经综合研究并结合修理级别分析和实际使用进行。因此,首先应确定各类维修工作类型的间隔期,然后合并成产品或部件的维修工作间隔期,再与修理级别相协调,必要时还要影响设计,并要在实际使用和试验中加以考核,逐渐调整和完善。

5)确定预防性维修工作的修理级别

经过RCMA确定各重要功能产品的预防性维修工作的类型及其间隔期后,还要提出该项维修工作在哪一修理级别进行的建议。除特殊需要外,一般应将预防性维修工作确定在耗费最低的修理级别。RCMA中对修理级别的确定不做详细的分析,只对各项具体维修工作提出建议的修理级别。

6)非重要功能产品的预防性维修工作

以上分析工作是对各重要功能产品进行的。应该注意到,在确定预防性维修要求时,完全不考虑非重要功能产品的预防性维修工作是不合适的。对于某些非重要功能产品,也可能需要做一定的简易的预防性维修工作。但是,对于这些产品不需要进行深入分析,可以根据以往类似项目的经验,确定适宜的预防性维修工作的要求,对于采用新结构或新材料的产品,其预防性维修工作可根据承制方的建议确定。

7)维修间隔期探索

装备投入使用后,应进行维修间隔期探索,即通过分析实际使用与维修数据和研制过程中的验证与试验提供的信息,确定产品可靠性与使用时间的关系,调整产品预防性维修工作类型及其间隔期。这样可减少在RCMA逻辑决断中仅考虑暂定答案及信息不足或不准确所带来的过多的维修工作量;当然,根据实践也有可能要增加某些必要的预防性维修工作,或延长或缩短某些维修工作的间隔期。

2. 结构RCMA

结构RCMA用于确定结构项目的检查等级、检查间隔期及维修级别。它适用于大型复杂设备的结构部分。此处所指的结构包括各承受载荷的结构项目。

开展结构RCMA分析前所需的信息有:结构项目的类型、材料和主要受力情况;内外部防腐蚀状况;每个重要结构项目的编码、名称、位置、图形、故障后果等;已有的静力试验、疲劳试验或耐久性试验、损伤容限试验结果;其他分析确定的耐久性或损伤容限结构项目的疲劳检查计划;相似类似结构的信息等。

结构RCMA的主要步骤和方法如下。

1)确定重要结构项目

按故障后果将结构项目划分为重要结构项目和其他结构项目。凡是其损伤会使装备结构削弱到对安全或任务产生有害影响的结构组件、结构零件或结构细节应划为重要结构项目,其余为非重要结构项目。对重要结构项目需要通过评级确定检查要求;对非重要结构项目不需评级,只需按以往经验或承制方的建议确定适当的检查。

2)进行FMEA

对每个重要结构项目进行FMEA,分析时应考虑其所有的功能及其可能的故障模式。

3) 应用逻辑决断图确定预防性维修要求

应用逻辑决断图(图7.7)确定各结构项目的预防性维修要求,并形成结构预防性维修大纲。

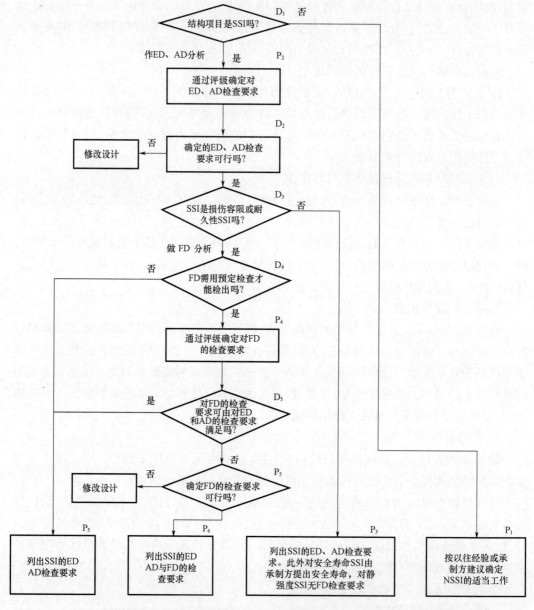

SSI—重要结构项目;NSSI—非重要结构项目;ED—环境损伤;AD—偶然损伤;FD—疲劳损伤。

图 7.7 结构 RCMA 的逻辑决断图

图 7.7 中结构 RCMA 的逻辑决断过程如下。

D_1:把结构项目分为重要结构项目和非重要结构项目。

P_1:对于非重要结构项目,按以往的经验确定适当的工作;如含有新材料或采用新构造原理时按承制方的建议确定的工作。

P_2：对重要结构项目，分别对环境损伤和偶然损伤进行评级，并按评级结果选择下列各项要求：检查等级，首检期，检查间隔期，维修间隔期探索计划（如适用）。

D_2：评审所确定的重要结构项目的环境损伤和偶然损伤的检查要求是否可行。若不可行，应修改该项目的设计。

D_3：把各项重要结构项目分为损伤容限或耐久性项目和安全寿命项目或静强度项目。对于损伤容限或耐久性重要结构项目，要进一步分析，以确定疲劳损伤检查要求。对安全寿命或静强度重要结构项目，不需要进一步分析。

P_3：列出对安全寿命重要结构项目或静强度重要结构项目的环境损伤和偶然损伤检查要求。此外，对安全项目重要结构项目，由承制方提出安全寿命；对静强度重要结构项目，不需要考虑疲劳损伤检查要求。

D_4：对损伤容限或耐久性重要结构项目进行分析，以确定其疲劳损伤是否需要预定检查才能发现。若不需要，则只需要列出对环境损伤和偶然损伤的检查要求，不必进行疲劳损伤的检查。

P_4：对每个损伤容限或耐久性重要结构项目的疲劳损伤进行评级，并按评级结果确定各项要求：检查等级、首检期、检查间隔期、维修间隔期探索计划（如适用）。

D_5：分析对疲劳损伤的检查要求是否可由对环境损伤或偶然损伤的检查要求来满足。若是，则只需列出对环境损伤和偶然损伤的检查要求，不必另定疲劳损伤的检查要求。

D_6：判定确定的疲劳损伤的检查要求是否可行。若不可行，应修改该项目的设计。

P_6：列出该重要结构项目的三类损伤检查要求。

4）维修间隔期探索。

（1）对疲劳损伤的领先使用计划。领先使用计划的目的在于提高对疲劳损伤的检出概率。它包括领先使用装备的条件、数量、要作检查的重要结构项目、首检期和检查间隔期。领先使用的装备应是使用时间已达到规定的结构首检期的装备，其数量按所要求的装备总体中疲劳损伤的检出概率确定。领先使用检查能检出装备总体中疲劳损伤的概率与下列因素有关：所检查的装备数，检查等级、方法及其首检期和检查间隔期，每台装备的使用时间或使用次数以及领先使用装备的使用环境。

（2）对环境损伤的领先使用计划。用于确定最佳的详细目视检查或无损检测期限，它包括领先使用装备的条件、数量、初定的首检期与检查间隔期以及检查期限的调整幅度。领先使用装备是使用时间超过某一数值的装备，其数量按所要求的装备总体中环境损伤检出概率确定。影响装备总体中损伤的检出概率的因素与上述所列的因素相同。对于未定为领先使用的装备，在领先使用装备发现问题前不必进行这类环境损伤的详细目视检查或无损检测。

只要可行，应在同一个装备上进行对疲劳损伤和环境损伤的领先使用。

3. 区域检查分析

区域检查分析用以确定区域检查的要求，如检查非重要项目的损伤、检查由邻近项目故障引起的损伤。它适用于需要划分区域进行检查的大型设（装）备。

区域检查一般为目视检查，其内容包括：检查非重要产品（项目）的损伤，检查由邻近产品（项目）故障引起的损伤，归并来自重要产品（项目）分析得出的一般目视检查。区域检查分析在系统和设备 RCMA、结构 RCMA 的后期进行;区域检查间隔期一般应与预定的装备维修间隔期一致。

区域检查分析方法如下。

(1)编号。装备应按有关文件或按订购方与承制方的协议划分区域,规定区域代码和区域工作顺序号。

(2)收集区域的信息包括:区域的状况、区域的边界、区域内需进行检查的产品(项目)、检查的通道及需拆卸的零部件。

(3)确定间隔期。确定区域检查间隔期的依据:零部件对损伤的敏感性;区域中的维修工作量;类似系统和结构的经验;承制方对新产品(项目)检查间隔期的建议;对于包括重要产品(项目)的一般目视检查的情况,应考虑大多数这类检查的间隔期。

7.3.2 修理级别分析

修理级别分析(level of repair analysis, LORA)是根据装备修理的约定层次与修理级别的关系,分析确定装备中的产品(如设备、组件、零部件等)故障或损坏时是报废或是修理,如需要修理确定应在哪一个修理级别机构(保障站点)中完成修理工作为最佳的过程。

修理级别分析作为保障性分析的一种重要的分析方法,不仅直接确定了装备各组成部分的修理或报废地点,而且还为确定修理装备产品的各修理级别的机构所需配备的保障设备、备件储存、人员与技术水平及训练等要求提供信息。在装备设计、研制阶段,修理级别分析主要用于制定各种有效的、最经济的备选维修方案,并影响装备设计,如设计装备的修理约定层次,产品设计成可修复件或是不修件(弃件)。对于不修复件,应设计成简单与造价低廉;对于可修复件,应设计成便于故障检测、隔离、拆换与修理。在使用阶段,LORA 则主要用于完善和修正现有的维修保障制度,提出改进建议,以降低装备的使用与保障费用。

1. LORA 过程

在装备的研制过程中,要通过修理级别分析作出装备各组成部分修理级别的决策,并影响装备的设计。装备研制过程中修理级别分析过程如图 7.8 所示。

修理级别分析的基础是使用方案、维修方案和装备设计的修理约定层次,在进行费用计算时需要保障性设计参数值和其他相关的设计参数值;在修理级别决策时,还要预先考虑有关非经济性因素,因此在进行修理级别分析前,应预先做好准备工作。

1)保障性要求论证工作

确定装备的任务需要与使用要求,拟定与装备预定用途、利用率及装备保障体制有关的保障性约束,提出初始维修(保障)方案与预想的修理级别划分,论证确定初步的保障性要求。

2)制定维修方案与修理策略

进行使用方案、维修(保障)方案、设计方案的权衡分析,制定维修方案与修理策略,为修理级别分析提供基础。在未经修理级别分析之前,所制定的维修方案可以是多种修理级别分配的备选维修方案。

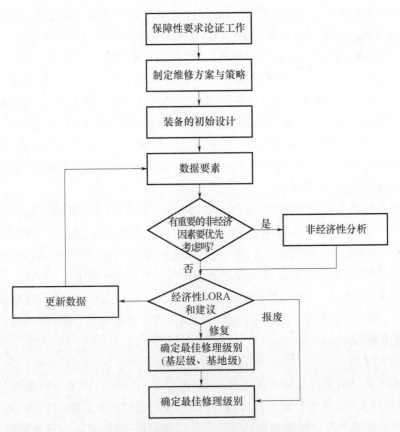

图 7.8 装备研制过程中修理级别分析过程

3)装备的初始设计

在确定装备的性能指标(包括保障性指标)要求和设计方案之后,着手进行技术指标的分配和装备的初始设计,确定装备初始技术状态,绘制设计图样和制作模型样机,进一步为修理级别决策提供依据。

4)分析数据要素

分析的结果数据(如平均故障间隔时间、保障设备与维修人员需求以及各费用项目的估计值等),为修理级别分析,特别是其经济性分析提供所需的数据。对每一个待分析的产品,首先应进行非经济性分析,确定合理的修理级别。如不可能唯一确定,则需进行经济性分析,选择合理可行的修理级别或报废。

5)非经济性分析

在实际分析过程中,有些非经济性因素,包括部署的机动性要求、现行保障体制的限制、安全性要求、特殊的运输性要求、修理的技术可行性、保密限制、人员与技术水平等,将影响或限制装备修理的级别。通过对这些因素的分析,可直接确定装备中待分析产品在哪一级别修理或报废。因此,进行修理级别分析时,应首先分析是否存在必须优先考虑的非经济性因素。

6)经济性分析

经济性分析的目的在于定量计算产品在所有可行的修理级别上修理的费用,并比较各个修理级别上的费用,以选择费用最低和可行的待分析产品(故障件)的最佳修理级别。无论是否进行非经济性分析,为了做出费用最低的修理决策,都要进行经济性分析。分析时,首先要进行修理还是报废的决策,如果利用现有的数据不能得出明确的建议,则应对保障性分析数据要素进行更新;如果决策的结果是修理,则进一步决策最佳的修理级别,即修理费用最低的级别。最后将修理或报废的决策作为原始数据影响维修方案的最后确定。

在进行经济性分析时,要考虑在装备使用期内与修理级别决策有关的费用,即仅计算那些直接影响修理级别决策的费用,包括备件费、维修人力费、保障设备费用、运输与包装费、训练费、设施费、资料费等。

修理级别分析需要大量的数据资料,如每一规定的维修工作类型所需的人力和器材量、待分析产品的故障数和寿命期望值、装备上同类产品的数目、预计的修理费用(保障设备、技术文件、训练、备件等费用)、新品价格、运输和储存费用、修理所需日历时间等。因此,在论证阶段和方案阶段初期进行修理级别的经济性分析可能是不适宜的,除非将所涉及的不定因素和风险定量化。当有合适的数据可用时,在工程研制期间进行修理级别分析最为有效。但是,如果在工程研制阶段的后期再进行修理级别分析,则得出的结果可能太迟而不能影响设计。

2. LORA 模型

在修理级别分析中比较困难的是建立修理级别分析模型,因为分析模型与装备的复杂程度、装备的类型、费用要素的划分、修理级别分析的时机等多种因素有关。在修理级别分析中所采用的各类分析模型都有其特定的应用范围,现仅介绍如下几种模型。

1)修理级别分析决策树

可采用图7.9给出的简化的修理级别分析决策树,初步确定待分析产品的修理级别。

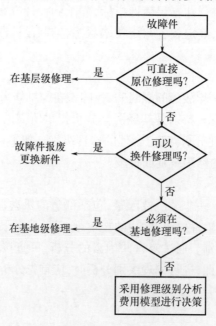

图7.9 修理级别分析决策树示意图

分析决策树有三个决策点,首先从基层级分析开始。

(1)在装备上进行修理不需将机件从装备上拆卸下来,是指一些简单的修理工作,利用随机(车)工具由使用人员(或辅以修理工)执行。这类工作所需时间短,技术水平要求不高,多属于保养维护和较小的故障排除工作,其工作范围和深度取决于作战使用要求赋予基层级的修理任务和条件。

(2)报废更换是指在故障发生地点将故障件报废更换新件。它取决于报废更新与修理的费用权衡。这种更换性的修理工作一般是在基层级进行。

(3)必须在基地级修理是指故障件复杂程度较高,或需要较高的修理技术水平并需要较复杂的工具设备时的一种修理级别决策。如果在装备设计时存在着上述修理要求(在工作类型确定时,可以确定这些要求)时,就可采用基地级修理决策,同时也应建立设计准则,尽可能地减少基地级修理要求。

2)报废与修理的对比模型

在装备研制过程的早期,供修理级别分析用的数据较少。因此,只能进行一定的非经济性分析和简单的费用计算。早期分析的目的是把待分析产品按照报废设计、还是修理设计加以区分,以明确设计原则。

当一个产品发生故障时,将其报废可能比修复更经济。做这种决策要根据修理一个产品的费用与购置一件新品所需的相关费用的比较结果。下式给出了这种决策的基本原理。若下式成立,则采用报废决策,即

$$(T_{BF2}/T_{BF1})N < (L+M)/P \tag{7.17}$$

式中:T_{BF2}为新产品的平均故障间隔时间;T_{BF1}为修复件的平均故障间隔时间;L为修复件修理所需的人力费;M为修复件修理所需的材料费;P为新产品的单价;N为预计确定的可接受因子(一般取50%~80%)。

7.3.3 使用与维修工作分析

使用与维修工作分析(operational and maintenance task analysis, OMTA)是保障性分析的重要组成部分,也是保障性分析中工作量最大的一项。它是在装备的研制过程中,将保障装备的使用与维修工作区分为各种工作类型和分解为作业步骤而进行的详细分析,以确定各项保障工作所需的资源要求,如工作频率、工作间隔、工作时间,需要的备件、保障设备、保障设施、技术手册,各修理级别所需的人员数量、维修工时及技能等要求。

OMTA关系到装备交付部队使用时,能否及时、经济有效地建立保障系统,并以最低的费用与人力提供装备所需的保障,实现预期的保障性目标的重要工作。

OMTA的主要目的如下。

(1)为每项使用与维修工作任务确定保障资源要求,特别要确定新的或关键的保障资源要求。

(2)确定运输性方面的要求。

(3)为评价备选保障方案提供保障资源方面的资料。

(4) 为制定备选设计方案提供保障方面的资料,以减少使用保障费用、优化保障资源要求和提高战备完好性。

(5) 为修理级别分析提供详细的输入信息。

(6) 为制定各种保障文件(如技术手册、操作规程、训练计划及人员清单等)和保障计划提供原始资料。

装备使用与维修保障是一系列满足装备使用任务与维修需求且具有一定逻辑和时序关系的保障工作项目(活动)的有机组合。因此,使用与维修工作分析主要包含两个方面的内容:一是使用工作分析,即设计确定保障活动的时序关系和逻辑关系,包括开展各项使用保障活动与维修保障活动的时机、工序、步骤等;二是维修工作分析,即分析确定保障活动的资源需求,包括开展各项使用保障活动与维修保障活动所需的资源,如工具、设备、设施、人力人员、技术资料等。

1. 使用工作分析

使用工作分析应始终围绕装备及其将要执行的任务开展。首先,不同类型的装备执行相同的使用任务,其所需要的使用保障极有可能是不同的,如使用运输机和卡车运输同样的弹药从 A 地前往 B 地,所需要进行的使用保障工作是不完全相同的;其次,相同的装备,在执行不同的任务时,其使用保障工作也可能不一样。例如,运输机执行空投任务与空降任务时,需要的准备工作有明显差异,后者需要完成飞机构型的转换,即在机舱内部安装座椅。

在使用保障过程中,针对不同的使用保障工作要求,必然存在着具有相同功能类型要求的描述。因此,按照类型的不同,将使用保障工作项目分为检查审核类、挂装添加类、调试校准类、挂扣连接类和软件操作类,可以使其确定依据更加明确。同时按照一定的逻辑判断法则,根据使用保障工作要求,结合装备设计特性,完成最终使用保障工作项目的确定。具体确定流程如图 7.10 所示。

根据上述使用保障工作的五类要求,结合装备设计特性和装备使用任务的综合信息,可分析获得装备的使用保障工作项目,并且按照上述处理过程将使用保障工作项目分类后,便于开展后续使用工作分析。

2. 维修工作分析

维修工作分析的分析流程如图 7.11 所示。维修工作分析开始于维修工作任务,然后对每项工作拟定详细的作业步骤,分析每项作业的属性特点,通过分析确定每项作业步骤的保障资源要求,并计入保障性分析记录,最后为编制综合保障技术资料提供输入。因此,维修工作分析过程主要包括以下几个方面内容。

1) 确定维修工作任务

维修工作任务包括预防性维修工作任务、修复性维修工作任务以及战损修理任务。预防性维修工作任务的确定主要通过 RCMA 过程完成,修复性维修工作任务根据 FMECA 结果确定需要进行的修复性维修工作任务。战伤修理任务应当根据 DMEA 的分析结果,结合预计的作战环境和作战经验专门制定。

2) 细化维修工作任务

维修工作任务细化是维修工作任务的分解过程,就是将每一项维修工作分解为子工

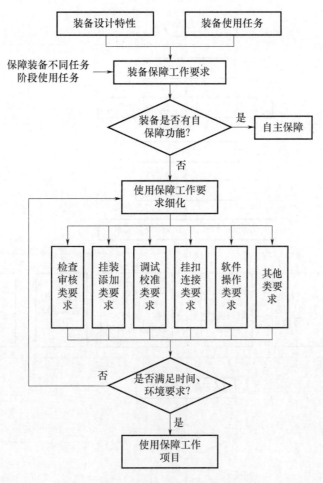

图 7.10 使用保障工作项目确定流程

作、作业、工序等步骤。分析确认每一个作业是否需要备品备件和所需的种类和数量;是否需要保障设备,如需要,对保障设备的功能有哪些要求和所需的数量,若是测试设备,测试单元的参数有哪些要求等;是否需要技术资料,如需要,对技术资料的内容要求是什么,还有对人员专业、技术等级与数量的需求等。

通过将维修工作任务细化,可以获得开展各项维修工序时所需的资源,包括备件/消耗品、设备、设施、人力人员以及工具等,同时也可以获得开展各项维修工序所需时间。

3) 确定维修作业间的逻辑关系

在修复性维修工作任务中,维修任务相对单一(这是因为在一定时间内不可能同时出现大量的故障),任务中的维修作业顺序也相对固定。因此,在修复性维修工作中较少存在维修作业的合理规划问题。

但在预防性维修工作和使用保障工作中,在条件允许的情况下,可能会存在多个保障作业同时开展的情况。而为了缩短维修保障作业时间,就有必要对作业顺序进行合理规划。当各项维修作业间仅存在简单的时序关系或逻辑关系时,可以用时线分析方法进行处理。时线分析的程序为:首先按工作要求提出最佳的工作方案;然后按工作方案提出预计的作业项目和操作人员的数量及其专业;最后按逻辑顺序排列各项作业。

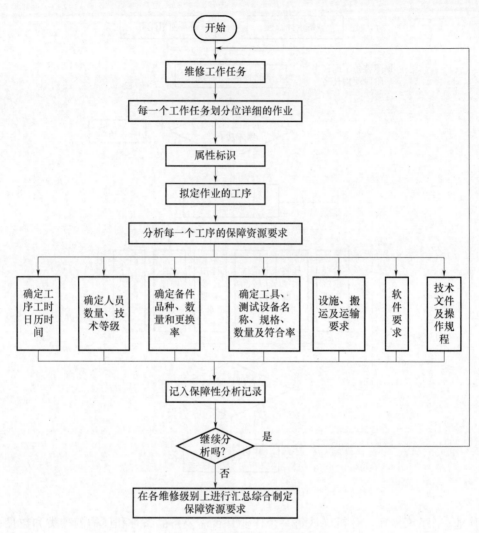

图 7.11 维修工作分析流程

4)确定维修作业时间

在维修作业顺序相对固定的通常情况下,当维修作业间存在较为复杂的时序关系和逻辑关系时,可以用网络图方法对维修作业时间进行建模分析。

5)确定维修资源需求

在完成上述工作后,需要对维修任务中各项工作的资源需求进行分析,开展上述工作的技术称为工作与技能分析。工作与技能分析是对装备及其组成部分或保障设备的各项关键性的预防性维修、修复性维修以及保养与校准活动进行工作和技能分析,根据装备使用、维修与保障需求,通过分析确定人力、技能和完成工作的时间间隔要求以及所需的保障资源要求。工作与技能分析的一般程序如下。

(1)列出所有的维修工作项目,内容包括工作功能、工作时间间隔、维修级别、可操作性、作业序列等。

(2)根据预防性维修、修复性维修以及保养与校准工作要求等分析,分别提出工作频次、工作经历时间和试修项目等各项要求。

(3)分析承担各项工作作业的维修与操作人员的数量、技术专业和技能等级,确定人员及训练要求,包括技术专业与技能等级、人员数量与工时、训练与训练设备要求。

(4)确定每项工作所需的保障资源,主要包括保障设备、保障设施、器材和技术资料等。

7.4 保障资源规划

保障资源规划一般分为两个步骤:一是确定保障资源的种类;二是确定保障资源的数量。基于使用与维修工作分析得出的保障资源种类是对应每一项保障活动的特殊需求的,在此基础上要把相同和相似的保障资源进行归并、整合,从而形成保障资源种类清单,然后,再针对不同的保障资源类别,选择相应的资源确定方法,给出保障资源的种类与数量。完成这些工作后,还要对装备系统保障性进行权衡分析,以确定保障资源的归并整合是否合理[13]。

7.4.1 维修人员规划与配置

操作是否正确和维护保养是否到位直接关系到装备的利用率和使用效能,配备足够数量的合格装备操作人员和维修人员是构建装备保障系统的重要因素。

装备的维修人员是保证装备得以长时间正常使用的关键因素要对装备或装备的某些组成部分有充分的了解,能进行适当的日常保养和正确地完成所需的预防性和修复性维修工作,使装备随时满足平时战备完好性要求或战时使用要求。

维修人力人员规划与配置包括:为完成装备的全部预防性和修复性维修工作所需的维修人员、应具备的专业技能与技能等级、对应各专业技能与技能等级的人员数量、以及这些人员在各修理级别的定岗等方面的决策。而做出这些决策都是以维修工作分析(MTA)的结果为基本依据的。

1. 维修人员专业和技术等级确定

1)维修专业类型确定

维修专业的确定是进行维修分工的前提条件。科学划分维修专业才能合理进行维修分工,顺利组织维修作业。对技术先进、结构复杂、系统集成的装备应该本着以飞机各系统功能为主、学科相近的原则,同时考虑装备构造、原理和维修作业特点,进行专业划分;未来新装备构造复杂,新型设备不断增加及相互交联,划分维修专业还必须立足于维修的基层级能基本解决装备维修工作的技术问题;另外,维修专业划分还应与基层级维修管理体制相适应。

对于军用飞机而言,目前我军现役飞机维修专业大体上是按照飞机各系统功能来进行划分,主要分为机械、军械、特设、电子、火控和附件等专业,依次负责飞机发动机及机体、武器及救生系统、雷达及机载设备、航电系统、火控系统以及部附件的维修工作。以美军 F-22 战斗机为例,一个编配 72 架飞机的飞行联队计划需要 1072 名维修人员,平均一架飞机15.9人,分为15个专业,分别是地面维修设备、飞机、军械、航空电子、离机系统、电气/环境控制、燃油、生命保障、金属工艺、弹药、无损检测、气动液压、动力装置、结构和救生设备。

对于装甲装备而言,维修人员的专业划分为机械修理、光学修理、底盘修理、无线电修理等。对于有些新型号装甲装备,由于增加了一些新的功能,可能需要根据系统功能变化情况,对维修作业人员专业划分进行一定的调整与确定。

对于民航飞机而言,其维修基地按照机型及其维护手册,设置维修班组,以飞机部位划分来配置相应的维修人员专业类别,如发动机、起落架、驾驶舱和客舱等维修部位的专业人员。

2) 维修人员技术等级确定

为了确保维修人员技术水平与其所承担的维修工作相适应,装备维修人员的技术等级应与装备使用特点和维修工作的技术复杂程度相一致,需要考虑以下两个问题:一是在装备设计过程中注重维修性设计,装备应尽量满足维修简便、迅速和经济等要求,使得维修工作大大简化,减少维修专业技术等级要求;二是当维修人员的专业技能要求确定之后,可以通过人员培训来弥补需求与实际技能之间的差距。

通过装备使用与维修工作分析得到技术专业说明,详细描述实施使用和维修所需的技术专业,包括完整的工作目录、所需使用的维修设备、工作时间与频度、年度工时要求以及工作熟练程度,将不同性质的专业工作加以归类,并参考相似装备维修人员的专业分工,从而提出维修人员的专业划分,并确定相应的技能水平要求。必要时,对维修人员的技能要求还应进行人机工程分析,使得人机界面之间协调、匹配。目前,我军飞机维修人员技术等级大体上分为特级、一级、二级、三级、四级、五级,技术职称分为高级工程师、工程师、助理工程师三个级别,承担相应的维修工作。

2. 维修人员数量确定

通过使用与维修工作分析,可初步确定一次使用与维修保障工作所对应的人员需求,确定部队保障机构中各专业各技术等级中人员的数量可采取一些方法,如利用率法、相似系统法、专家估算法、排队论法等。这些方法都有自己的适用范围,利用率法及排队论法科学而严谨,但需要有比较详细具体的信息与数据。相似系统法及专家估算法是在装备研制初期数据缺乏或不完整时确定维修作业人员数量的必要手段。排队论法主要是确定某一特定的作业活动中所需作业人员数量的方法。

以飞机装备为例,采用利用率法来确定部队基层级的维修人员数量。首先根据使用维修工作分析的结果,得到飞机基层级上某专业的某级维修人员应该完成的维修工时;然后综合考虑维修工作的频度(维修次数)、飞机数量、年任务时间等确定维修任务量;最后采用利用率法确定基层级维修人员数量。

1) 维修任务量确定

基层级维修人员主要负责承担飞机的预防性维修工作和故障修复工作,前者主要是按照预先规定的时间和内容进行的维修工作,后者主要对由于使用引起的飞机损伤进行修复,因此,维修人员的工作任务量分为两部分,即预防性维修任务量和修复性维修任务量。

(1) 预防性维修任务量

首先,通过飞机使用与维修工作分析确定飞机预防性性维修间隔期,结合飞机年飞行时间,确定飞机每年在基层级上的预防性维修次数;然后,通过需进行预防性维修的部件数量、所需维修工时等,确定飞机每年在基层级上一次预防性维修中某专业某级维修人员的总工时;最后结合预防性维修次数,即可确定基层级上某专业某级维修人员进行预防性维修工作的总任务量。

① 确定飞机每年在基层级上的预防性维修次数 N:

$$N = N_0(T_0 + T_s)/T \tag{7.18}$$

式中:N_0 为基层级所能保障的飞机总数(一般是 24 架);T_0 为飞机年平均飞行小时数;T_s 为飞机年平均待机小时数;T 为飞机在基层级上的预防性维修间隔期。

② 确定飞机每年在基层级一次预防性维修中 j 专业 k 级维修人员的总工时 t_{jk}:

$$t_{jk} = \sum_{i=1}^{n} t_{ijk} \cdot w_i \tag{7.19}$$

式中:n 为飞机需预防性维修的部件数量;w_i 为飞机中第 i 个部件的数量;t_{ijk} 为基层级上 j 专业 k 级维修人员对第 i 个部件进行一次预防性维修所需的维修工时。

③ 确定飞机每年在基层级上 j 专业 k 级维修人员进行预防性维修工作的总任务量 T_{jk}:

$$T_{jk} = N \cdot t_{jk} \tag{7.20}$$

(2) 修复性维修任务量

首先,通过飞机修复性决策分析确定飞机需进行修复性维修的部件清单,并根据其平均故障间隔时间和年总工作时间等,确定各修复件每年在基层级上的修复性维修次数;然后,通过需进行修复性维修的部件数量、所需维修工时等,确定飞机每年在基层级上一次修复性维修中某专业某级维修人员的总工时,最后结合修复性维修次数,即可确定基层级上某专业某级维修人员进行修复性维修工作的总任务量。

① 确定飞机每年在基层级上的修复性维修次数 N':

$$N' = T_l/\mathrm{MTBF}_l \tag{7.21}$$

式中:$l = 1, 2, \cdots, m$(m 为经修复性决策后飞机基层级上需修复的部件总数);MTBF_l 为部件 l 的平均故障间隔时间;T_l 为部件 l 年总工作时间(此时间是寿命单位,与 MTBF_l 保持一致)。

② 确定飞机每年在基层级上一次修复性维修中 j 专业 k 级维修人员的总工时 t'_{jk}:

$$t'_{jk} = \sum_{l=1}^{m} t'_{ljk} \cdot w_l \tag{7.22}$$

式中:w_l 为飞机中需修复的第 l 个部件的数量;t'_{ljk} 为基层级 j 专业 k 级维修人员修理第 l 个部件一次所需的维修工时。

③ 确定飞机每年在基层级上 j 专业 k 级维修人员进行修复性维修工作的总任务量 T'_{jk}:

$$T'_{jk} = N' \cdot t'_{jk} \tag{7.23}$$

2) 维修人员数量确定模型

基层级维修人员需求由该级别维修任务量、相应维修能力、维修专业与技术等级要求和人员利用率共同确定。首先,根据基层级维修任务量,结合工作属性和人员利用率,确定飞机基层级上某专业某级维修人员数量;然后,根据维修人员技术等级要求,确定飞机基层级上某专业维修人员数量;最后,根据维修专业要求,确定飞机基层级维修人员数量。

(1)确定飞机基层级维修中 j 专业 k 级维修人员数量 R_{jk}:

$$R_{jk} = \frac{T_{jk} + T'_{jk}}{ML\varepsilon} \tag{7.24}$$

式中:M 为全年的工作日数;L 为每天工作小时数;ε 为每人每天的时间利用率(一般取值 0.6 至 0.8 之间)。

(2)确定飞机基层级上 j 专业的维修人员数量 R_j:

$$R_j = \sum_{k=1}^{p} \frac{T_{jk} + T'_{jk}}{ML\varepsilon} \tag{7.25}$$

式中:p 为 j 专业的技术等级总数。

(3)确定飞机基层级维修人员数量 R:

$$R = \sum_{j=1}^{q} \sum_{k=1}^{p} \frac{T_{jk} + T'_{jk}}{ML\varepsilon} \tag{7.26}$$

式中:q 为飞机维修专业总数;$\lambda_1,\lambda_2 \in (1,1.5)$ 为权衡系数,根据维修工作实际情况而定。

3. 算例分析

例 7-1 已知某用户单位编制 24 架飞机,飞机年均飞行时间 T_0 为 140h,飞机年平均待机小时数 T_s 为 10h,基层级预防性维修间隔期 T 为 200h。采用利用率法,计算飞机基层级特设员(士兵)数量。

解:(1)$N_0 = 24, T_0 = 140, T_s = 10, T = 200$,由式(7.18)可得基层级预防性维修次数 $N = 18$ 次。

(2)假设在一次周期性检查工作中,一名特设员(士兵)需要完成拆装座舱供气温度选择器 3h、检查应急交流发电机控制器 4h、拆装检查垂直陀螺 2h、检查驾驶杆组件 1h、检查飞控 PCU 需 2h、检查角位移传感器 3h 等,共计 50h,可知全年周期性检查工作中特设员(士兵)承担的维修工时为 $18 \times 50 = 900$h。

(3)假设某电子设备故障间隔时间为 30h,全年总工作时间 150h,由式(7.21)可知,确定基层级修复性维修次数 $N' = 5$。

(4)假设该电子设备在一次故障修理过程中,需一名特设员(士兵)修理三个部件,分别需要 5h、13h 和 2h,可知全年该电子设备修理工作中特设员(士兵)承担的维修工时为 $5 \times 20 = 100$h。

(5)假设全年基层级内场车间除去节假日、各种活动日等时间,共有 200 个工作日,一天工作 8h,人员利用率为 50%,由式(7.24),可计算出所需内场特设员(士兵)的数量为 1.25 名。

在确定了内场所有维修专业、技术等级以及维修工作内容后,便可以求出其他专业维修人员的数量。

7.4.2 备件规划与供应

备件规划与供应就是以合理的费用,在正确的时间和正确的地点,提供所需数量和品种的备件和供应品。所谓供应品是泛指在维修中需要用到但又没有被列为备件的一些物品,通常是在进行维修时被消耗掉的,如导线、垫圈、胶黏剂之类的可消耗物品,因此又可称为消耗品(件)。

备件是维修装备所需的各种电子元器件、零件、组件或部件等的统称,其结构组成可大可小,要视具体需要而定。备件又可被划分为两类:可修复备件和不修复备件。可修复备件出故障后,能以经济性好的技术手段予以修理,使之恢复其原有功能,也称为备用件;不可修复备件其故障后,不能以经济性好的技术手段予以修复的备件,也称为不修件。

1. 备件品种确定

1) 初始备件品种确定

装备有新研产品和成熟产品组成。因此,初始备件品种确定按新研产品和成熟产品分别进行。对于新研产品的备件品种确定:首先,根据装备设计技术资料,明确哪些产品是新研制的;其次,对新研产品进行 FMEA 或 FMECA,确定新研产品的重要度等级,为 RCMA 提供输入;然后,挑选重要度等级为 Ⅰ、Ⅱ、Ⅲ 级的产品进行 RCMA,确定初始备件中有寿件的种类;对新研产品进行 MTA,分析出了开展每项维修工作所必需的备件;最后,通过 LORA,可以确定在维修作业中所需备件。对于成熟产品的备件品种确定,可参考其在部队的实际故障情况进行确定,包括:统计成熟产品的实际消耗情况,推断出其作为成熟产品的初始航材是否合理;分析工作应力和环境差异,确定成熟产品的品种。初始备件品种的确定流程如图 7.12 所示。

2) 后续备件品种确定

后续备件品种的确定,应在初始备件品种确定工作的基础上,结合保证期内各部队的备件消耗情况展开。首先,核对初始备件清单,检查保证期内的消耗情况;如果已列为初始备件,则统计该备件在保证期内的实际消耗量和库存量;如果在保证期内更换过该备件,那么将其列为后续备件;对于保证期内未曾使用或没有列入初始备件清单的品种,应作进一步分析。然后,判断是否为有寿件;将有寿件筛选出来,列入后续备件品种清单中,对其余备件做进一步分析。其次,核对故障记录。查阅部队接装至今的故障记录,检查部件有无故障记录,对于存在故障记录的部件,应列入后续备件品种清单中,对于没有故障记录的部件,再做进一步分析。再者,初步确定存疑件备件品种;经过前三步分析,一部分部件是否应配置后续备件还不能确定,这里称其为存疑件。最后,调研一线维修人员,综合权衡判断确定后续备件品种。后续备件品种确定的逻辑决断图如图 7.13 所示。

2. 备件数量估算

1) 初始备件数量的估算

经典的备件需求量基本计算公式为

$$P = \sum_{i=0}^{s} \frac{(N\lambda t)^{i}}{i!} \exp(-N\lambda t) \tag{7.27}$$

式中:P 为储备的备件能随时满足需求的概率(需事先设定,如按使用可用度需求加以确定);S 为满足预定的 P 值的所需备件数量(此处指不可修件,对可修件还应计及其允许进行修理的次数 r,此时 $S_{可修}=S/r$);i 为递增的备件计数(从 $i=0$ 起,逐次增加到达到规定的 P 值,此时对应的 S 值即为估算结果);N 为一台装备上,同型备件的装机总量;λ 为该型备件的故障率(1/h);t 为据以进行估算的装备使用时间段(对于估算初始备件需求量即为初始保障期的持续时间)。

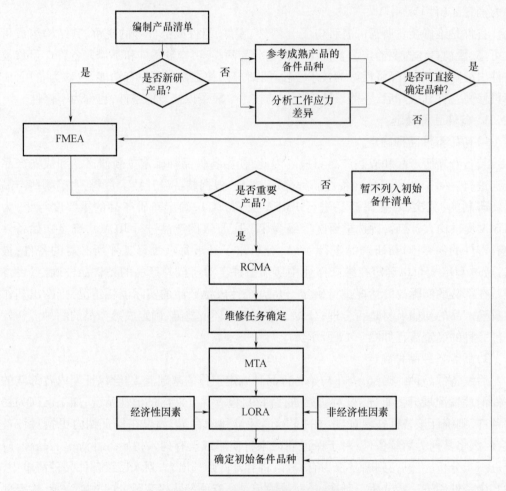

图 7.12 初始备件品种的确定流程

严格地讲,式(7.27)仅适用于备件的故障率服从指数分布、其需求量服从泊松分布的情况。但是在工程应用上,由于其估算模型简单,往往被推广应用到更大的范围,成为十分具有代表性的备件需求量估算模型。以这个估算模型为基础,并计及其他相关的影响因素,已发展出各种备件估算方法。

2)后续备件数量的确定

后续备件估算涉及很多因素,包括装备的实际使用情况(平时与战时)、供应链的运作情况和供应体制等。作为工程估算,可以用统计数据为基础,按下式进行估算:

$$S_f = S_d + S_c + S_p \tag{7.28}$$

式中：S_f 为在一个确定的时期内，对某种备件的后续需求量；S_d 为按式(7.27)计算出的该种备件的初始需求量；S_c 为从提出订货申请到获得所需备件这段时间内该种备件的消耗量；S_p 为该种备件的安全库存量。

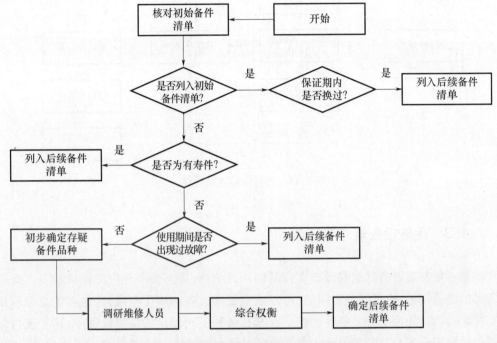

图 7.13　后续备件品种确定的逻辑决断图

无论是估算初始备件需求，还是估算后续备件需求，都不能单纯地依靠估算模型，必须与工程经验和积累的历史数据相结合，因为影响备件需求的多种因素，尤其是装备的实际使用情况，是任何估算模型也无法全面地予以描述的。

3. 备件供应规划

备件供应规划应从装备的整个寿命周期的角度去考虑，而大量的规划工作则应在工程研制阶段完成。按不同的修理级别分别地做出规划，并与进行维修的装备约定层次相匹配。

备件供应规划工作包括：制定备件供应工作计划；确定初始备件的品种和数量；备件供应相关技术文件的编制；备件的包装、装卸、储存、运输和标识；初始供应清单的确认和备件的验收与交付；后续备件的供应建议；停产后备件供应保障方法建议；战时备件供应分析以及备件供应试验与评价等。图 7.14 描述了备件供应规划流程。

4. 备件库存管理

库存管理的目的在于在合适的地点保持正确数量的备件，以保障维修工作的实施，即要确定和安排好库存周期(维持足够备件库存量的一系列订货事件间隔期，亦可称订货周期)、库存目标(供应单位应具有的备件总量)、控制水平(满足需求的备件储备量)、保险水平(为满足非预期的需求的备件储备量，其等于库存目标减去控制水平)、提前订货时间(提出订货至接到备件的时间)、再次订货点(必须提出订货时所对应的库存量，以保证在发放出最后一件备件前能收到补充供应)、经济定货量(基于订货费用和库存费用的比较,一次订货的最经济的备件量)以及货架寿命(备件在质量不降低地进行储存的日历时间)等要素。

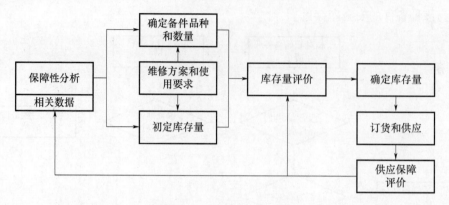

图 7.14　备件供应规划过程

7.4.3　保障设备规划与研制

装备一般都需要有其他的设备支持其使用或维修,即需要有相应的保障设备。保障设备可以是通用的,也可以是专用的;可以兼顾支持装备的使用与维修,也可能是专门用于支持装备的使用或支持装备的维修。在具有各种不同用途的保障设备中,用于支持维修工作的保障设备是对装备的战备完好性影响最大、类型最为广泛和技术最为复杂,因而也是研制工作量最多的一大类保障设备。

任何适用于多种应用场合的保障设备都可被归为通用的设备,包括手工工具(如扳手、螺丝刀等)、空气压缩机、液压起重机、电瓶车以及一些标准的测试设备等都属此类,它们通常可适用于各种不同类型装备的维修保障。

针对某种装备执行特定的保障活动而研制的设备或其应用范围受限的设备属于专用保障设备类。装备的地面自动测试设备是典型的专用保障设备,对它们的研制一般都是与主装备的研制同步协调进行的。对这类保障设备的研制也是相当费时和费钱的,而且要像对待主装备一样全面考虑它们的保障问题。

1. 专用保障设备需求分析与确认

应该在装备研制早期(方案阶段)就开始分析与确认对专用保障设备的要求。主装备的维修保障方案对确定保障设备的要求有重大影响,因为修理级别的确定和各修理级别所要完成的维修工作决定了对保障设备的总体要求(一般基层级对保障设备的需求最少)。

另一个影响专用保障设备要求的重要因素是装备所具有的机内测试能力,这涉及保障设备的能力与机内测试能力间的协调匹配和它们的综合优化问题,应将之作为保障设备需求分析的重点。

保障设备的具体类型、功能和需求量等细节主要取决于维修工作分析的结果的。但要注意,单纯根据维修工作分析的结果还不能作出关于保障设备需求的合理判断,还需要依据预计的保障设备的使用频度等数据,从费用与效能的角度进行权衡,然后再做出更合理的决策。开始时所做的维修工作分析是以需完成的维修工作能得到所要求的保障设备为前提的,如果经过综合权衡认为对某种保障设备不值得进行研制或采购,则对所得的维修工作分析结果还要做必要的调整,从而又会影响到其他保障要素(如技术手册、培训等)的落实工作。所以维修工作分析与保障设备需求分析二者是互相影响的。规划的保障设备对供应保障有直接的影响,因为保障设备(尤其是测试设备)也同主装备一样地需要备件等相关的供应品,而且需要将这些供应品正确地提供给对应的修理级别。

技术手册的编制依据之一是保障设备的可用情况,维修工作的改变或保障设备可用情况的改变都会对技术手册的编制有相当大的影响。此外,还要考虑到保障设备本身也需要技术手册指导其操作。

保障设备的运转需要设施的协同支持(如提供电力、空间、冷气和其他环境条件的保障),如果不具备运转条件,保障设备将成为无用的摆设。

对上述这些彼此交互影响的因素,在分析和确认保障设备需求时必须充分地予以考虑,以确保正确地规划所需的各种保障设备,并且研制或采购适用的保障设备。

2. 测试设备需求分析与确认

测试设备是保障设备中的核心部分,特别是自动化的综合测试设备,不仅要与主装备协同地进行研制,还要像对待主装备那样地进行可靠性分析、维修性分析和保障性分析等。实际上,测试设备的可靠性、维修性和保障性水平应比其测试对象的更高。

研制测试设备,首先要确定其应具备的测试功能和对它的测试能力的要求。确定维修测试要求还是要首先从 FMECA 着手,通过 FMECA 确认可能发生的各种故障模式,进而就可以确定应检测和隔离的故障,并确定相应的测试要求。

在确定测试设备的测试要求时,除了像主装备那样提出满足其功能需求的各项要求外,还要注意以下问题。

(1)测试设备的测试精度要求应合理地高于被测设备的相应使用精度要求。

(2)自动测试、手工测试和机内测试功能的合理匹配与协调。

(3)测试设备在不同修理级别的配置(功能和性能)应能完全支持既定维修方案的落实且应相互相容和衔接。

(4)如果建立了健康管理系统,或准备建立健康管理系统,则应保证测试设备的数据与其他信道数据的相互融合。

7.4.4 保障装备规划与配置

不同装备类型,其保障特点和要求也不同,所需的保障装备也有所差异。保障装备的配备比例与其利用率之间存在着密切关系。如果保障装备配置比例不合理,可能会制约作战任务的完成,可能会保障装备使用效率。本节通过分析保障装备工作流程,明确工序关系,确定保障装备品种,建立保障装备数量确定及优化模型,确定保障装备配置数量。

1. 保障装备工作流程

保障装备工作流程是保障装备在装备使用和维修活动中的使用的时机与要求。不同类型的装备,需要的保障装备不同,相应的保障工作流程也不同。因此,应针对具体类型装备,开展保障装备工作流程分析。

以飞机为例,保障飞机顺利遂行作战和训练任务的装备主要是四站装备,包括制氧/氮车、充氧/氮车、制冷/充冷车、充电/电源车、空调车、油泵车等地面保障装备。飞行保障活动是机务准备工作的一部分,是飞机顺利实施作战与训练科目的重要保障。在飞行保障活动中,根据飞行科目的不同,需要使用到不同组合的四站保障装备。飞机升空前一般需要经过液压检测、充氧、充冷、充氮、雷达检测、电源检测及启动 6 项程序,分别需要油泵车、充氧车、送冷车、充氮车、空调车以及电源车 6 类四站保障装备,保障装备工作流程如图 7.15 所示。

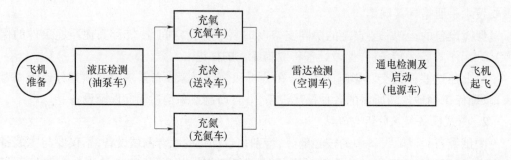

图 7.15　保障装备工作流程

图 7.15 所示的保障装备工作流程中,6 项四站保障程序可以表示为飞行保障属性,其中充氧、充冷、充氮三个程序可看作一个充气环节,且三者之间无相互顺序,其他工作程序必须按顺序进行。保障工作中除电源检测及起动是所有飞机都必需的程序外,其他工作程序根据飞行科目不同,可以有选择地进行。

2. 保障装备品种确定

与维修设备品种确定类似,保障装备品种确定也可采用逻辑决断法。不同类型的装备,需要的保障装备不同,相应的保障装备品种也不同。因此,应针对具体类型装备,开展具体保障装备品种确定。以飞机为例,说明其保障装备品种确定过程。

与保障三代机飞行不同,四代机由于运用了机载自主保障系统,有些原来需要用地面保障装备完成的保障环节,现在通过机载系统便可以完成,从而缩减了保障装备的种类和数量。例如,美军 F-22 战斗机拥有能为飞行员供氧的机载制氧系统,因此不再需要地面液氧设备;F-22 战斗机拥有机载惰性气体制造系统,用其输出的氮气给油箱充气,从而不再需要地面充氮设备;F-22 战斗机还拥有一个辅助动力装置(APU),只需要几个简单步骤就可以启动发动机,从而不再需要地面电源车发动飞机。

首先,从装备使用与维修工作分析的结果出发,确定装备保障方案对保障装备的初始需求;然后,分析军民一体化保障、维修体制对保障装备的要求,并根据任务要求确定保障任务,判断哪些工作可以由机载系统完成,考虑其他四站保障需求,形成四站保障装备初始清单;最后,判断同类四站装备之间能否进行功能集成,若能,则进行功能集成,减少保障装备品种,得到保障装备清单;若否,则直接输出保障装备清单。保障装备品种确定的逻辑决断图如图 7.16 所示。

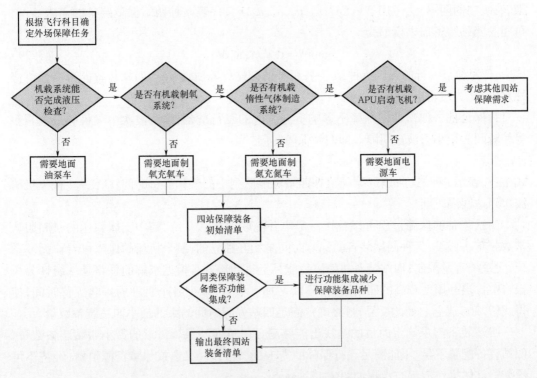

图 7.16 保障装备品种确定的逻辑决断图

3. 保障装备数量确定

保障装备的需求是在离散的不确定时间点上发生,各类保障装备的保障活动与装备维修保障需求相对应,属于离散事件。因此,可运用离散事件系统的数学建模技术,建立保障装备需求模型,解决保障装备配置的问题。以飞机为例,建立四站装备数量优化模型,具体如下:

1) 四站保障过程中的对象

四站保障过程包括以下对象。

(1) 实体(entity):待保障的飞机,包括飞机的机种、数量、保障属性。

(2) 资源(resource):飞行基地实施四站保障所需的四站装备,包括油泵车、充氧车、冷气车、充氮车、空调车及电源车等。

(3) 进程(process):四站装备对飞机实体实施某项四站保障活动。

(4) 到达(arrive):需要保障的飞机实体进入系统。

(5) 判断(decide):根据飞机的四站保障属性,判定要实施的保障活动。

对象之间的关系为:当需保障的飞机(entity)到达(arrive)时,产生保障需求,基地保障中心判断(decide)需要的保障活动,占用保障资源(resource),对飞机实施保障(process),单个保障活动完毕释放保障资源。当飞机完成所需的全部保障活动时,即可升空。

2) 四站装备数量需求模型

实体的到达与出动模式 M 有关。飞机出动模式可表示为:每波次起飞某种飞机 S

架,波次之间间隔 $t_{\min}$。用 $N=(n_1,n_2,n_3,n_4,n_5,n_6)$ 代表 6 种四站保障装备的需求情况,可建立四站装备需求模型为

$$\min N = f(V,A,R,M) \tag{7.29}$$

式中:V 为参与飞行的飞机机种;A 为各机种的四站保障属性;R 为四站装备的可靠性维修性水平;M 为飞行准备模式。

为保证前一波次四站保障不影响下一波次的飞行准备,则每波次中飞机的最大累积等待时间必须小于波次间隔。即四站保障时间约束为

$$\max T_{ij} < t_i \tag{7.30}$$

式中:T_{ij} 表示 i 种飞机的第 j 架飞机在四站保障队列中的累积等待时间;t_i 表示 i 种飞机的波次到达间隔时间。

四站装备的保障过程可以看作一个串并混联的排队系统,其中实体到达的时间服从常数分布。假设:各种四站装备的保障时间是相互独立的;整个机场的保障可看作循环系统,无系统容量限制;四站装备故障以后能马上得到修理。模型求解的思路是从统计分析报告中找出利用率较高的四站装备,不断增加其数量,减少各个机种的排队等待时间,使得式(7.30)成立。如此反复,最终确定满足四站保障时间约束的最小四站装备数量。

四站装备需求确定的目的是找出能够满足飞机四站保障需求的最小四站装备数量。四站装备配置不足,不能满足飞行保障的需求;配置过多,又造成保障资源浪费,经济不可承受。具体操作流程与步骤如图 7.17 所示。

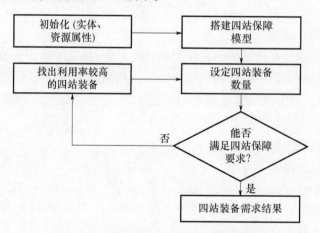

图 7.17 四站装备数量确定流程示意图

步骤 1:初始化,确定参与飞行的飞机机种 V;飞机出动模式 M;四站装备的可靠性维修性水平 R;仿真时间等。

步骤 2:根据各机种的四站保障属性,运用 ARENA 软件搭建四站保障过程仿真模型。

步骤 3:设定四站装备数量,并开始仿真。

步骤 4:从统计分析报告中判断各机种最大累积等待时间是否能够满足要求,是则直接输出四站装备需求结果,仿真结束。否则找出利用率高的四站装备,转入步骤 3。

4. 算例分析

某基地一次飞行训练共出动三个机种。1 号飞机到达时间服从常数分布,每批次到

达6架,间隔15min;2号飞机到达时间服从常数分布,每批次到达4架,间隔20min;3号飞机到达时间服从常数分布,每批次到达2架,间隔30min。其中,1号飞机、3号飞机不需要进行雷达检测,2号飞机需要完成所有的四站保障才能升空。分别采用基地多机种保障和当前实际的航空兵场站单机种保障两种策略对其仿真,对比所需的四站装备数量,衡量两种保障策略。仿真程序按照两种保障策略分别运行20次。

四站装备保障时间(min)分布:油泵车执行一次保障活动的时间服从参数为(5,10,15)的三角分布;充氧车、充冷车、充氮车执行一次保障活动的时间服从参数为(3,4,5)的三角分布;空调车执行一次保障活动的时间服从参数为(5,7,10)的三角分布;电源车执行一次保障活动的时间服从参数为(10,12,15)的三角分布。

四站装备故障分布:油泵车、空调车、电源车的故障间隔时间服从参数为240h的指数分布,修复时间服从参数为1h的指数分布;充氧车、充冷车、充氮车的故障间隔时间服从参数为360h的指数分布,修复时间服从参数为0.5h的指数分布。

运用离散事件仿真软件ARENA,对基地保障模式下的四站装备保障过程进行仿真,建立的仿真程序如图7.18所示。

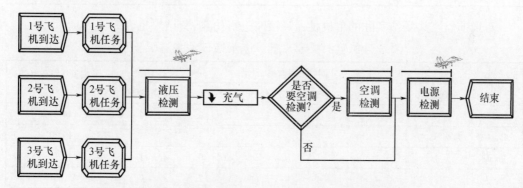

图7.18 基地保障模式下的四站装备保障流程模型

(1)待保障飞机到达(arrive)。飞机按照预定的飞行准备模式M到达,通过Assign模块对各机种飞机的四站保障属性进行赋值。

(2)液压检测(hydraulic)。当实体到达后,首先判断是否有空闲的油泵车,有则直接进行保障,否则进入等待队列。

(3)充气环节。由于充氧车、充冷车、充氮车无先后顺序,当待保障飞机首次到达时,首先判断三个充气车的队长,优先选择队长最小的充气车进行保障,如果三个充气车队长一样,则实体随机选择其中一个充气车进行保障。保障完成后,更改该项保障的属性。然后实体进入另外两个充气车进行保障,判断规则不变,直到完成所有三项气体保障程序,实体退出充气环节。

(4)空调检测(air condition)。首先判断该种飞机是否需要空调检测,如果需要则进行保障,否则直接进入空调检测。

(5)电源检测(power supply)。电源检测保障程序同液压检测。保障完成后,实体进入Dispose模块,所有四站保障完成。

在基地保障模式下,同时进行Plane1、Plane2、Plane3三种机型的四站保障。仿真中如果某种四站装备利用率较高,说明它是制约四站保障时间的瓶颈。不断增加利用率高的四站装备数量,使各机种最大累积等待时间满足式(2)为止,统计基地保障模式下各机种的最大累积等待时间和四站装备利用率见表 7.2。从表中可以看出,满足保障需求的四站车辆配置数量为油泵车 6 台,充氧车 3 台,冷汽车 3 台,充氮车 3 台,空调车 2 台,电源车 7 台。

表 7.2 基地保障策略四站装备配置仿真

四站装备数量/台						最大累积等待时间/min			四站装备利用率					
油泵车	充氧车	冷气车	充氮车	空调车	电源车	1号飞机	2号飞机	3号飞机	油泵车	充氧车	冷气车	充氮车	空调车	电源车
2	2	2	2	1	2	93.76	118.83	113.49	0.0200	0.0080	0.0080	0.0079	0.0097	0.0248
4	2	2	2	1	4	39.01	48.11	36.14	0.0109	0.0081	0.0079	0.0080	0.0097	0.0125
5	3	3	3	2	5	25.87	30.71	22.10	0.0082	0.0053	0.0053	0.0055	0.0049	0.0098
5	3	3	3	2	6	21.57	24.37	20.49	0.0082	0.0052	0.0052	0.0054	0.0048	0.0083
5	3	3	3	2	7	22.29	23.81	20.49	0.0082	0.0052	0.0052	0.0053	0.0049	0.0070
6	3	3	3	2	7	14.42	19.59	15.37	0.0069	0.0052	0.0052	0.0053	0.0048	0.0069

对当前航空兵场站实际的单机种保障策略进行仿真,其结果见表 7.3。

表 7.3 当前单一型号飞机保障策略四站装备配置仿真

机种	四站装备数量/台						最大累积等待时间/min
	油泵车	充氧车	冷气车	充氮车	空调车	电源车	
Plane1	4	2	2	2	0	4	14.18
Plane2	3	1	1	1	2	4	19.51
Plane3	1	1	1	1	0	1	14.23
合计	8	4	4	4	2	9	

对比两种保障策略可知,基地保障模式比当前航空兵场站单机种保障策略对各个机种通用的四站装备需求减少,可以节省油泵车 2 台,充氧车 1 台,冷汽车 1 台,充氮车 1 台,空调车 2 台,电源车 2 台。空调车属于 Plane 2 特有的四站装备,需求量不变。

7.5 保障性试验与评价

保障性试验与评价是实现装备系统保障性目标的重要而有效的决策支持手段,贯穿于装备的研制与生产的全过程并延伸到部署后的使用阶段,以保证及时掌握装备保障性的现状和水平,发现保障性的设计缺陷,并为军方接收装备及保障资源、建立保障系统提供依据。

7.5.1 保障性试验与评价的目的与时机

1. 目的

保障性试验与评价的目的是发现装备与保障系统的设计缺陷,确定和评价设计风险,提出改进措施和建议,评估装备系统的保障性水平,并为装备和保障系统研制和使用的鉴定验收提供依据。具体目的可以概括如下。

(1)暴露装备的功能、结构(硬件、软件)与保障系统的功能、资源和组织等方面存在的问题,以便在研制过程中尽早改进。

(2)分析由于装备与保障系统两个方面的变化而引起的战备完好性、任务持续性、保障费用等方面的变化(敏感性)。

(3)基于装备的设计特性(维修保障性与使用保障性)与保障系统特性的实测数据,评价装备系统达到规定战备完好性、持续性、保障规模、保障费用等保障性综合要求的程度。

(4)评价部署后保障性数据,确定在装备使用后达到的保障性水平,以实现持续改进。

2. 时机

在装备寿命周期各阶段,都要进行保障性的试验与评价工作,以保证装备设计分析、试验与评价、更改设计、试验与评价等,反复循环,以便使装备最终达到订购方的要求。

1)论证阶段

在论证阶段,应尽早开展装备保障性试验与评价工作,通过原型系统的试验工作,以确定先进的保障性要求,并为提出可行合理的保障性指标提供技术支持。

2)方案阶段

方案阶段的保障性试验与评价是协助选择较优的备选设计方案和保障方案,验证所有的技术风险区已经得到确认且已经降低到可接受的水平,已确定了最佳的技术途径。

3)工程研制阶段

工程研制阶段的保障性试验与评价,是通过样机进行的。通过试验与评价工作,可全面提供保障性方面定性与定量的技术数据,协助工程设计人员或综合保障人员解决所有重大的保障性方面的问题,包括保障规划问题。试验所取得的有关保障方面的数据与信息可用于及时修正保障性分析数据,优化设计与分析的结果。

4)状态鉴定阶段

在状态鉴定阶段,军方对提供的样机进行正式的鉴定性试验,验证装备系统的保障性水平是否达到了合同要求,并为状态鉴定提供依据。在该阶段,由于不存在部队真实的保障系统,还无法对装备战备完好性进行有效地评估,只能对由保障资源组成的简易保障系统进行评价,这个简易的保障系统在国外称为保障包。因此,在状态鉴定阶段应重点评价各保障要素的适用性和充分性,判断所确定的保障资源和保障方案能否满足使用要求,明确保障方面的缺陷,以做出装备设计是否需要更改的决策。

5)列装定型阶段

在列装定型阶段,在对小批量生产的装备进行正式试验与评价的过程中,装备开始实施由研制向生产的转移,并开始进入正式部署及建立初始的保障系统的过程。生产定型阶段的试验与评价工作主要是协助进行设计与生产更改,验证更改的效果,解决保障方面的缺陷。该阶段的试验与评价工作,由于是结合部队的试用工作进行,因此是首次从保障的角度来评价装备系统的设计,并根据具体的保障要求、补给供应时间、周转时间、储备水平、人员能力等来评价综合保障各保障要素,验证保障系统与主装备的匹配情况及各保障要素之间的协调情况。该阶段的试验工作要充分利用装备列装后部队正式使用的保障设备、备件以及正式的技术资料和维修计划进行。

6) 使用阶段的试验与评价

装备部署部队后,由于建立了真实的保障系统,因此具备了在部队使用现场的使用与维修环境条件下进行保障性试验与评价的条件,可对装备管理、使用及规划的保障工作进行全面持续的评估。该阶段的试验与评价工作,要充分利用新装备部署部队的编制的人员、设备、设施、备件及技术资料,由正式的现场数据收集系统提供所需的各种资料与数据。使用阶段的试验与评价工作一般安排在装备列装部队1~2年和5~10年时进行。使用阶段的试验与评价工作还可以进行专项考察,如不同的作战任务或训练任务对装备系统可用度的影响,改变保障策略能否提高装备的保障能力等。

7.5.2 保障性试验与评价的内容

按照试验与评价对象划分,保障性试验与评价可分为保障资源的试验与评价、保障保活动的试验与评价、装备系统的保障性仿真试验与评价。

1. 保障资源试验与评价

保障资源的试验与评价主要针对人力人员、保障设备、保障设施、技术资料等单一保障资源,结合每一类保障资源的特点,采用适用的方法给出定性、定量的评价结果。

1) 人力和人员

按照想定,在真实或接近真实的使用环境中使用产品,考核完成作战或训练任务的情况;按各修理级别的维修机构布局,组织产品的维修,核实经历的时间和工时消耗情况。

评价内容包括:按要求编配的装备使用人员数量、专业职务与职能、技术等级是否胜任作战和训练使用;按要求编配的各级维修机构的人员数量、专业职务与职能、技术等级是否胜任维修工作;按要求选拔或考录的人员文化水平、身体素质是否适应产品的使用与维修工作。进行人力人员评价的主要指标包括:每飞行小时直接维修工时、平均维修人员规模(用于完成各项维修工作的维修人员的平均数)。

通过评价,确认已安排好人员和他们所具有的技能适合于在使用环境中完成装备保障工作的需要、所进行的培训能保证相关人员使用与维修相应的装备以及所提供的培训装置与设备的功能和数量是适当的。

2) 保障设备

部分新研的测试与诊断设备、维修工程车、训练模拟器、试验设备等大型的保障设备,本身就是一种产品。除要单独进行一般例行试验,确定其性能、功能、可靠性、维修性是否符合要求外,要与保障对象(产品)一起进行保障设备协调性试验,应特别注意各保障设备之间以及各保障设备与主装备之间的相容性,确定其与产品的接口是否匹配和协调,各修理级别按计划配备的保障设备数量与性能是否满足产品使用和维修的需要;保障设备的使用频次、利用率是否达到规定的要求;保障设备维修要求(计划与非计划维修、停机时间及保障资源要求等)是否影响正常的保障工作。

3) 技术资料

通过试验与评价,确保所提供的技术资料是准确的、易理解和完整的,并能满足使用与维修工作的要求。

要组织既熟悉新研装备的结构与原理,又熟悉使用与维修规程的专家,采用书面检查和对照产品检查的方法对提供的技术资料(如技术手册、使用与维修指南、有关图样等),进行格式、文体和技术内容上的审查,评价技术资料适用性和是否符合规定的要求。技术资料的审查结果一般给出量化的质量评价因素,如每 100 页的错误率。

在状态鉴定时,应组织包括订购方、使用方、承制方的专门审查组对研制单位提供的全套技术资料(包括随机的和各修理级别使用的)进行检查验收。通过检查验收,做出技术资料是否齐全,是否符合合同规定的资料项目清单与质量要求的结论。验收时要特别重视所提供的技术资料能否胜任完成各修理级别规定维修工作的信息。

4)保障设施

通过评价确定设施在空间、场地、主要的设备和电力以及其他条件的提供等方面是否满足了装备的使用与维修的要求,也要确定在温度、湿度、照明和防尘等环境条件方面以及存储设施方面是否符合要求。

5)保障资源的部署性评价

保障资源的部署性分析可采用标准度量单位,如标准集装箱数量、标准火车车皮数量、运输机数量等,通过各种可移动的保障资源(人力人员资源除外)的总重量和总体积转化计算得到,还可以进一步按修理级别或维修站点分别计算。总之,只要保障方案中描述的保障资源的数据信息足够,保障资源的部署性分析相对容易。

通过部署性评价,可以宏观上比较新研制装备保障规模的大小,从中找出薄弱环节,进一步改进装备或保障资源的规划与设计工作。

2. 保障活动的试验与评价

保障活动的试验与评价主要是对关键的保障活动,如预防性维修、修复性维修、战场抢修、训练与训练保障、包装、装卸、储存和运输和供应保障等,按照事件—活动—作业层次进行实际的试验测试,给出针对每一项关键保障活动定性、定量的评价结果。

保障活动可以按照自底向上的层次实施保障活动的试验,根据试验结果对保障活动进行评价。然而,由于保障活动繁多,流程复杂,因此,在实际工作中往往选择重要的保障事件进行实测评价,而其他保障活动的评价则采用估算的方法进行。例如,对于军用飞机,再次出动准备和发动机拆装就是两个非常典型的关键保障活动,一般均采用现场实测方式进行。再如,装备的包装、装卸和运输事件也可以进行实际的测试。

这些实际测试可在虚拟样机、工程样机和实际装备上进行,以发现并鉴别装备(设备)设计和保障流程的设计缺陷,以及保障设备、保障设施、技术资料、人力人员等保障资源与装备的适用和匹配程度。

通过评价可以得出每一项保障活动的时间,实施每一项活动所需保障设备、备件的种类和数量、人力人员数量及其技术等级要求等结果。

3. 装备系统保障性仿真与评价

装备系统的保障性仿真与评价主要针对装备及保障系统构成的大系统,根据装备的设计特性和保障系统的构成方案,建立相应仿真模型,进行仿真试验;根据仿真结果开展保障性综合要求(如战备完好性、持续性)的定性定量评价。上述两种试验与评价结果数据应作为保障性仿真的输入数据。

装备及其保障系统之间以及它们内部各组成部分之间存在着复杂的相互影响关系，在许多情况下，很难建立求解这些复杂关系的解析模型，这时就需要借助系统建模与仿真方法来解决相关问题，并在此基础上进行系统评价。

保障性仿真与评价就是依照装备的系统组成、设计特性、保障方案及其各种资源要素特性，通过描述装备与保障系统及其内部各要素之间的逻辑关系，建立起装备系统的保障性模型，借助于计算机试验，模拟装备的使用过程和维修过程，收集相关试验数据，对各种运行数据进行统计分析，再对装备系统保障性进行评价。

保障性仿真与评价中，需要利用计算机模拟的主要过程如下。

(1) 装备任务执行过程；
(2) 装备预防性维修过程；
(3) 装备故障过程；
(4) 修复性维修过程；
(5) 保障资源使用和供应过程。

根据仿真运行结果对装备系统的保障性进行评价，评价参数主要包括战备完好性参数和任务持续性参数。通过分析找出装备系统保障性设计的薄弱环节，进而改进装备保障性设计，减少装备系统寿命周期使用和维护代价，提高装备系统的战备完好性和任务持续性。

习　题

1. 试述保障性定量要求的分类及常见参数。
2. 某设备的寿命和故障修复时间均服从指数分布，其 MTBF = 2000h，MTTR = 5h，试求工作到 100h 的可用度。
3. 试述常用的保障性分析技术及其分析目的。
4. 试述保障资源规划的一般步骤。
5. 试述保障资源试验与评价的要点。

第8章
可靠性维修性保障性外场评估及改进

RMS 数据主要从两个方面得到：一是从实验室（内场）进行试验中得到的，称为试验（内场）数据；二是从产品实际使用现场（外场）得到的，称为现场（外场）数据。通过收集装备在外场使用中的 RMS 数据，开展使用阶段的装备 RMS 评估，掌握装备外场 RMS 真实水平，验证其是否达到 RMS 成熟期目标值，对于装备后续批次质量提升及 RMS 设计改进具有重要意义。

本章的学习目标是了解 RMS 外场数据分析、RMS 改进技术途径，理解可靠性维修性的经验分析和分布参数估计。

8.1 可靠性维修性保障性外场数据分析

8.1.1 可靠性维修性保障性外场数据特征

开展使用阶段收集到的装备 RMS 外场数据，具有以下特征[16]。

1）真实性

与内场实验室试验相比，外场实际使用环境更加真实、综合和复杂，包括：外场停放和工作的地理气候环境，工作应力载荷、飞行载荷，完成任务剖面所产生的各种诱发环境等，收集到的 RMS 能够反映出产品真实水平。例如，机载设备在部队外场使用中发生的故障，真实反映了外场实际的、复杂的、真实的使用与维修保障情况，评估出的 RMS 水平真实可信。

2）样本大

与内场试验样本小、有效数据少等特点相比，装备在外场使用与维护阶段收集到的 RMS 数据一般属于大样本数据。开展可靠性评估的机载设备，单机安装数可能是一个，也可能是多个，而且随着装备外场使用时间的累计，机载设备产生的故障数据也会不断增多。

3）随机截尾

外场数据中，产品投入使用的时间不同，观测者记录数据时除故障时间外还有一些产品统计时仍在完好地工作，以及使用中途会因某种原因（如设备返厂升级）转移它处等，形成了外场可靠性数据一般具有随机截尾的特性。这种特性常见于随机截尾试验,即产品进行试验时,由于种种原因一些产品中途撤离了试验,未做到寿终或试验终止,现场得到的这些数据可用图8.1表示。其中,包括一些产品的故障时间和另一些产品的无故障工作时间,即删除样品的撤离时间。

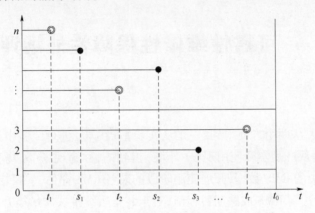

图8.1 外场数据的随机截尾示意图

◎—样本故障;●—样本撤离;t_0—统计截止时间;$t_1,t_2,\cdots,t_r$—故障样本的故障时间;
s_1,s_2,s_3—撤离样本的撤离时间。

4)部分故障数据缺失

部队使用与维修人员业务素质、外出执行任务等原因,可能会导致部分故障数据缺失的现象,主要表现为:一是装备承制厂在部队例行巡检或伴随保障中发现的、经现场换件或直接修复的故障一般不记录在履历本上、也不录入《质量控制软件》故障库;二是部队外出演习、驻训期间所发生的故障,在设备履历本上有记录,但由于受驻地条件所限,未能及时录入或未录入《质量控制软件》的故障库,较为典型的现象是设备履历本上有故障事件登记,但故障信息登记不全或不准确。

8.1.2 外场使用与故障数据核查

1. 外场数据核查系统

外场使用与故障数据的真实性和完整性,决定了外场可靠性评估的科学性和准确性。通过调研发现,目前航空产品开展外场可靠性评估的故障信息都是以用户单位《质量控制软件》导出的故障数据库为主要输入,不能通过其他数据源进行验证,存疑故障数据难以核查。因此,必须建立一个由用户、装备承制厂、航空修理工厂三方共同参与的外场使用与故障数据核查系统,重点核查待评估机载设备的故障次数和累计装机飞行时间。外场数据核查系统运行如图8.2所示。

2. 外场数据核查步骤

1)拆卸事件识别

通过用户(使用方)调研,将机载设备的拆卸事件归纳为6种情况。针对设备履历本拆装页记录的每一次拆卸事件,识别出对应的拆卸事件。

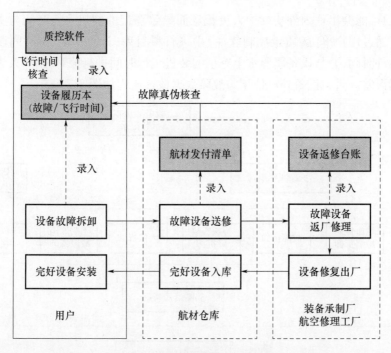

图8.2 外场数据核查系统运行

(1)串件拆卸:拆卸日期与下一次安装日期为同一天。

(2)地面性能检测拆卸:拆卸日期距下一次安装日期半个月内,且用户故障库、装备承制厂和航空修理工厂的返修台账均无记录。

(3)故障拆卸:拆卸事件在装备承制厂或航空修理工厂的返修台账中找到对应的故障事件。

(4)待核实故障拆卸:拆卸事件只能在用户故障库中找到相应故障记录。

(5)大修拆卸:拆卸原因中记录"进厂大修"。

(6)不明原因拆卸:当拆卸日期距下一次安装日期一个月以上,且用户故障库、装备承制厂和航空修理工厂返修台账中均无记录。

2)故障真伪核查

对于设备履历本中的故障拆卸,通过对装备承制厂或航空修理工厂的返修台账进行核查,找到对应的故障事件,分析故障定位过程,确定故障原因,判断该故障是真实故障、还是间歇故障,剔除其中的间歇故障。

对于设备履历本中的待核实的故障拆卸,通过查阅部队航材管理部门故障件发付清单,分析该故障件送修信息,进一步核查该故障件是否为真实故障。

对于设备履历本中的大修拆卸,通过对飞机大修过程中设备成套修理情况进行调研,进一步核查飞机大修过程中所属机载设备是否有故障、是否为真实故障。

对于设备履历本中不明原因拆卸,通过对设备所属专业机务人员进行座谈,进一步核查拆卸原因。

3)装机飞行时间核查

机载设备履历本拆装页记录了拆装日期、拆装单位、所装飞机号以及每次拆卸时装机飞行时间,但可能会出现因外场维护人员疏忽而导致登记的装机飞行时间与实际飞行时间有偏差。通过用户单位《质量控制软件》中飞行科目库,计算出装、拆时间段内该架飞机的实际飞行时间,并与设备履历本上登记的装机飞行时间进行核对,剔除人为因素导致的飞行时间误差。机载设备外场使用与故障数据核查流程如图8.3所示。

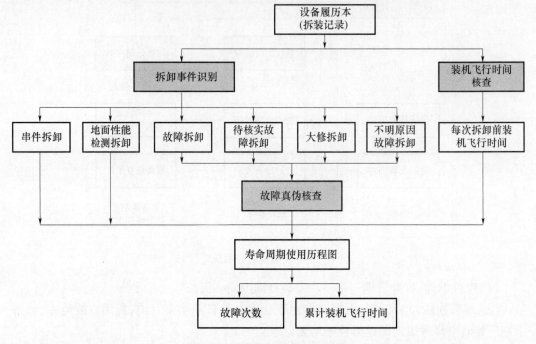

图8.3 设备外场数据核查流程

3. 机载设备寿命周期使用历程图

通过分析设备履历本上的拆装记录,识别每一次拆卸时间,确定该设备从出厂交付到统计截止期间的所有状态,即装机使用、故障返修、内场、进场大修等,对拆卸事件中涉及的故障真伪和装机飞行时间进行核查,确定该设备寿命周期内故障次数和累计装机飞行时间,绘制出该设备寿命周期使用历程图。

以某机载设备为例,其履历本记录了8次拆卸记录(串件拆卸2次、故障拆卸6次)。通过对该设备承制厂的返修台账进行核查,发现有3次故障事件在返厂故障定位中显示功能指标正常,属间歇故障。通过计算每次拆、装时间内飞行时间,与履历本拆卸页记录的拆卸前装机飞行时间核对,计算出该设备寿命周期累计装机飞行时间为791.22h。其寿命周期使用历程如图8.4所示。

图8.4说明:该设备于2007年10月19日出厂安装于某用户单位15号飞机,装该机飞行时间为342.92h;于2010年9月24日出现故障,拆卸后返厂修理,经故障定位后发现属虚警、不可复现故障现象且设备恢复正常;于2010年11月16日返回该用户,继续安装在15号飞机上继续使用,装该机飞行时间为39.4h;于2011年4月1日出现故障,拆卸后返厂修理,恢复完好后,于2011年8月16日返回该用户,安装在09号飞机上继续使用,装该机飞行时间为8.45h。如此反复,一直到2016年5月10日统计截止时,整个过程就是该设备的寿命周期使用历程。

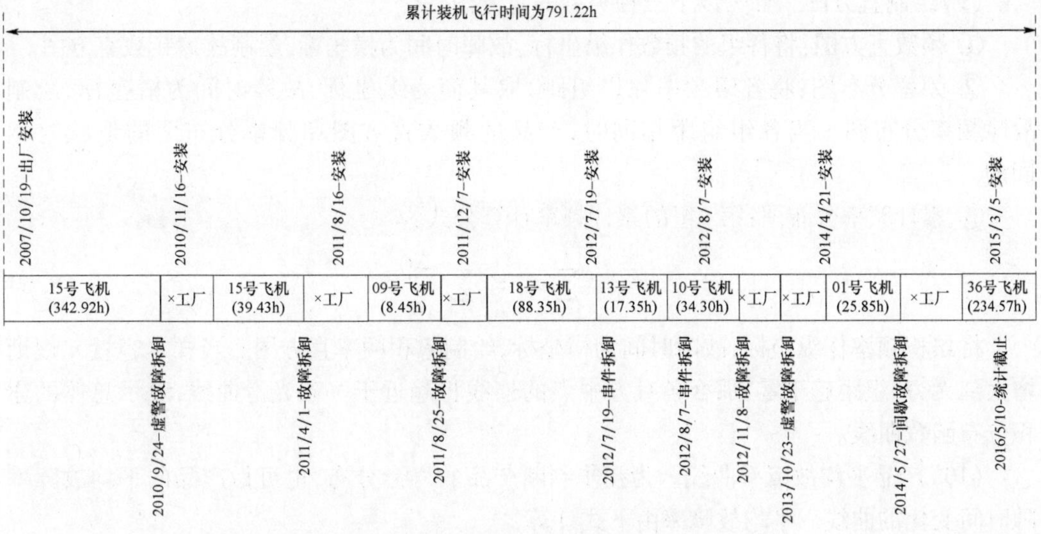

累计装机飞行时间为791.22h

2007/10/19-出厂-安装		2010/11/16-安装		2011/8/16-安装		2011/12/7-安装		2012/7/19-安装		2012/8/7-安装		2014/4/21-安装		2015/3/5-安装
15号飞机 (342.92h)	×工厂	15号飞机 (39.43h)	×工厂	09号飞机 (8.45h)	×工厂	18号飞机 (88.35h)	×工厂	13号飞机 (17.35h)	×工厂	10号飞机 (34.30h)	×工厂	01号飞机 (25.85h)	×工厂	36号飞机 (234.57h)
2010/9/24-虚警故障拆卸		2011/4/1-故障拆卸		2011/8/25-故障拆卸		2012/7/19-串件拆卸		2012/8/7-串件拆卸		2012/11/8-故障拆卸		2013/10/23-虚警故障拆卸		2014/5/27-间歇故障拆卸		2016/5/10-统计截止

图8.4 某机载设备寿命周期使用历程图

8.1.3 数据分析的直方图法

直方图法是用来整理故障数据,找出其规律性的一种常用方法。通过做直方图,可以求出一个样本的样本均值和样本的标准差,并由其图形的形状近似判断该批数据的总体属于哪种分布。直方图法的具体步骤如下。

(1)在收集到的一批数据中,找出其最大值 L 和最小值 S。

(2)将数据分组。一般用如下经验公式确定所分组数 k:

$$k = 1 + 3.3\lg n \tag{8.1}$$

式中:n 为观测的数据个数。

(3)计算组距 Δt:

$$\Delta t = \frac{L - S}{k} \tag{8.2}$$

(4)确定各组的上、下限值。

(5)计算各组的组中值 t_i。

(6)统计落入各组的频数 Δr_i 和频率 W_i:

$$w_i = \frac{\Delta r_i}{n} \tag{8.3}$$

(7)计算样本平均值 $\bar{t}$:

$$\bar{t} = \frac{1}{n}\sum_{i=1}^{k} \Delta r_i t_i = \sum_{i=1}^{k} w_i t_i \tag{8.4}$$

(8)计算样本标准差 s:

$$s = \sqrt{\frac{1}{n-1}\sum_{i=1}^{k} \Delta r_i (t_i - \bar{t})^2} \tag{8.5}$$

(9)绘制直方图。分为以下三种类型的直方图。

① 频数直方图:将各组的频数作纵坐标,故障时间为横坐标,绘制故障频数直方图。

② 频率分布图:将各组频率除以组距,取其商为纵坐标,故障时间为横坐标,绘制故障频率分布图。当各组组距相同时,产品的频数直方图和频率分布图的形状时相同的。

③ 累计频率分布图:第 i 组的累计频率计算公式为

$$F_i = \sum_{j=1}^{i} w_i = \sum_{j=1}^{i} \frac{\Delta r_j}{n} \tag{8.6}$$

将累积频率作纵坐标,故障时间为横坐标,绘制累积频率直方图。当样本容量 n 逐渐增大到无穷,组距趋于零,那么各直方中点的连线将趋近于一条光滑曲线,表示总体的累积分布函数曲线。

(10)产品平均故障率曲线。为初步判断产品的寿命分布,也可做产品的平均故障率随时间变化的曲线。平均故障率由下式计算:

$$\bar{\lambda}(\Delta t_i) = \frac{\Delta r_i}{n(t_{i-1})\Delta t_i} \tag{8.7}$$

式中:$n(t_{i-1})$ 为进入第 i 个时间区间内的受试样品数。

8.2 可靠性维修性经验分析

8.2.1 可靠性经验分析

1. 完整试验的经验分析

统计完整试验数据要做到两点:一是参加试验的产品总数,二是记录下每一个产品故障前的工作时间。

1) 样本容量 n 较大时

当样本容量 n 较大时,首先按直方图法将样本分成 k 组,同时确定每组区间的组距和上/下限,以及各组频数;然后按下述公式计算经验可靠性。

• 经验可靠度:

$$R^*(t) = \frac{N_s(t)}{n} \tag{8.8}$$

• 经验故障分布函数:

$$F^*(t) = \frac{r_i(t)}{n} \tag{8.9}$$

• 经验故障分布密度:

$$f^*(t) = \frac{1}{n}\frac{\Delta r_i(t)}{\Delta t} \tag{8.10}$$

• 经验平均故障率:

$$\bar{\lambda}^*(\Delta t_i) = \frac{\Delta r_i}{\overline{N}_s(t)\Delta t_i} \tag{8.11}$$

其中

$$\overline{N}_s(t) = \frac{N_s(t_{i-1}) + N_s(t_i)}{2} \tag{8.12}$$

- 经验平均寿命：

$$\bar{t}^* = \frac{1}{n}\sum_{i=1}^{n} t_i \tag{8.13}$$

例8.1 某型110个电子管的寿命试验数据,每个电子故障时间已从小到大的顺序排列见表8.1。试画出经验可靠度$R^*(t)$、经验故障分布密度$f^*(t)$、经验故障率$\lambda^*(t)$随时间的变化关系。

表8.1 110个电子管的故障时间　　　　　　　单位:h

160	200	260	300	350	390	450	460	480	500
510	530	540	560	580	600	600	610	630	640
650	650	670	690	700	710	730	730	750	770
770	780	790	800	810	830	840	840	850	860
870	880	900	920	920	930	940	950	970	980
990	1000	1000	1010	1030	1040	1050	1070	1070	1080
1100	1100	1130	1130	1140	1150	1180	1180	1190	1200
1200	1210	1220	1230	1240	1240	1260	1260	1270	1290
1290	1300	1330	1380	1400	1430	1450	1490	1500	1500
1530	1550	1570	1590	1640	1700	1730	1750	1790	1800
1820	1870	1890	2050	2070	2180	2250	2380	2750	3100

解: 按数据分析的直方图法对数据进行整理,结果见表8.2,绘制曲线如图8.5所示,得到经验可靠度、经验故障分布函数、经验故障率随时间的变化关系曲线。

表8.2 电子管故障数据的分析计算

组号	区间界限 /h	区间中点 $t_i^{(c)}$	故障数 $\Delta N_f(t)$	残存数 $N_s(t)$	平均残存数 $\overline{N}_s(t)$	经验可靠度 $R^*(t_i^{(c)})$	经验故障分布密度 $f^*(t)/(\times 10^4)$	经验故障率 $\lambda^*(t)/(\times 10^4)$
1	5~405	205	6	104	107	0.973	1.36	1.0
2	405~805	605	28	76	90	0.818	6.36	7.0
3	805~1205	1005	37	39	57.5	0.523	8.41	16.0
4	1205~1605	1405	23	16	27.5	0.250	5.23	20.0
5	1605~2005	1805	9	7	11.5	0.105	2.04	19.0
6	2005~2405	2205	5	2	4.5	0.041	1.14	27.0
7	2405~2805	2605	1	1	1.5	0.0137	0.23	16.7
8	2805~3205	3005	1	0	0.5	0.0045	0.23	50.0

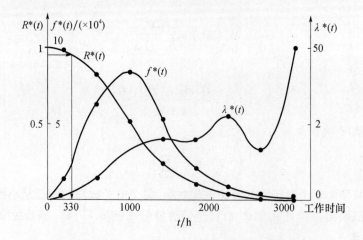

图 8.5　$R^*(t)$、$f^*(t)$、$\lambda^*(t)$ 随工作时间的变化关系

2) 样本容量 n 较小时

当样本容量较小时,为了减少误差,在小样本情况下,用下列公式计算。

- 海森公式:

$$F^*(t) = \frac{r(t) - 0.5}{n} \tag{8.14}$$

- 数学期望公式:

$$F^*(t) = \frac{r(t)}{n+1} \tag{8.15}$$

- 中位秩近似公式:

$$F^*(t) = \frac{r(t) - 0.3}{n+0.4} \tag{8.16}$$

例 8.2　现有 15 个灯泡进行可靠性试验,其故障时间如下:1280、1430、1689、1901、2046、2302、2600、2673、2945、3238、3521、3928、4204、4625、5787(单位:h)。试计算该批灯泡的经验故障分布函数值。

解:将 15 个数据由小到大顺序排列,利用样本量容量较小时的三种计算方法,计算经验分布函数,结果见表 8.3。

表 8.3　累积频率计算表

序号 $r_i(t)$	寿命 t_i/h	累积频率 $F^*(t_i)$		
		$\dfrac{r_i(t)-0.5}{n}$	$\dfrac{r_i(t)}{n+1}$	$\dfrac{r_i(t)-0.3}{n+0.4}$
1	1280	0.033	0.063	0.045
2	1430	0.100	0.125	0.110
3	1689	0.167	0.188	0.175
4	1901	0.233	0.250	0.240
5	2046	0.300	0.313	0.305
6	2302	0.367	0.375	0.370
7	2600	0.433	0.438	0.435

续表

序号 $r_i(t)$	寿命 t_i/h	累积频率 $F^*(t_i)$		
		$\dfrac{r_i(t)-0.5}{n}$	$\dfrac{r_i(t)}{n+1}$	$\dfrac{r_i(t)-0.3}{n+0.4}$
8	2673	0.500	0.500	0.500
9	2945	0.567	0.563	0.565
10	3238	0.633	0.625	0.630
11	3521	0.700	0.688	0.695
12	3928	0.767	0.750	0.760
13	4204	0.833	0.813	0.825
14	4625	0.900	0.875	0.890
15	5787	0.967	0.938	0.955

2. 截尾试验的经验分析

和完整试验比较,截尾试验缺少一部分未发生故障产品的寿命信息,因此不能用完整试验的经验公式计算平均寿命,但是在试验截止前的可靠度、故障分布函数、故障密度和故障率仍可用完整试验的公式计算。

3. 随机截尾试验的经验分析

由于航空装备外场可靠性数据具有随机截尾特性,进行经验分析时,一般可采用残存比率法、平均残存数法、平均秩法对经验可靠性函数进行修正,这里主要介绍残存比率法。

假设产品在 t_i 时刻的经验可靠度记为 $R(t_i)$,可表示为

$$R(t_i) = R(t_{i-1}) \cdot S(t_i) \tag{8.17}$$

式中:$S(t_i)$ 为产品在时间区间 (t_{i-1}, t_i) 内的残存概率,表示在 t_{i-1} 时刻完好的产品继续工作到 t_i 时刻尚未故障的概率,其计算公式为

$$S(t_i) = \frac{N_s(t_{i-1}) - \Delta N_f(t_i)}{N_s(t_{i-1})} \tag{8.18}$$

式中:$\Delta N_f(t_i)$ 为产品在 (t_{i-1}, t_i) 时间内的故障数;$N_s(t_{i-1})$ 为产品在 t_{i-1} 时刻继续试验的样品数,可表示为

$$N_s(t_{i-1}) = N - \sum_{j=1}^{i-1} \left[\Delta N_f(t_j) + \Delta k(t_j) \right] \tag{8.19}$$

式中:N 为样品总数,$\Delta k(t_j)$ 为在 (t_{j-1}, t_j) 时间内删除的样品数。

例 8.3 某机载设备外场使用情况记录见表 8.4,试用残存比率法计算该设备的经验可靠度。

表 8.4 某机载设备外场使用情况

序号	1	2	3	4	5	6	7
时间区间/h	0~100	100~200	200~300	300~400	400~500	500~600	600~700
产品删除数	7	20	17	25	21	29	13
产品故障数	3	13	6	6	2	5	1

解:根据残存比率法公式,计算结果见表8.5。

表 8.5　经验可靠度的计算结果

序号	t_i	$\Delta N_f(t_i)$	$\Delta k(t_i)$	$N_s(t_i)$	$S(t_i)$	$R(t_i)$	$F(t_i)$
0	0			168	1	1	0
1	100	3	7	158	0.9821	0.9821	0.0179
2	200	13	20	125	0.9177	0.9013	0.0987
3	300	6	17	102	0.952	0.8580	0.142
4	400	6	25	71	0.9412	0.8076	0.1924
5	500	2	21	48	0.9718	0.7848	0.2152
6	600	5	29	14	0.8958	0.7030	0.297
7	700	1	13	0	0.9286	0.6528	0.3472

8.2.2　维修性经验分析

在维修性试验中不涉及截尾试验方式,一般默认为是完整试验。在第 6 章维修性函数中已经阐述过经验维修性函数估算公式,这里直接给出具体的经验估算公式如下。

(1) 经验维修度:

$$\hat{M}(t) = \frac{N_r(t)}{N} \tag{8.20}$$

(2) 经验维修密度:

$$\hat{m}(t) = \frac{\Delta N_r(t)}{N \cdot \Delta t} \tag{8.21}$$

(3) 经验修复率:

$$\hat{\mu}(t) = \frac{\Delta N_r(t)}{\overline{N}_r(t) \cdot \Delta t} \tag{8.22}$$

其中

$$\overline{N}_r(t) = \frac{N_r(t) + N_r(t + \Delta t)}{2} \tag{8.23}$$

8.3　可靠性维修性分布参数估计

参数估计是数理统计的基本问题之一。设有一个统计总体 X,在其分布类型确定之后,其分布中含有一个或几个参数。当这些参数未知时,借助于总体的样本对这些未知参数做出估计,这就是参数估计。

在产品寿命分布类型或维修时间分布类型已知的情况下,可以根据样本来估计总体的分布参数。可靠性维修性分布参数的估计分为参数的点估计和区间估计。本节介绍指数分布分布参数的点估计和区间估计。

8.3.1 分布参数的点估计

点估计就是通过样本观测值对未知参数给出接近真值的一个估计数值。常见点估计的方法有矩法、图估法、极大似然法等,点估计的优良性可以通过无偏性、有效性和一致性来评判。这里重点介绍估计较为精确的极大似然法。

极大似然估计的基本思想是:如果一个事件在试验中出现了,那么这个事件发生的概率就应该很大,因此选取一个使样本观测值结果出现的概率达到最大时的值作为未知参数的估计值,这就是极大似然估计值。

根据以上思想,设总体的分布密度函数 $f(t,\theta)$,其中 θ 为待估参数,从总体中得到的一组样本,其观测值为 $t_1, t_2, \cdots, t_n$,样本取这组观测值的概率为 $\prod_{i=1}^{n} f(t_i, \theta) \mathrm{d}t_i$,让此概率达到最大,从而求得 θ 的估计值。函数

$$L(\theta) \prod_{i=1}^{n} f(t_i, \theta) \tag{8.24}$$

称为 θ 的似然函数,对其求极值,得到参数的估计值。由于 $L(\theta)$ 和 $\ln L(\theta)$ 同时取极大值,有时也将似然函数表示成 $\ln L(\theta)$ 方程,即

$$\frac{\mathrm{d}L(\theta)}{\mathrm{d}\theta} = 0 \ \text{或} \ \frac{\mathrm{d}\ln L(\theta)}{\mathrm{d}\theta} = 0 \tag{8.25}$$

式(8.25)称为似然方程,解此方程求得估计值。

假设指数分布的密度函数为

$$f(t) = \lambda \mathrm{e}^{-\lambda t} \tag{8.26}$$

式中:待估参数为 λ 或 $\theta = \dfrac{1}{\lambda}$。

1. 无替换定数截尾试验

对于样本量为 n,故障数为 r 的无替换定数截尾试验,它的似然函数用定数截尾试验子样的联合概率密度函数表示。设指数分布的分布参数为 θ,则

$$\begin{aligned}
L(\theta) &= f(t_{(1)}, t_{(2)}, t_{(3)}, \cdots, t_{(r)}, \theta) \\
&= \frac{n!}{(n-r)!} \Big[\prod_{i=1}^{r} f(t_{(i)}) \Big] [1 - F(t_{(r)})]^{n-r} \\
&= \frac{n!}{(n-r)!} \Big[\prod_{i=1}^{r} \frac{1}{\theta} \mathrm{e}^{-t_{(i)}/\theta} \Big] [\mathrm{e}^{-t_{(r)}/\theta}]^{n-r} \\
&= \frac{n!}{(n-r)!} \Big(\frac{1}{\theta}\Big)^r \mathrm{e}^{-\frac{1}{\theta}\big[\sum_{i=1}^{r} t_{(i)} + (nj-r)t_{(r)}\big]}
\end{aligned} \tag{8.27}$$

对式(8.27)两边取对数,求解似然方程,可得

$$\hat{\theta} = \frac{1}{r} \Big[\sum_{i=1}^{r} t_{(i)} + (n-r)t_{(r)} \Big] \tag{8.28}$$

记 $T = \sum_{i=1}^{r} t_{(i)} + (n-r)t_{(r)}$ 为总试验时间,则

$$\hat{\theta} = \frac{T}{r} \tag{8.29}$$

2. 有替换定数截尾试验

对 n 个参加试验样品中的任意一个,其故障时间服从指数分布,而其在某一时间间隔中的故障次数则服从泊松分布。在时间区间 $(0,t)$ 内,发生 r 次故障的概率为

$$P(X=r) = \frac{\left(\frac{1}{\theta}t\right)^r}{r!} e^{-t/\theta} \quad (r=0,1,2,\cdots) \tag{8.30}$$

若设第 i 个样本在时间区间 $(0,t)$ 内故障数为随机变量 X_i,则 $X_1, X_2, \cdots, X_n$ 为 n 个相互独立且同分布的随机变量,它们的和为

$$Y = X_1 + X_2 + \cdots + X_n$$

随机变量 Y 服从参数为 $\frac{nt}{\theta}$ 的泊松分布,概率密度为

$$P(Y=r) = \frac{\left(\frac{n}{\theta}t\right)^r}{r!} e^{-\frac{nt}{\theta}} \quad (r=0,1,2,\cdots) \tag{8.31}$$

试验中,第一次发生故障是在 $(t_{(1)}, t_{(1)} + \mathrm{d}t_{(1)})$ 时间区间内,其概率为

$$P(Y=1) = \frac{\frac{n}{\theta}\mathrm{d}t_{(1)}}{1!} e^{-nt_{(1)}/\theta} \tag{8.32}$$

第 i 次故障发生在 $(t_{(i)}, t_{(i)} + \mathrm{d}t_{(i)})$ 时间区间内,其概率为

$$P(r=1) = e^{-\frac{n}{\theta}(t_{(i)} - t_{(i-1)})} \cdot \frac{n}{\theta}\mathrm{d}t_{(i)} \tag{8.33}$$

由此,n 个样本的 r 次故障发生的概率可以写为上述概率的连乘,经整理,得到顺序统计量的联合分布密度函数为

$$f(t_{(1)}, t_{(2)}, t_{(3)}, \cdots, t_{(r)}, \theta) = \left(\frac{n}{\theta}\right)^r \cdot e^{-\frac{n}{\theta}t_{(r)}} \tag{8.34}$$

似然函数为

$$L(\theta) = \left(\frac{n}{\theta}\right)^r \cdot e^{-\frac{n}{\theta}t_{(r)}} \tag{8.35}$$

对式(8.35)两边取对数,求导后解似然方程,可得

$$\hat{\theta} = \frac{nt_{(r)}}{r} \tag{8.36}$$

记 $T = nt_{(r)}$ 为总试验时间,则

$$\hat{\theta} = \frac{T}{r} \tag{8.37}$$

3. 无替换定时截尾试验

对于样本量为 n,故障数为 r,试验截止时间为 t_0 的无替换定时截尾试验,它的似然函数用定数截尾试验子样的联合概率密度函数表示,设指数分布的分布参数为 θ,则

$$\begin{aligned}
L(\theta) &= f(t_{(1)}, t_{(2)}, t_{(3)}, \cdots, t_{(r)}, \theta) \\
&= \frac{n!}{(n-r)!} \Big[\prod_{i=1}^{r} f(t_{(i)})\Big] [1 - F(t_0)]^{n-r} \\
&= \frac{n!}{(n-r)!} \Big[\prod_{i=1}^{r} \frac{1}{\theta} e^{-t(i)/\theta}\Big] \big[e^{-t(r)/\theta}\big]^{n-r} \\
&= \frac{n!}{(n-r)!} \Big(\frac{1}{\theta}\Big)^r e^{-\frac{1}{\theta}\big[\sum_{i=1}^{r} t_{(i)} + (nj-r)t_0\big]}
\end{aligned} \tag{8.38}$$

对式(8.38)两边取对数,求解似然方程,可得

$$\hat{\theta} = \frac{1}{r}\Big[\sum_{i=1}^{r} t_{(i)} + (n-r)t_0\Big] \tag{8.39}$$

记 $T = \sum_{i=1}^{r} t_{(i)} + (n-r)t_0$ 为总试验时间,则

$$\hat{\theta} = \frac{T}{r} \tag{8.40}$$

4. 有替换定时截尾试验

对于样本量为 n,故障数为 r,试验截止时间为 t_0 的有替换定时截尾试验,推导与前面的有替换定数截尾试验方法相似,可以得到分布参数的估计值为

$$\hat{\theta} = \frac{nt_0}{r} \tag{8.41}$$

记 $T = nt_0$ 为总试验时间,则

$$\hat{\theta} = \frac{T}{r} \tag{8.42}$$

例 8.4 已知某电阻寿命服从指数分布,随机抽取 20 只,进行无替换定数截尾试验,得到前 5 个故障时间为:26h、64h、119h、145h、182h,试估计平均寿命。

解:电阻的总试验时间为

$$\begin{aligned}
T &= \sum_{i=1}^{5} t_i + (n-r)t_r \\
&= 26 + 64 + 119 + 145 + 182 + (20-5) \times 182 \\
&= 3266(\text{h})
\end{aligned}$$

则平均寿命为

$$\hat{\theta} = \frac{T}{r} = \frac{3266}{5} = 653(\text{h})$$

8.3.2 分布参数的区间估计

前面所述的点估计给出的是参数的一个估计数值,不同的样本给出的点估计值是不同的。同一个样本,不同的点估计量估计的点估计值也不同,因此点估计量是一个随机变量,它有一定的随机变化范围,应该在估计时把这个考虑进去,所采用的方法就是对参数

给出一个估计的区间。这个区间包含所估计的参数真值是有一定概率的,因此给出的区间是在一定置信水平要求下的区间,称其为置信区间,区间的上/下限分别称为置信上限和置信下限。

θ 的 $(1-\alpha)$ 双侧置信区间用下式表示为

$$P\{\theta_L \leq \theta \leq \theta_U\} = 1 - \alpha \tag{8.43}$$

式中:$1-\alpha$ 为置信水平,θ_L、θ_U 分别为置信下、上限。

式(8.43)表示该置信区间包含参数真值的概率为 $1-\alpha$。

对于 $P\{\theta \leq \theta_U\} = 1 - \alpha$ 或 $P\{\theta \geq \theta_L\} = 1 - \alpha$,则表示从 θ 的最小可能值至 θ_U 或从 θ_L 到 θ 的最大可能值之间的区间,称为 θ 的单侧 $(1-\alpha)$ 置信区间,θ_L 或 θ_U 称为单侧置信下限或单侧置信上限。

求未知参数 θ 区间估计的一般方法是:寻找一个合适的统计量 H,该量与 θ 有关,找出其分布,其分布不包含有未知参数 θ,可得

$$P\{H_L \leq H \leq H_U\} = 1 - \alpha \tag{8.44}$$

通常找到的这个分布都是常见分布,如 t 分布、χ^2 分布等。通过参数 θ 与 H 的关系,就能得到未知参数的估计区间。

1. 定数截尾试验

对于寿命服从指数分布的产品,其密度函数为

$$f(t) = \frac{1}{\theta} e^{-t/\theta}$$

构造统计量为

$$H = \frac{2T}{\theta} \tag{8.45}$$

统计量 $H = \frac{2T}{\theta}$ 服从自由度为 $2r$ 的 χ^2 分布(χ^2 分布表见附表2),则

$$P\left\{\chi^2_{2r,1-\frac{\alpha}{2}} \leq \frac{2T}{\theta} \leq \chi^2_{2r,\frac{\alpha}{2}}\right\} = 1 - \alpha \tag{8.46}$$

$$P\left\{\frac{2T}{\chi^2_{2r,\frac{\alpha}{2}}} \leq \theta \leq \frac{2T}{\chi^2_{2r,1-\frac{\alpha}{2}}}\right\} = 1 - \alpha \tag{8.47}$$

由此得到定数截尾试验分布参数区间估计的置信上、下限为

$$\begin{cases} \theta_L = \dfrac{2T}{\chi^2_{2r,\frac{\alpha}{2}}} \\ \theta_U = \dfrac{2T}{\chi^2_{2r,1-\frac{\alpha}{2}}} \end{cases} \tag{8.48}$$

式中:T 为试验总时间。以上结果对于有替换和无替换试验均成立。

θ 的单侧区间估计表示为

$$P\left\{\frac{2T}{\theta} \geq \chi^2_{2r,\alpha}\right\} = 1 - \alpha \tag{8.49}$$

则 θ 的单侧置信下限为

$$\theta_L = \frac{2T}{\chi^2_{2r,\alpha}} \tag{8.50}$$

2. 定时截尾试验

对于定时有替换截尾试验,此时 t_0 是定数,r 是随机变量,记 $(0,t_0)$ 内的故障数为 $N(t_0)$,则 $N(t_0)$ 是一个服从以 $n\lambda t_0$ 为参数的泊松分布的随机变量,即

$$P\{N(t_0) = i\} = \frac{(n\lambda t_0)^i}{i!} e^{-n\lambda t_0} \ (i = 1,2,\cdots,r)$$

设待估参数 θ 的密度函数为 $f(t,\theta)$,则对于给定的 α,未知参数 θ 的置信上、下限表示为

$$P\{\theta_L \leqslant \theta \leqslant \theta_U\} = \int_{\theta_L}^{\theta_U} f(t,\theta) \mathrm{d}t = 1 - \alpha$$

把 r 看作 $N(t_0)$ 的一个观察值,可以列出如下两个方程,即

$$\sum_{i=r}^{\infty} \frac{(n\lambda t_0)^i}{i!} e^{-n\lambda t_0} = \frac{\alpha}{2}$$

$$\sum_{i=0}^{r} \frac{(n\lambda t_0)^i}{i!} e^{-n\lambda t_0} = \frac{\alpha}{2}$$

连续使用分布积分法,可得

$$\sum_{i=r}^{\infty} \frac{(n\lambda t_0)^i}{i!} e^{-n\lambda t_0} = \frac{1}{\Gamma(r)} \int_{n\lambda t_0}^{\infty} x^{r-1} e^{-x} \mathrm{d}x$$

$$\sum_{i=0}^{r} \frac{(n\lambda t_0)^i}{i!} e^{-n\lambda t_0} = \frac{1}{\Gamma(r+1)} \int_{n\lambda t_0}^{\infty} x^r e^{-x} \mathrm{d}x$$

利用上述关系可得

$$\frac{1}{\Gamma(r)} \int_{n\lambda t_0}^{\infty} x^{r-1} e^{-x} \mathrm{d}x = 1 - \frac{\alpha}{2}$$

$$\frac{1}{\Gamma(r+1)} \int_{n\lambda t_0}^{\infty} x^r e^{-x} \mathrm{d}x = \frac{\alpha}{2}$$

为了使上述公式左边的积分与 χ^2 分布建立关系,做变换,令 $x = \frac{y}{2}$,可得

$$\frac{1}{2^r \Gamma(r)} \int_{2n\lambda t_0}^{\infty} y^{r-1} e^{-\frac{y}{2}} \mathrm{d}y = 1 - \frac{\alpha}{2}$$

$$\frac{1}{2^{r+1} \Gamma(r+1)} \int_{2n\lambda t_0}^{\infty} y^r e^{-\frac{y}{2}} \mathrm{d}y = \frac{\alpha}{2}$$

记 $K_f(y)$ 是自由度为 f 的 χ^2 分布的密度函数,有

$$\int_{2n\lambda t_0}^{\infty} K_{2r}(y) \mathrm{d}y = 1 - \frac{\alpha}{2}$$

$$\int_{2n\lambda t_0}^{\infty} K_{2r+2}(y) \mathrm{d}y = \frac{\alpha}{2}$$

则

$$P\{2n\lambda t_0 \leqslant \chi^2_{2r,1-\frac{\alpha}{2}} \leqslant \infty\} = 1 - \frac{\alpha}{2}$$

$$P\{2n\lambda t_0 \leqslant \chi^2_{2r+2,\frac{\alpha}{2}}\} = \frac{\alpha}{2}$$

因此,置信度为 $1-\alpha$ 的故障率 λ 及平均寿命 θ 的双侧置信上、下限分别为

$$\theta_L = \frac{2nt_0}{\chi^2_{2r+2,\frac{\alpha}{2}}}, \theta_U = \frac{2nt_0}{\chi^2_{2r,1-\frac{\alpha}{2}}} \tag{8.51}$$

置信度为 $1-\alpha$ 的平均寿命 θ 的单侧置信下限为

$$\theta_L = \frac{2nt_0}{\chi^2_{2r+2,\alpha}} \tag{8.52}$$

对于无替换的定时截尾试验,分布参数的区间估计推导过程很复杂,这里直接给出结果。

置信度为 $1-\alpha$ 的故障率 λ 及平均寿命 θ 的双侧置信上、下限分别为

$$\theta_L = \frac{2T}{\chi^2_{2r+2,\frac{\alpha}{2}}}, \theta_U = \frac{2T}{\chi^2_{2r,1-\frac{\alpha}{2}}} \tag{8.53}$$

置信度为 $1-\alpha$ 的平均寿命 θ 的单侧置信下限为

$$\theta_L = \frac{2T}{\chi^2_{2r+2,\alpha}} \tag{8.54}$$

式中:T 为总试验时间,对于无替换定时截尾试验,有

$$T = \sum_{i=1}^{r} t_i + (n-r)t_0 \tag{8.55}$$

3. 随机截尾试验

已知故障数为 r,在大样本的情形下,利用渐近理论,可得待估参数 λ 或 θ 的渐近区间估计[16],即

$$\ln\hat{\lambda} \sim N\left(\ln\lambda, \frac{1}{r}\right) \tag{8.56}$$

若记 $Z_{1-\frac{\alpha}{2}}$ 是标准正态分布的 $1-\frac{\alpha}{2}$ 分位点(标准正态分布表见附表1),即

$$\Phi\left(1-\frac{\alpha}{2}\right) = \frac{1}{\sqrt{2\pi}} \int_{-\infty}^{1-\frac{\alpha}{2}} \exp\left(-\frac{x^2}{2}\right) dx \tag{8.57}$$

则置信度为 $1-\alpha$ 的平均寿命 θ 的双侧置信区间近似为

$$\theta_L \approx \hat{\theta}\exp\left(-\frac{Z_{1-\frac{\alpha}{2}}}{\sqrt{r}}\right) \quad \theta_U \approx \hat{\theta}\exp\left(\frac{Z_{1-\frac{\alpha}{2}}}{\sqrt{r}}\right) \tag{8.58}$$

置信度为 $1-\alpha$ 的平均寿命 θ 的单侧置信下限为

$$\theta_L \approx \hat{\theta}\exp\left(-\frac{Z_{1-\alpha}}{\sqrt{r}}\right) \tag{8.59}$$

指数分布参数的点估计和区间估计公式见表8.6。

表8.6 指数分布截尾试验的点估计和区间估计公式

试验类型	试验总时间 T	θ 点估计	θ 置信区间	θ 单侧置信下限
$(N,r,无)$	$\sum_{i=1}^{r} t_i + (N-r)t_r$	$\dfrac{T}{r}$	$\dfrac{2T}{\chi^2_{a/2}(2r)}, \dfrac{2T}{\chi^2_{1-a/2}(2r)}$	$\dfrac{2T}{\chi^2_a(2r)}, \infty$
$(N,r,有)$	Nt_r	$\dfrac{T}{r}$	$\dfrac{2T}{\chi^2_{a/2}(2r)}, \dfrac{2T}{\chi^2_{1-a/2}(2r)}$	$\dfrac{2T}{\chi^2_a(2r)}, \infty$
$(N,t_0,无)$	$\sum_{i=1}^{r} t_i + (N-r)t_0$	$\dfrac{T}{r}$	$\dfrac{2T}{\chi^2_{a/2}(2r+2)}, \dfrac{2T}{\chi^2_{1-a/2}(2r)}$	$\dfrac{2T}{\chi^2_a(2r+2)}, \infty$
$(N,t_0,有)$	Nt_0	$\dfrac{T}{r}$	$\dfrac{2T}{\chi^2_{a/2}(2r+2)}, \dfrac{2T}{\chi^2_{1-a/2}(2r)}$	$\dfrac{2T}{\chi^2_a(2r+2)}, \infty$
随机截尾	$\sum_{i=1}^{r} t_i + \sum_{k=1}^{s} t_k$	$\dfrac{T}{r}$	$\hat{\theta}\exp\left(-\dfrac{Z_{1-\frac{\alpha}{2}}}{\sqrt{r}}\right), \hat{\theta}\exp\left(\dfrac{Z_{1-\frac{\alpha}{2}}}{\sqrt{r}}\right)$	$\hat{\theta}\exp\left(-\dfrac{Z_{1-\alpha}}{\sqrt{r}}\right), \infty$

例8.5 对飞机上电子设备用的某种电阻进行过现场调查,对同时投入使用的39只电阻记录下9次故障时间,分别为:423h,1090h,2386h,3029h,3652h,3925h,8967h、10957h、11358h。试求置信度为90%的平均寿命的区间估计。

解: 这是一个有替换定数截尾寿命试验,总试验时间为

$$T = nt_r = 39 \times 11358 = 442962 (\text{h})$$

由式(8.49)可得

$$\theta_L = \frac{2T}{\chi^2_{2r,\frac{\alpha}{2}}} = \frac{2 \times 442962}{\chi^2_{18,0.05}} = 30655 (\text{h})$$

$$\theta_U = \frac{2T}{\chi^2_{2r,1-\frac{\alpha}{2}}} = \frac{2 \times 442962}{\chi^2_{18,0.95}} = 94348 (\text{h})$$

则电阻平均寿命的90%的置信区间为(30655,94348)h。

8.4 可靠性维修性分布类型检验

分布类型检验是通过试验或现场使用等得到的统计数据,推断产品的寿命或维修时间是否服从初步整理分析所选定的分布类型,推断的依据是拟合优度检验,即在允许的显著水平下,接受产品的分布假设。

8.4.1 拟合优度检验步骤

拟合优度检验的基本步骤如下。
(1)给出原假设 H_0:总体分布函数 $F(x) = F_0(x)$;
(2)构建一个统计量 D,使其能客观反映总体分布与由样本所得的分布之间的偏差;
(3)根据样本观测值,计算出统计量 D 的观测值 d;
(4)根据样本量大小和给定的显著水平 α,查询得到 D 的临界值 d_0;
(5)比较 d 与 d_0 的大小,当 $d \leq d_0$ 时接受假设 H_0,反之则拒绝假设 H_0。

8.4.2 皮尔逊 χ^2 检验法

这里主要阐述较为通用的皮尔逊(χ^2)检验法。
设母体 X 的分布函数为 $F(x)$,根据来自该总体的样本检验原假设,即

$$H_0: F(x) = F_0(x)$$

为了寻找检验的统计量,将母体 X 的取值范围分成 k 个区间,即 $(a_0, a_1], (a_1, a_2], \cdots, (a_{k-1}, a_k]$。记

$$p_i = F_0(a_i) - F_0(a_{i-1}), \quad i = 1, 2, \cdots, k$$

则 p_i 代表母体 X 落入第 i 个区间的概率。如果样本量为 n,则 np_i 是随机变量 X 落入 $(a_{i-1}, a_i]$ 的理论频数。若 n 个观察值中落入区间 $(a_{i-1}, a_i]$ 的实际频数为 n_i,则当 H_0 成立时,$(n_i - np_i)^2$ 应是较小的值。因此,可以用这些量的和用来检验 H_0 是否成立。皮尔逊已经证明,在 H_0 成立条件下,当 $n \to \infty$ 时,统计量的极限分布是自由度为 $k-1$ 的 χ^2 分布:

$$\chi^2 = \sum_{i=1}^{k} \frac{(n_i - np_i)^2}{np_i} \tag{8.60}$$

在大多数情况下,要检验的母体分布 $F_0(x; \boldsymbol{\theta})$ 中的 $\boldsymbol{\theta} = (\theta_1, \theta_2, \cdots, \theta_m)$ 是 m 维未知参数。这种情况下,为计算统计量 χ^2 中 p_i,用 $\boldsymbol{\theta}$ 的极大似然估计 $\hat{\boldsymbol{\theta}}$ 替代,即

$$\hat{p}_i = F_0(a_i; \hat{\boldsymbol{\theta}}) - F_0(a_{i-1}; \hat{\boldsymbol{\theta}}), i = 1, 2, \cdots, k$$

此时选择检验统计量为

$$\hat{\chi}^2 = \sum_{i=1}^{k} \frac{(n_i - n\hat{p}_i)^2}{n\hat{p}_i} \tag{8.61}$$

皮尔逊证明了,当 $n \to +\infty$ 时,该统计量的极限分布是自由度为 $k-m-1$ 的 χ^2 分布。因此,当给定显著水平 α 时,由

$$P(\chi^2 > c) = \alpha$$

可知临界值为 $c = \chi^2(k-m-1)$,其中,m 表示待估计的未知参数的个数。
当 $\chi^2 > c$ 时,则拒绝 H_0;当 $\chi^2 \leq c$ 时,则接受 H_0。

例 8.6 将 250 个元器件进行加速寿命试验,每隔 100h 检验一次,记下失效产品个数,直到全部失效为止。不同时间内失效产品个数见表 8.7。试问这批产品寿命是否服

从指数分布 $F_0(t) = 1 - e^{-t/300}$?

表 8.7　某元器件加速寿命试验数据表

时间区间/h	失效数	时间区间/h	失效数
0~100	39	500~600	22
100~200	58	600~700	12
200~300	47	700~800	6
300~400	33	800~900	6
400~500	25	900~1000	2

解：由于假设没有给出产品寿命的均值，需要先求解出寿命估计值，即

$$\theta = \frac{\sum_{i=1}^{10} n_i \bar{t}_i}{250} = \frac{(39 \times 50 + 58 \times 150 + \cdots + 2 \times 950)}{250} = 300$$

式中：$\bar{t}_i$ 取组中值，即每一组数据的中点；n_i 为每一组数据的失效数。

下面的检验是对原假设进行的：

$$H_0: F(x) = F_0(x) = 1 - e^{-t/300}$$

为使用 χ^2 检验法，首先对数据进行分组。一般组数在 7~20 组为宜，每组观测值个数最好不少于 5 个。按照 χ^2 检验法步骤，计算出 $\hat{p}_i$ 见表 8.8。

表 8.8　拟合优度检验的计算

组号	n_i	$\hat{p}_i$	$n_i\hat{p}_i$	$n_i - n_i\hat{p}_i$	$(n_i - n_i\hat{p}_i)^2$	$\dfrac{(n_i - n_i\hat{p}_i)^2}{n_i\hat{p}_i}$
1	39	0.2835	70.88	-31.88	1016.02	14.33
2	58	0.2031	50.78	-7.23	52.20	1.03
3	47	0.1455	36.38	-10.63	112.89	3.10
4	33	0.1043	26.08	-6.93	47.96	1.84
5	25	0.0747	18.68	-6.33	40.01	2.14
6	22	0.0536	13.40	-8.6	73.96	5.52
7	12	0.0383	9.58	-2.43	5.88	0.61
8	6	0.0275	6.88	0.88	0.77	0.11
9	8	0.0695	17.37	9.37	87.81	5.06

最后计算出 $\hat{\chi}^2$ 的观测值为

$$\hat{\chi}^2 = \sum_{i=1}^{k} \frac{(n_i - n\hat{p}_i)^2}{n\hat{p}_i} = 33.74$$

取显著水平 α 为 0.01，查得临界值为 $\chi^2_{0.99}(9-1-1) = \chi^2_{0.99}(7) = 18.48$。由于 $\hat{\chi}^2 > \chi^2_{0.99}(7)$，则拒绝原假设，即这批产品的寿命不服从指数分布。

皮尔逊 χ^2 检验法使用范围很广。无论母体是离散型随机变量，还是连续型随机变量；母体分布的参数即可以已知，也可以未知；可用于完全样本，也可用于截尾样本和分组数据。

8.5 可靠性维修性保障性改进技术途径

8.5.1 可靠性改进技术途径

可靠性改进过程是指在产品的研制和使用阶段,通过不断消除、改进产品可靠性设计缺陷和薄弱环节,逐步提高产品可靠性水平,达到预期目标。可靠性改进流程如图8.6所示。

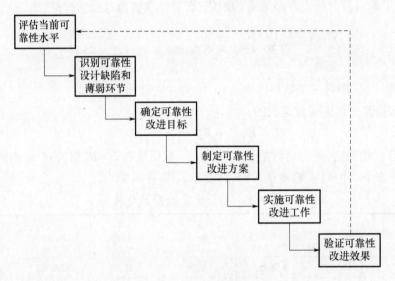

图8.6 可靠性改进流程

1. 评估当前可靠性水平

掌握当前产品的可靠性水平,是开展可靠性改进工作的前提和基础。在研制阶段,可结合可靠性设计与分析工作,通过可靠性预计、可靠性增长摸底试验、可靠性鉴定与验收试验等进行评估;在使用阶段,主要根据装备使用与故障数据,采用数理统计方法,开展外场使用可靠性评估。

2. 识别可靠性缺陷和薄弱环节

可靠性改进是针对可靠性缺陷和薄弱环节而言的。可靠性缺陷和薄弱环节是指自身设计(如余度设计、容错设计、降额设计等)不合理、元器件零部件选择不当等,从而导致产品质量不稳定、可靠性低下、故障频发,影响正常使用的问题。识别产品的可靠性缺陷和薄弱环节,是制定可靠性改进方案的重要环节,为可靠性改进对象确定和方案拟制提供了有效依据。可靠性缺陷和薄弱环节的识别途径如下。

(1)外部经验。外部经验是指来自本产品研制过程之外,但适用于本产品的经验,包括:历史数据、科技文献、技术经验和当前正在使用的同类产品的信息等。

(2)分析。来自本产品的研制过程,但不包括硬件实验,包括可行性研究、可靠性设计、FMEA、可靠性设计评审等。

(3)试验。产品研制过程的各种试验中,受试硬件的性质和试验条件是各式各样的,通过试验,收集试验数据,开展分析,找出可靠性缺陷和薄弱环节。试验主要包括可靠性试验(含可靠性仿真试验)、性能试验、环境试验等。

(4)生产与使用经验。产品在生产过程和外场使用中发现的设计缺陷和薄弱环节。

3. 确定可靠性改进目标

可靠性改进目标的合理确定,是改进工作的重要环节。研制阶段可靠性改进目标是根据产品研制任务书要求进行确定,使用阶段可靠性改进目标是根据装备作战使用要求(战备完好性、出动强度等)进行确定。

4. 制定可靠性改进方案

针对可靠性缺陷和薄弱环节,开展技术可行性分析,提出可靠性改进方案。研制阶段,更改产品可靠性设计方案;使用阶段,综合权衡技术可行性、现有可靠性水平、改进费用等因素,提出改进的途径和方法。

5. 实施可靠性改进工作

根据可靠性改进方案,实施可靠性改进工作。研制阶段,消除可靠性设计缺陷;使用阶段,改进可靠性薄弱环节。

6. 验证可靠性改进效果

开展改进后产品可靠性鉴定试验和外场使用阶段的可靠性持续评估,判断可靠性改进能否满足研制任务书或装备作战使用需求,验证可靠性改进效果。

8.5.2 维修性改进技术途径

维修性改进过程是指在产品的研制和使用阶段,通过不断消除、改进产品维修性缺陷和薄弱环节,逐步提高产品维修性水平,达到预期目标的过程[15]。维修性改进流程如图8.7所示。

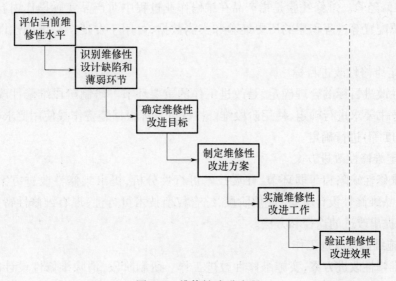

图8.7 维修性改进流程

1. 评估当前维修性水平

掌握当前产品的维修性水平,是开展维修性改进工作的前提和基础。在研制阶段,可结合维修性分析、设计工作,通过维修性预计、原理样机模拟操作和实装的试验验证等进行评估;在使用阶段,主要根据装备作战使用和维修作业过程,统计相关信息,开展维修性评估。

2. 识别维修性缺陷和薄弱环节

维修性改进是针对维修性缺陷和薄弱环节而言的。维修性缺陷是指自身设计(如结构、布局等)不合理、紧固件等零部件选择不当等原因,从而导致不便于维修的缺陷。维修性薄弱环节是指由于规定的维修条件、程序和方法不合理而导致产品维修作业工效不高的问题。

识别产品的维修性缺陷和薄弱环节,是制定维修性改进方案的重要环节,为维修性改进对象确定和方案拟制提供了有效依据。维修性缺陷和薄弱环节的识别途径如下。

(1)外部经验。外部经验是指同类技术产品或相似产品的技术指标、设计报告、生产工艺、故障信息等。

(2)理论分析。理论分析是指通过分析产品的技术特点、维修性设计资料,核查相关标准、规范,找出定性要求的设计缺陷和薄弱环节。主要包括可行性研究、维修性概率设计、故障模式及其影响分析、维修性设计评审等,但不包括对产品试验结果的分析。

(3)试验数据。试验数据是指对产品开展的维修性相关试验验证所获得的数据。通过数据分析,找出维修性缺陷和薄弱环节。试验主要包括维修性试验、可靠性试验、测试性试验、性能试验、环境试验等。

(4)生产经验。生产经验是指产品在制造、装配、调试等过程中积累的拆装操作、工具、工艺等经验,可用于核查产品可达性、防差错等设计缺陷。

(5)维修经验。维修经验是指产品在维修作业过程中对产品实际操作内容、分工、流程以及资源配置等过程积累的历史经验和实测数据,可用于发现产品维修性设计缺陷和薄弱环节。

3. 确定维修性改进目标

维修性改进目标的合理确定,是改进工作的重要环节。研制阶段维修性改进目标根据研制任务书要求进行确定,使用阶段维修性改进目标根据装备作战使用要求(战备完好性、出动强度等)进行确定。

4. 制定维修性改进方案

针对维修性缺陷和薄弱环节,开展技术可行性分析,提出维修性改进方案。研制阶段,更改产品维修性设计方案;使用阶段,综合权衡技术可行性、现有维修性特征、改进费用等因素,提出改进的途径和方法。

5. 实施维修性改进工作

根据维修性改进方案,实施维修性改进工作。研制阶段,消除维修性设计缺陷;使用阶段,改进维修性薄弱环节。

6. 验证维修性改进效果

开展维修性验证分析和评估,判断维修性改进能否满足研制任务书或装备作战使用需求,验证维修性改进效果。

8.5.3 保障性改进技术途径

保障性改进主要侧重于使用阶段的保障资源配置优化,即对保障系统中维修保障人员、保障设备、保障装备、备件等资源要素的配置方案进行优化。保障资源配置优化,就是以较少的人力和物力消耗、最快的速度为部队提供高强度、持续不间断的保障,使保持和恢复装备可用状态的同时,达到最佳的军事经济效益。保障资源配置优化流程如图8.8所示。

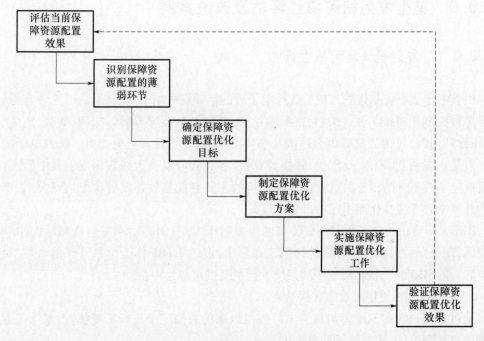

图8.8 保障资源配置优化流程

1. 评估当前保障资源配置效果

采用统计分析的方法,评估主要保障资源要素的配置效果,如不同专业的保障人员的工作量是否均衡,保障装备、设备的利用率,备件满足率,进而开展使用阶段的保障资源配置效果评估分析。

2. 识别保障资源配置的薄弱环节

在评估主要保障资源要素的配置效果的基础上,采用使用与维修工作分析技术,找出影响主要保障资源要素的配置效果的关键因素和薄弱环节。

3. 确定保障资源配置优化目标

使用阶段的保障资源配置优化目标主要是根据装备作战使用要求(战备完好性、出动强度等)进行确定。

4. 制定保障资源配置优化方案

针对保障资源配置的薄弱环节,开展技术可行性分析,综合权衡技术可行性、现有水平、改进费用等因素,提出保障资源配置优化方案。

5. 实施保障资源配置优化工作

根据保障资源配置优化方案,实施保障资源配置优化工作,消除保障资源配置的薄弱环节。

6. 验证保障资源配置优化效果

采用保障流程仿真验证方法,开展后的保障资源配置效果分析和评估,判断保障资源配置优化能否满足装备作战使用要求,以验证优化效果。

8.6 某型发射机可靠性评估及改进案例

8.6.1 发射机外场可靠性评估

机载电子战系统是作战飞机上遂行电子战的重要任务电子系统,采用机内外有源、无源等多种探测和对抗手段,实现对威胁雷达、射频和红外制导导弹的探测、截获、定位、识别、跟踪和对抗,可为战机提供全域威胁态势感知、攻击引导和自卫能力。机载电子战系统一般是由发射机、ECM 处理机、管控计算机、各类接收机及天线等构成。其中,发射机是机载电子战系统的核心关键设备。发射机的主要性能参数是发射功率,会随着工作时间和外界电磁环境变化而出现功率衰减现象。

RKZ×× 型机载电子战系统安装有两台发射机,即前向高功率发射机和后向中功率发射机,现根据发射机外场可靠性评估工作要求,选定 MTBF 作为可靠性评估参数,对某单位装备的 RKZ×× 型机载电子战系统发射机开展可靠性评估。

1. 发射机外场使用与故障数据核查

通过对用户收集到的发射机自出厂装机以来的故障记录进行系统核查,剔除了返厂修理中未复现故障,核查结果见表 8.9。

表 8.9 RKZ×× 型电子战系统发射机外场故障核查情况

发射机	总故障次数/次	真实故障次数/次	故障未复现率/%
前向	84	60	28.6
后向	42	36	14.3

2. 发射机工作运行比确定

通过调研分析,设备运行比值为 0.5~1.5,超出此范围,视为无效统计值,应予以剔除。目前,采用数据统计方法,初步确定发射机运行比值,即根据收集到的发射机计时器时间,计算出对应的时间段内累计飞行时间,两者的比值记为该发射机运行比统计值;计算用户所有发射机的运行比统计值,取平均值为 1.06,作为发射机工作运行比统计值。具体统计结果见表 8.10。

表 8.10 发射机工作运行比统计结果

发射机	机件号	计时器时间/h	累计装机飞行时间/h	运行比值	备注
后向	07143	806	698	1.16	
前向	18578	810	664	1.22	
后向	10340	148	1291	0.12	剔除
前向	00849	55	73	0.75	
后向	10336	1421	1195	1.19	
前向	09380	278	168	1.66	剔除
后向	33025	904	674	1.34	
前向	10342	1293	1093	1.18	
后向	18572	1435	1169	1.23	
前向	10335	1470	1208	1.22	
后向	18564	1097	1052	1.04	
前向	07136	300	364	0.82	
后向	18565	1259	1348	0.93	
前向	10345	420	367	1.15	
后向	18568	1103	959	1.15	
前向	02083	145	130	1.12	
后向	10341	836	702	1.19	
前向	10342	1129	1553	0.73	
后向	10344	943	783	1.20	
前向	18567	1164	1371	0.85	

3. 发射机 MTBF 评估结果

根据收集到的发射机评估数据,采用上述分布参数点估计和区间区间方法,求解出发射机 MIBF 点估计和区间估计,结果见表 8.11。

表 8.11 发射机 MTBF 评估结果

评估指标	前向发射机	后向发射机
累计装机飞行时间/h	20610	18300
工作运行比	1.081	1.081
累计工作时间/h	21883	19430
故障次数/次	60	36
MTBF 点估计/h	391	550
MTBF 单侧置信下限(置信度为80%)	322	431
MTBF 单侧置信下限(置信度为85%)	308	407

从该用户的发射机评估结果看,发射机 MTBF 单侧置信下限(置信度85%)分别为:前向高功率发射机 308h 和后向中功率发射机 407h,与发射机成熟期目标值(前向高功率发射机目标值为400h、后向中功率发射机目标值为500h)相比,可以看出发射机并未达到

其成熟期目标值,影响了用户作战使用,需进行可靠性设计改进,提升发射机可靠性水平。

8.6.2 发射机外场故障模式及原因分析

据统计,交付用户使用后,发射机共发生96起故障,典型故障模式表现为无功率输出、高压螺线过流保护、加不上高压、干扰方向不切换等。主要的故障模式分布如图8.9所示。

基于上述数据,通过对发射机外场暴露出的故障模式与机理分析,归纳出故障原因的分布如图8.10所示。主要故障原因有:机箱气密性不好、高压电源温度稳定性不高、射频通道不匹配以及行波管过流保护等。

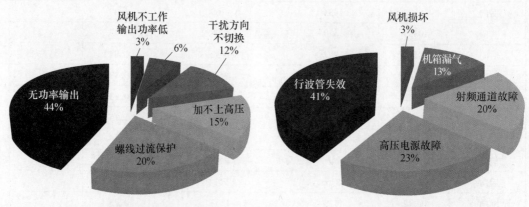

图8.9 发射机故障模式分布图　　　图8.10 发射机故障原因分布图

8.6.3 发射机外场可靠性改进

目前,RKZ××型电子战系统发射机外场使用的可靠性水平较低,严重影响了作战训练任务的完成,大大增加了产品修理成本。因此,为提高空军现役飞机电子战系统发射机可靠性水平,充分发挥电子战系统的作战效能,降低维修保障费用,开展发射机可靠性改进工作是十分必要和非常紧迫的。

1. 可靠性改进目标

通过对前期高功率及中功率发射机可靠性改进初步总体方案的研究,本次改进的重点主要是针对在部队暴露问题较多的射频通道、高压电源、行波管及发射机机箱等部件进行有重点的技术改进。根据初步分析,发射机可靠性受制于其核心器件行波管可靠性的限制,经过改进后其可靠性提升幅度约为1.5倍,综合考虑到改进过程中可能存在的不确定风险和可实现性等因素影响,因此改进后高功率和中功率发射机的MTBF指标分别确定为600h和750h是比较合理的。

具体改进目标拟定如下。

(1)消除(或减少)无功率输出、高压螺线过流保护、加不上高压、干扰方向不切换等主要故障模式发生概率。

(2)高功率和中功率发射机由外场 MTBF 单侧置信下限值 308h、407h 分别提高到 MTBF 最低可接受值 600h 和 750h。

2. 可靠性改进工作步骤

1）开展外场故障模式和故障原因分析

通过对某型飞机使用以来外场暴露的电子战系统发射机故障进行统计、梳理和分析，归纳总结出发射机的典型故障模式和故障原因，为发射机可靠性改进工作找准方向和重点。

2）研究制定可靠性改进方案

通过对发射机典型故障模式和故障机理的分析和总结，根据发射机的设计、工艺、结构以及使用特点，结合几年来的技术攻关和改进技术储备工作，研究制定出可行的可靠性改进方案。

3）进行关键技术研究和原理验证

结合可靠性改进方案，开展关键技术研究和原理验证工作，使高压电源供电稳定性、机箱气密等关键技术能够在项目早期解决，并充分验证。确保改进工作的技术合理性和可行性，降低改进风险。

4）开展改进样机设计、试制和相关试验验证

依照评审通过的改进方案，进行详细设计和样机试制工作。按发射机产品规范进行检验和验收，在此基础上，选取改进后样机进行电磁兼容性、电源特性和环境适应性验证试验，并完成发射机在电子战系统上的交联工作。

5）完成可靠性鉴定试验

结合某型飞机可靠性试验剖面，按照 GJB 899A—2009《可靠性鉴定和验收试验》中的有关规定，制定可靠性鉴定试验方案，编制鉴定试验大纲，通过审查后开展可靠性鉴定试验，并给出改进后样机是否满足可靠性指标的结论。

6）完成改进后装机试用工作

研究制定可靠性改进后样机在某型飞机上的装机试用大纲，通过批准后，开展航电联试；按照装机试用大纲规定的科目进行装机试用考核，最终给出空军现役飞机电子战系统发射机可靠性改进后的装机试用结论。

7）完成项目验收工作

总结电子战系统发射机可靠性改进的研制情况，包括可靠性鉴定试验和装机试用情况等，按照要求整理技术文件资料并归档，在机关组织下，完成项目技术鉴定和验收。

3. 可靠性改进方案

根据外场使用故障模式及故障原因分析，结合前期关键技术攻关情况，确定本次改进的主要内容有机箱密封性改进、高压电源改进、射频通道改进和行波管改进等四个方面。

1）机箱密封性改进

机箱气密是保证发射机正常工作的必要条件，气密性差易导致高压打火、行波管螺线过流保护等故障。基于统计汇总的故障原因分析，导致机箱不气密的主要原因有机箱焊接、机箱密封橡胶圈、密封穿墙座等问题。从解决这些问题的设计和工艺手段出发，进行机箱密封性改进。

2) 高压电源改进

高压电源输出电压的稳定性和可靠性直接影响着行波管乃至发射机的健康状况。外场故障统计中，发射机无输出故障主要是由高压电源引起。经分析，造成高压电源故障的主要原因有高压灌封体材料绝缘性差及工艺设计考虑不足，灯丝电源和移相控制板设计存在缺陷，高压电源热设计不足等方面，拟从材料、工艺、设计三个方面进行改进。

3) 射频通道改进

射频通道是均衡宽带输入射频干扰信号，匹配行波管工作状态，降低功率输出通道反射系数。目前使用过程中存在的问题有输出通道反射较强烧毁行波管、干扰方向不能有效切换、输出功率低等，拟从波导开关、波导密封窗、高速数控衰减器等方面进行改进。

4) 行波管改进

行波管是干扰辐射信号功率放大的关键部件。在外场使用过程中暴露的主要问题为功率无输出，进一步分析可知，是行波管漏气、散热不良、螺线过流保护等问题所致。拟从控制真空装配空气洁净度、多余物控制、工装夹具设计以及阴极装配工序进行优化改进；进行波管安装底板散热装置的匹配性，提高行波管散热效率。

8.7 某型飞机维修性评估及改进案例

8.7.1 飞机维修性信息统计

某飞机装备部队后暴露出局部可达性差、防差错设计不足、维修工作效率低等问题，制约了飞机维修保障能力，主要是因为飞机设计水平、技术能力、经费保障以及研制进度等方面的影响，维修性尽管达到了状态鉴定指标要求，但定型时并未得到充分的实际使用验证。随着飞机装备部队后使用环境的变化和使用时间的增加，维修性问题仍不断出现，只有通过持续改进，才能不断提升维修性水平，满足作战使用要求。

采用问卷调查与专项调查相结合的方式，对某飞机维修性信息进行统计，包括飞机机组成员构成，机务大队人员编制情况，机务准备维修工作统计，关键维修工序防差错设计、标识防差错设计、"接口"防差错设计等信息的统计，并对其中的关键信息进行提取与分析，确保后期对于某飞机维修性评估及改进工作顺利开展。依据调查对象设计各类调查表，具体见表 8.12～表 8.16。

表 8.12 机组人员构成情况统计

专业	师	员	备注
机械			
军械			
航电			
特设			

表 8.13 飞行前检查维修工作统计(机械专业)

工序	维修工作内容	维修时间	紧前工序	备注
1	准备工作			
2	检查飞机状态			
3	盖好进气口堵盖			
4	发动机检查			
5	交流电源系统检查			
6	环控系统检查			
7	抗荷系统的检查			
8	加注燃油			
9	检查燃油质量			
10	安装阻力伞			
11	检查座舱内开关按钮状态			
12	取下机翼垫子			
13	准备放飞			
14	放飞工作			

表 8.14 关键维修工序防差错设计情况统计

序号	关键步骤	存在的缺陷	防错措施	备注
1				
2				

表 8.15 飞机标识防差错设计情况统计

序号	识别标志	识别内容	存在的缺陷	预采取的措施	备注
1					
2					

表 8.16 飞机维修易差错情况统计("接口")

序号	"接口"名称	所属系统	存在的缺陷	主要影响	改进建议
1					
2					

8.7.2 飞机维修作业时间评估及改进

1. 基于网络计划图的飞机维修作业时间评估

根据某飞机维护规程,通过对用户调研,分析某飞机现有维修工作流程,对某飞机飞行机务准备工作和定检工作内容中各环节所需时间进行实测,采用网络计划图法,分别建立飞行前检查、再次出动准备检查、飞行后检查、300h 定检以及 600h 定检的作业甘特图,确定关键路线,并对某飞机维修作业时间进行评估,结果见表 8.17。

表 8.17 某飞机维修作业工作时间评估结果

作业类型	具体作业	关键路径	作业时间
机务准备	飞行前准备	1-59-60-61-62-63-64-65-66-67-68-69-7-8-9-10-11-18-19	59 min
	再次出动准备	1-2-19-20-21-22-26-8	22 min
	飞行后检查	1-3-5-6-7-8-9-10-11-12-13-14-16-17	60 min
定检	300h 定检	1-2-5-6-7-8-9-10-11-12-13-14-15-16-17-18-19-20-21-22-23-24-25-67	40 h
	600h 定检	1-2-3-4-5-6-7-8-9-10-11-12-13-14-15-16-17-18-19-20-21-22-71	48 h

2. 基于流程重组的飞机维修作业时间改进

根据业务流程重组和并行工程原理,对直接机务准备、再次出动机务准备和飞行后检查以及 300h 定检、600h 定检等维修作业流程进行优化改进,改进后再次进行维修作业时间评估,结果见表 8.18。可以看出,某飞机维修作业时间改进效果明显。

表 8.18 某飞机维修作业改进后评估结果

作业类型	具体作业	关键路径	作业时间	作业时间缩短/%
机务准备	飞行前准备	1-38-27-28-29-30-31-32-19	46 min	22
	再次出动准备	1-2-19-24-26-8	18 min	18
	飞行后检查	1-19-20-21-22-23-24-25-26-27-28-29-17	46min	23
定检	300h 定检	1-2-5-6-7-8-9-10-11-12-13-14-15-22-23-24-25-67	36 h	10
	600h 定检	1-2-5-6-7-8-9-10-11-12-13-14-18-19-20-21-22-71	40 h	16

8.7.3 飞机维修性设计问题核实及改进建议

1. 飞机维修性设计问题核实

通过对该用户长期跟踪调研,收集某飞机外场保障中出现的可达性及防差错设计缺陷,共梳理出飞机存在的维修性问题 103 项(图 8.11)。

2. 飞机维修性设计改进建议

根据飞机可达性和防差错设计改进技术,针对梳理出的维修性问题,提出具体的维修性改进建议见表 8.19。

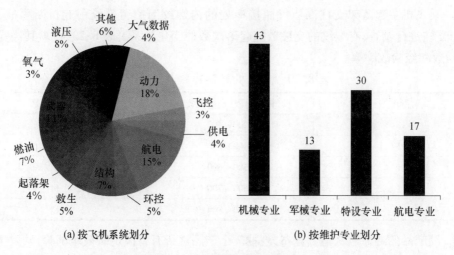

(a) 按飞机系统划分　　　　(b) 按维护专业划分

图 8.11　某飞机维修性问题统计

表 8.19　某飞机维修设计改进建议(部分)

序号	问题类别	问题描述	所属系统	专业	更改建议
1	关键工序	燃油控制盒上切断阀电门易误操作,且与放油电门太近	燃油	特设	切断阀电门从燃油控制盒移到右侧操纵台的销密控制盒后面,切断阀电门表面为红色
2	关键工序	主蓄电池固定应采取措施,防止固定螺杆从横梁缺口滑出	供电	特设	在螺杆上加装卡板,防止脱落
3	可达性	频率敏感监控器的安装无法进行拆装	动力	特设	建议地板使用快卸式或把四个螺钉固定的无法拆卸的两个螺钉换成插槽式
4	标识	燃油控制盒上的个别电门标识易混淆	燃油	特设	将切断阀移到右侧操纵台;调整加输油开关和左、右供油信号灯的位置
5	接口	座舱盖联动机构与机械起爆器连接销的空间小,不易操作	救生	特设	更改为螺栓连接方式

习　题

1. 现有 174 个油泵中 81 个故障时间(h)如下:124,383,209,26,105,195,177,225,152,131,198,95,30,87,269,1,266,67,335,310,401,379,22,187,103,191,162,176,152,11,228,40,74,49,29,92,148,13,320,91,68,179,489,175,331,127,266,4,56,583,259,547,591,652,631,619,260,31,188,243,83,65,289,104,636,39,49,161,51,126,198,126,119,7,167,112,261,389,251,230,16。试按区间长度为 50h 计算经验故障率与时间的变化关系,并分析是否需要在 250～300h 时翻修。

2. 某飞机主起落架支柱高压气瓶接口处的内螺纹因疲劳裂纹引起折断事故,现对 124 个支柱进行调查,有裂纹的支柱数随起落次数的变化关系见表 8.20,试求其经验故障分布函数和经验故障率。

表 8.20　某飞机起落次数与故障数

顺序	区间界限(起落次数)	区间故障数
1	200~400	1
2	400~500	1
3	500~600	7
4	600~700	14
5	700~800	13

3. 设产品的寿命服从指数分布,现抽 7 个产品进行有替换定时截尾试验,共发生 5 次故障,截尾时间为 700h,试估算该产品的故障率和平均寿命。

4. 某电子管寿命为指数分布,随机抽取 20 件做无替换定数截尾试验($r=5$),其故障时间为 26h、64h、119h、145h、182h,试求其平均寿命的 95% 置信区间,并估算 50h 的可靠度及该可靠度的 95% 置信区间。

5. 试述维修性改进技术途径有哪几步。

第9章
可靠性维修性保障性管理

RMS是装备的固有特性,是设计出来的、生产出来的、管理出来的。对各种RMS工程活动进行有效管理,是保证装备RMS特性在设计中赋予、在生产中保证、在使用中发挥的必要途径。装备的技术性能可以设计得较为完美,但如果在研制、试验、生产过程中不开展相应的RMS工程活动,再好的性能设计也难以实现其应有的功能。为了全面实现和充分发挥装备的效能,在装备的全寿命过程中应按照系统工程原理实施RMS管理。

本章的学习目标是理解寿命周期RMS工作,了解RMS管理要点,理解RMS计划与工作计划、对转承制方和供应方的监督与控制、RMS评审、RMS信息管理。

9.1 概述

9.1.1 管理目标

RMS管理是指为确定和满足产品RMS要求而必须进行的一系列组织、计划、协调、监督等工作。RMS管理是装备全系统全特性全过程管理的重要组成部分,应保证将RMS工程活动纳入装备论证、研制、生产、使用等工程计划中,并与其他各项工程活动密切协调地进行。在装备RMS管理中,军方是主导,承制方是主体,其中:军方又分为订购方和使用方。

军方的管理是推动RMS技术在装备全寿命过程中有效应用的牵引力和驱动力,军方必须认识到自己是RMS工程活动的最终受益者。只有通过军方持续有效的管理,才有可能保证军方需要的RMS目标得以实现。因此,军方要制定RMS管理政策,了解全寿命过程中要进行的主要RMS工程活动,明确各层次产品RMS要求及考核验证方法,监督与评价各项RMS工程活动的效果以及评估遗漏或削弱某些RMS工程活动可能造成的后果及风险,以作为决策依据。

承制方的管理是按军方要求开展有效的RMS工程活动,承担对军方履行合同要求的责任。承制方必须落实各级组织机构RMS管理的职能,制定并有效地实施RMS工作计划,提供各项工作所需的人力资源与经费保障,保证军方提出的RMS要求落到实处。

9.1.2 管理特点

RMS管理是为保证产品的RMS而逐步总结完善并形成的一种科学方法，与装备设计、生产管理、质量控制、订货、维修以及系统工程和工程经济学等密切相关，具体体现以下特点。

1. 工程性

RMS管理具有很强的工程性，与产品全寿命周期的具体的工程活动密不可分，贯穿方案论证、设计、试制、试验、生产、使用等过程，否则RMS工作必将与产品的各项工作形成"两张皮"。它要求在时间和费用允许的条件下，研制出满足订购方需要的可靠产品。它是紧密结合具体的产品，离开工程实际，谈不上什么管理。

2. 整体性

在产品全寿命周期内所有的RMS活动是一个整体。必须统一安排计划，强调各个不同的技术部门、单位内外、承制方与订购方、承制方与元器件和零件的供应厂家之间要相互合作，统一进行管理。

3. 统计性

利用统计分析手段，不断地对现场故障数据和试验数据进行及时分析处理、交流和反馈，对装备研制的各个环节进行管理和监控，以便及时采取改正措施。

4. 预先性

RMS技术要求早期投资，因为随着研制工作的进展，提高RMS的努力所受的约束条件越多，资金的投资效益越差。若产品制造出来，才发现RMS问题，那么要改进往往就会"牵一发而动全身"，使研制人员左右为难。因此，开展RMS管理的有利时机是从产品正式立项就开始，特别是要紧紧抓住新品研制中的RMS管理。

9.1.3 管理原则

为了更好地推进全寿命过程RMS管理，必须遵循和执行下述基本原则。

（1）应当从论证阶段开始，就对RMS需求实施有效的动态管理，保证在论证、研制过程中不断明确、细化、权衡、决策各项RMS需求，这是开展好装备RMS管理的基础和前提。

（2）RMS管理是系统工程管理的重要组成部分，因此RMS工作必须统一纳入装备研制、生产、试验、使用等计划，并与其他各项工作密切协调地进行。

（3）RMS管理必须贯彻有关法规，执行有关标准，并结合型号特点进行剪裁和细化，形成RMS管理文件体系。

（4）RMS管理必须遵循预防为主、早期投入、关注过程的方针，将预防、发现和纠正论证、设计、试验、生产及元器件、原材料选用等过程缺陷作为管理重点，以保证军方最终获得固有RMS水平高的装备。

（5）RMS管理必须依赖完整、准确的RMS信息，因此必须重视和加强RMS信息工作，建立军方与承制方协调运行的 FRACAS,建立工作过程质量和装备实物质量相结合的评价指标体系,充分有效地利用各类信息进行综合评价,判断全寿命过程中存在的问题和风险,以便及时改进和完善。

(6)RMS 管理所需的经费,应当根据装备的类别、性质和所处寿命周期阶段,予以有效的保证。应制定和实施奖惩政策,明确规定奖惩条款,实施"优质优价、劣质受罚"的激励政策。

9.1.4 管理方法

RMS 管理的对象是全寿命过程中与 RMS 有关的全部工程活动,重点是论证、方案过程、工程研制过程。管理工作是运用反馈控制原理,去建立和运行一个管理系统,通过这个系统的有效运转,保证军方 RMS 要求能够最终实现。管理的基本方法是计划、组织、监督、控制和协调。

1. 计划

进行管理首先要分析和确定目标,选择影响装备达到 RMS 要求的最有效的工程活动进行管理,制定每项工程活动的具体要求,估计完成这些工作所需的资源、人员、时间及费用。

2. 组织

要有一批专职的和兼职的 RMS 管理和技术人员,明确其职责,形成 RMS 管理的组织体系和工作机制,以完成计划确定的目标和任务。应对各级各类技术与管理人员进行必要的 RMS 知识培训和考核,使他们能胜任所承担的职责,完成规定的任务。

3. 监督

制定各种文件、标准、规范、指南,设立一系列检查、控制点,利用报告、检查、评审、鉴定、认证等活动,及时获取信息,以监督各项 RMS 工程活动按计划按要求进行。同时,利用承研承制合同、订购合同、承制方保障合同等,明确提出对承研、承制单位和转承制方开展 RMS 工程活动的要求及达不到要求的赔偿责任。

4. 控制

对发现的 RMS 工程活动中存在的各种问题,分门别类提出改进要求和建议,指导各项 RMS 工作活动的改进,使装备的论证、方案、研制、生产、使用过程中的 RMS 工程活动均处于受控状态。

5. 协调

RMS 工程活动之间有其内在的逻辑相关性,必须加强 RMS 专业之间的沟通与协调,如承制方内部各部门之间、主承制方与转承制方之间 RMS 工作的协调。此外,RMS 工程活动的结果也需要与型号功能、性能工程活动之间协调。

9.1.5 寿命周期可靠性维修性保障性管理要点

为了保证以最少的资源来满足用户对产品 RMS 的要求,在产品寿命周期的不同阶段要进行不同的RMS工作。管理者只有在了解这些工作的基础上,才能抓住重点,有针对性地开展RMS的各项管理职能[5]。

1. 论证阶段

本阶段的主要任务是提出产品的RMS定量、定性要求。

1)工作内容

围绕着这项任务,进行的主要工作如下。

(1)用户在进行产品战术技术指标论证的同时,进行RMS指标论证。

(2)对国内外同类产品的RMS水平进行分析,以便根据新产品的需求提出既先进又可行的指标。

(3)提出产品的寿命剖面、任务剖面及其他约束条件以及这些指标的考核或验证方案的设想。

(4)RMS经费需求分析。

(5)在组织战术技术指标评审的同时,对RMS指标进行评审,最后纳入产品的《战术技术指标》中。

2)军方职责

军方的管理职责如下。

(1)积极督促工业部门做好装备RMS工作的经费概算的专题论证,并纳入《经济技术综合论证报告》中,在设计源头就对装备RMS工作给予经费保证和支持。

(2)掌握可靠性工作基本情况,对包括状态鉴定阶段最低可接受值和成熟目标值等可靠性的定量、定性要求等在内的装备战术技术指标提出建议和意见,并上报机关批复。

(3)掌握承制单位将最终批复的RMS指标纳入研制总要求中的情况。

(4)在组织型号战技术指标评审时,检查RMS指标,进行评审后上报战术技术指标。

(5)会同承制单位进一步检查确认RMS战术技术指标,明确典型任务剖面、寿命剖面,提出RMS具体工作项目要求。

(6)检查装备RMS指标的考核、验证要求,同时纳入工作说明的情况。

2. 方案阶段

本阶段的主要任务是确定产品的RMS方案和相应的保证措施。

1)工作内容

(1)对产品RMS指标进行充分的认证和确认:RMS指标与国内外同类产品相比较,RMS要求(定性、定量指标)的完整性、协调性,RMS指标的目标值要转换为合同规定值,阈值转换为合同最低可接受值。

(2)系统总体方案的RMS认证:证明该方案是否能保证RMS指标的实现,探讨方案的经济性、合理性。

(3)提供两种以上总体方案进行比较与优选:在方案中要绘出产品的RMS框图、建立RMS数学模型,通过RMS的定性和定量比较来确定。

(4)分配分系统RMS指标:要保证分配的合理性和可行性。

(5)确定系统RMS技术措施:明确系统及分系统的主要失效特征和RMS的薄弱环节,确定采用的有关RMS技术措施及解决途径的正确性。

(6)确定产品在设计分析与试验中应遵循的准则、规范和标准。

(7)对新采用的技术进行预研和试验:采取的方法主要是通过 RMS 增长试验。

(8)RMS 方案评审:对系统和分系统的方案都要进行审定,通过后下达《研制任务书》并将上述有关内容纳入其中。

2)该阶段要求的资料

(1)RMS 指标和 RMS 总体方案认证报告。

(2)可靠性框图和 RMS 数学模型。

(3)方案阶段的 RMS 预计、分配报告。

(4)RMS 增长计划、试验报告。

(5)对各单元分配 RMS 指标和要求,采用 RMS 技术措施、RMS 设计准则。

(6)选用元器件清单。

3)军方职责

军方的管理职责如下。

(1)在选定承制方过程中,应充分考查其完成 RMS 的水平和能力。

(2)向承制方提出装备 RMS 保证大纲要求,装备设计、制造和验证的 RMS 要求,RMS 工作项目要求按 GJB 450A—2004、GJB 368B—2009、GJB 3872—1999 和其他有关标准的要求拟定。

(3)确定装备 RMS 合同指标及通过判断准则,并与承制方共同协调。

(4)了解承制方拟定的 RMS 设计方案,以及关键部位的验证试验情况,发现问题、及时提出改进意见,督促其完善设计方案,直到满足要求为止。

(5)会同承制方对 RMS 方案及装备 RMS 保证大纲等有关文件进行评审,评审通过后,随同《研制任务书》上报审批;督促承制单位将 RMS 工程的具体工作项目和要求纳入《技术经济合同》。

3. 工程研制阶段

本阶段的主要任务是按计划开展 RMS 设计、分析和试验工作。

1)工作内容

(1)进一步修正 RMS 模型,再次进行 RMS 预计和分配。RMS 预计值要有足够的余量,RMS 指标要合理地分配到电路单元、功能组件乃至元器件上。

(2)按照产品设计方案要求和 RMS 设计准则,进行电路单元的线路和结构设计。

(3)电路初步确定后,进行应力分析和 RMS 详细预计;达不到指标要求时,应进一步改进设计。

(4)对关键电路进行 FMECA 工作,针对薄弱环节进行改进。

(5)对稳定性要求较高的电路单元,进行性能容差分析和设计,并对电路单元进行环境适应性和电源波动性试验。

(6)进行初步的 RMS 试验与分析。

(7)进行该阶段的 RMS 审查,签署通过或提出修正意见。

2)该阶段要求的资料

(1)产品、功能单元的 RMS 数学模型,可靠性预计、分析和总结报告。

(2) 失效分析改进报告:分析结果、补救措施及其有效性。

(3) RMS 试验报告:环境适应性报告、RMS 增长试验报告等。

(4) RMS 审查综合分析报告。

3) 军方职责

(1) 在工程研制阶段,军方主要的管理职责如下。

① 掌握所研型号的特点和情况,督促承制单位的质量部门和可靠性组织,建立健全可靠性工程管理系统,完善规章制度和有关的规范、程序。

② 督促承制方进一步实施并完善型号可靠性大纲,确定本阶段的可靠性设计准则、工作计划、试验计划、可靠性增长计划、综合保障计划,制定元器件和原材料保证大纲、质量保证大纲,建立 FRACAS 及故障审查组织等。

③ 监控承制方在工程研制阶段的 RMS 情况和活动,适时向承制方提出在装备研制过程中保证 RMS 的要求(如 ESS 计划与实施、确定和控制关键工序等)。

④ 组织、参加承制方详细设计的评审,按合同要求及规定的方法评审其 RMS 设计,以证明其设计能满足规定要求,评审通过后才能投入正样机试制。督促承制方在设计良好的基础上,开展可靠性增长试验和维修性验证试验,通过试验、分析,对故障、缺陷采取纠正措施,实现可靠性、维修性的增长。

⑤ 参加承制方组织的正样机 RMS 试验,一旦试验达不到合同规定的 RMS 要求值,要求承制方提出改进措施并进行验证。

⑥ 对有储存寿命要求的产品,依据合同有关文件的规定,会同承制方制定储存试验大纲,开展储存试验与分析工作。

(2) 在状态鉴定阶段,军方主要管理职责如下。

① 按军工产品定型工作条例的要求,根据型号战术技术指标、《研制任务书》及《技术经济合同》的要求,对承制方提出的装备鉴定试验申请报告中有关 RMS 部分进行审查。

② 全面审查承制方实施 RMS 保证大纲的工作,应检查《状态鉴定试验大纲》中是否包含了 RMS 考核和评估要求;研制项目的《状态鉴定试验报告》中是否包含了 RMS 的验证或评审报告。

③ 开展可靠性增长试验,并作出成功的可靠性增长试验可否代替可靠性鉴定试验的认可结论。

④ 参加装备可靠性鉴定试验和维修性验证试验,依据合同规定的试验方案及批准的试验大纲进行。

⑤ 组织装备可靠性鉴定试验和维修性验证试验结果的评定。装备的状态鉴定报告中,应有试验分析和评定结果报告。

⑥ 掌握装备研制的经费、进度、产品特性、重要性等具体情况,对其在状态鉴定阶段应达到的可靠性指标的最低可接受值进行试验考核、指标评估等。

4. 生产阶段

本阶段的主要任务是保证产品在批量生产中的 RMS。

1) 管理内容

(1) 按照产品筛选规范要求,对上机元器件、功能单元组件严格进行 ESS 和通电老练试验,对试验中出现的带有普遍性的问题进行设计改进。

(2)对关键单元进行环境适应性试验,整机出厂前老练试验。

(3)对功能单元、产品进行RMS增长试验,进一步暴露RMS设计和RMS审查中难以预见的问题和缺陷,作针对性设计改进工作,并加以验证。

(4)按试验规范要求和实际可能性,对功能单元、整机进行RMS指标验证试验,或进行现场使用性试验,进一步发现设计和工艺上存在的缺陷,并对设计加以改进。

(5)进行以可靠性控制和改进为主要内容之一的RMS生产,做好生产工艺过程的控制,加强设备及检测设备的工艺的可靠性控制,重视外购器材的检测等。

(6)建立质量档案。

2)该阶段要求的资料

(1)元器件、功能组件筛选资料的汇集、分析和工作总结报告。

(2)功能单元、产品RMS增长试验的分析和总结报告。

(3)整机环境试验报告、RMS试验报告或现场使用性试验报告。

(4)失效资料的汇集、分析和改进措施有效性报告。

3)军方职责

(1)在生产定型阶段,军方主要管理职责如下。

① 依据确认的RMS保证大纲,对承制方进行监控,排除和控制各种不可靠因素;在组织生产定型时,鉴定或评审在批量生产条件下产品RMS保证措施的有效性。

② 参加生产定型试验和结果的审查。

③ 在生产定型试验和部队试用过程中发现的问题,需对已状态鉴定的技术状态进行更改时,应研究和评审其对RMS的影响,并确保产品的RMS。

(2)在批生产阶段,军方主要管理职责如下。

① 与承制方签订的生产合同中,要有RMS的验收要求(包括验收项目、试验方法和合格判定准则),对其RMS验收试验结果做出评价。

② 对承制方在装备的生产、交付过程中发生的故障、缺陷进行分析及改进的工作实施监控,尤其对系统性故障和关键件故障所采取的纠正措施作为监控的重点。

③ 生产阶段有更改建议时,评审其对RMS的影响并上报审批。

5. 使用阶段

该阶段的主要任务是保持和发挥产品的固有RMS水平。

1)管理内容

(1)评估产品在实际使用条件下达到的可靠性水平。

(2)产品使用现场RMS信息的记录、反馈,负责各种故障的调查报告,收集产品现场试用的跟踪监测数据。

(3)了解用户对产品的要求、不满、故障等信息,向有关部门及时反馈。

(4)使用中发现的问题是否得到解决,对改进措施的有效性进行跟踪评价。

2)该阶段要求的资料

(1)使用RMS评估方法(试验规范)、评估报告。

(2)使用中出现问题的记录、分析及改进措施效果报告。

(3) 现场用户评价意见。

3) 军方职责

军方的管理职责如下。

(1) 对承制方在装备保证期内发生的故障和缺陷进行的分析与改进工作实施监控。

(2) 组织使用单位按规定的使用、维修和保障等技术文件的要求,正确使用、保管和维修武器装备;督促使用部门开展以可靠性为中心的维修工作,实施 RMS 监控,提高使用维护人员素质,保持产品固有 RMS 水平。

(3) 根据维修大纲、贮存、运输和包装等有关规定,制定维修、贮存、运输和包装等工作的具体实施办法。

(4) 及时收集装备使用过程中的维修保障的适应情况,对发现的问题进行分析,采取纠正措施并及时提出修改建议;按规定的渠道及时反馈使用、维修、保障和贮存中的 RMS 信息。

(5) 收集使用、维修、保障及贮存数据,跟踪现场 RMS,继续完成定型时尚未完成的系统 RMS 指标的验证工作,反馈修改、补充故障判据及控制措施的信息。

(6) 装备部署的初期(2 年左右)和中期(5 年左右)等,适时对现役装备使用期间的 RMS、维修大纲等进行评价,并提出改进的建议。

(7) 对已生产定型并投入使用的装备,根据装备发展的需要并按照上级机关要求,适时开展可靠性增长工作,改进操作使用的方法步骤,提高人员的管理水平和技术水平,改进维修规程和方法,选择或研制更实用的维修设施、设备和工具,实施改进性维修和技术革新等。

(8) 装备退役时,完成有关可靠性维修性保障性信息的整理、分析和归档。

9.2 制定可靠性维修性保障性计划和工作计划

订购方制定 RMS 计划的目的是全面规划装备寿命周期的 RMS 工作,制定并实施 RMS 计划,以保证 RMS 工作顺利实施;而承制方制定 RMS 工作计划的目的是为了有计划地组织、协调、实施和检查型号的全部 RMS 工作,以确保产品满足合同规定的 RMS 要求。

9.2.1 制定可靠性维修性保障性计划

1. 制定可靠性维修性计划

订购方在装备立项综合论证开始时,制定可靠性维修性计划,其主要内容如下。
(1) 装备可靠性维修性工作的总体要求和安排;
(2) 可靠性维修性工作的管理和实施机构及其职责;
(3) 可靠性维修性及其工作项目要求论证工作的安排;
(4) 可靠性维修性信息工作的要求与安排;
(5) 对承制方监督与控制工作的安排;

(6)可靠性维修性评审工作的要求与安排；

(7)可靠性维修性试验与评价工作的要求与安排；

(8)使用期间可靠性维修性评估与改进工作的要求与安排；

(9)工作进度及经费安排等。

2. 制定综合保障计划

订购方制定综合保障计划,其主要内容如下。

(1)装备说明及综合保障工作机构及其职责；

(2)使用方案、保障方案；

(3)保障性定量和定性要求；

(4)影响系统战备完好性和费用的关键因素；

(5)保障性分析工作的要求和安排；

(6)规划保障的要求；

(7)综合保障评审要求及安排；

(8)保障性试验与评价要求；

(9)部署保障计划、保障交接计划、保障计划、现场使用评估计划、停产后保障计划；

(10)退役报废处理的保障工作安排；

(11)工作进度及经费安排等。

随着装备论证、研制、生产、使用的进展,订购方应不断调整、完善相关阶段RMS计划;同时,RMS计划要通过评审予以确认。需要注意的是RMS计划要明确区分订购方与承制方的工作,要求承制方承担的工作要在合同中明确且RMS计划之间应相互协调。

9.2.2 制定可靠性维修性保障性工作计划

1. 制定可靠性维修性工作计划

承制方根据合同要求制定可靠性维修性工作计划,其主要内容如下。

(1)产品的可靠性维修性要求和工作项目要求,工作计划中至少包含合同规定的全部可靠性维修性工作项目；

(2)各项可靠性维修性工作项目的实施细则,如工作项目的目的、内容、范围、实施程序、完成结果和对完成结果检查评价的方式；

(3)可靠性维修性工作的管理和实施机构及其职责,以及保证计划得以实施所需的组织、人员和经费等资源的配备；

(4)可靠性维修性工作与产品研制计划中其他工作协调的说明；

(5)实施计划所需数据资料的获取途径或传递方式与程序；

(6)对可靠性维修性评审工作的具体安排；

(7)关键问题及其对实现要求的影响,解决这些问题的方法或途径；

(8)工作进度等。

2. 制定综合保障工作计划

承制方制定综合保障工作计划,其主要内容如下。

(1)装备说明及综合保障工作要求;
(2)综合保障工作机构及其职责;
(3)对影响系统战备完好性和费用的关键因素的改进;
(4)保障性分析计划;
(5)规划保障;
(6)综合保障评审计划;
(7)保障性试验与评价计划;
(8)部署保障、保障交接、停产后保障工作的安排;
(9)提出退役报废处理保障工作建议;
(10)综合保障与其他专业工程的协调;
(11)对转承制方和供应方综合保障工作的监督与控制;
(12)经费预算及工作进度表。

装备 RMS 工作计划随着研制的进展不断完善。当订购方的要求变更时,计划做必要的相应更改,同时 RMS 工作计划应经评审和订购方认可。需要注意的是,订购方在合同中应明确 RMS 工作项目要求、评审要求和需提交的资料项目等。

9.3 对转承制方和供应方的监督与控制

订购方对承制方、承制方对转承制方和供应方的 RMS 工作要进行监督与控制,必要时采取相应的措施,以确保承制方、转承制方和供应方交付的产品符合合同规定的 RMS 要求。订购方主要是通过 RMS 计划、研制合同或任务书、RMS 评审等,对承制方的 RMS 工作实施有效的监督与控制,督促承制方全面落实 RMS 工作计划,以实现合同规定的各项要求。这里主要介绍承制方对转承制方和供应方的监督与控制。

9.3.1 监督与控制的一般要求

承制方应明确对转承制产品和供应品的 RMS 要求,并与装备的 RMS 要求协调一致;同时明确对转承制方和供应方的 RMS 工作要求和监控方式。

承制方对转承制方和供应方的要求均应纳入有关合同,主要包括以下内容。
(1)RMS 定量与定性要求及验证方法;
(2)对转承制方 RMS 工作项目的要求;
(3)对转承制方 RMS 工作实施监督和检查的安排;
(4)转承制方执行 FRACAS 的要求;
(5)承制方参加转承制方产品设计评审、试验的规定;
(6)转承制方或供应方提供产品规范、图样、数据资料和其他技术文件等要求。

同时,订购方应在合同中明确对参加转承制方或供应方的 RMS 评审要求,转承制产品或供应品是否进行 RMS 验证试验(如可靠性鉴定试验),以及试验与监督的负责单位。

9.3.2 监督与控制的实施步骤

承制方对转承制方、供应方的 RMS 工作的监督控制,主要包括以下几个方面。

1)确定转承制产品项目和供应品项目清单

此项工作在型号方案阶段就要着手论证,并在工程研制阶段的初期予以确定。

2)选择转承制方和供应方

转承制方和供应方的确定是由多方面的因素决定的。承制方在选择转承制方和供应方时:一方面要充分征求订购方的意见;另一方面,根据型号研制总要求和研制合同中规定的要求,通过竞争方式,对产品的性能、RMS 指标、研制进度、研制经费等进行综合权衡比较后确定。承制方具有决定产品的转承制方和供应方单位的最终权利,并对选择转承制方和供应方单位的正确性负责。此项工作也应在工程研制阶段的初期完成。

3)提出转承制产品的 RMS 要求和工作要求

承制方应在方案阶段,提出与型号相配套产品的技术要求和工作要求。根据型号研制总要求中规定的 RMS 要求,承制方通过定性要求分析、定量指标分配,确定与型号相配套的各项转承制产品和供应品的 RMS 要求。此外,承制方根据订购方提出的型号 RMS 工作项目要求,结合转承制产品的类型与特点、产品的复杂程度和产品研制的继承性程度等,确定转承制方在转承制产品研制过程中开展 RMS 的工作要求。

4)签订技术经济合同

承制方对转承制方和供应方的要求均要纳入相关技术协议、合同或工作说明中,作为转承制方开展 RMS 工作的依据。

技术协议、合同或工作说明主要内容如下。

(1)RMS 定量与定性要求及验证方法;

(2)对转承制方的 RMS 工作项目的要求;

(3)对转承制方的 RMS 工作实施监督和检查的安排;

(4)转承制方执行 FRACAS、DRACAS(数据报告、分析和纠正措施系统)的要求;

(5)承制方参加转承制方产品设计评审、试验的规定;

(6)转承制方或供应方提供产品规范、图样、RMS 技术报告、数据资料和其他技术文件等要求。

随着型号研制工作的深入,工程研制阶段将细化后的 RMS 要求列入产品规范中。

5)对转承制产品 RMS 工作的监督与控制方式

承制方要通过型号 RMS 工作系统渠道(如型号 RMS 总设计师—主任设计师—主管设计师),并与型号军代表监控系统密切配合,对转承制方和供应方 RMS 工作实施有效的监控。监督和控制要贯穿型号研制和生产全过程,承制方主要通过深入到转承制方和供应方现场进行工作检查和对形成的报告进行评审实施监控。承制方对转承制方研制过程要进行持续跟踪和监督,参与转承制方的重要活动,将转承制方纳入到承制方的 FRACAS 中,及时了解转承制产品研制和生产过程中发生的重大故障、故障原因、纠正措施的有效性,并在必要时采取有效措施。

6）对转承制产品和供应品的验收

对转承制产品和供应品的 RMS 进行验收,包括审查交付产品的 ESS 情况、参加转承制产品的 RMS 验证试验(如可靠性鉴定试验)等。

9.3.3 监督与控制的基本方法

根据转承制产品的重要度(A 类—影响装备、人员安全的产品,B 类—不影响装备、人员安全但会影响任务完成的产品,C 类—不影响装备、人员安全或任务完成的产品)以及转承制方和供应方的 RMS 保证能力,将转承制方和供应方分为三级。一般 A 类产品的监控等级定为一级;B 类为二级;C 类为三级。

承制方对不同级别的转承制方和供应方采用不同的监控方法。

一级监控方法如下。

（1）全面进行监控,必要时可派代表到现场监控;

（2）采用集中专题评审或上门检查、服务方式推动和帮助转承制方、供应方开展 RMS 工作;

（3）必要时以工程指令单形式提出有关要求或工作指令;

（4）对涉及进度、资源分配或跨行业接口等问题,提请行政指挥系统协调。

二级监控方法如下。

（1）委托驻厂(所)军代表负责日常监控;

（2）参加重要评审或试验活动;

（3）必要时以工程指令单形式提出有关要求或工作指令;

（4）对涉及进度、资源分配或跨行业接口等问题,提请行政指挥系统协调;

（5）必要时可派代表到现场监控。

三级监控方法如下。

（1）通过审查有关书面报告给予确认;

（2）检查有关质量凭证是否齐全,并履行入厂验收手续。

9.4 可靠性维修性保障性评审

RMS 评审是从保证设计符合要求,由设计、生产、使用各部门代表组成的评审机构,对产品的设计方案,从 RMS 的角度,按事前确定的设计和评审表,进行审查,评审的主要目的是及时发现潜在的设计缺陷,降低决策风险。下面介绍 RMS 评审的一般要求及要点,开展 RMS 评审的详细要求及内容可查阅 GJB/Z 72—1995《可靠性维修性评审指南》、GJB/Z 147—2006《装备综合保障评审指南》。

9.4.1 评审类型和评审点设置

根据装备研制阶段、产品组成层次和评审的任务与范围不同,一般可按下列类型选择和设置RMS评审点。

(1)按研制阶段划分,可分为论证阶段评审、方案阶段评审、工程研制阶段评审、定型评审。

(2)按产品组成层次划分,可分为系统级评审、分系统级评审、系统及其以下级别(设备、部件等)评审。

(3)根据研制工作需要,设置专题评审,如型号RMS工作计划评审、可靠性鉴定试验大纲与试验结果评审、重大故障分析与归零结论评审、FMECA评审、对转承制方和供应方的评审等。

9.4.2 研制各阶段的评审目的与内容

1. 论证阶段

评审目的是评价所论证装备的RMS定性、定量要求的科学性、可行性和是否满足装备的使用要求;审查初始保障方案、综合保障计划编制工作过程和结果的正确性、合理性、可行性。评审结论可作为申报装备战术技术指标的重要依据之一。

评审的主要内容是评审提出的RMS要求的依据、约束条件以及指标考核方案设想。

2. 方案阶段

评审目的是评审RMS研制方案与技术途径的正确性、可行性、经济性和研制风险。评审结论可作为申报装备《研制任务书》和是否转入工程研制阶段的重要依据之一。

评审的主要内容是评审RMS工作计划的完整性和可行性,相应的保证措施以及初始保障方案的合理性。

3. 工程研制阶段

(1)初步设计阶段

评审目的是检查初步设计满足《研制任务书》对该阶段规定的RMS要求的情况;检查RMS工作计划实施情况;找出RMS方面存在的问题或薄弱环节,并提出改进建议;审查装备保障性设计与分析工作实现的程度及其过程与结果的正确性、合理性。评审结论可作为是否转入详细设计阶段的重要依据之一。

评审的主要内容是评审在工程研制阶段各项RMS工作是否满足要求。

(2)详细设计阶段

评审目的是检查详细设计满足《研制任务书》规定的本阶段RMS要求;检查RMS工作实施情况;检查RMS的薄弱环节是否得到改进或彻底解决;规划使用保障、规划维修工作及其结果的正确性、合理性和完整性。评审结论可作为是否转入状态鉴定的重要依据之一。

评审的主要内容是评审RMS工作计划实施情况、遗留问题解决情况以及RMS已达到的水平。

4. 定型阶段

(1)状态鉴定

评审目的是评审RMS验证结果与合同要求的符合性;验证中暴露的问题和故障分

析处理的正确性;保障资源的有效性、适应性及其满足装备使用与维修的程度,保障资源之间的协调性及其与装备的匹配性。评审结论可作为是否通过状态鉴定的重要依据之一。

评审的主要内容是评审 RMS 是否满足《研制任务书》和合同要求。

(2) 列装定型

评审目的是确认装备批生产所有必需资料和各种控制措施是否符合规定的 RMS 要求,部署保障计划的可行性、完整性、有效性和经济性。评审结论可作为是否通过生产定型的重要依据之一。

评审的主要内容是评审试生产的产品是否满足规定的 RMS 要求以及在批生产条件下装备 RMS 保证措施的有效性。

9.4.3 评审管理

在型号研制过程中按设置的评审点认真进行 RMS 评审工作。评审工作一般可分为评审会议前准备、召开评审会议及评审意见的落实三个阶段,具体评审工作程序如下:

1. 评审前准备工作

(1) 根据型号研制及 RMS 工作的进展情况,由组织评审的单位确定该次评审的目的、范围、内容、评审时间、参加评审单位和人员等。型号研制转阶段评审和重大节点评审一般由订购方主管部门或上级主管单位组织,发出召开评审会议通知。

(2) 由接受评审单位制定评审提纲,并经组织评审的单位批准。评审提纲是为提出评审要求、明确评审的范围和内容而制定的文件。

(3) 由组织评审的单位确定评审组组长和成员。

(4) 根据合同、各研制阶段的工作要求确定评审的报告,并由接受评审单位提交评审所需的相关资料,并提前将评审资料分发给各位评审组成员审阅。

2. 召开评审会议

(1) 由评审组组长主持评审会议,评审组听取接受评审单位的汇报,审阅有关资料,并按评审提纲的内容与接受评审单位有关人员进行讨论与质疑。接受评审单位有关人员应详细记录每位评审组成员提出的所有意见和建议。

(2) 经评审组共同讨论,提出评审意见和结论。评审意见应做到客观、公正,特别应重视评审组成员提出的反面意见。

3. 评审意见的落实

(1) 评审意见由组织评审的单位分发到有关单位。

(2) 接受评审单位及相关单位针对评审意见,拉条挂账,逐条落实,对需改进的项目,提出改进措施、完成的时间要求和有关责任单位,型号 RMS 工作系统或型号质量师系统进行跟踪管理,落实改进措施。

(3) 在转下一阶段的 RMS 评审会上,接受评审单位要对上次评审会的评审意见落实情况进行报告。

9.4.4 实施要点

RMS 评审的实施要点如下。

(1) RMS 是型号设计评审的重要内容，RMS 设计评审可作为型号设计评审的一个组成部分，尽量与型号设计评审同步进行，也可根据需要单独进行。

(2) 可靠性设计评审，应尽可能与维修性设计、综合保障设计评审结合进行。

(3) 制定评审提纲，明确每次评审会的评审内容和评审要求是开好评审会的前提条件。

(4) RMS 评审组应有熟悉该产品又不直接承担该产品研制工作的 RMS 专业人员和同行专家参加。为了提高评审质量，重大型号都应建立评审专家库，每次评审会尽可能保持评审专家的相对固定，以便评审专家能够较系统、全面地了解产品研制过程中的有关情况，包括上次评审的意见。

(5) RMS 评审结论或意见应做到客观、公正，严防走过场。凡由于评审走过场，导致产品发生重大事故或重大质量问题的，组织评审的单位要负相关的责任。

(6) 接受评审单位要详细记录每位评审组成员提出的所有意见和建议，要特别重视反面意见。对评审意见要逐条落实，积极采取改进措施，闭环归零。

(7) 未进行 RMS 评审或评审未通过的产品必须补做有关工作，否则研制工作不能转入下一阶段。

9.5 可靠性维修性保障性信息管理

9.5.1 可靠性维修性保障性信息分类

RMS 信息和所有的信息一样，按照不同的原则，从不同的角度，可以有不同的分类，其目的是为了更好地管理和开发信息。信息分类的方法如下。

1. 按信息的来源分类

(1) 内部信息：由 RMS 信息系统内部所产生的信息。

(2) 外部信息：由 RMS 信息系统以外产生的与本系统 RMS 工作密切相关的信息。

2. 按信息的作用分类

(1) 指令信息：是指与 RMS 工作有关的来自上级的指令和规定，以及各级领导的各种决策目标和工作计划等。

(2) 反馈信息：是指在执行决策过程所反映决策目标的正确性或偏离程度，以及用户对产品 RMS 的反馈等信息。

3. 按问题的影响后果分类

(1) 严重异常的质量与 RMS 信息：指反映在产品的研制、生产、试验及使用过程中影响任务完成、导致人或物重大损失的质量与 RMS 信息。

(2）一般异常的质量与 RMS 信息：指反映产品在研制、生产、试验及使用过程中不满足规定要求，但不会影响任务完成和不导致人或物重大损失的质量与 RMS 信息。

(3）正常的质量与 RMS 信息：指反映产品在研制、生产、试验及使用中满足要求的质量与 RMS 信息。

4. 按寿命周期产生的信息分类

在产品的研制、生产和使用各阶段产生的 RMS 信息等，称为 A 类信息。而 A 类信息经过汇总、分析、整理后形成的、在一定范围内具有指导意义的报告、手册等属于 B 类信息。

1）A 类信息

产品在论证、研制、生产中的信息如下。

(1）战术技术指标、研制任务书或合同中规定的质量与 RMS 参数及指标；

(2）RMS 工作计划、质量保证大纲及其评审报告；

(3）RMS 指标分配和预计结果；

(4）FMEA、FMECA 报告；

(5）有关保障性分析报告；

(6）FRACAS 及其效果；

(7）关键件和重要件清单；

(8）定型时质量与 RMS 分析报告；

(9）性能试验、环境试验、耐久性试验、RMS 试验、试车试飞与试航等结果分析报告；

(10）可靠性增长计划及实施情况；

(11）功能测试，包装、储存、运输及维修对产品质量与 RMS 的影响；

(12）严重异常、一般异常的 RMS 问题的分析、处理及其效果；

(13）设计质量、工艺质量和产品质量评审结果及首件鉴定情况；

(14）质量审核报告；

(15）对关键件、重要件和关键工序质量控制情况；

(16）不合格品分析、纠正措施及其效果；

(17）外购件、外协件质量复检报告；

(18）产品的改进与改型情况；

(19）产品验收及例行试验合格证；

(20）质量成本分析报告等。

产品在使用、退役中的信息如下。

(1）装备的使用情况；

(2）FRACAS 及其效果；

(3）可靠性维修性增长情况；

(4）维修时间、间隔、次数、等级、类别、方式、维修可达性情况，修理后使用效果等；

(5）装备的存储信息、检测信息、使用寿命信息等；

(6）严重异常、一般异常 RMS 问题的分析、处理及其效果；

(7）装备的改装及其效果；

(8)装备在退役、报废时的 RMS 状况；
(9)综合保障存在的问题及其处理情况；
(10)装备质量与使用 RMS 的综合分析报告；
(11)承制单位售后技术服务情况等。
2)B 类信息
(1)可靠性数据手册；
(2)产品故障模式手册；
(3)重大故障案例；
(4)RMS 标准规范、技术文献；
(5)RMS 试验报告；
(6)RMS 研究报告及成果；
(7)主要产品型号、规格、性能及生产厂家；
(8)RMS 人才信息等。

9.5.2 可靠性维修性保障性信息管理内容

1. 信息的收集

RMS 信息是客观存在的,但只有将分散的、随机产生的信息有意识地收集起来,并加以处理才能利用,使其为开展 RMS 工作服务。从信息工作的全过程来看,信息收集是开展 RMS 信息工作的起点,没有信息就无法进行信息的加工和应用,就是无米之炊、无源之水。开展信息工作的关键和难点在于能否做好 RMS 信息的收集工作。为此,应明确做好以下的工作。

1)对信息收集的要求

为了保证信息收集的质量,满足对信息的实际需求,信息收集应符合如下要求。

(1)及时性。信息的及时性要求是由 RMS 信息的时效性所决定的。信息的价值往往随时间的推移而降低,及时收集信息才能充分发挥其应有的价值。特别是影响安全、可能造成重大后果的严重异常的质量与 RMS 信息,一经发现就应立即收集、上报,以免造成重大的损失。

(2)准确性。信息的准确性是信息的生命。信息必须如实地反映客观事实的特征及其变化情况,信息失真或畸形,不但没用,还会造成信息的"污染",导致错误的结论。对信息的描述要清晰明确,避免模棱两可。因此,在采集和填写信息时,除了要加强调研工作和认真负责外,还要在信息收集过程中采取必要的防错措施,如:加强信息的核对、筛选和审查,利用计算机自动查错等,以提高信息的准确性。

(3)完整性。信息的完整性是使信息全面、真实地反映客观事实的必要条件。为保证信息的完整性:一是要求信息的要素要齐全、不缺项。因为信息之间往往是相关的,丢失一项就可能使信息失去应有的价值;二是要求信息数量要完整,数量不足就难以找出事物的规律,而且数量多也是弥补个别信息不准确的有效措施之一。

(4)连续性。信息的连续性是保证信息流不中断以及有序性的重要条件。在产品寿命周期的不同阶段,产品的 RMS 水平不同。为了掌握产品 RMS 动态变化的规律,必须保持信息收集上的连续性。信息不连续或时断时续与信息不完整一样,难以找出变化的规律,同样会导致错误的结论。

2)信息收集的基本程序

(1)确定信息收集的内容和来源。各级信息系统均应根据所承担的任务,在对信息需求进行论证的基础上,具体确定信息收集的类别和内容。要逐项选择和落实它们的来源和渠道;对内部信息的收集,要按照信息流程图明确各级信息组织所应承担的任务,特别是要抓好各个信息源采集和记录信息的工作。对外部信息的收集,由于受多方面因素的制约,可控性差,困难也就比较大。因此,除了从上级和有关的信息组织可以获取的信息外,要采取多种方式和手段间接收集有关的情报资料等,解决好信息的来源问题。

(2)编制规范的信息收集表格。表达和记录信息可以采用语言、文字、表格、磁带或软盘等不同的形式。其中,信息表格是最基本的记录形式。因此,需按照信息收集的类别和内容设计一系列标准化、规范化的信息表格。

(3)采集、审核和汇总信息。各信息源按信息收集的计划和要求,选用所需的信息表格进行信息的采集和填写,并应有专人对所填信息表进行校核和审查。对遗漏的和有错误的信息,或者发现了新问题、新情况,则需补充进行信息的收集。最后对信息进行汇总,并及时将信息按规定的信息流程提交或反馈给有关部门和信息组织。

3)产品的故障信息是 RMS 信息收集的重点

在 RMS 信息收集中,要特别强调对产品故障信息的收集。因为通过产品故障的分析,可以掌握产品的可靠性状况和故障规律,找出故障原因及薄弱环节,从而有针对性地对设计、生产和使用维修中存在的问题采取纠正措施,防止故障的重复发生,从而提高产品的可靠性水平。故障信息的具体内容如下。

(1)产品的种类(产品名称、型号、生产厂和批次编号等);

(2)产品的经历(产品所处的寿命阶段或出厂日期、工作时间等);

(3)产品的使用环境与使用条件;

(4)产品的维修状况(翻修次数、维修方式和维修周期等);

(5)故障情况(故障发生时机、判明方法、故障模式、故障原因、故障责任等);

(6)故障后果与故障处理等。

2. 信息的处理

要想获得准确的 RMS 数据,必须注意所收集的原始数据的真实性和信息量。因为 RMS 数据是经过大量的统计试验或长期观察、收集得到的,只有在原始数据真实并达到一定信息量以后,才能通过数据处理得到较准确的 RMS 特征值。另外,统计分析方法的合理性,也是获得 RMS 数据的必要条件。这是由于 RMS 试验的观察结果往往具有一定的随机性,同一产品多次重复试验的观察值或同一批产品的多次观察结果,往往参差不齐。因此,简单地罗列一大堆原始数据,是很难看出一批数据的倾向性规律的。

为了反映一批数据的统计倾向性,通常用具有代表性的统计特征量来表示。例如,数据的集中性可以用算术平均值、几何平均值、中位数或众数等来表示;数据的分散性可以用极差、方差或标准离差来表示。均值或方差虽然反映了一组数据的集中性和分散性,但它们还不能完全反映一批数据的整个面貌。为了较完整地反映一批数据的规律,往往需要对整批数据进行统计分析,如采用图估法、分布类型的假设检验、分布参数的点估计法和区间估计法等。总之,数据处理的合理性和统计分析的置信度是获得准确的 RMS 信息的关键。

3. 信息的储存和交换

对于收集到的 RMS 信息,应按信息分类、数据类别(如 A 类数据、B 类数据等)分档管理,并根据需要,经整理后分别存入数据库,以供交换使用。从 20 世纪 80 年代开始,一些先进国家的 RMS 数据交换组织先后实现了数据库远程终端的联机检索。参加数据交换网的成员都可以通过自己的计算机终端对中心数据库的数据进行查询和检索,实现了数据交换的现代化,提高了工作效率。

RMS 信息只有通过交换才能发挥作用,交换也是 RMS 信息闭环管理的重要环节。交换的途径是多方面的,如与上级 RMS 数据交换网的交换,与协作和供应单位的交换,与生产单位的交换,与使用部门的交换,以及企业内部之间的交换等。有了畅通的 RMS 信息交换渠道,RMS 信息才能真正成为全社会的共同资源和财富。

9.5.3 故障报告、分析和纠正措施系统

建立故障报告、分析和纠正措施系统(FRACAS),确立并有效执行故障记录、分析和纠正程序,及时发现并报告产品故障,分析故障原因,制定和实施有效的纠正措施,对故障进行闭环控制,以防止故障重复出现,从而使产品的可靠性和维修性得以增长。

型号 FRACAS 的工作任务是针对产品在研制、试验、生产、使用中出现的故障,按规定进行记录和报告,进行工程分析和统计分析,弄清故障机理,查明故障原因,实施纠正措施,防止故障再现。

型号研制初期就要建立 FRACAS,其组成单位包括型号总体设计单位、总体制造单位、与型号相配套产品的承制单位、定型试验单位等。在建立 FRACAS 时,要制定 FRACAS 实施办法。该办法应明确故障报告、分析及纠正措施系统的工作职责,参加型号 FRACAS 的成员单位,确定故障信息的归口管理部门,以及故障报告、分析及纠正措施的信息传递路线和工作流程等要求。同时,要建立故障审查组织,负责审查发生的重大故障、故障发展趋势、纠正措施的执行情况和有效性,批准故障处理结案等。

FRACAS 工作流程如图 9.1 所示,具体实施程序主要步骤如下。

1. 发现故障,并报告故障

对发生的所有硬件故障和软件错误,按规定的格式和要求进行记录,并在规定的时间内向规定的管理级别进行报告,一般应完成以下各项工作。

(1)在试验或使用中观测故障。

(2)详细记录所观测到的故障,至少应包括下列内容:发生故障的系统、设备,并尽可能记录发生故障的具体部位;发生故障的日期、时间与时机;所观测的故障征候和现象;观测故障发生时的重要条件,包括使用、环境条件等。

(3)故障核实,即重新证实初次观测故障的真实情况,并填写故障报告表。

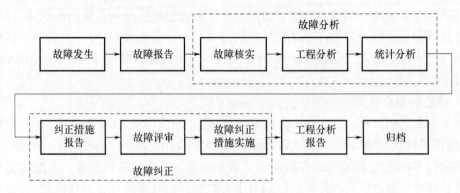

图 9.1 FRACAS 工作流程

2. 分析故障、确定故障原因

当产品故障核实后,对故障进行工程分析和统计分析。工程分析是对发生故障产品进行测试、试验、观察、分析,确定故障部位。统计分析是收集同类产品的生产情况、经历的试验和使用情况和已发生的故障情况等有关数据,计算同类产品故障发生概率等有关统计数据。一般可分以下 6 步进行。

(1) 隔离故障,即将发生的故障定位到尽可能低的产品层次。

(2) 更换可疑故障产品,重新测试系统和设备,确认原有故障已消除。

(3) 对故障产品进行测试(包括软件),尽可能使故障得以复现,以核实可疑产品确有故障。

(4) 进行故障原因和故障机理分析,必要时可分解产品,采取理化试验、应力强度分析、元器件失效分析等方法进行分析;对软件产品还应分析软件测试情况,提供的文件及 BIT 门限是否合理等。

(5) 查找类似产品中的类似故障,查明历史上对所观测的故障模式或故障机理的看法,及有关统计数据。

(6) 利用(4)、(5) 两步获得的数据,确定故障发生的条件、基本原因和故障发生的趋势,填写故障分析报告表。

3. 采取纠正措施,进行故障归零

在查明故障原因的基础上,通过分析、计算和必要的试验验证,提出纠正措施,进行故障归零。一般可分以下几步进行。

(1) 提出合理的改正措施,包括设计更改、工艺更改、程序更改等。

(2) 将建议的改正措施纳入原试验系统中。

(3) 对改进系统或设备进行试验;通过对获得的全部试验数据进行分析和评审,验证所采取的改正措施的有效性,填写纠正措施实施报告表。

(4) 将纠正措施落实到设计文件及图纸上,落实到工艺文件上,落实到故障件上,落实到库存件上和落实到已交付使用的产品上。

(5) 跟踪实施纠正措施产品在试验、使用中的情况,进一步验证纠正措施的有效性。

(6) 认真查找型号中其他产品是否也有相同或类似的故障原因,统一加以权衡考虑。

9.6 可靠性维修性增长管理

9.6.1 可靠性增长管理

开展可靠性增长管理的目的是尽可能充分地利用型号研制过程中各项试验的资源与信息,制定并实施可靠性增长管理计划,把包括可靠性研制试验、可靠性增长试验在内的产品研制的各项有关试验均纳入到试验、分析与改进(TAAF)的可靠性增长管理轨道,对产品可靠性增长过程进行跟踪与控制,经济、高效地实现预定的可靠性目标。

1. 可靠性增长管理内容

可靠性增长管理主要包括确定可靠性增长目标,制定产品可靠性增长计划,对可靠性增长过程进行跟踪、控制和评价等内容。

1)确定可靠性增长目标

根据型号工程需要与现实可能性,通过论证来确定可靠性增长目标。在确定增长目标的过程中应考虑该项产品当前的可靠性水平(如产品初步的可靠性预计值或评估值)、同类产品的国内外水平、产品的复杂性、研制单位具备增长的能力和资源以及允许的增长时间等情况。一般情况下,根据研制总要求、合同(或技术协议)中的可靠性要求确定可靠性增长目标值。

2)确定可靠性增长计划

产品的可靠性增长计划一般应包括增长管理阶段的划分、增长方式、增长模型和增长曲线等内容。

(1)增长管理阶段的划分。产品可靠性增长管理一般可以分为以下几个阶段:在方案阶段要制定可靠性增长管理计划,包括确定产品可靠性增长目标、经费、进度、需要收集的试验信息、准备可靠性增长所必需的资源等;在工程研制阶段尽早开展可靠性增长管理工作,进行试验信息收集,试验情况跟踪与评估,及对增长进行控制等工作;在状态鉴定阶段会更充分地暴露出型号研制中的深层次的可靠性问题,需要及时予以解决,对可靠性增长工作进行监督,并给出可靠性增长结果是否达到阶段目标的结论,以此作为状态鉴定工作的重要依据;在生产定型阶段对生产和使用的故障信息和改进情况进行收集,对产品可靠性进行跟踪、监控,到生产定型时,给出产品的可靠性增长的评估意见。

(2)可靠性增长方式。型号研制过程中一般有下列三种可靠性增长方式:一是在型号研制过程中开展一系列的可靠性设计、分析工作,如通过 FMEA、可靠性预计、设计评审等,对影响产品可靠性的薄弱环节及时采取改进设计措施,使产品可靠性获得提高;二是进行一系列的研制试验,包括功能试验、性能试验、环境试验、系统原理试验、系统综合试验、寿命试验和可靠性研制试验等,对各项试验中暴露的故障进行分析,采取纠正措施进行故障归零,实现产品的可靠性增长;三是对某些关键或重要产品需专门进行可靠性增长试验。前两种增长方式对所有产品均普遍适用,是否开展可靠性增长试验来实现可靠性增长应根据产品的需要来确定。

(3)增长模型和增长曲线。可靠性增长计划,是实施可靠性增长管理的重要依据。为了制定可靠性计划,通常需要根据产品的特性、有关的可靠性数据和可靠性要求等,选择可靠性增长模型和可靠性增长曲线。在可靠性增长管理中,杜安模型用于制定增长曲线,对可靠性增长情况进行跟踪和评估,杜安模型比较简单,但其不足是模型中未考虑随机现象,对最终结果不能提供基于数理统计的评估。AMSAA模型建立在严格的随机过程理论基础上,采用统计分析方法评估产品可靠性增长的最终结果。在可靠性增长管理过程中,需绘制三条可靠性增长曲线,即理想的增长曲线、计划的增长曲线和跟踪曲线,具体要求参阅GJB/Z 77《可靠性增长管理手册》。

3)可靠性增长的跟踪和控制

及时跟踪产品的可靠性增长过程,收集增长过程中故障信息,根据选定的模型对产品的可靠性水平和趋势作出评估。可靠性增长的跟踪和控制应该按计划曲线所制定的阶段,分阶段实施。不同的试验段可以根据产品的特点与试验特点,采用不同的纠正方式,分别是即时纠正,即产品故障的设计纠正措施在本试验段内实施,纠正的有效性也在本试验段内得到验证;延缓纠正,即产品故障纠正措施在本试验段结束后下一试验段开始之前集中的采取纠正措施;部分即时和延缓纠正,即产品故障纠正措施在本试验段,一部分采取即时纠正、另一部分采取延缓纠正。

可靠性增长过程的控制是通过计划增长曲线与跟踪曲线的对比分析来实现的。当实际增长率低于计划增长率时,可通过提高纠正比、提高纠正有效性系数等来提高增长率。

2. 可靠性增长管理要点

可靠性增长管理的实施要点如下。

(1)可靠性增长管理,包括在规划过程中确定必须达到的可靠性阶段目标值,和为达到这些目标所需的资源及其合理分配。

(2)可靠性增长管理不能代替各项可靠性工作项目,但可以作为一种手段,利用可靠性增长管理对所有的可靠性工作项目进行全面审查。

(3)负责型号可靠性增长管理的人员应该掌握型号中的可靠性问题,分析可靠性的关键点,以便对型号可靠性增长做出较好的规划。

(4)可靠性增长管理的核心,是要将产品研制过程中的各项有关试验统一纳入到"试验、分析与改正"的管理轨道。

(5)计划增长曲线是进行可靠性增长管理的依据。在增长管理过程中,应采取一切措施努力实现计划所规定的目标,但当遇到某些严重问题时,需要考虑计划的可行性与正确性,对计划的增长曲线进行必要的调整。

(6)计划的增长曲线一般以日历时间函数来描述。但为便于管理,可按试验时间的函数关系来描述,也就是说,需确定日历时间与试验时间之间的对应关系。

(7)应尽可能获取型号研制中实际的可靠性数据来确定起始点。

(8)应对发生的故障严格按FRACAS的管理办法,进行故障归零,以实现型号的可靠性增长。

(9)由于可靠性增长管理各试验段的产品可能会处于不同的环境状况,因此在产品的可靠性增长跟踪过程中,应根据不同环境的严酷程度,对所有的试验数据进行统一的折算。

9.6.2 维修性增长管理

维修性增长管理是维修性管理工作的重要组成部分,贯穿于装备寿命周期过程,研制阶段主要是维修性设计、评价与改进的迭代设计管理;生产阶段主要是维修性定性要求和作业过程的符合性核查与验证;使用阶段主要是针对使用过程中预防性维修、修复性维修作业暴露的薄弱环节进行持续改进,以及对未达到维修性要求的指标开展维修性增长工作。因此,维修性增长管理的目的是制定并实施维修性增长管理计划,以实现维修性按计划增长。

1. 维修性增长管理内容

维修性增长管理的内容有:确定维修性增长目标,制定维修性增长计划和对产品的增长过程进行跟踪与控制。

1)确定维修性增长目标

为了确保维修性增长目标可以实现,一般采用维修性参数指标,如平均修复时间、平均预防性维修时间、每飞行小时直接维修工时、飞行机务保障时间等,将维修性目标进行量化。

产品的维修性增长目标,应根据工程需要与现实可能性,经过全面权衡来确定。一般情况下,可由合同(或任务书)中的维修性要求来确定产品的维修性增长目标。确定维修性增长目标时,还需要考虑同类产品的国内外水平、产品的固有维修性、产品的增长潜力以及预期维修保障方案等因素。

2)制定维修性增长计划

制定维修性增长计划时,需考虑的因素有:分析以往同类产品的维修性状况及维修性增长情况,掌握它们的维修性水平、主要故障及其原因、增长规律等;分析本产品的可靠性、维修性大纲,掌握各项试验的环境条件、工作条件及预计的试验时间等信息;选择切合实际的增长模型,制定维修性增长计划。

3)对维修性增长过程进行跟踪与控制

有了维修性增长目标和增长计划后,需要对实际增长过程进行控制,以保证增长过程大致按增长计划进行。若有较大的偏差,则要在分析这些偏差原因和影响因素的基础上做出相应的对策,使产品的维修性能在预定的时间期限内增长到预定的目标。为了对维修性增长过程实施有效的控制,在增长过程中应及时地掌握产品的故障、维修等信息,及时地进行维修性评估。

2. 维修性增长管理要点

开展维修性增长管理的基本要点如下。

(1)应将产品研制的各项有关试验纳入试验、分析与改进的维修性增长管理过程。产品在研制过程中进行的各项与维修性相关的试验,包括可靠性试验、测试性试验以及有关性能联测等,一并纳入试验、分析与改进的维修性增长管理过程。

(2)承制方应从研制初期开始对关键的分系统或设备实施维修性增长管理。在初步设计阶段,利用关键分系统或设备的数字样机,采用虚拟仿真技术,对维修性定性要求进行核查,对可达性设计、维系作业次序进行评估;在详细设计阶段,利用关键分系统或设备的实物样机,采用实操实测的方式,对防差错、可达性设计以及维修作业项目、内容进行再评估。

(3)在工程研制阶段应有计划地开展维修性增长,对发现的维修性问题,在定型前应进行改进。在工程研制阶段应根据产品研制进度安排,有计划地开展维修性增长工作,对维修性定性要求进行核查,对维修性分析与验证所用的模型及数据进行检查与修正,鉴别维修性缺陷和薄弱环节,在定型前进行改进、评估与验证。

(4)在部队试用期间发现的问题,要及时反馈到研制部门并在装备改进改型中落实。在部队试用期间,要系统收集维修性信息,开展维修性评估与验证,包括维修作业内容、流程、级别的合理性验证,维修性时间参数及指标评估,以及装备自身与其保障系统之间的配套性验证。对发现的维修性问题,要及时通过装备机关反馈到装备承制方,以便在装备后续改进改型中进行纠正。

习 题

1. 简述 RMS 管理的原则有哪些。
2. 简述 RMS 管理的主要内容。
3. 试述对转承制方和供应方监督与控制的基本方法。
4. 试述 RMS 评审类型和评审点设置。
5. 简述 FRACAS 的工作程序。

参考文献

[1] 魏钢. F-22"猛禽"战斗机[M]. 北京:航空工业出版社,2008.
[2] 朱宝鎏,朱荣昌,熊笑非. 作战飞机效能评估[M]. 2版. 北京:航空工业出版社,2006.
[3] 康锐. 可靠性维修性保障性工程基础[M]. 北京:国防工业出版社,2014.
[4] 甘晓华,李航航. 新一代战斗机的维修性及维修体制研究[C]//. 中国工程院航空工程科技论坛学术报告会. 北京:国防工业出版社,2002:114-122.
[5] 杨为民. 可靠性维修性保障性总论[M]. 北京:国防工业出版社,1995.
[6] 姜同敏,王晓红,袁宏杰,等. 可靠性试验技术[M]. 北京:北京航空航天大学出版社,2012.
[7] 陈云翔. 可靠性与维修性工程[M]. 北京:国防工业出版社,2008.
[8] 吕川. 维修性设计分析与验证[M]. 北京:国防工业出版社,2016.
[9] 单志伟. 综合保障工程[M]. 北京:国防工业出版社,2007.
[10] 徐宗昌. 装备保障性工程与管理[M]. 北京:国防工业出版社,2006.
[11] 曾声奎. 可靠性设计与分析[M]. 北京:国防工业出版社,2015.
[12] 龚庆祥. 型号可靠性工程手册[M]. 北京:国防工业出版社,2007.
[13] 马麟. 保障性设计分析与评价[M]. 北京:国防工业出版社,2011.
[14] 陈学楚. 现代维修理论[M]. 北京:国防工业出版社,2003.
[15] 陈云翔,项华春,王莉莉,等. 维修性增长[M]. 北京:国防工业出版社,2019.
[16] 蔡忠义,陈云翔,项华春,等. 多种应力试验下航空产品可靠性评估方法[M]. 北京:国防工业出版社,2019.

附表 1
标准正态分布表

$$\Phi(z) = \int_{-\infty}^{z} \frac{1}{\sqrt{2\pi}} \exp\left(-\frac{u^2}{2}\right) du = P(Z \leq z)$$

z	0	1	2	3	4	5	6	7	8	9
0	0.5000	0.5040	0.5080	0.5120	0.5160	0.5199	0.5239	0.5279	0.5319	0.5359
0.1	0.5398	0.5438	0.5478	0.5517	0.5557	0.5596	0.5636	0.5675	0.5714	0.5753
0.2	0.5793	0.5832	0.5871	0.5910	0.5948	0.5987	0.6026	0.6064	0.6103	0.6141
0.3	0.6179	0.6217	0.6255	0.6293	0.6331	0.6368	0.6406	0.6443	0.6480	0.6517
0.4	0.6554	0.6591	0.6628	0.6664	0.6700	0.6736	0.6772	0.6808	0.6844	0.6879
0.5	0.6915	0.6950	0.6985	0.7019	0.7054	0.7088	0.7123	0.7157	0.7190	0.7224
0.6	0.7257	0.7291	0.7324	0.7357	0.7389	0.7422	0.7454	0.7486	0.7517	0.7549
0.7	0.7580	0.7611	0.7642	0.7673	0.7704	0.7734	0.7764	0.7794	0.7823	0.7852
0.8	0.7881	0.7910	0.7939	0.7967	0.7995	0.8023	0.8051	0.8078	0.8106	0.8133
0.9	0.8159	0.8186	0.8212	0.8238	0.8264	0.8289	0.8315	0.8340	0.8365	0.8389
1	0.8413	0.8438	0.8461	0.8485	0.8508	0.8531	0.8554	0.8577	0.8599	0.8621
1.1	0.8643	0.8665	0.8686	0.8708	0.8729	0.8749	0.8770	0.8790	0.8810	0.8830
1.2	0.8849	0.8869	0.8888	0.8907	0.8925	0.8944	0.8962	0.8980	0.8997	0.9015
1.3	0.9032	0.9049	0.9066	0.9082	0.9099	0.9115	0.9131	0.9147	0.9162	0.9177
1.4	0.9192	0.9207	0.9222	0.9236	0.9251	0.9265	0.9279	0.9292	0.9306	0.9319
1.5	0.9332	0.9345	0.9357	0.9370	0.9382	0.9394	0.9406	0.9418	0.9429	0.9441
1.6	0.9452	0.9463	0.9474	0.9484	0.9495	0.9505	0.9515	0.9525	0.9535	0.9545
1.7	0.9554	0.9564	0.9573	0.9582	0.9591	0.9599	0.9608	0.9616	0.9625	0.9633
1.8	0.9641	0.9649	0.9656	0.9664	0.9671	0.9678	0.9686	0.9693	0.9699	0.9706
1.9	0.9713	0.9719	0.9726	0.9732	0.9738	0.9744	0.9750	0.9756	0.9761	0.9767
2	0.9772	0.9778	0.9783	0.9788	0.9793	0.9798	0.9803	0.9808	0.9812	0.9817
2.1	0.9821	0.9826	0.9830	0.9834	0.9838	0.9842	0.9846	0.9850	0.9854	0.9857
2.2	0.9861	0.9864	0.9868	0.9871	0.9875	0.9878	0.9881	0.9884	0.9887	0.9890
2.3	0.9893	0.9896	0.9898	0.9901	0.9904	0.9906	0.9909	0.9911	0.9913	0.9916
2.4	0.9918	0.9920	0.9922	0.9925	0.9927	0.9929	0.9931	0.9932	0.9934	0.9936
2.5	0.9938	0.9940	0.9941	0.9943	0.9945	0.9946	0.9948	0.9949	0.9951	0.9952

续表

z	0	1	2	3	4	5	6	7	8	9
2.6	0.9953	0.9955	0.9956	0.9957	0.9959	0.9960	0.9961	0.9962	0.9963	0.9964
2.7	0.9965	0.9966	0.9967	0.9968	0.9969	0.9970	0.9971	0.9972	0.9973	0.9974
2.8	0.9974	0.9975	0.9976	0.9977	0.9977	0.9978	0.9979	0.9979	0.9980	0.9981
2.9	0.9981	0.9982	0.9982	0.9983	0.9984	0.9984	0.9985	0.9985	0.9986	0.9986

附表 2
χ^2 分布表

$P\{\chi^2(n) > \chi^2_\alpha(n)\} = \alpha$

n	a=0.995	0.990	0.975	0.950	0.900	0.750
1	—	—	0.001	0.004	0.016	0.102
2	0.010	0.020	0.051	0.103	0.211	0.575
3	0.072	0.115	0.216	0.352	0.584	1.213
4	0.207	0.297	0.484	0.711	1.064	1.923
5	0.412	0.554	0.831	1.146	1.610	2.675
6	0.676	0.872	1.237	1.635	2.204	3.455
7	0.989	1.239	1.690	2.167	2.833	4.255
8	1.344	1.647	2.180	2.733	3.490	5.071
9	1.735	2.088	2.700	3.325	4.168	5.899
10	2.156	2.558	3.247	3.940	4.865	6.737
11	2.603	3.054	3.816	4.575	5.578	7.584
12	3.074	3.571	4.404	5.226	6.304	8.438
13	3.565	4.107	5.009	5.892	7.042	9.299
14	4.075	4.660	5.629	6.571	7.790	10.165
15	4.601	5.229	6.262	7.261	8.547	11.037
16	5.142	5.812	6.908	7.962	9.312	11.912
17	5.697	6.408	7.564	8.672	10.085	12.792
18	6.265	7.015	8.231	9.391	10.865	13.675
19	6.844	7.633	8.907	10.117	11.651	14.562
20	7.434	8.260	9.591	10.851	12.443	15.452
21	8.034	8.897	10.283	11.591	13.240	16.344
22	8.643	9.543	10.982	12.338	14.042	17.240
23	9.260	10.196	11.689	13.091	14.848	18.137
24	9.886	10.856	12.401	13.848	15.659	19.037
25	10.520	11.524	13.120	14.611	16.473	19.939
26	11.160	12.198	13.844	15.379	17.292	20.843

续表

n	a = 0.995	0.990	0.975	0.950	0.900	0.750
27	11.808	12.879	14.573	16.151	18.114	21.749
28	12.461	13.565	15.308	16.928	18.939	22.657
29	13.121	14.257	16.047	17.708	19.768	23.567
30	13.787	14.954	16.791	18.493	20.599	24.478
31	14.458	15.656	17.539	19.281	21.434	25.390
32	15.134	16.362	18.291	20.072	22.271	26.304
33	15.815	17.074	19.047	20.867	23.110	27.219
34	16.501	17.789	19.806	21.664	23.952	28.136
35	17.192	18.509	20.569	22.465	24.797	29.054
36	17.887	19.233	21.336	23.269	25.643	29.973
37	18.586	19.960	22.106	24.075	26.492	30.893
38	19.289	20.691	22.879	24.884	27.343	31.815
39	19.996	21.426	23.654	25.695	28.196	32.737
40	20.707	22.164	24.433	26.509	29.051	33.660
41	21.421	22.906	25.215	27.326	29.907	34.585
42	22.139	23.650	25.999	28.144	30.765	35.510
43	22.860	24.398	26.785	28.965	31.626	36.436
44	23.584	25.148	27.575	29.788	32.487	37.363
45	24.311	25.901	28.366	30.612	33.350	38.291